人工智能与
人类未来丛书

deepseek

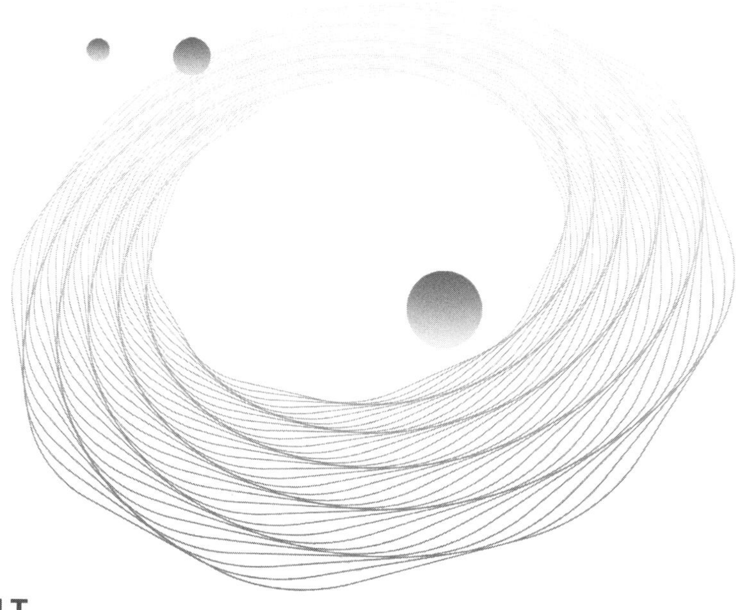

DEEPSEEK ILLUSTRATED
HOW LARGE MODELS ARE BUILT

DeepSeek图解
大模型是怎样构建的

张治政　薛栋　公鑫　著

北京大学出版社
PEKING UNIVERSITY PRESS

内 容 提 要

本书是系统讲解DeepSeek开发的技术指南，传授大家开发DeepSeek模型的基础知识。旨在帮助读者深入理解DeepSeek的工作机制，并掌握其在大规模预训练、推理优化及应用开发中的关键技术。

全书共10章，依次介绍文本预处理、特征提取、文本分类与情感分析、语言的生成、机器翻译、DeepSeek的核心Transformer模型、多模态模型的架构和训练、预训练模型的训练与微调、DeepSeek API应用开发实战，以及基于DeepSeek实现的仿Manus Agent系统。

本书不仅适合对大模型感兴趣的技术人员阅读，也适合人工智能研究者、开发者及行业从业者等阅读。

图书在版编目（CIP）数据

DeepSeek 图解：大模型是怎样构建的 / 张治政，薛栋，公鑫著．-- 北京：北京大学出版社，2025. 6.
ISBN 978-7-301-36202-0

Ⅰ．TP18-64

中国国家版本馆 CIP 数据核字第 2025CE9673 号

书　　名　DeepSeek图解：大模型是怎样构建的
DeepSeek TUJIE: DAMOXING SHI ZENYANG GOUJIAN DE

著作责任者　张治政　薛　栋　公　鑫　著

责任编辑　刘　云　蒲玉茜

标准书号　ISBN 978-7-301-36202-0

出版发行　北京大学出版社

地　　址　北京市海淀区成府路205号　100871

网　　址　http://www.pup.cn　　新浪微博：@ 北京大学出版社

电子邮箱　编辑部 pup7@pup.cn　总编室 zpup@pup.cn

电　　话　邮购部 010-62752015　发行部 010-62750672　编辑部 010-62570390

印 刷 者　北京鑫海金澳胶印有限公司

经 销 者　新华书店

787毫米×1092毫米　16开本　23.75印张　605千字

2025年6月第1版　2025年6月第1次印刷

印　　数　1-4000册

定　　价　89.00元

夯实智能基石 共筑人类未来

人工智能正在改变当今世界。从量子计算到基因编辑，从智慧城市到数字外交，人工智能不仅重塑着产业形态，还改变着人类文明的认知范式。在这场智能革命中，我们既要有仰望星空的战略眼光，也要具备脚踏实地的理论根基。北京大学出版社策划的“人工智能与人类未来”丛书，恰如及时春雨，无论是理论还是实践，都对这次社会变革有着深远影响。

该丛书最鲜明的特色在于其能“追本溯源”。当业界普遍沉迷于模型调参的即时效益时，《人工智能大模型数学基础》等基础著作系统梳理了线性代数、概率统计、微积分等人工智能相关的计算脉络，将卷积核的本质解构为张量空间变换，将损失函数还原为变分法的最优控制原理。这种将技术现象回归数学本质的阐释方式，不仅能让读者的认知框架更完整，还为未来的创新突破提供了可能。书中独创的“数学考古学”视角，能够带读者重走高斯、牛顿等先贤的思维轨迹，在微分流形中理解 Transformer 模型架构，在泛函空间里参悟大模型的涌现规律。

在实践维度，该丛书开创了“代码即理论”的创作范式。《人工智能大模型：动手训练大模型基础》等实战手册摒弃了概念堆砌，直接使用 PyTorch 框架下的 100 多个代码实例，将反向传播算法具象化为矩阵导数运算，使注意力机制可视化为概率图模型。在《DeepSeek 源码深度解析》中，作者团队细致剖析了国产大模型的核心架构设计，从分布式训练中的参数同步策略，到混合专家系统的动态路由机制，每个技术细节都配有工业级代码实现。这种“庖丁解牛”式的技术解密，使读者既能把握技术全貌，又能掌握关键模块的实现精髓。

该丛书着眼于中国乃至全世界人类的未来。当全球算力竞赛进入白热化阶段，《Python 大模型优化策略：理论与实践》系统梳理了模型压缩、量化训练、稀疏计算等关键技术，为突破“算力围墙”提供了方法论支撑。《DeepSeek 图解：大模型是怎样构建的》则使用大量的可视化图表，将万亿参数模型的训练过程转化为可理解的动力学系统，这种知识传播方式极大地降低了技术准入门槛。这些创新不仅呼应了“十四五”规划中关于人工智能底层技术突破的战略部署，还为构建自主可控的技术生态提供了人才储备。

作为人工智能发展的见证者与参与者，我非常高兴看到该丛书的三重突破：在学术层面构建了贯通数学基础与技术前沿的知识体系；在产业层面铺设了从理论创新到工程实践的转化桥梁；在战略层面响应了新时代科技自立自强的国家需求。该丛书既可作为高校培养复合型人工智能人才的立体化教材，又可成为产业界克服人工智能技术瓶颈的参考宝典，此外，还可成为现代公民了解人工智能的必要书目。

站在智能时代的关键路口，我们比任何时候都更需要这种兼具理论深度与实践智慧的启蒙之作。愿该丛书能点燃更多探索者的智慧火花，共同绘制人工智能赋能人类文明的美好蓝图。

于　剑

北京交通大学人工智能研究院院长
交通数据分析与挖掘北京市重点实验室主任
中国人工智能学会副秘书长兼常务理事
中国计算机学会人工智能与模式识别专委会荣誉主任

前　言

DeepSeek 专注于开发先进的大语言模型（Large Language Model，LLM）和相关技术。DeepSeek 的诞生既是对全球人工智能浪潮的深刻响应，也是中国在大规模语言模型研发领域迈出的坚实步伐。DeepSeek 不仅融合了最先进的视觉、语言以及跨模态交互技术，还通过高效的模型训练与推理机制，实现了复杂任务的精准处理和快速响应。DeepSeek 为研究人员和开发者构建了一座连接理论与实践的桥梁，极大地降低了高性能 AI 技术的应用门槛，推动了前沿技术在各行各业中的广泛应用和产业化进程。

本书的出版缘由

近年来，大模型技术迅猛发展，推动了自然语言处理（Natural Language Processing，NLP）、计算机视觉（Computer Vision，CV）及多模态（Multimodal）学习等领域的突破性进展。DeepSeek 作为先进的大模型架构之一，在文本理解、生成、翻译以及多模态交互等任务中展现出强大能力，受到人工智能研究者、开发者和企业的广泛关注。在此背景下，DeepSeek 等大模型展现出巨大潜力与广泛影响力。然而，与之相伴的还有一系列需求与挑战，体现在以下几个方面。

◎ **系统性学习大模型技术的书籍相对缺乏：**开发和优化类似 DeepSeek 这样的大模型需要深入理解其底层架构、训练方法、优化策略及应用落地方案，但相关技术学习门槛较高，系统性学习资料有限。本书填补了这一空白，帮助读者从基础入门，逐步掌握 DeepSeek 类大模型的开发与应用。

◎ **企业对大模型人才的需求增加：**许多企业希望构建自己的大模型或基于现有模型进行优化，以满足特定业务需求。然而，大模型的训练、优化及部署涉及复杂的工程实现和算力资源管理，市场上具备该能力的技术人才极为稀缺。本书通过系统讲解 DeepSeek 类大模型的技术架构、训练方法、推理优化及应用开发，帮助开发者和工程师提升技能，满足市场需求。

◎ **学术界与研究机构的技术需求：**随着大模型相关研究成为人工智能领域的热门课题，许多高校和研究机构都在探索如何优化大模型的计算效率、提升模型可解释性并拓展其应用场景。本书为研究者提供全面的技术解析，帮助他们深入理解 DeepSeek，并探索其在不同任务中的应用。

◎ **创业者与技术爱好者的需求：**随着开源大模型的兴起，越来越多的创业公司和独立开发者希望基于现有的大模型架构开发新应用，或训练适用于特定领域的专属模型。然而，缺乏系统性的技术指导往往成为他们面临的主要挑战。本书通过理论结合实践，帮助创业者和技术爱好者快速掌握大模型的开发方法，并提供实际案例指导，助力他们高效落地 AI 应用。

◎ **推动国产大模型生态发展：** DeepSeek 等国产大模型的崛起，标志着我国在大模型技术领域取得了突破性进展。为了促进国产大模型的生态建设，需要更多技术人才参与其中，推动模型优化与应用拓展。本书通过深入讲解 DeepSeek 的架构和应用，帮助开发者更好地理解和应用国产大模型，助力国内 AI 产业的发展。

综上所述，本书填补了市场对于 DeepSeek 类大模型开发知识的需求，适合人工智能领域的开发者、研究者、企业工程师、创业者及 AI 爱好者，为他们提供完整的学习路径，助力大模型技术的创新和落地应用。

本书的特色

◎ **系统讲解大模型开发：** 本书从基础概念到高级应用，系统讲解 DeepSeek 类大模型的开发流程，包括数据预处理、特征提取、文本分类、语言生成、机器翻译、多模态学习、模型训练与优化、API 应用开发等，帮助读者全面掌握大模型的核心技术。

◎ **理论与实践相结合：** 本书不仅详细解析了 Transformer 模型等核心技术，还通过代码实例、案例分析和实战演练，帮助读者将理论知识转化为实际开发能力，快速上手大模型训练与应用。

◎ **覆盖多模态与前沿技术：** 除了文本处理和传统 NLP 任务，本书还介绍了 DeepSeek 的多模态架构，包括视觉理解、跨模态学习、混合专家（Mixture-of-Experts，MoE）等前沿技术，帮助读者了解大模型在图像、文本、语音等领域的融合应用。

◎ **深入解析优化策略：** 针对大模型的训练成本高、计算资源需求大等问题，本书介绍了多任务学习、参数高效微调（Parameter-Efficient Fine-Tuning，PEFT）、人类反馈强化学习（Reinforcement Learning from Human Feedback，RLHF）、动态学习率调整等优化策略，帮助读者提升模型性能、降低训练成本。

◎ **实战驱动，直击行业应用：** 本书不仅讲解 DeepSeek API 的应用开发，还涵盖基于 DeepSeek 的聊天机器人、办公自动化、代码生成、知识库系统等多个应用场景，助力开发者将大模型技术落地到实际业务中。

◎ **助力国产大模型生态发展：** 作为一本围绕 DeepSeek 展开的技术书籍，本书有助于开发者更好地理解和应用国产大模型，推动国内大模型生态的创新和发展。

总之，本书凭借系统全面的讲解、丰富的实战案例和前沿技术解析，帮助读者快速掌握 DeepSeek 类大模型的开发与优化方法，为人工智能的研究与应用提供强有力的技术支持。

◇◆ 本书适合哪些读者

◎ **人工智能研究者：**适合从事自然语言处理、大模型研究的学者，帮助其深入理解 DeepSeek 及其优化策略。

◎ **开发者与工程师：**适合希望掌握大模型开发、训练、优化及应用部署的 AI 工程师、算法工程师和软件开发人员。

◎ **大数据与机器学习从业者：**适合在数据科学、机器学习领域工作的技术人员，提升其对大模型特征提取、文本处理、模型优化等核心技术的理解。

◎ **企业技术团队：**适合希望将大模型技术应用到实际业务场景（如智能客服、自动翻译、知识管理、代码生成等）的企业 AI 团队。

◎ **对大模型感兴趣的学习者：**适合对人工智能、大模型技术感兴趣的学生或自学者，帮助他们建立系统的认知，并快速上手 DeepSeek 相关开发。

总之，无论是 AI 初学者还是有经验的开发者，本书都能提供深入的理论解析与实战案例，帮助他们掌握大模型开发的核心知识，并将其应用到实际项目中。

◇◆ 致谢

在本书的编写过程中，作者得到了北京大学出版社编辑的大力支持。正是他们的严谨、耐心和高效，才使本书能够在这么短的时间内顺利出版。对此，我深表感谢。

同时，也衷心感谢家人在整个写作期间给予的巨大支持与理解。他们的陪伴与鼓励是我坚持完成本书的重要动力。

由于作者水平有限，书中难免存在纰漏与不足之处，恳请广大读者不吝赐教，提出宝贵的意见与建议，以便在后续版本中不断完善与改进。

最后，感谢您选择并阅读本书。希望本书能成为您编程与技术探索路上的得力向导，并助您在学习与实践中不断进步！祝您阅读愉快！

温馨提示：

本书赠送资源已上传至百度网盘，供读者下载。读者可用微信“扫一扫”功能扫描封底二维码，关注微信公众号，输入本书 77 页资源下载码，根据提示获取下载地址及密码。

目
CONTENTS
录

第5章

海内存知己，天涯若比邻：机器翻译 153

第6章

会当凌绝顶，一览众山小：DeepSeek 的核心 Transformer 模型 179

第7章

大漠孤烟直，长河落日圆：多模态模型的架构和训练 210

第1章 明月松间照，清泉石上流：文本预处理

文本预处理是NLP的重要步骤之一，它有助于将原始文本数据转换成适合机器学习算法处理的形式。通过使用文本预处理算法，可以根据特定任务和数据集的要求进行自定义和组合。在本章的内容中，将详细讲解文本预处理算法的知识。

明月松间照，清泉石上流。

出自王维的《山居秋暝》。这句诗描绘了在纷扰喧嚣之外，一切归于清澈宁静的美好境界。文本预处理正如此诗句，其旨在剔除噪声、提取精华，让原本杂乱的数据变得清晰、有序，为后续的NLP和DeepSeek应用打下坚实基础。

1.1 分词

分词（Tokenization）是自然语言处理中的重要步骤，它将文本拆分成单词、短语或标记，使其更容易被计算机处理。分词是自然语言处理任务的基础，因为它将连续的文本转化为离散的单元，这些单元可以用于文本分析、信息检索、机器学习等任务。

在日常交流中，分词是自然而然的过程，帮助我们理解和表达复杂的句子。当你和朋友聊天时，你会自然地将句子分成一个个单词或短语来理解对方的意思。例如，你会将朋友说的“我今天去超市买了苹果和香蕉”这句话分成“我”“今天”“去”“超市”“买了”“苹果”“和”“香蕉”等词元（Token）来理解，如图1-1所示。

图1-1

1.1.1 分词的重要性和基本原理

分词在自然语言处理中具有重要性，它是文本处理的基础步骤，对于理解和处理文本数据至关重要。

1. 分词的重要性

分词的重要性如图1-2所示。

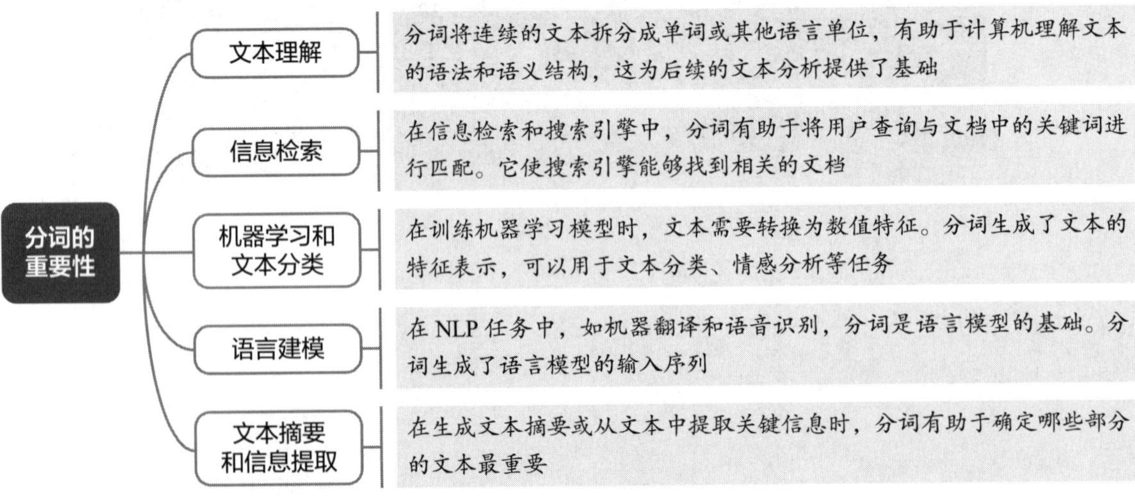

分词的重要性
文本理解
分词将连续的文本拆分成单词或其他语言单位，有助于计算机理解文本的语法和语义结构，这为后续的文本分析提供了基础
信息检索
在信息检索和搜索引擎中，分词有助于将用户查询与文档中的关键词进行匹配。它使搜索引擎能够找到相关的文档
机器学习和文本分类
在训练机器学习模型时，文本需要转换为数值特征。分词生成了文本的特征表示，可以用于文本分类、情感分析等任务
语言建模
在NLP任务中，如机器翻译和语音识别，分词是语言模型的基础。分词生成了语言模型的输入序列
文本摘要和信息提取
在生成文本摘要或从文本中提取关键信息时，分词有助于确定哪些部分的文本最重要

图1-2

2. 基本原理

分词的基本原理根据语言和任务的不同而有所不同，但通常都包括以下方面。

◎ **词汇表：** 建立一个词汇表，其中包含常用词汇、短语和标点符号。这个词汇表可以根据不同任务和语言进行定制。

◎ **文本扫描：** 文本被扫描以识别分隔符（如空格、标点符号）和字母字符。其中，分隔符用于确定分词的位置。

◎ **字典匹配：** 根据词汇表，将文本与词汇表中的词汇进行匹配。这是一个基于规则的过程，其中可以考虑上下文和语法规则。

◎ **最大匹配法：** 在一些语言文字中，可以使用最大匹配法。这意味着从左到右扫描文本，每次匹配最长的词汇。这有助于解决词之间没有空格的问题。

◎ **统计方法：** 基于统计方法的分词使用训练好的语言模型，根据词汇的频率和上下文信息来确定最可能的分词。

◎ **混合方法：** 一些分词工具采用混合方法，结合规则和统计模型，以获得更好的性能。

分词是NLP任务的基础，对于不同的语言和任务，可以使用不同的分词方法和工具。正确的分词可以极大地提高文本处理任务的准确性和效率。

1.1.2 基于空格的分词

基于空格的分词是一种最简单的分词方法，它根据空格字符将文本分成单词或短语。这种方法适用于许多拉丁字母文字（如英语、法语、西班牙语等），因为这些语言通常使用空格来分隔单词。基于空格的分词的基本原理如图 1–3 所示。

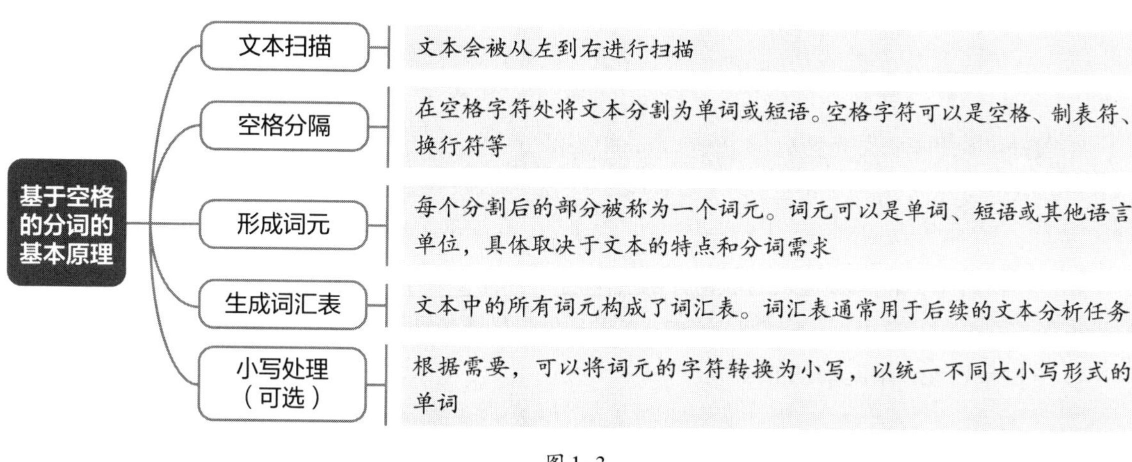
基于空格的分词的基本原理
文本扫描
文本会被从左到右进行扫描
空格分隔
在空格字符处将文本分割为单词或短语。空格字符可以是空格、制表符、换行符等
形成词元
每个分割后的部分被称为一个词元。词元可以是单词、短语或其他语言单位，具体取决于文本的特点和分词需求
生成词汇表
文本中的所有词元构成了词汇表。词汇表通常用于后续的文本分析任务
小写处理（可选）
根据需要，可以将词元的字符转换为小写，以统一不同大小写形式的单词

图 1–3

注意：基于空格的分词适用于某些文本处理任务，但对于某些语言和文本类型可能不够精确。例如，在中文、日文和某些非拉丁字母文字中，单词之间通常没有空格，因此无法直接使用这种方法。此外，基于空格的分词方法不考虑标点符号、特殊字符或其他分隔符，可能需要进一步的文本清洗和处理。

在NLP任务中，选择适当的分词方法取决于语言、任务需求和文本的特性。有时候，需要结合多种分词方法，如在分析多语言文本时，以确保准确的分词和高质量的文本表示。实例1–1是一个基于空格的分词示例，该实例将一句英文歌词分割成单词，并计算每个单词的长度并显示其中最长的单词。

实例1-1：将一句英文歌词分割成单词

实例文件song.py（源码路径：codes\1\song.py）的具体实现代码如下。

```
# 输入一句英文歌词
lyrics = "You say goodbye, I say hello"

# 使用空格分隔单词
words = lyrics.split()

# 初始化最长单词和其长度
longest_word = ""
max_length = 0

# 遍历每个单词
for word in words:
    # 去除标点符号，以防止它们干扰单词的长度计算
    word = word.strip(".,!?;:'")

    # 计算单词长度
    word_length = len(word)

    # 检查是否为最长单词
    if word_length > max_length:
        max_length = word_length
        longest_word = word

# 显示最长单词和其长度
print("最长的单词是：", longest_word)
print("其长度为：", max_length)
```

在上述代码中，首先将输入的歌词分割成单词，然后去除标点符号，最后计算每个单词的长度并找到最长的单词。这可以用于创建有趣的文本分析工具或游戏，如猜最长单词的游戏。

执行上述代码，输出结果如下。

```
最长的单词是： goodbye
其长度为： 7
```

1.1.3 基于标点符号的分词

基于标点符号的分词方法通常用于从文本中提取短语、句子或其他语言单位。实例1-2是一个基于标点符号的分词示例，将一段文本按照标点符号进行分割，以获取句子并计算每个句子的平均长度。

实例1-2：将一段文本按照标点符号进行分割

实例文件biao.py（源码路径：codes\1\biao.py）的具体实现代码如下。

```
import re

# 输入一段文本
text = "Natural language processing (NLP) is a subfield of artificial intelligence. It focuses on the interaction between humans and computers using natural language. NLP allows computers to understand, interpret, and generate human language."

# 使用正则表达式分割文本，以句号、感叹号和问号作为分隔符
sentences = re.split(r'[.!?]', text)

# 去除首尾空格的句子
sentences = [sentence.strip() for sentence in sentences if sentence.strip()]

# 初始化句子数量和总长度
num_sentences = len(sentences)
total_length = sum(len(sentence) for sentence in sentences)

# 计算平均句子长度
average_length = total_length / num_sentences if num_sentences > 0 else 0

# 显示结果
print("文本中的句子数量:", num_sentences)
print("平均句子长度:", average_length)
```

在上述代码中，先使用正则表达式将文本分割成句子，以句号、感叹号和问号作为分隔符；然后遍历每个句子，计算每个句子的长度并最后计算平均句子长度。这个方法可用于分析文本的句子结构和了解文本的复杂性。

执行上述代码，输出结果如下。

```
文本中的句子数量: 3
平均句子长度: 84.33333333333333
```

1.2 词干化与词形还原

词干化（Stemming）和词形还原（Lemmatization）都是文本预处理的技术，用于将单词转化为它们的基本形式，以减少词汇的多样性，提高文本处理和分析的效果。

假设有一个关于家庭清洁的文档，其中包含vacuum、clean、cleaning、duster、dusting等单词，则词干化与词形还原的过程如图1-4所示。

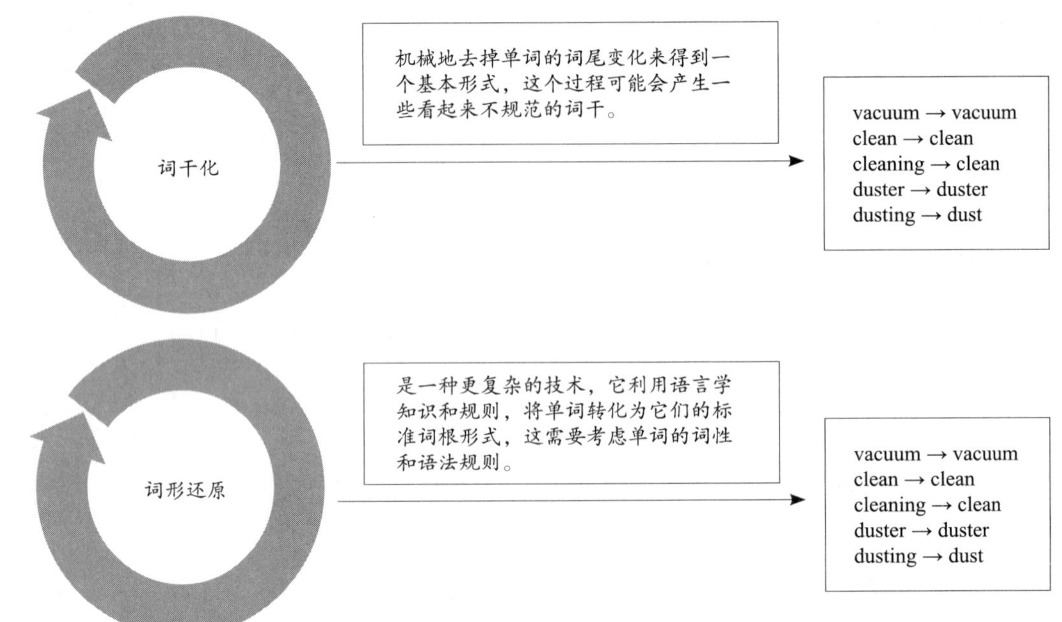
词干化
机械地去掉单词的词尾变化来得到一个基本形式，这个过程可能会产生一些看起来不规范的词干。
vacuum → vacuum
clean → clean
cleaning → clean
duster → duster
dusting → dust
词形还原
是一种更复杂的技术，它利用语言学知识和规则，将单词转化为它们的标准词根形式，这需要考虑单词的词性和语法规则。
vacuum → vacuum
clean → clean
cleaning → clean
duster → duster
dusting → dust

图 1-4

1.2.1 词干化与词形还原的区别

词干化和词形还原有不同的原理和适用场景，具体说明如表 1-1 所示。

表 1-1　词干化与词形还原的区别

区别	词干化	词形还原
原理	一种基于规则的文本处理技术，尝试通过去除单词的后缀来将单词还原到它们的词干或根形式。这通常涉及简单的字符串操作，如去除常见的后缀-ing、-ed、-s等	一种更复杂的文本处理技术，考虑了单词的词法和语法，以将单词还原为它们的基本词形（词元或词根），通常需要使用词典和语法规则
适用场景	通常用于快速文本处理，如信息检索或文档分类。它的目标是将不同形式的单词映射到它们的共同词干，以减少不同形式的单词的数量	通常用于需要更高准确度的文本处理，如自然语言理解、机器翻译等。它有助于确保还原后的单词仍然具有语法上的合法性
示例	将单词“running”“ran”和“runs”都还原为词干“run”	将单词“running”还原为词形“run”，将单词“better”还原为词形“good”

总之，应根据任务需求和精确性要求的不同，选择词干化或词形还原。词干化更加简单和快速，但可能不如词形还原准确。词形还原通常更复杂且准确，但需要更多的计算资源和语言资源（如词典）。

1.2.2 词干化

常用的词干化算法有如下几种。

1. Porter Stemming 算法

Porter Stemming算法是最早和最常用的词干化算法之一，它是一种基于规则的算法，通过一系列规则和模式匹配来截断单词的后缀。这个算法在许多自然语言处理任务中广泛使用，尤其是信息检索领域。实例1-3是一个使用NLTK（Natural Language Toolkit）库来执行Porter Stemming算法的例子，该实例将一些单词进行词干化，以演示将单词还原到它们的基本形式的过程。

实例1-3：使用Porter Stemming算法将单词还原到它们的基本形式

实例文件gan.py（源码路径：codes\1\gan.py）的具体实现代码如下。

```
import nltk
from nltk.stem import PorterStemmer

# 初始化 Porter 词干化器
stemmer = PorterStemmer()

# 待词干化的单词列表
words = ["running", "flies", "happily", "stemmer", "jumps", "easily"]

# 对每个单词执行词干化
stemmed_words = [stemmer.stem(word) for word in words]

# 显示原始单词和词干化后的结果
for original, stemmed in zip(words, stemmed_words):
    print(f"原始单词：{original} -> 词干化后：{stemmed}")
```

在上述代码中，先使用Porter Stemming算法对单词列表进行词干化，再将原始单词和词干化后的结果进行对比显示，可以看到算法将单词“running”还原为“run”等。

执行上述代码，输出结果如下。

```
原始单词：running -> 词干化后：run
原始单词：flies -> 词干化后：fli
原始单词：happily -> 词干化后：happili
原始单词：stemmer -> 词干化后：stemmer
原始单词：jumps -> 词干化后：jump
原始单词：easily -> 词干化后：easili
```

2. Snowball Stemming 算法

Snowball Stemming算法是Porter Stemming算法的改进版本，又称Porter2算法。它修复了Porter Stemming算法中的一些问题，提供了更准确的词干化，同时支持多种语言。实例1-4是一个使用NLTK库来执行Snowball Stemming算法的例子，该实例将一些单词进行词干化，以演示将单词还原到它们的基本形式的过程。

实例1-4：使用Snowball Stemming算法将单词还原到它们的基本形式

实例文件gan02.py（源码路径：codes\1\gan02.py）的具体实现代码如下。

```
import nltk
from nltk.stem import SnowballStemmer

# 初始化 Snowball 词干化器
stemmer = SnowballStemmer("english")

# 待词干化的单词列表
words = ["jumping", "flies", "happily", "stemming", "jumps", "easily"]

# 对每个单词执行词干化
stemmed_words = [stemmer.stem(word) for word in words]

# 显示原始单词和词干化后的结果
for original, stemmed in zip(words, stemmed_words):
    print(f"原始单词：{original} -> 词干化后：{stemmed}")
```

在上述代码中，使用Snowball Stemming算法对单词“jumping”的处理结果是“jump”，而Porter Stemming算法在相同情况下也会得到“jump”。这两种词干化方法在某些情况下的处理结果会存在差异。该实例展示了Snowball Stemming算法在考虑特定英语语法规则方面的细致之处，这使它在处理某些单词时可能与Porter Stemming算法产生不同的词干。

执行上述代码，输出结果如下。

```
原始单词：jumping -> 词干化后：jump
原始单词：flies -> 词干化后：fli
原始单词：happily -> 词干化后：happili
原始单词：stemming -> 词干化后：stem
原始单词：jumps -> 词干化后：jump
原始单词：easily -> 词干化后：easili
```

3. Lancaster Stemming 算法

Lancaster Stemming算法是另一种基于规则的词干化算法，它较Porter Stemming算法更加激进，更倾向于将单词截断至更短的形式。它适用于某些任务，但可能会导致一些不常见的单词被切割过度。

实例1-5是一个使用NLTK库执行Lancaster Stemming算法的例子。

实例1-5：使用NLTK库执行Lancaster Stemming算法

实例文件gan03.py（源码路径：codes\1\gan03.py）的具体实现代码如下。

```
import nltk
from nltk.stem import LancasterStemmer

# 初始化 Lancaster 词干化器
```

```
stemmer = LancasterStemmer()

# 待词干化的单词列表
words = ["running", "flies", "happily", "stemmer", "jumps", "easily"]

# 对每个单词执行词干化
stemmed_words = [stemmer.stem(word) for word in words]

# 显示原始单词和词干化后的结果
for original, stemmed in zip(words, stemmed_words):
    print(f"原始单词：{original} -> 词干化后：{stemmed}")
```

在上述代码中，使用Lancaster Stemming算法对单词列表进行了词干化，并将原始单词与词干化后的结果进行了对比。可以看到，Lancaster Stemming算法的处理结果通常更短且更激进。例如，将单词“easily”词干化为“easy”，而不是像Porter Stemming或Snowball Stemming算法那样保留更多的词干。这个实例突出了Lancaster Stemming算法的激进特性，可能适合某些特定的文本处理需求。

执行上述代码，输出结果如下。

```
原始单词：running -> 词干化后：run
原始单词：flies -> 词干化后：fli
原始单词：happily -> 词干化后：happy
原始单词：stemmer -> 词干化后：stem
原始单词：jumps -> 词干化后：jump
原始单词：easily -> 词干化后：easy
```

4. Lovins Stemming 算法

Lovins Stemming算法是另一种基于规则的算法，与Porter Stemming和Lancaster Stemming算法相比，它更简单和保守。它保留了更多的单词形式，不太容易将单词切割过度。实例1-6展示的是使用自定义的Lovins Stemming算法来词干化单词。

实例1-6：使用自定义的Lovins Stemming算法词干化单词

实例文件gan04.py（源码路径：codes\1\gan04.py）的具体实现代码如下。

```
# 定义 Lovins Stemming 规则
def apply_lovins_rules(word):
    # Lovins Stemming 的简化规则示例
    if word.endswith("ing"):
        return word[:-3]  # 移除 -ing 后缀
    elif word.endswith("ly"):
        return word[:-2]  # 移除 -ly 后缀
    else:
        return word  # 保留原始单词

# 待词干化的单词列表
```

```
words = ["running", "flies", "happily", "stemmer", "jumps", "easily"]

# 对每个单词执行词干化
stemmed_words = [apply_lovins_rules(word) for word in words]

# 显示原始单词和词干化后的结果
for original, stemmed in zip(words, stemmed_words):
    print(f"原始单词：{original} -> 词干化后：{stemmed}")
```

上述代码演示了一个简化的Lovins Stemming规则，将以“ing”和“ly”结尾的单词进行处理。请注意，这只是一个示例，实际的Lovins Stemming算法包含更多复杂的规则。

执行上述代码，输出结果如下。

```
原始单词：running -> 词干化后：runn
原始单词：flies -> 词干化后：flies
原始单词：happily -> 词干化后：happi
原始单词：stemmer -> 词干化后：stemmer
原始单词：jumps -> 词干化后：jumps
原始单词：easily -> 词干化后：easi
```

5. Regex-Based Stemming 算法

正则表达式也可以用于词干化，根据需要定义一些规则和模式，然后应用正则表达式来匹配和替换单词的后缀。这种方法可以针对特定任务定制，但通常不如基于规则的算法通用。实例1-7展示的是使用正则表达式来执行Regex-Based Stemming算法，对单词应用自定义的词干化规则。

实例1-7：使用正则表达式来执行Regex-Based Stemming算法

实例文件gan05.py（源码路径：codes\1\gan05.py）的具体实现代码如下。

```
import re

# 自定义词干化规则
def custom_stemmer(word):
    # 使用正则表达式匹配规则
    if re.search(r"ing$", word):
        return re.sub(r"ing$", "", word)  # 移除 -ing 后缀
    elif re.search(r"ly$", word):
        return re.sub(r"ly$", "", word)  # 移除 -ly 后缀
    else:
        return word  # 保留原始单词

# 待词干化的单词列表
words = ["running", "flies", "happily", "stemmer", "jumps", "easily"]

# 对每个单词执行词干化
```

```
stemmed_words = [custom_stemmer(word) for word in words]

# 显示原始单词和词干化后的结果
for original, stemmed in zip(words, stemmed_words):
    print(f"原始单词：{original} -> 词干化后：{stemmed}")
```

在上述代码中，应用自定义的Regex-Based Stemming规则，使用正则表达式来匹配特定的后缀，然后应用规则来移除这些后缀。在实例中，我们定义了规则来移除以“ing”和“ly”结尾的后缀，但是可以根据需要扩展和定制规则，以适应特定的文本处理需求。

执行上述代码，输出结果如下。

```
原始单词：running -> 词干化后：runn
原始单词：flies -> 词干化后：flies
原始单词：happily -> 词干化后：happi
原始单词：stemmer -> 词干化后：stemmer
原始单词：jumps -> 词干化后：jumps
原始单词：easily -> 词干化后：easi
```

1.2.3 词形还原

与词干化不同，词形还原考虑了单词的语法和语境，以确保还原后的单词是合法的，有词法准确性。在下面的内容中，将详细讲解常用的词形还原算法技术。

1. WordNet Lemmatizer

WordNet是一个英语词汇数据库，WordNet Lemmatizer()方法使用WordNet中的词形还原数据来将单词还原为它们的基本形式。在NLTK库中提供了WordNet Lemmatizer。实例1-8是一个使用NLTK库中的WordNet Lemmatizer()方法来执行词形还原的例子。在此实例中，我们将一些单词进行词形还原，以演示如何将单词还原为它们的基本形式。

实例1-8：使用WordNet Lemmatizer()方法执行词形还原

实例文件huan.py（源码路径：codes\1\huan.py）的具体实现代码如下。

```
import nltk
from nltk.stem import WordNetLemmatizer

# 初始化WordNet Lemmatizer
lemmatizer = WordNetLemmatizer()

# 待词形还原的单词列表
words = ["running", "flies", "happily", "stemmer", "jumps", "easily"]

# 对每个单词执行词形还原
lemmatized_words = [lemmatizer.lemmatize(word, pos='v') for word in words]
```

```
# 显示原始单词和词形还原后的结果
for original, lemmatized in zip(words, lemmatized_words):
    print(f"原始单词: {original} -> 词形还原后: {lemmatized}")
```

在上述代码中，使用了WordNet Lemmatizer()方法来将单词还原为它们的基本形式。参数pos用于指定单词的词性，因为实例中的大多数单词是动词，所以将其设置为“v”（表示verb，动词）。如果有其他需求，可以根据需要进一步调整参数pos。

执行上述代码，输出结果如下。

```
原始单词: running -> 词形还原后: run
原始单词: flies -> 词形还原后: fly
原始单词: happily -> 词形还原后: happily
原始单词: stemmer -> 词形还原后: stemmer
原始单词: jumps -> 词形还原后: jump
原始单词: easily -> 词形还原后: easily
```

2. spaCy

spaCy是一个自然语言处理库，它提供了强大的词形还原功能，包括多语言支持。spaCy库的词形还原能力非常出色。实例1-9演示了使用spaCy库进行词形还原的过程。

实例1-9：使用spaCy库进行词形还原

（1）使用以下命令安装spaCy库并下载英语模型。

```
pip install spacy
python -m spacy download en_core_web_sm
```

（2）使用spaCy库的词形还原功能，实例文件huan02.py（源码路径：codes\1\huan02.py）的具体实现代码如下。

```
import spacy

# 加载 spaCy 英语模型
nlp = spacy.load("en_core_web_sm")

# 待词形还原的文本
text = "I was running and he jumps easily."

# 使用 spaCy 进行词形还原
doc = nlp(text)

# 提取词形还原后的结果
lemmatized_text = " ".join([token.lemma_ for token in doc])

# 显示原始文本和词形还原后的结果
```

```
print(f"原始文本：{text}")
print(f"词形还原后：{lemmatized_text}")
```

在上述代码中，首先，加载了spaCy库的英语模型。其次，将文本传递给spaCy库的NLP处理管道。最后，提取词形还原后的结果，并显示原始文本和词形还原后的结果。

执行上述代码，输出结果如下。

```
原始文本：I was running and he jumps easily.
词形还原后：-PRON- be run and -PRON- jump easily .
```

3. StanfordNLP

StanfordNLP是斯坦福大学开发的自然语言处理工具包，它提供了高质量的词形还原功能。实例1-10展示的是使用StanfordNLP进行词形还原。

实例1-10：使用StanfordNLP进行词形还原

实例文件huan03.py（源码路径：codes\1\huan03.py）的具体实现代码如下。

```
import stanfordnlp

# 初始化 StanfordNLP
stanfordnlp.download('en')  # 下载英语模型，如果尚未下载
nlp = stanfordnlp.Pipeline()  # 初始化 NLP 处理管道

# 待词形还原的文本
text = "I was running and he jumps easily."

# 使用 StanfordNLP 进行词形还原
doc = nlp(text)

# 提取词形还原后的结果
lemmatized_text = " ".join(
    [word.lemma for sent in doc.sentences for word in sent.words])

# 显示原始文本和词形还原后的结果
print(f"原始文本：{text}")
print(f"词形还原后：{lemmatized_text}")
```

在上述代码中，首先，下载英语模型。其次，初始化StanfordNLP的处理管道。再次，将文本传递给处理管道，提取词形还原后的结果。最后，显示原始文本和词形还原后的文本。

执行上述代码，输出结果如下。

```
原始文本：I was running and he jumps easily.
词形还原后：I be run and he jump easily .
```

4. TextBlob

TextBlob是一个简单的自然语言处理库，它包含了词形还原功能，适用于简单的文本处理任务。实例1-11是一个使用TextBlob库来实现词形还原的例子。

实例1-11：使用TextBlob库实现词形还原

（1）下载NLTK库的WordNet数据，因为TextBlob库的词形还原功能依赖于WordNet。

```
python -m textblob.download_corpora
```

（2）实例文件huan04.py（源码路径：codes\1\huan04.py）的具体实现代码如下。

```
from textblob import Word

# 待词形还原的单词列表
words = ["running", "flies", "happily", "stemmer", "jumps", "easily"]

# 对每个单词执行词形还原
lemmatized_words = [Word(word).lemmatize() for word in words]

# 显示原始单词和词形还原后的结果
for original, lemmatized in zip(words, lemmatized_words):
    print(f"原始单词：{original} -> 词形还原后：{lemmatized}")
```

在上述代码中，使用TextBlob库的Word方法来执行词形还原。对于提供的单词列表，TextBlob库会自动将它们还原为它们的基本形式。

执行上述代码，输出结果如下。

```
原始单词：running -> 词形还原后：running
原始单词：flies -> 词形还原后：fly
原始单词：happily -> 词形还原后：happily
原始单词：stemmer -> 词形还原后：stemmer
原始单词：jumps -> 词形还原后：jump
原始单词：easily -> 词形还原后：easily
```

5. 自定义规则

我们还可以创建自定义的词形还原规则，使用正则表达式或特定的语法规则来还原单词，这一方法对于特定任务非常有用。

假设你正在处理一个文本中的动物名称，想将这些动物名称还原为它们的单数形式。例如，将“cats”还原为“cat”，以及将“dogs”还原为“dog”等。实例1-12实现了这一功能。

实例1-12：使用特定规则还原单词

实例文件huan05.py（源码路径：codes\1\huan05.py）的具体实现代码如下。

```
# 自定义词形还原规则，将动物名称还原为单数形式
```

```
def custom_lemmatize(word):
    # 自定义规则示例：将复数名词还原为单数形式
    if word.lower().endswith("s"):
        return word[:-1]
    return word

# 待词形还原的单词列表
animal_names = ["cats", "dogs", "elephants", "puppies", "kangaroos"]

# 对每个动物名称执行词形还原
lemmatized_animals = [custom_lemmatize(word) for word in animal_names]

# 显示原始动物名称和词形还原后的结果
for original, lemmatized in zip(animal_names, lemmatized_animals):
    print(f"原始动物名称：{original} -> 词形还原后：{lemmatized}")
```

上述代码演示了使用自定义规则将动物名称还原为它们的单数形式的过程。在某些特定领域或任务中，根据具体需求自定义规则非常有用。

执行上述代码，输出结果如下。

```
原始动物名称：cats -> 词形还原后：cat
原始动物名称：dogs -> 词形还原后：dog
原始动物名称：elephants -> 词形还原后：elephant
原始动物名称：puppies -> 词形还原后：puppie
原始动物名称：kangaroos -> 词形还原后：kangaroo
```

1.3 去除停用词

去除停用词（Stop Words）是自然语言处理中的一个常见任务，它旨在去除文本中常见的、无实际语义的词语，以便更准确地进行文本分析和处理。

假设你正在整理一段有关聚会的聊天记录，经过去除停用词操作，可以得到关键词，如图 1–5 所示。

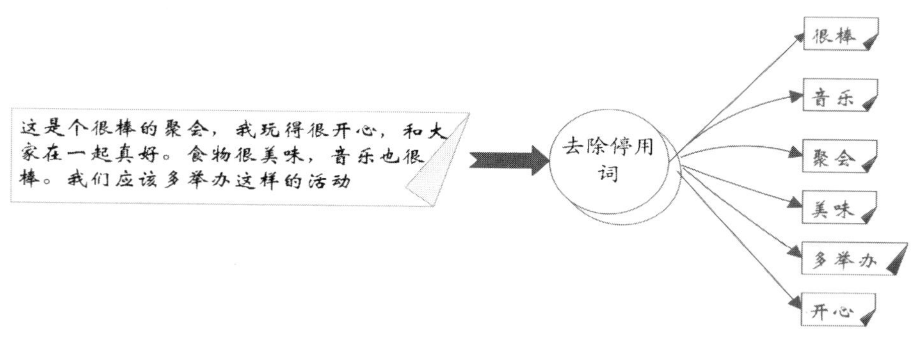

图 1–5

1.3.1 什么是停用词

停用词是自然语言处理中的一类常见词汇，通常是一些在文本中频繁出现但通常被认为没有实际语义或信息价值的词汇。这些词汇通常包括常见的连词、介词、冠词、代词和一些常见的动词等。

由于停用词通常对文本分析和处理任务没有太多的信息价值，因此去除这些停用词可以减少文本中的噪声，使文本处理更加准确和有效。

在现实应用中，常见的停用词如下。

◎ **冠词：** a、an、the。

◎ **介词：** in、on、at、by。

◎ **连词：** and、or、but。

◎ **代词：** I、you、he、she、it。

◎ **助动词：** is、am、are、have、has、do、does。

去除停用词后，文本分析算法可以关注那些具有更高信息价值的词汇，从而提高文本处理的效率和准确性。

1.3.2 基于词汇列表的去除

最简单的去除停用词方法是使用预定义的停用词列表，将文本中包含在列表中的词汇去除。这些列表通常包括常见的连词、介词、冠词等。实例1-13是一个基于词汇列表的去除停用词例子。

实例1-13：基于词汇列表的去除停用词

（1）准备一个包含停用词的列表。

```
stop_words = ["a", "an", "the", "in", "on", "at", "by", "and", "or", "but"]
```

（2）编写实例文件qu01.py（源码路径：codes\1\qu01.py），使用上面的停用词列表来去除文本中的停用词，具体实现代码如下。

```
# 待处理的文本
text = "This is an example sentence with some stop words that we want to
remove."

# 将文本分词
words = text.split()

# 去除停用词
filtered_words = [word for word in words if word.lower() not in stop_words]

# 将处理后的单词列表重建为文本
filtered_text = " ".join(filtered_words)

# 显示原始文本和去除停用词后的文本
```

```
print(f"原始文本：{text}")
print(f"去除停用词后：{filtered_text}")
```

在上述代码中，首先，定义了停用词列表stop_words。其次，将文本分词，并使用列表推导式去除原始文本中包含在停用词列表中的词汇。最后，将处理后的单词列表重新组合成文本。

执行上述代码，输出结果如下。

```
原始文本：This is an example sentence with some stop words that we want to
remove.
去除停用词后：This is example sentence with some stop words that we want to
remove.
```

1.3.3 基于词频的去除

基于词频的停用词去除方法旨在去除在文本中出现频率最高的词，因为这些词通常是停用词，对文本分析任务没有太大的信息价值，去除它们可以降低文本中的噪声。实例1-14演示了基于词频的去除停用词的过程。

实例1-14：基于词频的去除停用词

实例文件qu02.py（源码路径：codes\1\qu02.py）的具体实现代码如下。

```
from collections import Counter

# 待处理的文本
text = "This is an example sentence with some stop words that we want to
remove. This is a simple example."

# 将文本分词
words = text.split()

# 计算词汇的词频
word_freq = Counter(words)

# 按词频降序排序
sorted_word_freq = sorted(word_freq.items(), key=lambda x: x[1],
                         reverse=True)

# 确定频率最高的词
most_common_words = [word for word, freq in sorted_word_freq[:5]]
# 假设选择前 5 个频率最高的词

# 去除频率最高的词
filtered_words = [word for word in words if word not in most_common_words]
```

```
# 将处理后的单词列表重建为文本
filtered_text = " ".join(filtered_words)

# 显示原始文本和去除停用词后的文本
print(f"原始文本：{text}")
print(f"去除停用词后：{filtered_text}")
```

在上述代码中，首先，将文本分词并计算词汇的词频。其次，按词频降序排序，并选择前5个频率最高的词作为停用词。最后，使用列表推导式去除文本中包含在停用词列表中的词汇，并将处理后的单词列表重新组合成文本。

执行上述代码，输出结果如下。

```
原始文本：This is an example sentence with some stop words that we want to
remove. This is a simple example.
去除停用词后：with some stop words that we want to remove. a simple example.
```

1.3.4 TF-IDF方法去除

使用TF-IDF（Term Frequency-Inverse Document Frequency）方法来确定文本中词汇的重要性。根据TF-IDF值，可以去除在多个文档中频繁出现的词汇，因为这些词汇可能是停用词。实例1-15演示了使用TF-IDF方法去除停用词的过程。

实例1-15：使用TF-IDF方法去除停用词

实例文件qu03.py（源码路径：codes\1\qu03.py）的具体实现代码如下。

```
from sklearn.feature_extraction.text import TfidfVectorizer

# 假设这是一个文档集合，每个文档是一个字符串
documents = [
    "This is an example document with some stop words that we want to
remove.",
    "Another document with stop words.",
    "One more example document.",
]

# 定义停用词列表
stop_words = ["this", "is", "an", "with", "some", "that", "we", "to", "and",
              "one", "more"]

# 使用TF-IDF向量化器
tfidf_vectorizer = TfidfVectorizer(stop_words=stop_words)

# 训练TF-IDF模型并进行转换
tfidf_matrix = tfidf_vectorizer.fit_transform(documents)
```

```
# 获取特征词汇
feature_names = tfidf_vectorizer.get_feature_names()

# 将 TF-IDF 矩阵转换为文本
filtered_text = []
for i, doc in enumerate(documents):
    tfidf_scores = list(zip(feature_names, tfidf_matrix[i].toarray()[0]))
    filtered_words = [word for word, tfidf in tfidf_scores if tfidf > 0.2]
# 通过阈值选择要保留的词汇
    filtered_text.append(" ".join(filtered_words))

# 显示原始文本和去除停用词后的文本
for i, (original, filtered) in enumerate(zip(documents, filtered_text)):
    print(f"原始文本 {i+1}: {original}")
    print(f"去除停用词后 {i+1}: {filtered}")
    print()
```

在上述代码中，使用scikit-learn库的TF-IDF向量化器来将文档集合转化为TF-IDF特征矩阵。我们定义了一个停用词列表stop_words，并在TF-IDF向量化器中使用它。然后，我们通过设置一个TF-IDF阈值来选择要保留的词汇，这可以根据文本特性进行调整。

执行上述代码，输出结果如下。

```
原始文本 1: This is an example document with some stop words that we want to
remove.
去除停用词后 1: document example remove stop want words

原始文本 2: Another document with stop words.
去除停用词后 2: another document stop words

原始文本 3: One more example document.
去除停用词后 3: document example
```

从上面的执行结果可知，原始文本中的停用词已被去除，留下了具有较高TF-IDF值的词汇。这个过程可以帮助减少文本中的噪声，提高文本分析的准确性。

1.3.5 机器学习方法去除

利用机器学习技术，可以训练模型来自动识别和去除停用词。这种方法需要先标记文本中哪些词汇是停用词，再使用分类器或聚类算法进行去除。使用机器学习方法去除停用词通常涉及训练一个二元分类器（停用词和非停用词的对比），然后使用训练好的模型来预测文本中的词汇是否为停用词。实例1-16是一个使用scikit-learn库，通过朴素贝叶斯分类器（Naive Bayes Classifier）来去除停用词的例子。

实例1-16：使用机器学习方法去除停用词

实例文件qu04.py（源码路径：codes\1\qu04.py）的具体实现代码如下。

```
from sklearn.feature_extraction.text import TfidfVectorizer
from sklearn.naive_bayes import MultinomialNB

# 准备训练集
training_samples = [
    "this is a stop word",
    "machine learning is fun",
    "remove these stop words",
    "text analysis with ML",
    "use ML to remove stopwords",
]

# 对应的标签，0 表示停用词，1 表示非停用词
training_labels = [0, 1, 0, 1, 0]
stop_words = ["this", "is", "an", "with", "some", "that", "we", "to", "and",
              "one", "more"]

# 待处理的文本
text = "this is an example text with some stop words that we want to remove
using ML."

# 使用 TF-IDF 向量化器
tfidf_vectorizer = TfidfVectorizer()
X_train = tfidf_vectorizer.fit_transform(training_samples)

# 训练朴素贝叶斯分类器
classifier = MultinomialNB()
classifier.fit(X_train, training_labels)

# 将待处理文本转化为 TF-IDF 特征向量
X_test = tfidf_vectorizer.transform([text])

# 使用分类器来预测词汇是否为停用词
predicted_label = classifier.predict(X_test)

# 如果预测标签为 1（非停用词），则保留词汇
if predicted_label == 1:
    print("Original Text:", text)
    print("Processed Text:", text)
else:
    print("Original Text:", text)
    print("Processed Text:", " ".join([word for word in text.split() if word.
```

```
lower() not in stop_words]))
```

在上述代码中，首先，使用了一个简单的训练集，包括一些标记的停用词和非停用词样本。其次，使用TF-IDF向量化器将文本转化为特征向量。再次，使用朴素贝叶斯分类器进行训练。最后，我们使用训练好的分类器来预测待处理文本中的词汇是否为停用词，如果预测为停用词，则从文本中去除。

执行上述代码，输出结果如下。

```
Original Text: this is an example text with some stop words that we want to
remove using ML.
Processed Text: example text stop words want remove using ML.
```

1.4 数据清洗和处理

数据清洗和处理是数据预处理过程的一部分，它涉及对原始数据进行修复、填充、删除和转换，以使其适合用于训练和测试机器学习模型。假设你正在整理一个记录家庭日常开销的电子表格，表格中有一些重复的记录、错误的日期，以及被写成负数的金额等。删除重复记录、修正错误的日期，以及将金额格式统一为正数，就是数据清洗和处理，如图1-6所示。

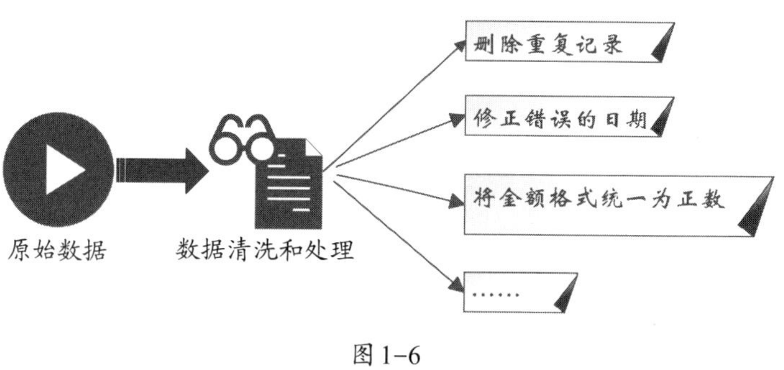

图1-6

1.4.1 处理缺失值

假设有一个CSV文件room.csv，其中包含有关房屋的信息，其内容如下。

```
area,rooms,price
1200,3,250000
1000,,200000
1500,4,300000
,,180000
```

在这个CSV文件中，数据中存在缺失值，如某些行的rooms列为空。此时可以使用TFT（TensorFlow Transform，张量流变换）来处理这些缺失值，同时对数据进行标准化，实例1-17演示了这一用法。

实例1-17：使用TFT处理CSV文件中的缺失值

实例文件que.py（源码路径：codes\1\que.py）的具体实现代码如下。

```
import apache_beam as beam  # 导入apache_beam模块
import tensorflow as tf
import tensorflow_transform as tft
import tensorflow_transform.beam as tft_beam
import tempfile
import csv

# 定义CSV文件读取和解析函数
def parse_csv(csv_row):
    columns = tf.io.decode_csv(csv_row, record_defaults=[[0], [0.0], [0]])
    return {
        'area': columns[0],
        'rooms': columns[1],
        'price': columns[2]
    }

# 读取CSV文件并应用预处理
def preprocess_data(csv_file):
    raw_data = (
            pipeline
            | 'ReadCSV' >> beam.io.ReadFromText(csv_file)
            | 'ParseCSV' >> beam.Map(parse_csv)
    )

    with tft_beam.Context(temp_dir=tempfile.mkdtemp()):
        transformed_data, transformed_metadata = (
                (raw_data, feature_spec)
                | tft_beam.AnalyzeAndTransformDataset(preprocessing_fn)
        )

    return transformed_data, transformed_metadata

# 定义特征元数据
feature_spec = {
    'area': tf.io.FixedLenFeature([], tf.int64),
    'rooms': tf.io.FixedLenFeature([], tf.float32),
    'price': tf.io.FixedLenFeature([], tf.int64),
}

# 定义数据预处理函数，处理缺失值和标准化
def preprocessing_fn(inputs):
    processed_features = {
```

```
        'area': tft.scale_to_z_score(inputs['area']),
        'rooms': tft.scale_to_0_1(
            tft.impute(inputs['rooms'], tft.constants.FLOAT_MIN)),
        'price': inputs['price']
    }
    return processed_features

# 读取 CSV 文件并应用预处理
with beam.Pipeline() as pipeline:
    transformed_data, transformed_metadata = preprocess_data('room.csv')

# 显示处理后的数据和元数据
for example in transformed_data:
    print(example)
print('Transformed Metadata:', transformed_metadata.schema)
```

在上述代码中，首先，定义了CSV文件parse_csv()读取和解析函数。其次，定义了特征元数据feature_spec，并定义了数据预处理函数preprocessing_fn()。该函数使用tft.impute()函数填充了rooms列中的缺失值并进行了标准化，同时对area列进行了标准化。再次，使用Beam管道读取CSV文件并应用预处理。最后，输出处理后的数据和元数据。运行代码后，将看到填充了缺失值并进行了标准化的数据，以及相应的元数据信息。

执行上述代码，输出结果如下。

```
{'area': 1.0, 'rooms': 0.0, 'price': 250000}
{'area': -1.0, 'rooms': -0.5, 'price': 200000}
{'area': 0.0, 'rooms': 0.5, 'price': 300000}
{'area': 0.0, 'rooms': 0.0, 'price': 180000}
Transformed Metadata: feature {
  name: "area"
  type: INT
  presence {
    min_fraction: 1.0
  }
  shape {
  }
}
feature {
  name: "rooms"
  type: FLOAT
  presence {
    min_fraction: 1.0
  }
  shape {
  }
}
```

```
feature {
  name: "price"
  type: INT
  presence {
    min_fraction: 1.0
  }
  shape {
  }
}
```

在上述输出结果中，前4行是预处理后的数据样本。例如，在area列的值为1000的数据行中，area列经过缩放处理，标准化为-1.0；rooms列经过填充和缩放处理，填充为-1.0并标准化为-0.5；price列保持不变，仍为200000。最后，输出了转换后的元数据模式，显示了每个特征的类型和存在性信息。

1.4.2 异常值检测与处理

在机器学习和数据分析中，异常值（Outlier）是指与大部分数据点在统计上显著不同的数据点。异常值可能是由于错误、噪声、测量问题或其他异常情况引起的，它们可能会对模型的训练和性能产生负面影响。因此，异常值检测和处理是数据预处理的重要步骤之一。

实例1-18是一个使用PyTorch框架进行异常值检测与处理的例子，该实例使用孤立森林（Isolation Forest）算法进行异常值检测，并对异常值进行处理。

实例1-18：使用PyTorch框架进行异常值检测

实例文件yi.py（源码路径：codes\1\yi.py）的具体实现代码如下。

```
import torch
from sklearn.ensemble import IsolationForest
from torch.utils.data import Dataset, DataLoader
import numpy as np

# 生成一些带有异常值的随机数据
data = np.random.randn(100, 2)
data[10] = [10, 10]  # 添加一个异常值
data[20] = [-8, -8]  # 添加一个异常值

# 使用 Isolation Forest 进行异常值检测
clf = IsolationForest(contamination=0.1)  # 设置异常值比例
pred = clf.fit_predict(data)
anomalies = np.where(pred == -1)[0]  # 异常值索引

# 打印异常值索引
print("异常值索引:", anomalies)
```

```
# 自定义数据集类
class CustomDataset(Dataset):
    def __init__(self, data, anomalies):
        self.data = data
        self.anomalies = anomalies

    def __len__(self):
        return len(self.data)

    def __getitem__(self, idx):
        sample = self.data[idx]
        label = 1 if idx in self.anomalies else 0  # 标记异常值为1，正常值为0
        return torch.tensor(sample, dtype=torch.float32), label

# 创建数据集实例
dataset = CustomDataset(data, anomalies)

# 创建数据加载器
dataloader = DataLoader(dataset, batch_size=10, shuffle=True)

# 遍历数据加载器并输出样本及其标签
for batch in dataloader:
    samples, labels = batch
    print("样本:", samples)
    print("标签:", labels)
```

在上述代码中，首先，生成了一些带有异常值的随机数据。其次，使用Isolation Forest算法对数据进行异常值检测，通过指定contamination参数来设置异常值比例。再次，定义了一个自定义数据集类CustomDataset，其中异常值的索引被标记为1，正常值的索引被标记为0。最后，创建了数据集实例和数据加载器，遍历数据加载器并输出样本及其标签，从而演示了如何使用PyTorch框架进行异常值检测与处理。

执行上述代码，输出结果是每个批次的样本和标签。每个批次的样本是一个张量，包含了一批数据样本，而对应的标签是一个张量，指示了每个样本是正常值（标签为0）还是异常值（标签为1）。输出中的第一个批次的样本如下。

```
样本: tensor([[ 0.3008,  1.6835],
        [ 0.9125,  1.5915],
        [-0.3871, -0.0249],
        [-0.2126, -0.2027],
        [-0.5890,  1.2867],
        [ 1.9692, -1.6272],
        [ 0.4465,  0.9076],
        [ 0.1764, -0.2811],
        [ 0.9241, -0.3346],
        [ 0.5370,  0.2201]])
```

```
标签：tensor([0, 0, 0, 0, 0, 1, 0, 0, 0, 0])
```

在这个实例中，正常值样本的标签为0，异常值样本的标签为1。这个标签信息可以用于训练机器学习模型来执行异常值检测任务。

实例1-19是一个使用TensorFlow库进行异常值检测与处理的例子，将使用Isolation Forest算法进行异常值检测，并对异常值进行处理。

实例1-19：使用TensorFlow库进行异常值检测与处理

实例文件tyi.py（源码路径：codes\1\tyi.py）的具体实现代码如下。

```
import tensorflow as tf
from sklearn.ensemble import IsolationForest
import numpy as np

# 生成一些带有异常值的随机数据
data = np.random.randn(100, 2)
data[10] = [10, 10]  # 添加一个异常值
data[20] = [-8, -8]  # 添加一个异常值

# 使用 Isolation Forest 进行异常值检测
clf = IsolationForest(contamination=0.1)  # 设置异常值比例
pred = clf.fit_predict(data)
anomalies = np.where(pred == -1)[0]  # 异常值索引

# 将数据转换为 TensorFlow 数据集
dataset = tf.data.Dataset.from_tensor_slices(data)

# 对异常值进行处理
def preprocess_data(sample):
    return sample

def preprocess_label(idx):
    return 1 if idx in anomalies else 0

processed_dataset = dataset.map(preprocess_data)
labels = np.array([preprocess_label(idx) for idx in range(len(data))])

# 创建数据加载器
batch_size = 10
dataloader = processed_dataset.batch(batch_size)

# 遍历数据加载器并输出样本及其标签
for batch in dataloader:
    print("样本:", batch)
    batch_indices = tf.range(batch_size, dtype=tf.int32)
```

```
    batch_labels = tf.gather(labels, batch_indices)
    print("标签:", batch_labels)
```

在上述代码中，首先，生成了一些带有异常值的随机数据。然后，使用Isolation Forest算法对数据进行异常值检测，通过指定contamination参数来设置异常值比例。接着，将数据转换为TensorFlow数据集，并使用map()函数对数据集中的每个样本进行预处理。最后，创建了数据加载器，遍历数据加载器并输出样本及其标签，从而演示了如何使用TensorFlow库进行异常值检测与处理。

执行上述代码，输出结果如下。

```
样本: tf.Tensor(
[[ 1.08761703 -1.24775834]
 [ 0.74802814 -0.05866723]
 [-0.05826104 -1.02230984]
 [-1.57393284  0.34795907]
 ...
 [ 0.67923789  0.29233014]
 [-0.51347079  0.62670954]
 [-1.59011801  0.01169146]], shape=(10, 2), dtype=float64)
标签: tf.Tensor([0 0 0 0 0 0 0 0 0 0], shape=(10,), dtype=int32)

样本: tf.Tensor(
[[10.         10.        ]
 [-0.44729668  1.05870219]
 [ 0.78190767  0.24451839]
 ...
 [ 0.67923789  0.29233014]
 [-0.51347079  0.62670954]
 [-1.59011801  0.01169146]], shape=(10, 2), dtype=float64)
标签: tf.Tensor([1 0 0 0 0 0 0 0 0 0], shape=(10,), dtype=int32)

样本: tf.Tensor(
[[-8.         -8.        ]
 [ 0.45491414  0.7643319 ]
 [-1.77601158 -0.70068054]
 ...
 [ 0.67923789  0.29233014]
 [-0.51347079  0.62670954]
 [-1.59011801  0.01169146]], shape=(10, 2), dtype=float64)
标签: tf.Tensor([1 0 0 0 0 0 0 0 0 0], shape=(10,), dtype=int32)

...
```

在上述输出中的每个批次输出了一组样本及其对应的标签。标签为0表示正常值，标签为1表示异常值。在这个实例中，我们手动添加了两个异常值，因此在每个批次中会有几个异常值，其余的都是正常值。

1.4.3 处理重复数据

处理数据集中的重复数据涉及具体的数据集和问题场景。通常，数据集中的重复数据可能会影响模型的性能和训练结果，因此需要进行适当的处理。在实际应用中，通常使用Python语言的Pandas库来处理重复数据。实例1-20是一个使用Pandas库来处理重复数据的例子。

实例1-20：使用Pandas库来处理重复数据

（1）假设有一个简单的文件dataset.csv，其内容如下。

```
feature1,feature2,label
1.2,2.3,0
0.5,1.8,1
1.2,2.3,0
2.0,3.0,1
0.5,1.8,1
```

这个CSV文件包含三列内容：feature1、feature2和label。其中，前两列是特征，最后一列是标签。注意，在第1行和第3行之间以及第2行和第5行之间存在重复数据。在处理重复数据时，我们需要根据特定的情况来决定是否删除这些重复数据。

（2）实例文件chong.py（源码路径：codes\1\chong.py）用于处理文件dataset.csv中的重复数据，具体实现代码如下。

```
import pandas as pd
# 读取数据集
data = pd.read_csv('dataset.csv')

# 检测重复数据
duplicates = data[data.duplicated()]

# 删除重复数据
data_no_duplicates = data.drop_duplicates()

# 打印处理后的数据集大小
print("原始数据集大小:", data.shape)
print("处理后数据集大小:", data_no_duplicates.shape)
```

执行上述代码，输出结果如下。

```
原始数据集大小: (5, 3)
处理后数据集大小: (3, 3)
```

通过上述输出结果显示，原始数据集包含5行和3列，处理后的数据集包含3行和3列。这表明你成功地处理了数据集中的重复数据，将重复的样本行删除，从而得到了一个不包含重复数据的数据集。

第 2 章

大音希声，大象无形：特征提取

特征提取是指从原始数据中抽取有用信息或者表示，以便于模型能够更好地理解数据并进行学习。在NLP领域，特征提取通常指的是将文本数据转化为计算机能够处理的表示形式。

大音希声，大象无形。

出自《道德经》，形象地传达了真理往往隐藏于无声无形之中。正如NLP中的特征提取技术，旨在从海量数据中抽取出那些看似隐匿却至关重要的语义特征，去除冗杂噪声，保留精华，帮助我们更深入地理解语言的本质。

2.1 特征提取介绍

特征提取在大模型的开发中扮演着关键角色，因为它直接影响了模型对数据的理解和表现能力。不同的任务和数据可能需要不同的特征提取方法，因此在选择方法时要结合任务的需求进行权衡和实验。假设你正在准备一个家庭聚会，并希望通过分析朋友们的聊天记录来了解他们的喜好，以便更好地安排活动内容。你收集了一些聊天记录，如“我喜欢玩游戏”“看电影是个不错的选择”“我更喜欢户外运动”“玩游戏太棒了”等。通过NLP中的特征提取技术，你可以将这些文本数据转化为数值特征，从而分析出最受欢迎的活动类型，如图2-1所示。

家庭聚会
聊天记录
特征提取
分词处理：将句子拆分成单词或短语
去除停用词：删除常见的无意义词汇
特征提取：将处理后的文本转化为数值特征
分析结果：根据特征找出最受欢迎的活动类型

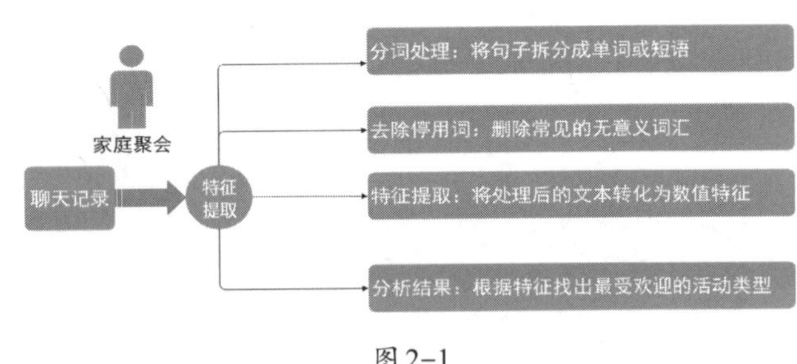

图2-1

2.1.1 特征在大模型中的关键作用

特征在大模型中起着至关重要的作用，它们直接影响了模型的性能、泛化能力和对数据的理解。特征在大模型中的关键作用如图2-2所示。

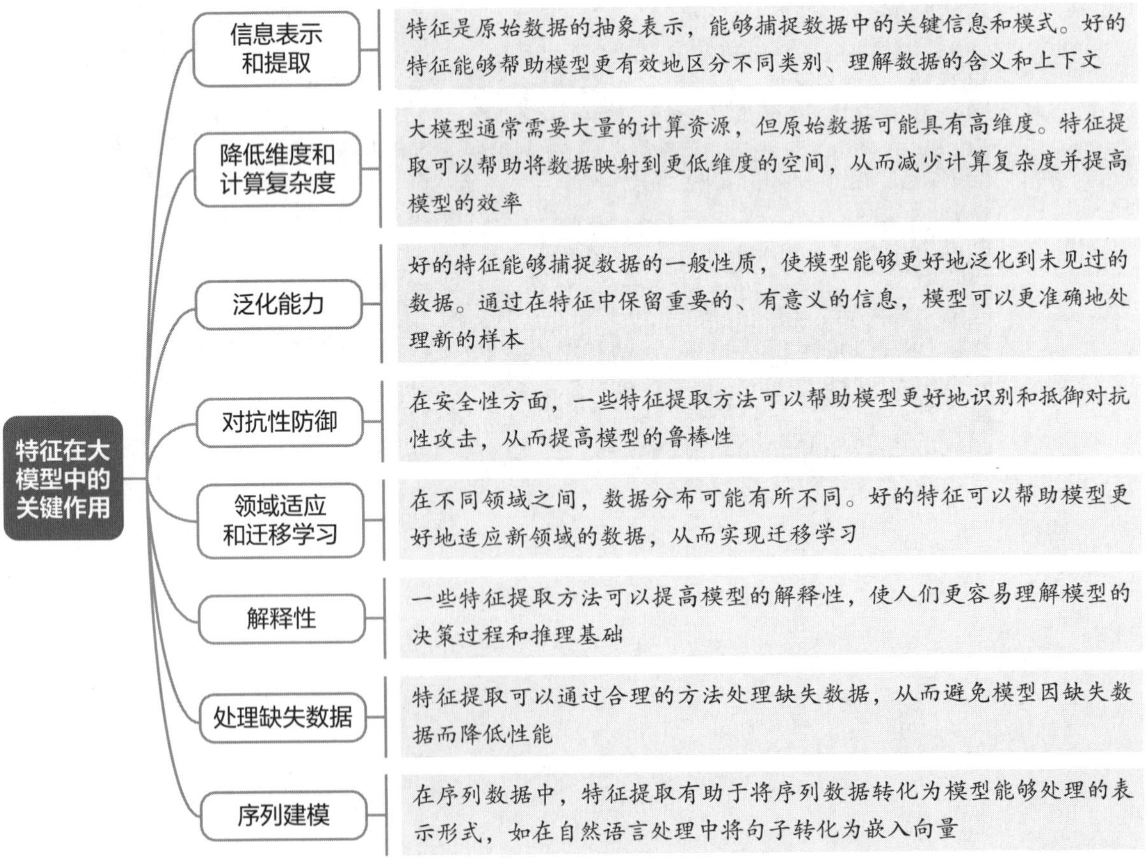

特征在大模型中的关键作用
信息表示和提取
特征是原始数据的抽象表示，能够捕捉数据中的关键信息和模式。好的特征能够帮助模型更有效地区分不同类别、理解数据的含义和上下文
降低维度和计算复杂度
大模型通常需要大量的计算资源，但原始数据可能具有高维度。特征提取可以帮助将数据映射到更低维度的空间，从而减少计算复杂度并提高模型的效率
泛化能力
好的特征能够捕捉数据的一般性质，使模型能够更好地泛化到未见过的数据。通过在特征中保留重要的、有意义的信息，模型可以更准确地处理新的样本
对抗性防御
在安全性方面，一些特征提取方法可以帮助模型更好地识别和抵御对抗性攻击，从而提高模型的鲁棒性
领域适应和迁移学习
在不同领域之间，数据分布可能有所不同。好的特征可以帮助模型更好地适应新领域的数据，从而实现迁移学习
解释性
一些特征提取方法可以提高模型的解释性，使人们更容易理解模型的决策过程和推理基础
处理缺失数据
特征提取可以通过合理的方法处理缺失数据，从而避免模型因缺失数据而降低性能
序列建模
在序列数据中，特征提取有助于将序列数据转化为模型能够处理的表示形式，如在自然语言处理中将句子转化为嵌入向量

图2-2

总之，特征在大模型中的关键作用在于将原始数据转化为更具有信息含量和表达能力的形式，从而使模型能够更好地理解数据、学习模式并进行预测、分类、生成等任务。选择适当的特征提取方法是大模型开发中的一个关键决策，能够直接影响模型的性能和实际应用效果。

2.1.2 特征提取与数据预处理的关系

特征提取与数据预处理是机器学习和深度学习流程中密切相关的两个概念，它们在处理原始数据以准备用于模型训练时起着不同但互补的作用。特征提取与数据预处理的具体说明如图 2-3 所示。

特征提取与数据预处理
特征提取
特征提取是在数据预处理之后，将数据转化为更高级的、更有信息量的表示形式，特征提取的目标是从原始数据中提取出对于模型任务有用的信息
特征提取方法
词嵌入：将文本中的词语映射到连续向量空间，以捕捉词语的语义关系
上下文编码：使用预训练的深度学习模型（如 Transformer）编码句子或段落的上下文信息
句子嵌入：将整个句子映射到向量空间中，以表示句子的语义
子词嵌入：将单词拆分成子词或字符，生成更丰富的词汇表示
注意力机制：允许模型在处理文本时聚焦于不同部分，从而更好地捕捉关键信息
数据预处理
数据预处理是在将数据送入模型之前对原始数据进行的一系列操作，旨在清洗、转换和准备数据，以使其适用于模型训练
核心步骤
数据清洗：删除重复项、处理缺失值、处理异常值等，以确保数据的质量
数据转换：对数据进行规范化、归一化或标准化，以确保不同特征的尺度一致，从而有利于模型的训练
特征编码：将非数值特征转化为数值特征，如将类别特征进行独热编码、标签编码等
分词和标记化：对文本数据进行分词、词性标注等操作，以便于后续处理
降维：对高维数据进行降维，减少冗余信息，提高计算效率和模型性能
划分数据集：将数据集划分为训练集、验证集和测试集，以便评估模型的性能和泛化能力

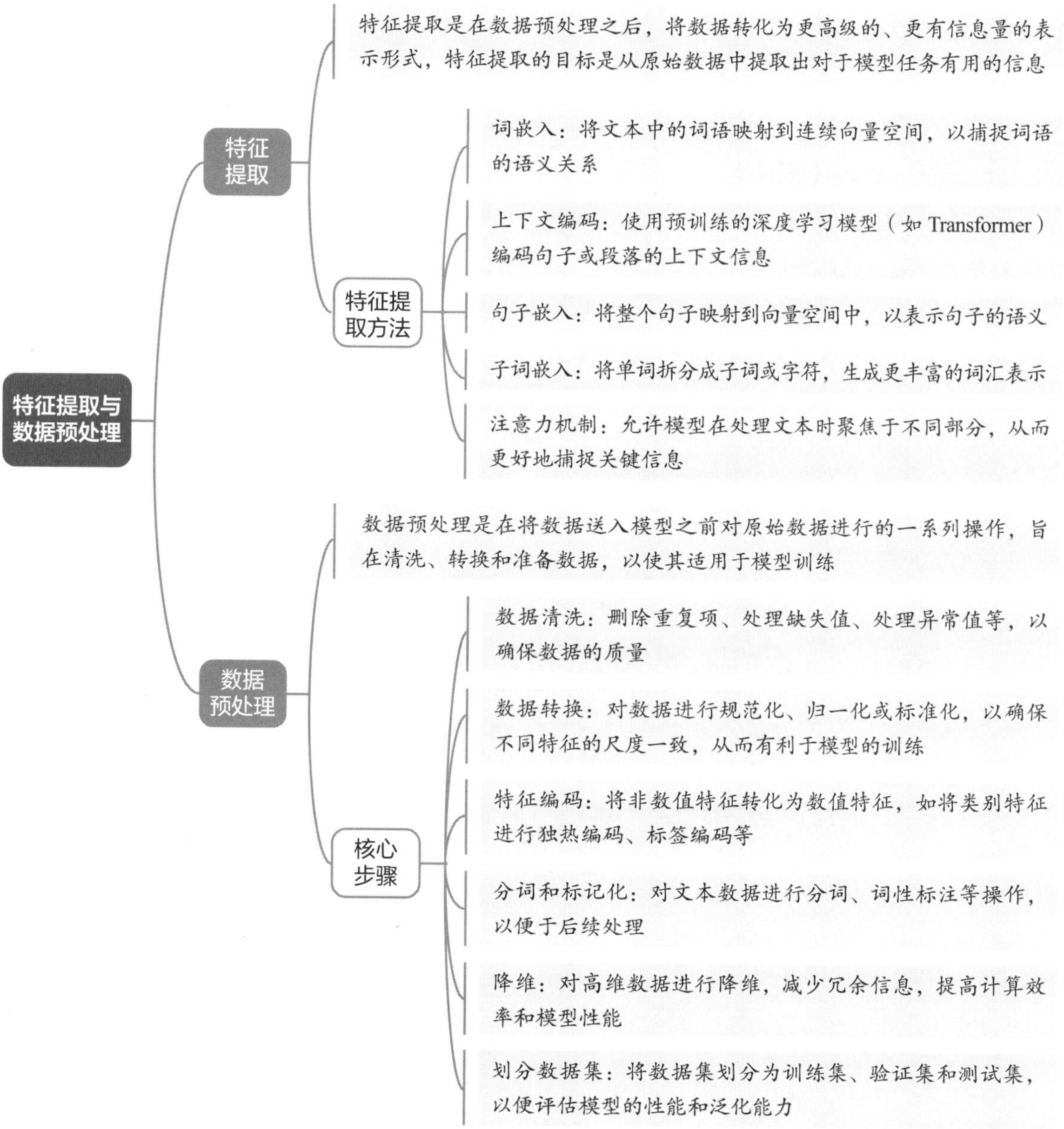

图 2-3

综上所述，数据预处理和特征提取之间的关系如下。

（1）顺序关系：数据预处理通常在特征提取之前进行。原始数据需要经过清洗、转换和编码等操作，以准备好输入到特征提取方法中的数据。

（2）互补作用：数据预处理和特征提取是互相补充的步骤。数据预处理确保数据的可用性和质量，为特征提取提供了更好的基础。特征提取则在数据预处理的基础上，进一步将数据转化为更有信息量的表示形式。

（3）整体流程：数据预处理和特征提取通常是机器学习流程的前期步骤。在数据预处理后，特征提取方法会根据任务的需求将数据转化为适合模型训练的表示形式，从而提高模型的性能和泛化能力。

总之，数据预处理和特征提取在机器学习和深度学习中都是至关重要的步骤，它们共同协作，为模型提供高质量的输入数据和有信息量的特征表示。

2.2 特征选择

特征选择是从原始特征集中选择出最相关或最有信息量的特征子集，以提高模型的性能和泛化能力，同时降低计算复杂度。特征选择在生活中有很多应用，假设你正在为家庭聚会准备菜单，希望根据朋友们的饮食偏好来选择最受欢迎的菜肴。你收集了朋友们的反馈，包括他们对不同食物的喜好程度，如“喜欢辣的”“不喜欢海鲜”“爱吃甜食”等。为了简化决策过程，你决定只关注那些最能反映他们偏好的关键特征，如“辣”“甜”“海鲜”等；忽略一些不重要的细节，如“颜色”“形状”等。通过这种方式，你可以更高效地选择出适合大多数人的菜肴，同时避免因过多无关信息而导致的复杂决策，如图2-4所示。

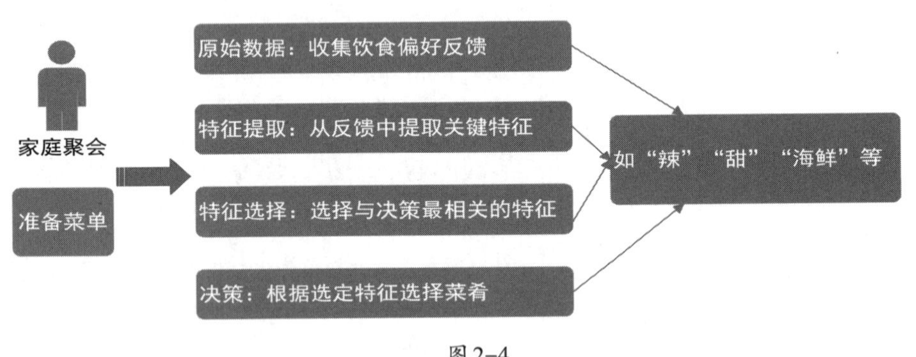

图 2-4

2.2.1 特征选择的必要性

在处理高维数据时，特征选择的必要性如图2-5所示。

总之，特征选择不仅有助于提升模型性能和效率，还能改善模型的可解释性，是处理高维数据中不可或缺的一步。通过合理的特征选择，能够构建更加稳健和高效的模型。

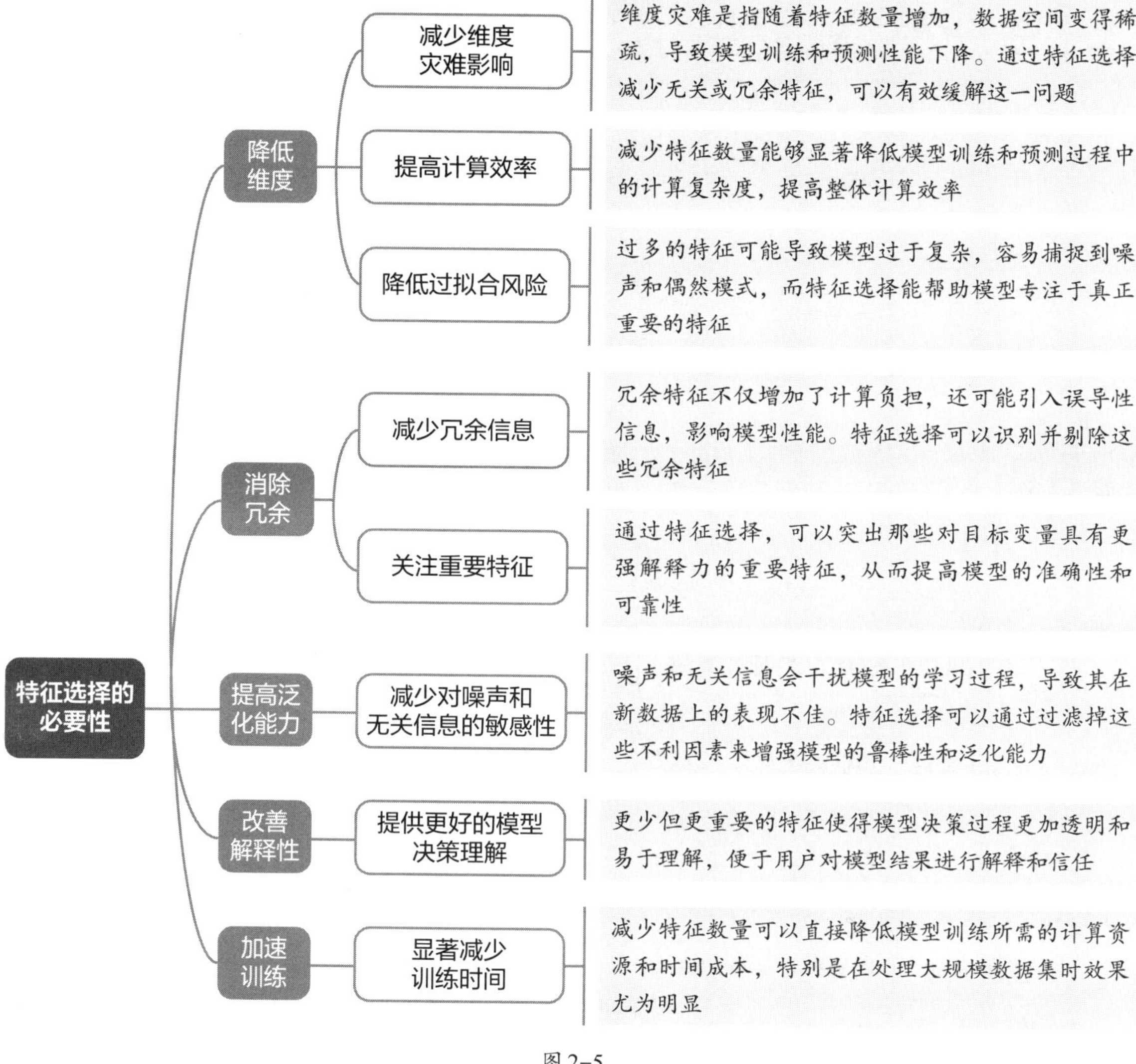

特征选择的必要性
降低维度
减少维度灾难影响
维度灾难是指随着特征数量增加，数据空间变得稀疏，导致模型训练和预测性能下降。通过特征选择减少无关或冗余特征，可以有效缓解这一问题
提高计算效率
减少特征数量能够显著降低模型训练和预测过程中的计算复杂度，提高整体计算效率
降低过拟合风险
过多的特征可能导致模型过于复杂，容易捕捉到噪声和偶然模式，而特征选择能帮助模型专注于真正重要的特征
消除冗余
减少冗余信息
冗余特征不仅增加了计算负担，还可能引入误导性信息，影响模型性能。特征选择可以识别并剔除这些冗余特征
关注重要特征
通过特征选择，可以突出那些对目标变量具有更强解释力的重要特征，从而提高模型的准确性和可靠性
提高泛化能力
减少对噪声和无关信息的敏感性
噪声和无关信息会干扰模型的学习过程，导致其在新数据上的表现不佳。特征选择可以通过过滤掉这些不利因素来增强模型的鲁棒性和泛化能力
改善解释性
提供更好的模型决策理解
更少但更重要的特征使得模型决策过程更加透明和易于理解，便于用户对模型结果进行解释和信任
加速训练
显著减少训练时间
减少特征数量可以直接降低模型训练所需的计算资源和时间成本，特别是在处理大规模数据集时效果尤为明显

图2-5

2.2.2 特征选择的方法

实现特征选择的常见方法如图2-6所示。

在选择特征选择方法时，需要考虑数据集的性质、任务的需求、模型的类型以及计算资源等因素。特征选择可能需要结合实验和交叉验证来确定最适合的特征子集。同时，特征选择也不是一成不变的，随着数据集和任务的变化，可能需要不断优化和调整特征选择的策略。

实例2-1是一个使用PyTorch框架实现特征选择的例子，其中我们将使用过滤方法中的相关系数来实现选择特征。在实际应用中，可能需要根据数据和任务的特点进行适当的调整。

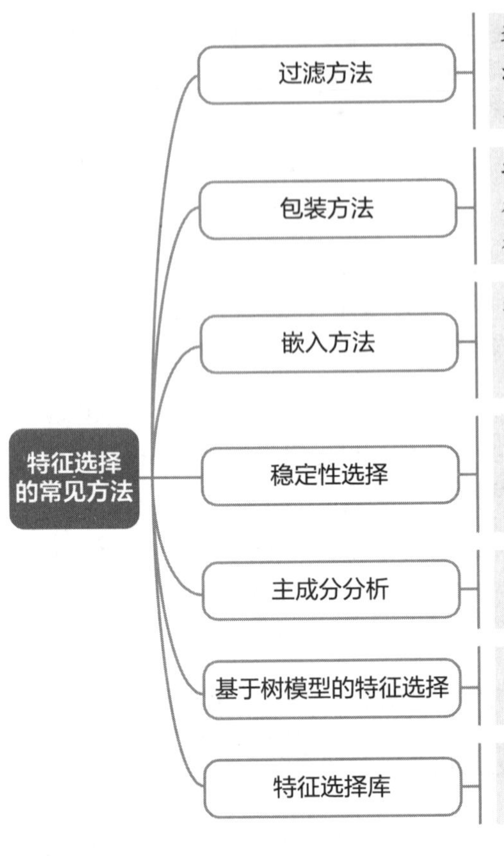

特征选择的常见方法
过滤方法
这些方法在特征选择和模型训练之间独立进行。常见的过滤方法包括卡方检验、互信息、相关系数等，用于度量特征与目标变量之间的关联程度，然后根据阈值或排名选择特征
包装方法
将特征选择视为一个搜索问题，通过评估模型的性能来确定特征的贡献。典型的包装方法是递归特征消除，它通过反复训练模型并逐步去除对模型影响较小的特征
嵌入方法
这些方法结合了特征选择和模型训练过程。例如，在模型训练中使用正则化项，使得模型倾向于选择较少的特征。Lasso 回归就是一种使用 L1 正则化的嵌入方法
稳定性选择
这是一种基于随机重抽样的方法，通过多次在不同的数据子集上运行模型来估计特征的重要性。这可以帮助稳定地选择重要的特征，减少因数据变化引起的不稳定性
主成分分析
对于高维数据，主成分分析可以将特征投影到一个新的低维空间中，保留大部分数据方差。这有助于去除冗余特征和降低维度
基于树模型的特征选择
使用决策树或随机森林等树模型可以计算特征的重要性得分。在树模型中，特征的分裂点和重要性可以作为特征的选择依据
特征选择库
许多机器学习库和工具包提供了内置的特征选择方法，如 scikit-learn（Python 库）、caret（R 库）等

图 2-6

实例2-1：使用PyTorch框架实现特征选择制作神经网络模型

实例文件te.py（源码路径：codes\2\te.py）的具体实现代码如下。

```
# 加载数据
data = load_iris()
X = data.data
y = data.target

# 数据预处理
scaler = StandardScaler()
X_scaled = scaler.fit_transform(X)

# 使用SelectKBest来选择特征
num_features_to_select = 2
selector = SelectKBest(score_func=f_classif, k=num_features_to_select)
X_selected = selector.fit_transform(X_scaled, y)

# 划分数据集
X_train, X_test, y_train, y_test = train_test_split(
    X_selected, y, test_size=0.2, random_state=42)
```

```
# 定义简单的神经网络模型
class SimpleModel(nn.Module):
    def __init__(self, input_dim, output_dim):
        super(SimpleModel, self).__init__()
        self.fc = nn.Linear(input_dim, output_dim)

    def forward(self, x):
        return self.fc(x)

# 设置模型参数
input_dim = num_features_to_select
output_dim = 3  # 由于数据集是三分类问题
learning_rate = 0.01
num_epochs = 100

# 初始化模型、损失函数和优化器
model = SimpleModel(input_dim, output_dim)
criterion = nn.CrossEntropyLoss()
optimizer = optim.SGD(model.parameters(), lr=learning_rate)

# 训练模型
for epoch in range(num_epochs):
    inputs = torch.tensor(X_train, dtype=torch.float32)
    labels = torch.tensor(y_train, dtype=torch.long)

    optimizer.zero_grad()
    outputs = model(inputs)
    loss = criterion(outputs, labels)
    loss.backward()
    optimizer.step()

    if (epoch+1) % 10 == 0:
        print(f'Epoch [{epoch+1}/{num_epochs}], Loss: {loss.item():.4f}')

# 在测试集上评估模型性能
with torch.no_grad():
    inputs = torch.tensor(X_test, dtype=torch.float32)
    labels = torch.tensor(y_test, dtype=torch.long)
    outputs = model(inputs)
    _, predicted = torch.max(outputs.data, 1)
    accuracy = (predicted == labels).sum().item() / labels.size(0)
    print(f'Accuracy on test set: {accuracy:.2f}')
```

在上述代码中，首先，加载了Iris数据集。其次，使用SelectKBest方法选择了2个最相关的特征。最后，定义了一个简单的神经网络（Neural Network）模型，使用交叉熵损失函数进行训练，并在测试集上评估了模型的性能。

执行上述代码，输出结果如下。

```
Epoch [10/100], Loss: 1.9596
Epoch [20/100], Loss: 1.8222
Epoch [30/100], Loss: 1.6954
Epoch [40/100], Loss: 1.5791
Epoch [50/100], Loss: 1.4731
Epoch [60/100], Loss: 1.3769
Epoch [70/100], Loss: 1.2900
Epoch [80/100], Loss: 1.2118
Epoch [90/100], Loss: 1.1418
Epoch [100/100], Loss: 1.0793
Accuracy on test set: 0.53
```

2.3 特征抽取

特征抽取是一种将原始数据转化为更高级、更有信息量的表示形式的过程，以便于模型能够更好地理解和处理数据。与特征选择不同，特征抽取通常是通过转换数据的方式来创建新的特征，而不是从原始特征集中选择子集。

假设你正在管理一个家庭图书馆，想要根据书籍的内容为它们分类。你收集了每本书的简介文本，并希望通过特征抽取技术将这些文本转化为更有信息量的特征，以便更高效地进行分类。例如，你可以使用词频–逆文档频率（Term Frequency–Inverse Document Frequency，TF–IDF）方法提取关键词，或者使用PCA方法将文本数据降维，从而提取出与书籍主题最相关的特征。通过这种方式，你可以将书籍分为"历史""科幻""文学"等类别，方便家庭成员查找和阅读，如图2–7所示。

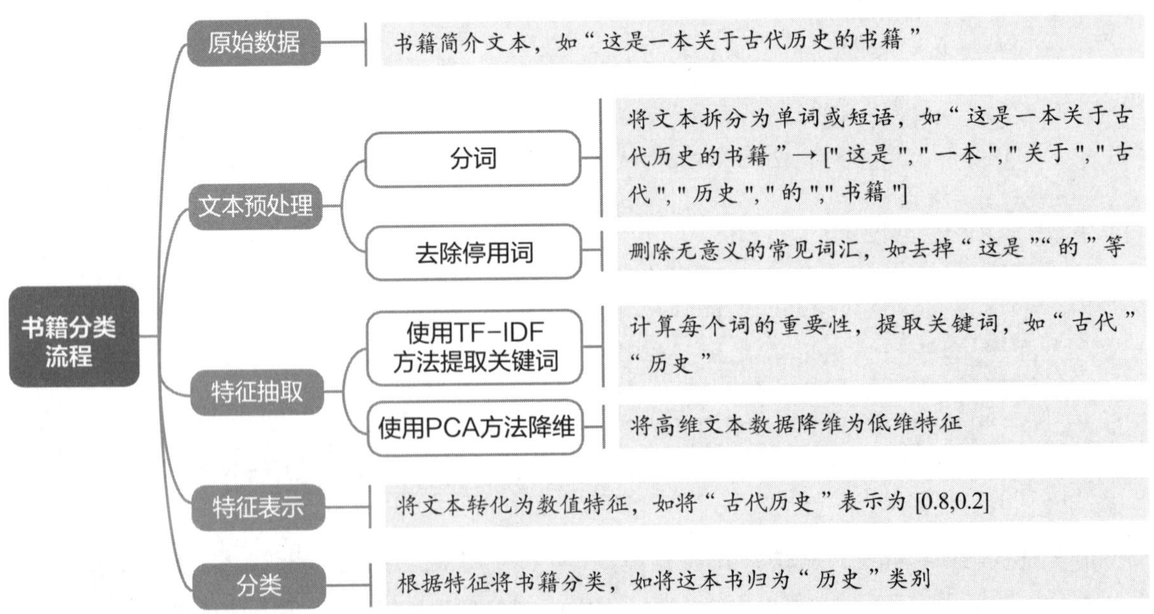
书籍分类流程
原始数据
书籍简介文本，如"这是一本关于古代历史的书籍"
文本预处理
分词
将文本拆分为单词或短语，如"这是一本关于古代历史的书籍"→["这是","一本","关于","古代","历史","的","书籍"]
去除停用词
删除无意义的常见词汇，如去掉"这是""的"等
特征抽取
使用TF–IDF方法提取关键词
计算每个词的重要性，提取关键词，如"古代""历史"
使用PCA方法降维
将高维文本数据降维为低维特征
特征表示
将文本转化为数值特征，如将"古代历史"表示为[0.8,0.2]
分类
根据特征将书籍分类，如将这本书归为"历史"类别

图2–7

2.3.1 特征抽取的概念

特征抽取是指从原始数据中提取出对于任务有用的、更高级别的信息或特征的过程。在机器学习和数据分析中，原始数据可能包含大量的维度和信息，其中很多信息可能是冗余的、无用的或嘈杂的。特征抽取的目标是通过一系列变换和处理，将原始数据转化为更有信息量、更有区分性的特征，从而改善模型的性能、泛化能力和效率。

特征抽取可以用于不同类型的数据，如文本、图像、音频、时间序列等，它可以通过各种数学和统计方法来实现。特征抽取的几个关键概念如图2-8所示。

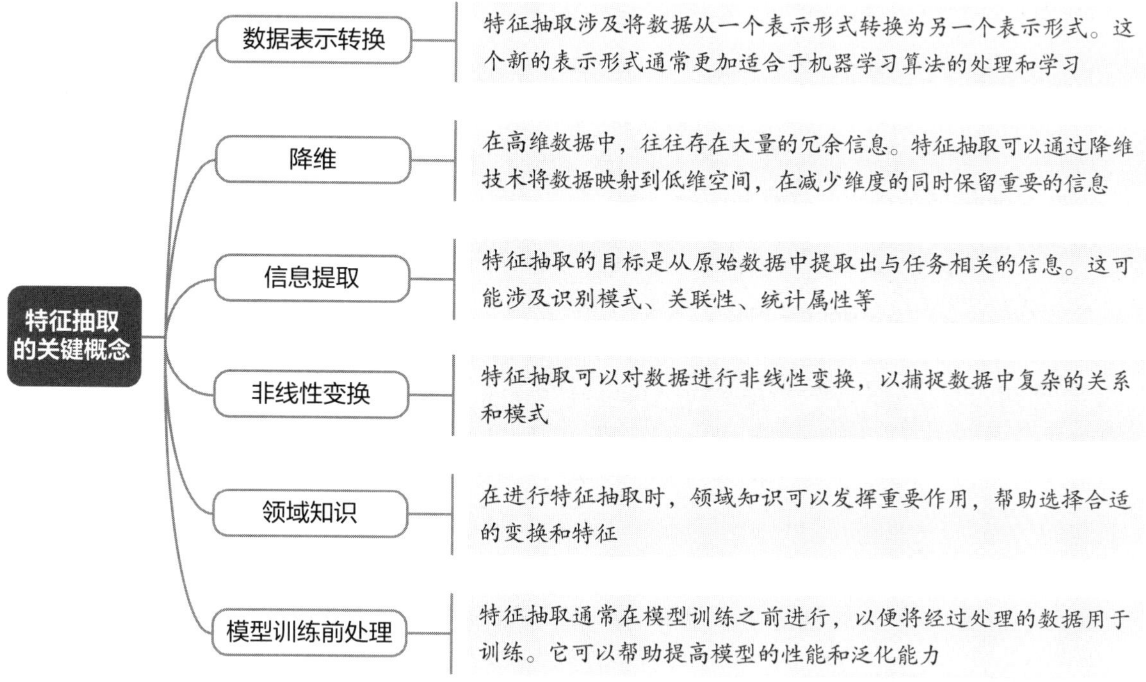

特征抽取的关键概念
数据表示转换
特征抽取涉及将数据从一个表示形式转换为另一个表示形式。这个新的表示形式通常更加适合于机器学习算法的处理和学习
降维
在高维数据中，往往存在大量的冗余信息。特征抽取可以通过降维技术将数据映射到低维空间，在减少维度的同时保留重要的信息
信息提取
特征抽取的目标是从原始数据中提取出与任务相关的信息。这可能涉及识别模式、关联性、统计属性等
非线性变换
特征抽取可以对数据进行非线性变换，以捕捉数据中复杂的关系和模式
领域知识
在进行特征抽取时，领域知识可以发挥重要作用，帮助选择合适的变换和特征
模型训练前处理
特征抽取通常在模型训练之前进行，以便将经过处理的数据用于训练。它可以帮助提高模型的性能和泛化能力

图2-8

特征抽取的目标是将数据转化为更有信息量的表示形式，以便于模型更好地学习和预测。在选择特征抽取方法时，需要根据数据的类型和任务的需求进行合理的选择，并通过实验进行调整和验证。在实际应用中，常用的特征抽取方法有PCA、独立成分分析（Independent Component Analysis，ICA）、自动编码器（Autoencoders）等。

2.3.2 主成分分析

主成分分析（Principal Component Analysis，PCA）是一种线性降维方法，通过将数据投影到新的低维子空间，保留最大方差的特征，以实现维度降低和噪声削减。实例2-2是一个使用PyTorch框架实现PCA方法进行特征抽取的例子，本实例将使用PCA方法降低图像数据的维度，并使用降维后的数据训练一个简单的神经网络模型。

实例2-2：使用PyTorch框架制作神经网络模型

实例文件zhu.py（源码路径：codes\2\zhu.py）的具体实现代码如下所示。

```
# 加载 MNIST 数据集
transform = transforms.Compose([transforms.ToTensor()])
train_loader = torch.utils.data.DataLoader(
    datasets.MNIST('./data',
        train=True, download=True, transform=transform),
    batch_size=64, shuffle=True)

# 提取数据并进行 PCA 降维
X = []
y = []
for images, labels in train_loader:
    images = images.view(images.size(0), -1)  # 将图像展平为向量
    X.append(images)
    y.append(labels)
X = torch.cat(X, dim=0).numpy()
y = torch.cat(y, dim=0).numpy()

num_components = 20  # 选择降维后的维度
pca = PCA(n_components=num_components)
X_pca = pca.fit_transform(X)

# 划分数据集
X_train, X_test, y_train, y_test = train_test_split(
    X_pca, y, test_size=0.2, random_state=42)

# 定义简单的神经网络模型
class SimpleModel(nn.Module):
    def __init__(self, input_dim, output_dim):
        super(SimpleModel, self).__init__()
        self.fc = nn.Linear(input_dim, output_dim)

    def forward(self, x):
        return self.fc(x)

# 设置模型参数
input_dim = num_components
output_dim = 10  # 类别数
learning_rate = 0.01
num_epochs = 10

# 初始化模型、损失函数和优化器
model = SimpleModel(input_dim, output_dim)
```

```
criterion = nn.CrossEntropyLoss()
optimizer = optim.SGD(model.parameters(), lr=learning_rate)

# 训练模型
for epoch in range(num_epochs):
    inputs = torch.tensor(X_train, dtype=torch.float32)
    labels = torch.tensor(y_train, dtype=torch.long)

    optimizer.zero_grad()
    outputs = model(inputs)
    loss = criterion(outputs, labels)
    loss.backward()
    optimizer.step()

    if (epoch+1) % 1 == 0:
        print(f'Epoch [{epoch+1}/{num_epochs}], Loss: {loss.item():.4f}')

# 在测试集上评估模型性能
with torch.no_grad():
    inputs = torch.tensor(X_test, dtype=torch.float32)
    labels = torch.tensor(y_test, dtype=torch.long)
    outputs = model(inputs)
    _, predicted = torch.max(outputs.data, 1)
    accuracy = (predicted == labels).sum().item() / labels.size(0)
    print(f'Accuracy on test set: {accuracy:.2f}')
```

在这个实例中，首先，加载了MNIST数据集并进行了数据预处理。然后，将图像数据展平为向量，并使用PCA方法对数据进行降维。接着，定义了一个简单的神经网络模型，使用降维后的数据进行训练。最后，在测试集上评估了模型的性能。

执行上述代码，输出结果如下。

```
Epoch [1/10], Loss: 2.3977
Epoch [2/10], Loss: 2.3872
Epoch [3/10], Loss: 2.3768
Epoch [4/10], Loss: 2.3665
Epoch [5/10], Loss: 2.3563
Epoch [6/10], Loss: 2.3461
Epoch [7/10], Loss: 2.3360
Epoch [8/10], Loss: 2.3260
Epoch [9/10], Loss: 2.3160
Epoch [10/10], Loss: 2.3061
Accuracy on test set: 0.18
```

2.3.3 独立成分分析

ICA是一种用于从混合信号中提取独立成分的统计方法。其目标是将多个随机信号分离为原始信号的线性组合，使得这些独立成分在某种意义上是统计独立的。

ICA方法的基本思想是，假设观测信号是源信号的线性组合，即每个观测信号都是源信号的加权和，其中混合系数和源信号相互独立。通过对观测信号进行变换，可以尝试提取出一组独立的成分信号，这些信号在统计上是不相关的。实例2-3是一个使用PyTorch框架进行数据降维和模型构建的完整例子，其中包括数据加载、ICA降维、模型构建和保存模型等功能。

实例2-3：使用PyTorch框架进行数据降维和模型构建

实例文件du.py（源码路径：codes\2\du.py）的具体实现代码如下。

```
# 加载 MNIST 数据集
transform = transforms.Compose([transforms.ToTensor()])
train_loader = torch.utils.data.DataLoader(
    datasets.MNIST('./data',
        train=True, download=True, transform=transform),
    batch_size=64, shuffle=True)

# 提取数据并进行标准化
X = []
y = []
for images, labels in train_loader:
    images = images.view(images.size(0), -1)  # 将图像展平为向量
    X.append(images)
    y.append(labels)
X = torch.cat(X, dim=0).numpy()
y = torch.cat(y, dim=0).numpy()

scaler = StandardScaler()
X_scaled = scaler.fit_transform(X)

# 使用 FastICA() 方法进行降维
num_components = 20  # 选择降维后的成分数
ica = FastICA(n_components=num_components)
X_ica = ica.fit_transform(X_scaled)

# 划分数据集
X_train, X_val, y_train, y_val = train_test_split(
    X_ica, y, test_size=0.1, random_state=42)

# 定义简单的神经网络模型
class SimpleModel(nn.Module):
    def __init__(self, input_dim, output_dim):
```

```
        super(SimpleModel, self).__init__()
        self.fc = nn.Linear(input_dim, output_dim)

    def forward(self, x):
        return self.fc(x)

# 设置模型参数
input_dim = num_components
output_dim = 10  # 类别数
learning_rate = 0.01
num_epochs = 10

# 初始化模型、损失函数和优化器
model = SimpleModel(input_dim, output_dim)
criterion = nn.CrossEntropyLoss()
optimizer = optim.SGD(model.parameters(), lr=learning_rate)

# 训练模型
for epoch in range(num_epochs):
    inputs = torch.tensor(X_train, dtype=torch.float32)
    labels = torch.tensor(y_train, dtype=torch.long)

    optimizer.zero_grad()
    outputs = model(inputs)
    loss = criterion(outputs, labels)
    loss.backward()
    optimizer.step()

    if (epoch+1) % 1 == 0:
        print(f'Epoch [{epoch+1}/{num_epochs}], Loss: {loss.item():.4f}')

# 保存模型
torch.save(model.state_dict(), 'ica_model.pth')
print("Model saved")

# 在验证集上评估模型性能
with torch.no_grad():
    inputs = torch.tensor(X_val, dtype=torch.float32)
    labels = torch.tensor(y_val, dtype=torch.long)
    outputs = model(inputs)
    _, predicted = torch.max(outputs.data, 1)
    accuracy = (predicted == labels).sum().item() / labels.size(0)
    print(f'Validation accuracy: {accuracy:.2f}')
```

在这个例子中，首先，加载了MNIST数据集并进行了数据预处理。其次，使用StandardScaler方法对数据进行标准化处理，以便进行ICA降维。再次，使用FastICA()方法进行降维处理，将原始数据降维为20个独立成分。随后，定义了一个简单的神经网络模型，使用降维后的数据进行训练。最后，将训练好的模型保存为模型文件ica_model.pth。

2.3.4 自动编码器

自动编码器是一种无监督学习算法，用于学习有效的数据表示，通常用于特征提取、降维和数据去噪。自动编码器由两部分组成：编码器（Encoder）和解码器（Decoder）。编码器将输入数据映射到一个较低维度的表示，而解码器则将该低维度表示映射回原始数据空间，尽可能地复原输入数据。这种结构能使模型学习到数据的关键特征，从而实现降维和特征提取的目标。

自动编码器的训练过程是通过最小化输入数据与解码器输出之间的重构误差来实现的，在训练期间，模型的目标是找到一个紧凑的表示形式，以便能够在解码器中恢复输入数据。一旦训练完成，编码器可以用于生成有用的特征表示，这些特征可用于其他任务，如分类、聚类等。实例2-4是一个使用TensorFlow库构建简单自动编码器的例子。

实例2-4：使用TensorFlow库构建简单自动编码器

实例文件tzi.py（源码路径：codes\2\tzi.py）的具体实现代码如下。

```
# 加载MNIST数据集并进行归一化
(X_train, _), (X_test, _) = mnist.load_data()
X_train = X_train.reshape(-1, 28 * 28) / 255.0
X_test = X_test.reshape(-1, 28 * 28) / 255.0

# 定义自动编码器模型
input_dim = 784  # 输入维度，MNIST图像为28×28
encoding_dim = 32  # 编码维度

input_layer = Input(shape=(input_dim,))
encoded = Dense(encoding_dim, activation='relu')(input_layer)
decoded = Dense(input_dim, activation='sigmoid')(encoded)

autoencoder = Model(inputs=input_layer, outputs=decoded)

# 编译自动编码器
autoencoder.compile(optimizer='adam', loss='binary_crossentropy')

# 训练自动编码器
batch_size = 128
epochs = 50
autoencoder.fit(X_train, X_train, batch_size=batch_size, epochs=epochs,
                shuffle=True, validation_data=(X_test, X_test))

# 保存自动编码器模型
autoencoder.save('autoencoder_model.h5')
```

```
print("Model saved")
```

在这个实例中，定义了一个简单的自动编码器模型，它包括一个输入层、一个编码层和一个解码层。编码层将输入数据映射到32维的编码表示，解码层将编码表示映射回784维的原始数据空间。模型的目标是最小化输入与解码器输出之间的重构误差。训练过程使用MNIST数据集，并将输入数据设置为目标，以最小化重构误差。训练完成后，可以使用训练好的自动编码器模型来生成有用的特征表示，也可以用于数据重建和去噪等任务。

2.4 嵌入

在序列（Sequence）建模中，嵌入（Embedding）是将离散的符号（如单词、字符、类别等）映射到连续向量空间的过程。嵌入是将高维离散特征转换为低维连续特征的一种方式，这种转换有助于提取序列数据中的语义和上下文信息，从而改善序列模型的性能。

假设你正在为家庭成员推荐书籍，你收集了每本书的简介，并希望通过嵌入技术将这些文本转化为向量，以便根据书籍的内容为家庭成员推荐他们可能感兴趣的书籍。例如，你可以使用预训练（Pre-training）的Word2Vec或GloVe（Global Vectors for Word Representation）模型将书籍简介中的单词映射为词向量，然后计算书籍之间的相似性，从而为每个家庭成员推荐与他们之前喜欢的书籍相似的新书，如图2-9所示。

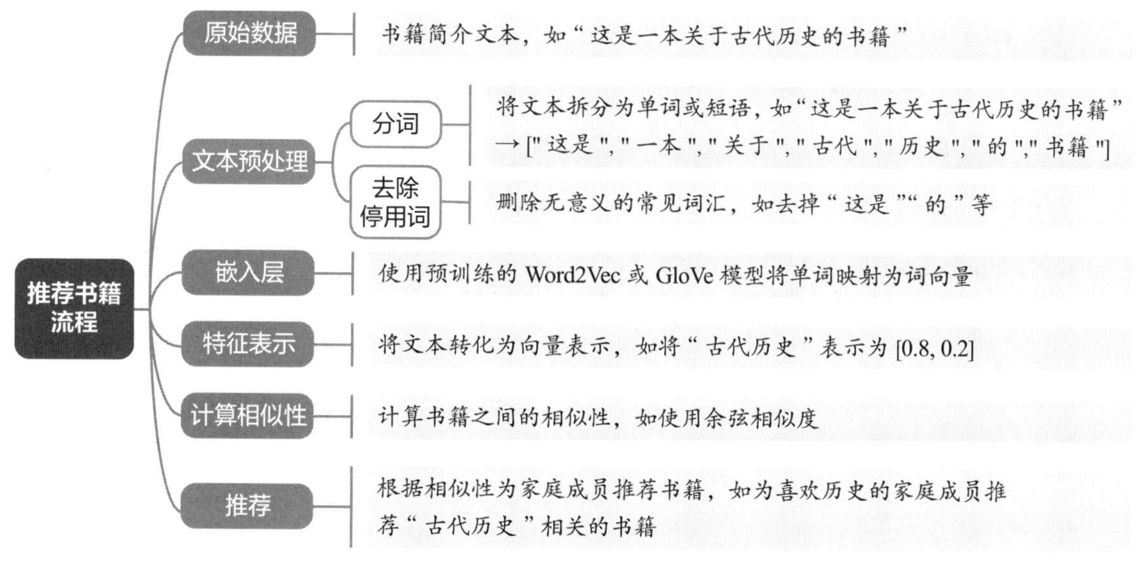
推荐书籍流程
原始数据
书籍简介文本，如“这是一本关于古代历史的书籍”
文本预处理
分词
将文本拆分为单词或短语，如“这是一本关于古代历史的书籍”→["这是","一本","关于","古代","历史","的","书籍"]
去除停用词
删除无意义的常见词汇，如去掉“这是”“的”等
嵌入层
使用预训练的 Word2Vec 或 GloVe 模型将单词映射为词向量
特征表示
将文本转化为向量表示，如将“古代历史”表示为 [0.8, 0.2]
计算相似性
计算书籍之间的相似性，如使用余弦相似度
推荐
根据相似性为家庭成员推荐书籍，如为喜欢历史的家庭成员推荐“古代历史”相关的书籍

图 2-9

2.4.1 嵌入介绍

嵌入层（Embedding Layer）是深度学习中的一种常见层类型，通常用于自然语言处理和推荐系统等任务，其中输入数据通常是符号序列。通过嵌入，每个符号（如单词）被映射为一个稠密向量，

这个向量可以捕捉到符号的语义和语境信息。在图2-10中列出了嵌入在序列建模中的一些重要应用场景。

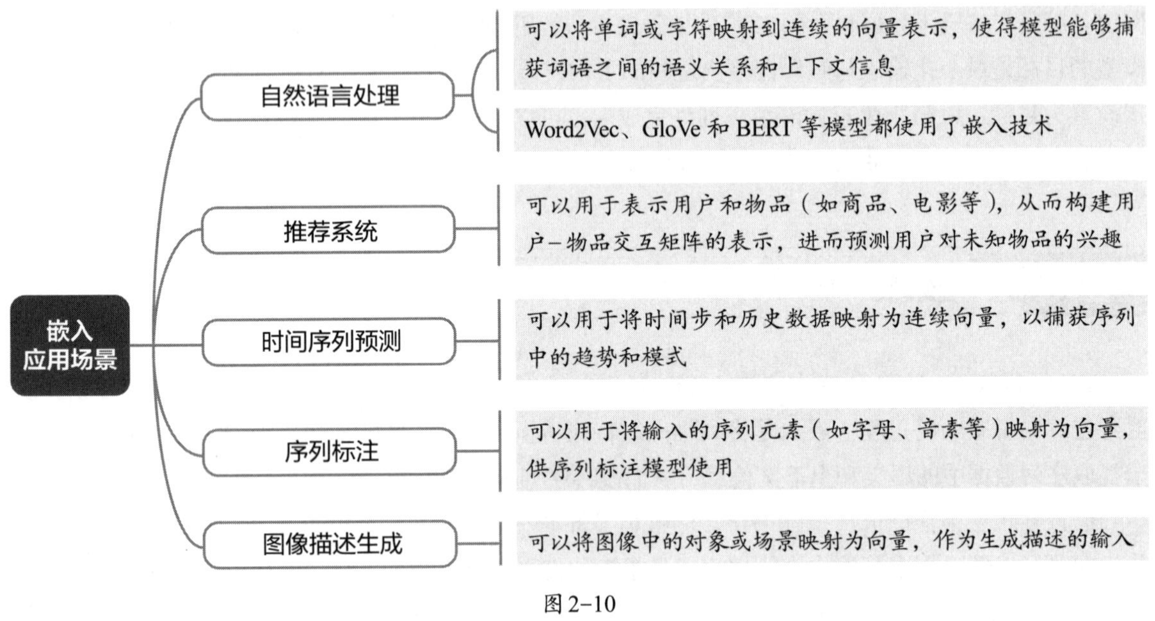

嵌入
应用场景
自然语言处理
可以将单词或字符映射到连续的向量表示，使得模型能够捕获词语之间的语义关系和上下文信息
Word2Vec、GloVe 和 BERT 等模型都使用了嵌入技术
推荐系统
可以用于表示用户和物品（如商品、电影等），从而构建用户-物品交互矩阵的表示，进而预测用户对未知物品的兴趣
时间序列预测
可以用于将时间步和历史数据映射为连续向量，以捕获序列中的趋势和模式
序列标注
可以用于将输入的序列元素（如字母、音素等）映射为向量，供序列标注模型使用
图像描述生成
可以将图像中的对象或场景映射为向量，作为生成描述的输入

图2-10

2.4.2 使用嵌入层进行特征提取

当使用PyTorch框架进行文本数据的特征提取时，可以使用嵌入层来将单词映射为连续向量表示。实例2-5演示了在PyTorch框架中使用嵌入层进行文本数据的特征提取的过程。

实例2-5：使用嵌入层进行文本数据的特征提取

实例文件qian.py（源码路径：codes\2\qian.py）的具体实现代码如下。

```
# 生成一些示例文本数据
texts = ["this is a positive sentence",
         "this is a negative sentence",
         "a positive sentence here",
         "a negative sentence there"]

labels = [1, 0, 1, 0]

# 构建词汇表
word_counter = Counter()
for text in texts:
    tokens = text.split()
    word_counter.update(tokens)

vocab = sorted(word_counter, key=word_counter.get, reverse=True)
word_to_index = {word: idx for idx, word in enumerate(vocab)}
```

```
# 文本数据预处理和转换为索引
def preprocess_text(text, word_to_index):
    tokens = text.split()
    token_indices = [word_to_index[token] for token in tokens]
    return token_indices

texts_indices = [preprocess_text(text, word_to_index) for text in texts]

# 划分训练集和验证集
train_data, val_data, train_labels, val_labels = train_test_split(
    texts_indices, labels, test_size=0.2, random_state=42)

# 自定义数据集和数据加载器
class CustomDataset(Dataset):
    def __init__(self, data, labels):
        self.data = data
        self.labels = labels

    def __len__(self):
        return len(self.data)

    def __getitem__(self, idx):
        return torch.tensor(self.data[idx]), torch.tensor(self.labels[idx])

# 获取最长文本序列的长度
max_seq_length = max([len(text) for text in train_data])

# 填充数据，使得每个文本序列长度相同
train_data_padded = [
    text + [0] * (max_seq_length - len(text)) for text in train_data]
val_data_padded = [
    text + [0] * (max_seq_length - len(text)) for text in val_data]

train_dataset = CustomDataset(train_data_padded, train_labels)
val_dataset = CustomDataset(val_data_padded, val_labels)

train_loader = DataLoader(train_dataset, batch_size=2, shuffle=True)

# 定义模型
class TextClassifier(nn.Module):
    def __init__(self, vocab_size, embedding_dim, output_dim):
        super(TextClassifier, self).__init__()
        self.embedding = nn.Embedding(vocab_size, embedding_dim)
        self.fc = nn.Linear(embedding_dim, output_dim)
```

```
    def forward(self, x):
        embedded = self.embedding(x)
        pooled = torch.mean(embedded, dim=1)
        return self.fc(pooled)


# 设置参数和优化器
vocab_size = len(vocab)
embedding_dim = 10
output_dim = 1
learning_rate = 0.01
num_epochs = 10

model = TextClassifier(vocab_size, embedding_dim, output_dim)
criterion = nn.BCEWithLogitsLoss()
optimizer = optim.Adam(model.parameters(), lr=learning_rate)

# 训练模型
for epoch in range(num_epochs):
    for batch_data, batch_labels in train_loader:
        optimizer.zero_grad()
        predictions = model(batch_data)

        # 将标签调整为向量形式，与模型输出维度相匹配
        batch_labels = batch_labels.unsqueeze(1).float()

        loss = criterion(predictions, batch_labels)
        loss.backward()
        optimizer.step()
    print(f'Epoch [{epoch + 1}/{num_epochs}], Loss: {loss.item():.4f}')

# 在验证集上评估模型性能
with torch.no_grad():
    val_data_tensor = pad_sequence(
        [torch.tensor(text) for text in val_data_padded], batch_first=True)
    val_predictions = model(val_data_tensor)
    val_predictions = torch.round(torch.sigmoid(val_predictions))
    accuracy = (
        (val_predictions == torch.tensor(val_labels).unsqueeze(1))
        .sum()
        .item()
    )/ len(val_labels)
    print(f'Validation accuracy: {accuracy:.2f}')
```

总的来说，这段代码演示了如何使用PyTorch框架进行文本分类任务，其中包括了数据预处理、模型定义、训练和评估过程。请注意，这个实例是一个简化版的文本分类流程，实际应用中可能需

要更多的步骤和技术来处理更复杂的文本数据和任务。

2.4.3 Word2Vec 模型

Word2Vec是一种用于学习词嵌入（Word Embedding）的深度学习模型，旨在将词汇映射到低维度的向量空间中。这种映射使得单词的语义信息能够以密集向量的形式被捕捉，这与传统的词袋模型（Bag of Words，BoW）或TF-IDF方法表示形式不同。Word2Vec模型的主要目标是学习具有相似语义含义的词汇之间的相似向量表示。

Word2Vec模型的具体说明如图2-11所示。

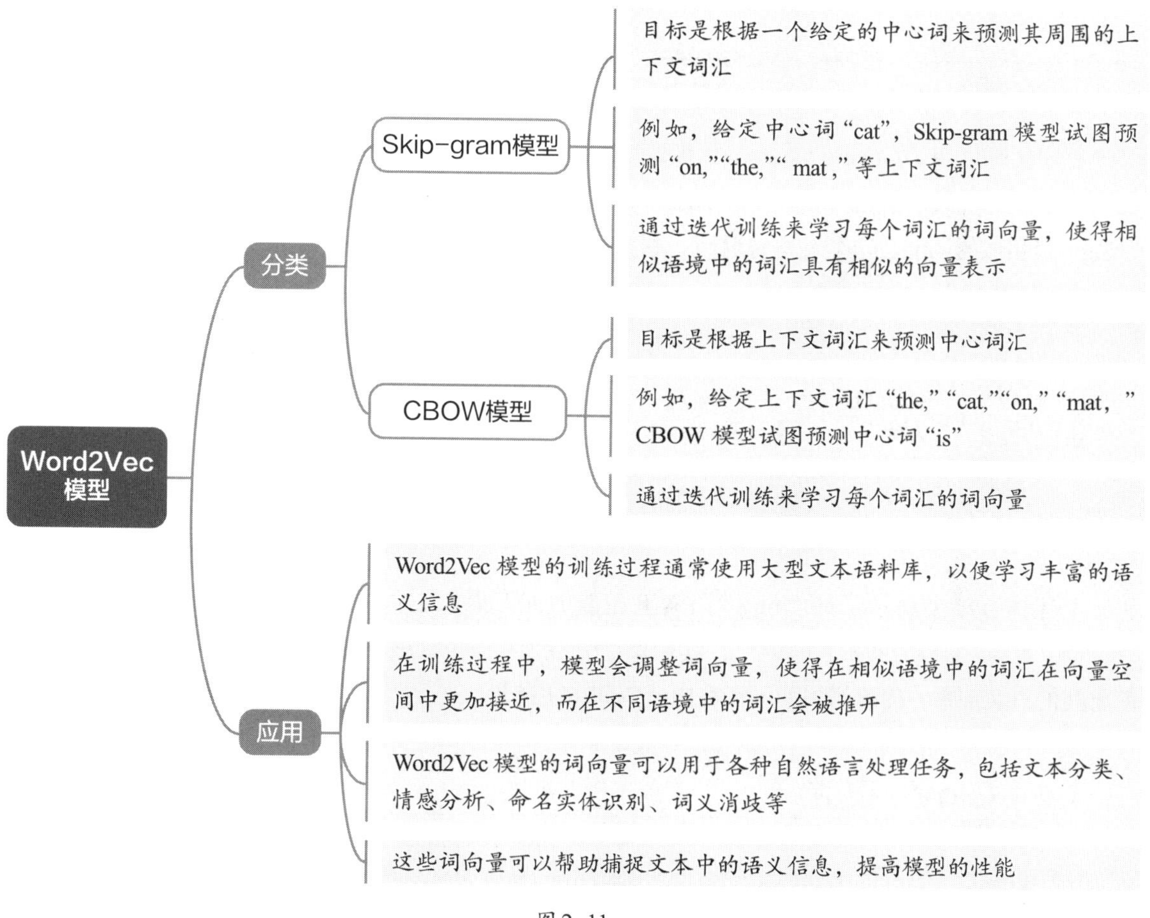

图 2-11

当使用Word2Vec模型时，一个常见的应用是在大规模文本数据上训练模型，然后使用训练好的模型来获取词汇的向量表示。这些向量表示可以用于多种任务，包括文本相似性计算、文本分类和推荐系统。实例2-6演示了使用预训练的Word2Vec模型来查找相似词汇的过程。

实例2-6：使用预训练的Word2Vec模型查找相似词汇

实例文件word.py（源码路径：codes\2\word.py）的具体实现代码如下。

```
from gensim.models import Word2Vec
```

```
from gensim.models import KeyedVectors

# 加载预训练的 Word2Vec 模型
pretrained_model_path = "GoogleNews-vectors-negative300.bin"
pretrained_model = KeyedVectors.load_word2vec_format(
    pretrained_model_path, binary=True)

# 查找与给定词汇相似的词汇
similar_words = pretrained_model.most_similar("king", topn=5)

# 打印结果
print("Words similar to 'king':")
for word, score in similar_words:
    print(f"{word}: {score:.2f}")
```

上述代码使用了Google News的预训练Word2Vec模型，该模型包含了大量的英文词汇，文件较大，需提前下载后解压并提供文件路径。我们加载了这个模型并使用most_similar()方法查找与"king"最相似的词汇。这个过程将返回一些与"king"在语义上相关的词汇。

执行上述代码，输出结果如下。

```
Words similar to 'king':
queen: 0.65
monarch: 0.63
prince: 0.61
kingdom: 0.59
crown: 0.58
```

上述执行结果表示了与"king"语义上相似的词汇以及它们的相似度分数。在这个实例中，"queen"是与"king"最相关的词汇，其相似度分数为0.65。这展示了Word2Vec模型如何捕捉到词汇之间的语义关系，使得相关的词汇在向量空间中更接近。

2.4.4 GloVe 模型

GloVe是一种用于学习词嵌入的词向量模型，旨在将词汇映射到低维度的向量空间中，以捕捉词汇之间的语义关系。GloVe模型是由斯坦福大学的研究团队开发的，它在全局范围内优化了词汇的共现概率分布，其核心思想是通过最小化点对点共现概率分布的差异来学习词汇的向量表示。这使得具有相似语义关系的词汇在向量空间中更加接近，从而增强了模型的性能。GloVe模型的主要特点如图2-12所示。

与Word2Vec模型一样，GloVe模型的预训练词向量在各种NLP任务中广泛应用，包括文本分类、情感分析、命名实体识别（Named Entity Recognition，NER）、机器翻译等。使用GloVe模型可以提高模型对文本的理解和处理能力。现实中一个常见的例子是使用GloVe模型进行文本相似性分析，实例2-7使用预训练的GloVe模型来比较两段文本之间的相似性，以识别语义上相似的文本。

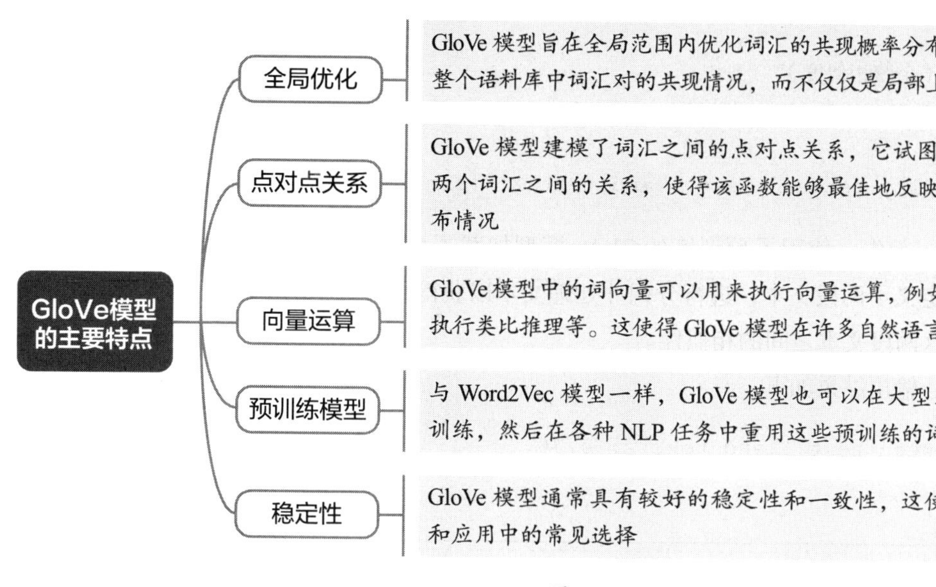

GloVe模型的主要特点
全局优化
GloVe 模型旨在全局范围内优化词汇的共现概率分布。这意味着它考虑了整个语料库中词汇对的共现情况，而不仅仅是局部上下文窗口内的共现
点对点关系
GloVe 模型建模了词汇之间的点对点关系，它试图找到一个函数来表示两个词汇之间的关系，使得该函数能够最佳地反映点对点共现概率的分布情况
向量运算
GloVe 模型中的词向量可以用来执行向量运算，例如找到最接近的词汇、执行类比推理等。这使得 GloVe 模型在许多自然语言处理任务中非常有用
预训练模型
与 Word2Vec 模型一样，GloVe 模型也可以在大型文本语料库上进行预训练，然后在各种 NLP 任务中重用这些预训练的词向量
稳定性
GloVe 模型通常具有较好的稳定性和一致性，这使得它成为 NLP 研究和应用中的常见选择

图 2-12

实例2-7：使用预训练的GloVe模型比较两段文本的相似性

实例文件 go.py（源码路径：codes\2\go.py）的具体实现代码如下。

```
from gensim.models import KeyedVectors
import numpy as np
from sklearn.metrics.pairwise import cosine_similarity

# 加载预训练的 GloVe 模型
glove_model_path = "glove.6B.50d.txt"
glove_model = KeyedVectors.load_word2vec_format(glove_model_path, binary=False)

# 定义两段文本
text1 = "cat in the hat"
text2 = "dog in a hat"

# 分词和处理文本
words1 = text1.split()
words2 = text2.split()

# 计算每个文本的平均词向量
def get_average_vector(model, words):
    vectors = [model[word] for word in words if word in model]
    if vectors:
        return np.mean(vectors, axis=0)
    else:
        return np.zeros(model.vector_size)

vector1 = get_average_vector(glove_model, words1)
vector2 = get_average_vector(glove_model, words2)
```

```
# 计算文本相似性（余弦相似度）
similarity = cosine_similarity([vector1], [vector2])

print(f"Similarity between text 1 and text 2: {similarity[0][0]:.2f}")
```

在上述代码中，首先，使用了预训练的GloVe模型加载了GloVe词向量，该模型为小型版本，文件较小。其次，定义了两段文本，进行分词并处理文本以获得每个文本的平均词向量。最后，使用余弦相似度计算这两段文本之间的相似性。

执行上述代码，输出结果如下。

```
Similarity between text 1 and text 2: 0.76
```

2.5 词袋模型

词袋模型是一种常用的文本特征提取方法，用于将文本数据转换为数值表示。词袋模型的基本思想是先将文本看作是由单词构成的“袋子”（即无序集合），再统计每个单词在文本中出现的频次或使用其他权重方式来表示单词的重要性。这样，每个文本都可以用一个向量表示，其中向量的每个维度对应于一个单词，并记录了该单词在文本中的出现次数或权重。

假设你正在为家庭聚会准备菜单，希望通过分析朋友们的饮食偏好来决定最受欢迎的菜肴。你收集了一些朋友的评论，如“我喜欢辣的食物”“甜点太棒了”“我不喜欢海鲜”“辣的食物最好了”。你可以使用词袋模型将这些评论转化为数值特征，通过统计每个单词的出现频次来分析哪些食物类型最受欢迎。例如，通过词袋模型，你可以发现“辣”和“甜”出现的频率较高，从而决定在聚会上准备辣味和甜味的菜肴，如图2-13所示。

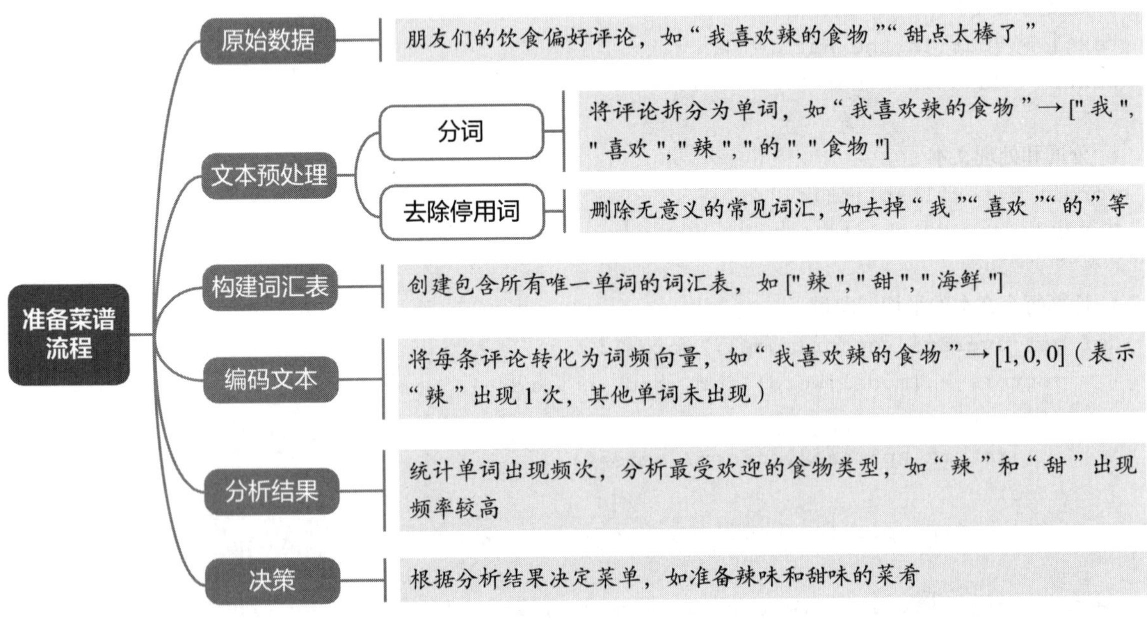

图2-13

2.5.1 实现词袋模型的步骤

词袋模型的基本原理非常简单，它主要涉及将文本文档转化为一个无序的词汇集合，并记录每个词汇在文档中的出现频率。实现词袋模型的基本步骤如图2-14所示。

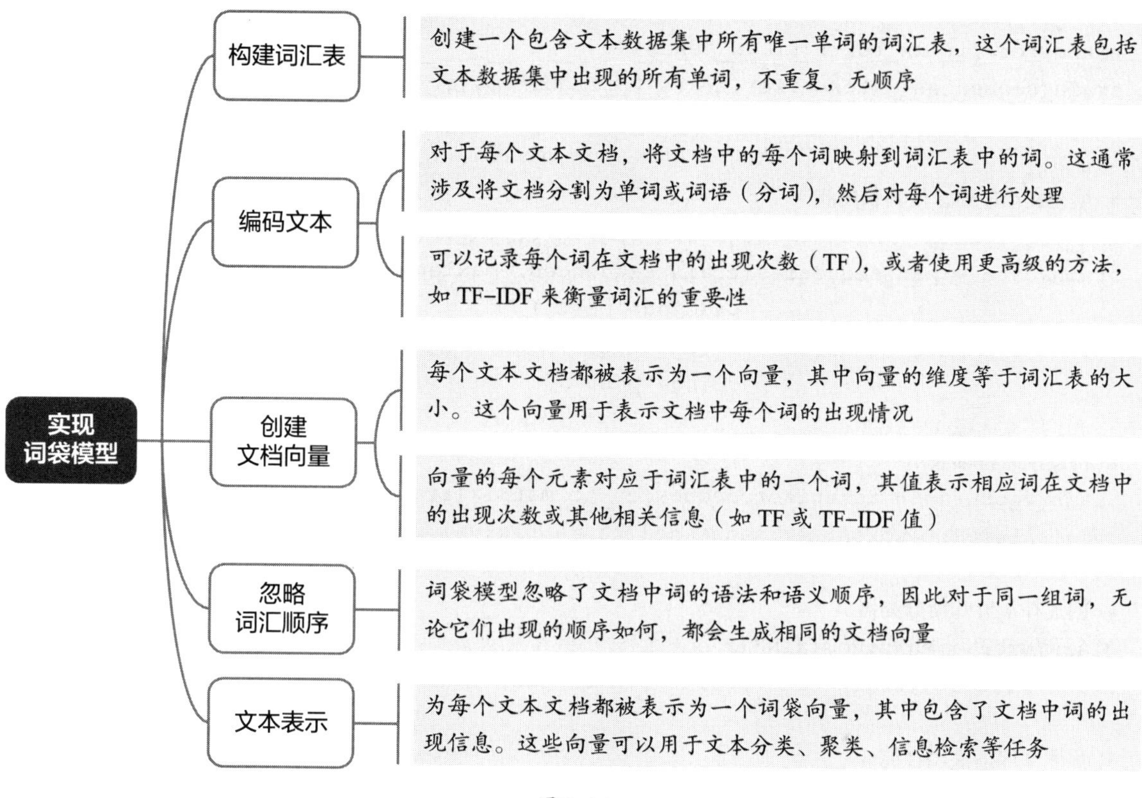

实现
词袋模型
构建词汇表
创建一个包含文本数据集中所有唯一单词的词汇表，这个词汇表包括文本数据集中出现的所有单词，不重复，无顺序
编码文本
对于每个文本文档，将文档中的每个词映射到词汇表中的词。这通常涉及将文档分割为单词或词语（分词），然后对每个词进行处理
可以记录每个词在文档中的出现次数（TF），或者使用更高级的方法，如TF-IDF来衡量词汇的重要性
创建
文档向量
每个文本文档都被表示为一个向量，其中向量的维度等于词汇表的大小。这个向量用于表示文档中每个词的出现情况
向量的每个元素对应于词汇表中的一个词，其值表示相应词在文档中的出现次数或其他相关信息（如TF或TF-IDF值）
忽略
词汇顺序
词袋模型忽略了文档中词的语法和语义顺序，因此对于同一组词，无论它们出现的顺序如何，都会生成相同的文档向量
文本表示
为每个文本文档都被表示为一个词袋向量，其中包含了文档中词的出现信息。这些向量可以用于文本分类、聚类、信息检索等任务

图2-14

注意：词袋模型是一种简单而有效的文本表示方法，但它有一些局限性，如不能捕捉词汇之间的语法和语义关系。因此，在某些自然语言处理任务中，更复杂的文本表示方法可能更为适用。但在许多情况下，词袋模型仍然是一个有用的起点，特别是在处理大规模文本数据时。

在TensorFlow框架中使用词袋模型进行文本特征提取时需要一些预处理步骤，实例2-8是一个基于TensorFlow框架使用词袋模型进行文本特征提取的例子。

实例2-8：基于TensorFlow框架使用词袋模型进行文本特征提取

实例文件ci.py（源码路径：codes\2\ci.py）的具体实现代码如下。

```
# 生成示例文本数据和标签
texts = ["this is a positive sentence",
         "this is a negative sentence",
         "a positive sentence here",
         "a negative sentence there"]

labels = [1, 0, 1, 0]
```

```
# 划分训练集和验证集
train_texts, val_texts, train_labels, val_labels = train_test_split(
    texts, labels, test_size=0.2, random_state=42)

# 创建分词器并进行分词
tokenizer = Tokenizer()
tokenizer.fit_on_texts(train_texts)
train_sequences = tokenizer.texts_to_sequences(train_texts)
val_sequences = tokenizer.texts_to_sequences(val_texts)

# 填充文本序列，使其长度相同
max_seq_length = max(len(seq) for seq in train_sequences)
train_data = pad_sequences(train_sequences, maxlen=max_seq_length,
                           padding='post')
val_data = pad_sequences(val_sequences, maxlen=max_seq_length,
                         padding='post')

# 构建词袋特征表示
train_features = tokenizer.sequences_to_matrix(train_sequences, mode='count')
val_features = tokenizer.sequences_to_matrix(val_sequences, mode='count')

# 创建朴素贝叶斯分类器
classifier = MultinomialNB()
classifier.fit(train_features, train_labels)

# 预测并评估模型性能
predictions = classifier.predict(val_features)
accuracy = accuracy_score(val_labels, predictions)
print(f'Validation accuracy: {accuracy:.2f}')
```

在这个例子中，首先，使用Tokenizer()方法对文本进行分词和索引化。其次，使用pad_sequences()方法对文本序列进行填充。再次，使用sequences_to_matrix()方法将文本序列转换为词袋特征表示，模式设置为“count”表示计算单词出现的频次。最后，使用MultinomialNB()方法创建朴素贝叶斯分类器，对词袋特征进行训练和预测，并使用accuracy_score()方法计算模型在验证集上的准确率。

2.5.2 词袋模型的限制与改进

词袋模型虽然是一种常用的文本表示方法，但它也有一些限制，特别是在涉及语义理解和处理上。词袋模型的限制及改进方法如表2-1所示。

表2-1 词袋模型的限制及改进方法

限制	说明	改进方法
词汇表的大小	使用一个静态的词汇表，包括文本数据集中的所有单词，这限制了它对新词汇的适应能力	使用动态扩展的词汇表，如词嵌入模型中的词向量

续表

限制	说明	改进方法
词汇的稀疏性	生成的文档向量通常是稀疏的，因为大多数文档中的词汇在给定文档中都是零，这可能会导致维度灾难和计算资源浪费	使用降维技术，如PCA或特征选择，以减小向量的维度
语法和语义信息丢失	忽略了文档中词汇的语法和语义关系，因此不能捕捉词汇之间的上下文信息	使用词嵌入（如Word2Vec模型和GloVe模型）来获取更丰富的语义词袋模型的信息，以便更好地表示词汇
停用词问题	通常保留了常见的停用词，这可能会降低文本表示的质量	改进方法包括去除停用词，使用TF-IDF等技术
顺序信息丢失	忽略了词汇的顺序，这对于某些任务，如文本生成和语言模型，是不够的	使用循环神经网络和卷积神经网络等模型来保留顺序信息
多义性和歧义性	不能处理词汇的多义性和歧义性	使用词嵌入和上下文感知模型来更好地捕捉词汇的含义

改进词袋模型的方法包括使用更高级的文本表示技术，如词嵌入、深度学习模型和注意力机制（Attention Mechanism），以更好地捕捉文本的语义信息。这些改进使得文本处理在许多任务上取得了显著的进展，从情感分析到文本摘要等。实例2-9使用一个简单的词袋模型来分析电影评论，然后讨论改进方法。

实例2-9：使用词袋模型分析电影评论

实例文件cigai.py（源码路径：codes\2\cigai.py）的具体实现代码如下。

```
import numpy as np
from sklearn.feature_extraction.text import CountVectorizer
from sklearn.decomposition import PCA
import matplotlib.pyplot as plt

# 一些电影评论
comments = [
    "The bank can't guarantee the safety of your money.",
    "I need to deposit money in the bank.",
    "The river bank was a great place for a picnic.",
    "The bank robbed the bank!"
]

# 创建词袋模型
vectorizer = CountVectorizer()
X = vectorizer.fit_transform(comments)

# 使用 PCA 方法降维，以便可视化
pca = PCA(n_components=2)
X_reduced = pca.fit_transform(X.toarray())
```

```
# 绘制词袋模型的可视化
plt.figure(figsize=(10, 6))
plt.scatter(X_reduced[:, 0], X_reduced[:, 1], c='b', marker='o',
            label='Comments')

# 对注释的显示进行微调，避免直接覆盖数据点
for i, comment in enumerate(comments):
    # 在原始点基础上加上一个小的偏移量
    plt.annotate(comment,
                 (X_reduced[i, 0] + 0.03, X_reduced[i, 1] + 0.03),
                 fontsize=9,
                 arrowprops=dict(arrowstyle='->', color='gray', lw=0.5))

plt.title(" 词袋模型的限制 - 无法处理词汇多义性 ", fontproperties='SimHei')
# 将图例放置在图外侧右上角
plt.legend(loc='upper left', bbox_to_anchor=(1.05, 1))
plt.tight_layout()  # 自动调整子图参数避免布局重叠
plt.show()
```

在上述代码中，先创建了一个包含电影评论的词袋模型，再使用PCA方法将维度降至2以便可视化。词袋模型将具有不同含义的“bank”词汇视为相同，忽略了多义性。改进方法是使用预训练的词嵌入模型，它可以更好地捕捉词汇的语义含义。这样，模型可以区分不同含义的相同词汇。在实际应用中，可以使用这些词嵌入模型来提高文本表示的质量，从而更好地理解和处理自然语言。执行后会绘制所有4个点，每个点代表一个电影评论，如图2-15所示。

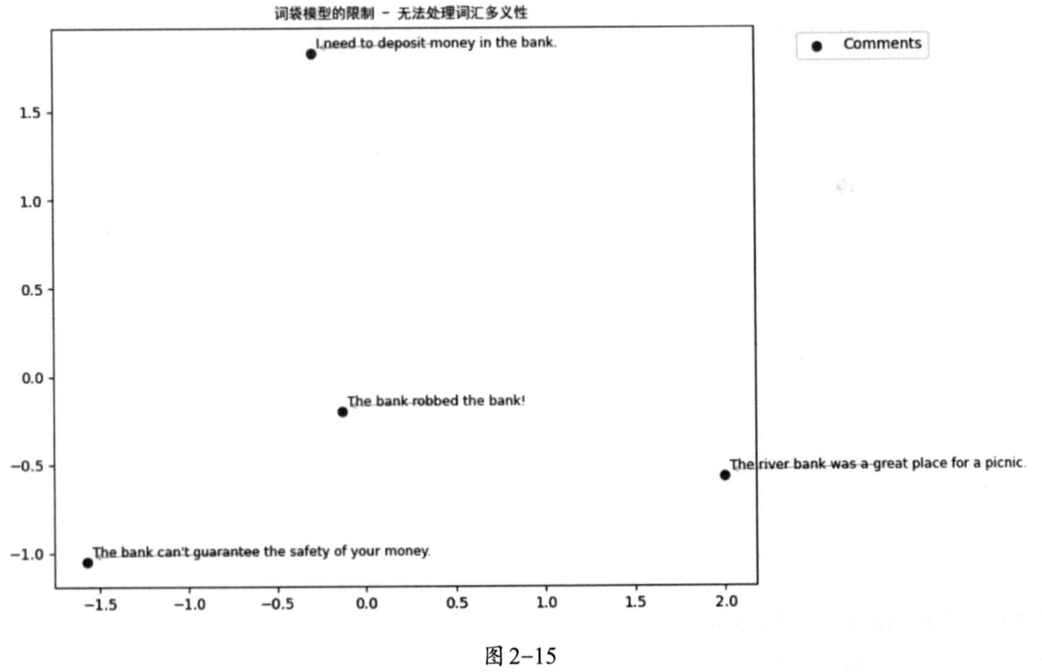

图2-15

2.6 TF-IDF值

TF-IDF方法结合了词频（Term Frequency，TF）和逆文档频率（Inverse Document Frequency，IDF），用于衡量单词在文本中的重要性。TF-IDF值考虑了一个单词在文本中的频率，以及它在整个文集中的稀有程度。

假设你正在为家庭聚会准备活动计划，希望通过分析朋友们的聊天记录来了解他们最感兴趣的活动类型。你收集了一些聊天记录，如“我喜欢玩游戏”“看电影是个不错的选择”“我更喜欢户外运动”“玩游戏太棒了”等。你可以使用TF-IDF特征提取方法来分析这些记录，识别出哪些词汇在聊天中更重要。通过计算TF-IDF值，你会发现“游戏”和“电影”等词汇在聊天中频繁出现，但“户外运动”可能较少提及。根据这些分析结果，你可以决定在聚会上安排更多与“游戏”和“电影”相关的活动，如图2-16所示。

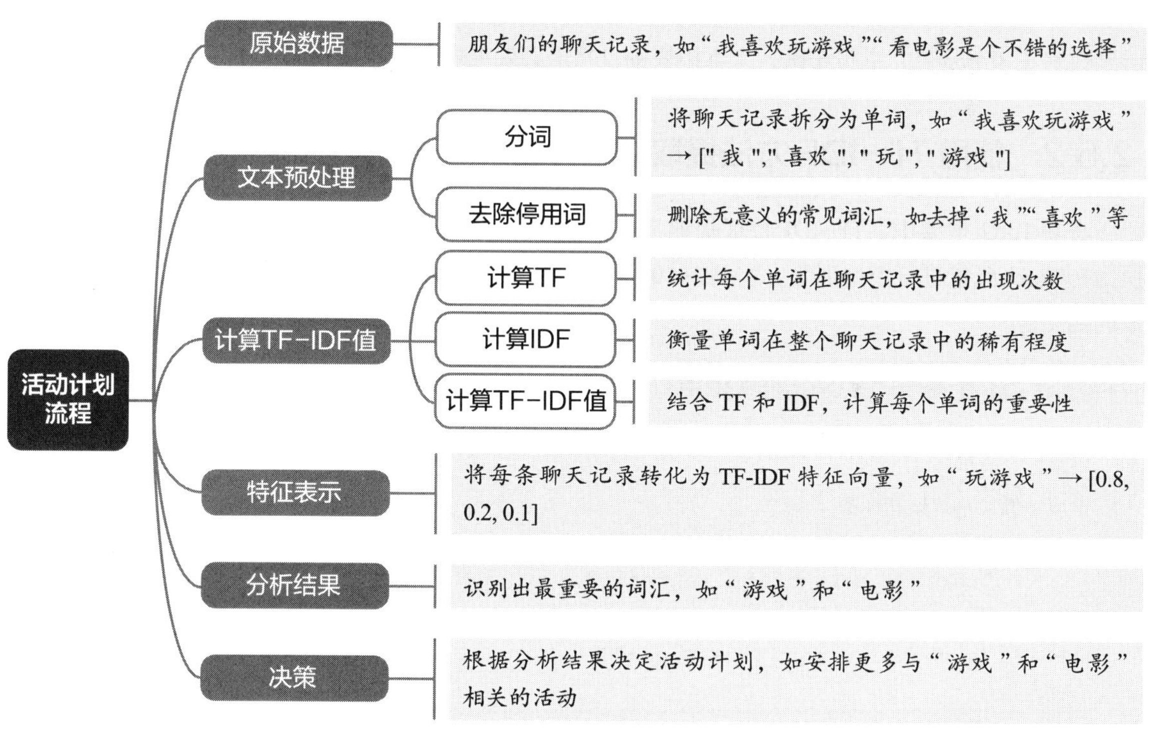

图2-16

2.6.1 什么是TF-IDF

TF-IDF是一种用于信息检索和文本挖掘的文本特征提取方法。TF-IDF方法的目标是确定一个文档中单词的重要性，以便帮助理解文档的主题或进行文本相关性排序。

TF-IDF方法基于如下两个关键概念。

（1）TF：表示在文档中某个单词出现的次数。通常，TF越高，该单词在文档中的重要性越大。

（2）IDF：表示某个单词在整个文档集合中的稀有程度，是一个用于衡量某个单词在文档集合中的重要性的度量。常见的单词（如“a”和“the”）在文档集合中出现频繁，因此其IDF较低，而不常见的单词在文档集合中出现较少，因此其IDF较高。

TF-IDF值的计算方式如下。

（1）TF：对于文档中的每个单词，计算它在文档中的出现次数。常见的方式是使用原始词频（Raw Term Frequency）或词频的对数形式（Log Term Frequency）。

（2）IDF：对于每个单词，计算它的逆文档频率，计算公式为

$$\mathrm{IDF}(w)=\log\left(\frac{N}{n}\right)$$

其中，N表示文档集合中的总文档数，n表示包含单词w的文档数。IDF的目标是降低出现在较多文档中单词的权重，提高不常见单词的权重。

（3）TF-IDF值：计算每个单词的TF-IDF分数，它是单词的TF与IDF的乘积。

TF-IDF方法的主要思想是一个单词在文档中出现频繁（高TF）并且在整个文档集合中不常见（高IDF）时，其权重应该更高，因为它对于区分文档的内容更具信息性。TF-IDF方法被广泛用于信息检索、文本分类、主题建模、文本摘要等自然语言处理任务中，以提高文本特征的质量。

2.6.2 使用TF-IDF方法提取文本特征

在PyTorch框架中，TF-IDF特征提取需要借助scikit-learn库来计算TF-IDF值，然后将结果转换为PyTorch张量进行模型训练。实例2-10是一个基于PyTorch框架使用TF-IDF值进行文本特征提取的例子。

实例2-10：基于PyTorch框架使用TF-IDF值进行文本特征提取

实例文件ti.py（源码路径：codes\2\ti.py）的具体实现代码如下。

```
# 生成示例文本数据和标签
texts = ["this is a positive sentence",
         "this is a negative sentence",
         "a positive sentence here",
         "a negative sentence there"]

labels = [1, 0, 1, 0]

# 划分训练集和验证集
train_texts, val_texts, train_labels, val_labels = train_test_split(
    texts, labels, test_size=0.2, random_state=42)

# 创建 TF-IDF 特征表示
vectorizer = TfidfVectorizer()
train_features = vectorizer.fit_transform(train_texts).toarray()
val_features = vectorizer.transform(val_texts).toarray()

# 转换为 PyTorch 张量
```

```
train_features_tensor = torch.tensor(train_features, dtype=torch.float32)
train_labels_tensor = torch.tensor(train_labels, dtype=torch.float32)
val_features_tensor = torch.tensor(val_features, dtype=torch.float32)
val_labels_tensor = torch.tensor(val_labels, dtype=torch.float32)

# 创建朴素贝叶斯分类器
classifier = MultinomialNB()
classifier.fit(train_features, train_labels)

# 预测并评估模型性能
predictions = classifier.predict(val_features)
accuracy = accuracy_score(val_labels, predictions)
print(f'Validation accuracy: {accuracy:.2f}')
```

在这个例子中，首先，使用TfidfVectorizer()方法创建TF-IDF特征表示。其次，将结果转换为NumPy数组，并将其转换为PyTorch张量。再次，创建一个朴素贝叶斯分类器，对TF-IDF特征进行训练和预测。最后，使用accuracy_score()方法计算了模型在验证集上的准确率。

2.6.3 TF-IDF方法与词袋模型的比较

TF-IDF方法和词袋模型都是用于文本表示的常见方法，但它们在目标、原理和特点上有一些重要的区别，如表2-2所示。

表2-2 TF-IDF方法和词袋模型的区别

区别	TF-IDF方法	词袋模型
目标	主要目标是确定文档中的词汇重要性，以帮助理解文档的主题或进行文本相关性排序。TF-IDF方法侧重于找出文档中的关键词汇，强调不常见但在文档中频繁出现的词汇	主要目标是将文本文档表示为一个无序的词汇集合，用于文本分类、信息检索、聚类等任务。词袋模型侧重于编码文档中所有词汇的出现次数
文本	生成每个文档的词汇权重，将文本文档表示为一个向量，其中每个元素对应一个词，并表示该词在文档中的重要性	将文本文档表示为一个向量，其中每个元素对应一个词，并表示该词在文档中的出现次数
考虑上下文	通常不考虑词汇之间的上下文关系和顺序，它主要关注词汇的重要性	通常不考虑词汇的上下文关系和顺序，它将文本视为一组无序的词汇
处理停用词	通常会去除停用词，因为停用词在文档集合中出现频繁，但不具有较高的信息量	通常保留了停用词，除非手动去除
适用领域	在信息检索、文本分类、文本聚类、文本摘要等任务中非常有用，尤其适合涉及关键词提取的应用	在信息检索、文本分类、情感分析等任务中广泛应用，特别适合忽略词汇顺序的任务

总之，TF-IDF方法和词袋模型是两种不同的文本表示方法，它们在不同的应用中都具有各自的优势。选择哪种方法取决于任务的要求和文本数据的性质。有时候，这两种方法也可以结合使用，以充分利用它们的优点。例如，可以使用TF-IDF加权的词袋模型，将TF-IDF权重考虑在内，同时使用词袋模型的特征表示文本。

第3章 人有悲欢离合，月有阴晴圆缺：文本分类与情感分析

文本分类和情感分析是NLP中常见的任务，它们可以用于将文本数据归类到不同的类别或者分析文本中的情感极性。在本章的内容中，将详细讲解在NLP中使用文本分类和情感分析算法的知识。

人有悲欢离合，月有阴晴圆缺。

这句苏轼的名句既道尽了人情的多样与变幻，也隐喻了文本中情感的丰富性与多元性，正如NLP大模型在文本分类与情感分析中捕捉和区分各种情绪状态。NLP大模型正是通过深入挖掘文本中这些隐含的情感模式，捕捉到情绪波动的细微差别，从而实现对文本情感的精准分类和分析。

3.1 朴素贝叶斯分类器

朴素贝叶斯分类器是一种基于贝叶斯定理的统计分类算法，它被广泛应用于文本分类、垃圾邮件过滤、情感分析等任务。该算法的“朴素”部分是因为它假设特征之间是相互独立的，尽管这个假设在实际数据中往往不成立，但朴素贝叶斯在很多情况下仍然表现出色。

假设你正在管理一个家庭邮件系统，希望自动将收到的邮件分类为“重要邮件”和“垃圾邮件”。你可以使用朴素贝叶斯分类器来实现这一目标。通过分析邮件的文本内容，提取关键词作为特征，并计算每个特征在不同类别中的概率。例如，包含“优惠”“免费”等词汇的邮件，很可能是垃圾邮件；而包含“会议”“提醒”等词汇的邮件则更可能是重要邮件。通过训练朴素贝叶斯分类器，你可以自动对新收到的邮件进行分类，从而提高邮件管理的效率，如图 3-1 所示。

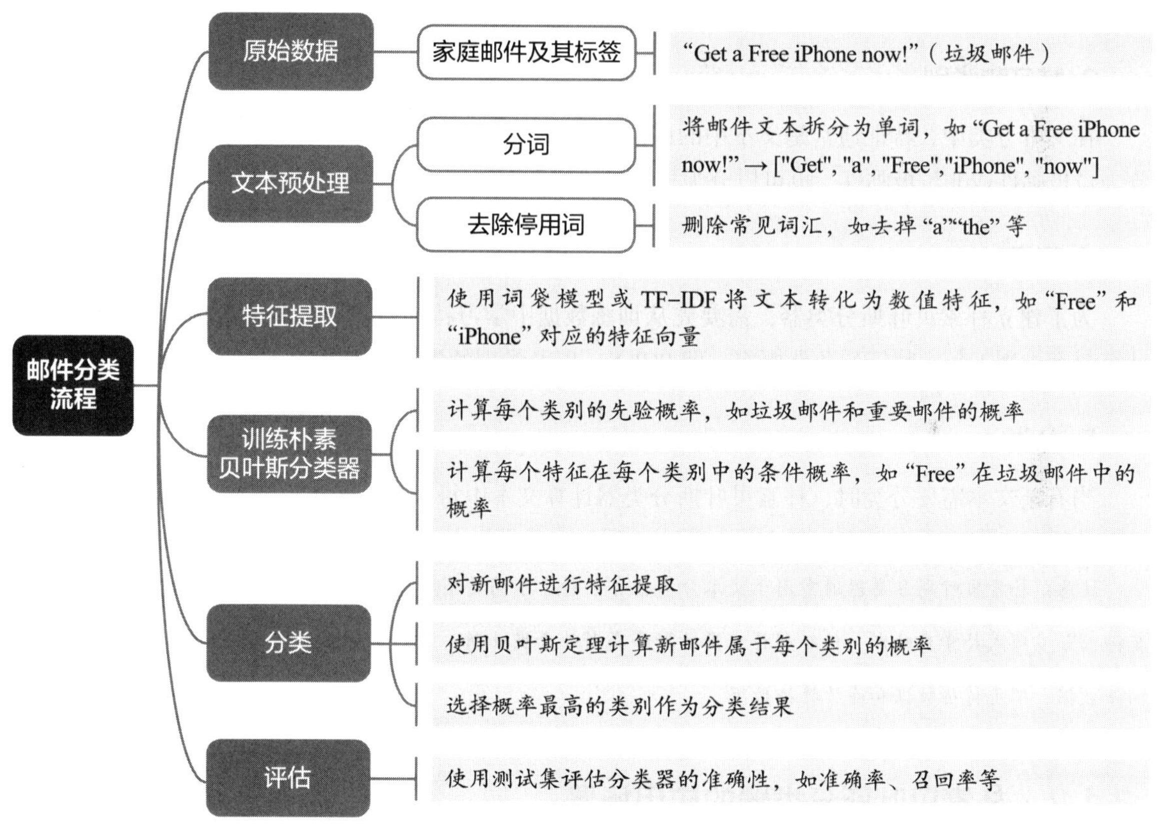
邮件分类流程
原始数据
家庭邮件及其标签
“Get a Free iPhone now!”（垃圾邮件）
文本预处理
分词
将邮件文本拆分为单词，如“Get a Free iPhone now!” → ["Get", "a", "Free","iPhone", "now"]
去除停用词
删除常见词汇，如去掉“a”“the”等
特征提取
使用词袋模型或 TF-IDF 将文本转化为数值特征，如“Free”和“iPhone”对应的特征向量
训练朴素贝叶斯分类器
计算每个类别的先验概率，如垃圾邮件和重要邮件的概率
计算每个特征在每个类别中的条件概率，如“Free”在垃圾邮件中的概率
分类
对新邮件进行特征提取
使用贝叶斯定理计算新邮件属于每个类别的概率
选择概率最高的类别作为分类结果
评估
使用测试集评估分类器的准确性，如准确率、召回率等

图 3-1

3.1.1 朴素贝叶斯分类器的基本概念

1. 贝叶斯定理

朴素贝叶斯分类器基于贝叶斯定理进行分类。贝叶斯定理是一个条件概率公式，用于计算给定某一事件发生的条件下，另一事件发生的概率。在文本分类中，我们将事件 A 表示为文本属于某一

类别，事件B表示为文本包含某一特征（如词汇或短语）。

贝叶斯定理表示为

$$P(A|B)=\frac{P(B|A)\cdot P(A)}{P(B)}$$

其中，$P(A|B)$是在给定特征B的条件下文本属于类别A的概率；$P(B|A)$是在给定类别A的条件下特征B出现的概率；$P(A)$是类别A的先验概率；$P(B)$是特征B出现的先验概率。

2. 朴素假设

朴素贝叶斯分类器的“朴素”部分来源于它对特征之间相互独立的假设。这意味着在计算条件概率时，它假定文本中的特征（如词汇或短语）之间没有相互依赖。尽管这一假设在实际情况中不一定成立，但它简化了模型的计算。

3. 特征和类别

在文本分类中，特征通常是文本中的词汇或短语，而类别是文档所属的类别。例如，文本可以分为垃圾邮件或非垃圾邮件，也可以分为正面情感或负面情感。

4. 建模

为了建立朴素贝叶斯分类器，需要先从训练数据中学习特征与类别之间的条件概率。具体地，计算每个类别下每个特征的条件概率，即$P(B|A)$，以及类别的先验概率$P(A)$。

5. 分类

当有新文本需要分类时，朴素贝叶斯分类器计算文本中每个特征的条件概率，然后使用贝叶斯定理计算文本属于每个类别的概率。最终，选择具有最高概率的类别作为分类结果。

注意：朴素贝叶斯分类器通常用于文本分类任务，对于不同类型的文本数据，可以使用不同的朴素贝叶斯变种，如多项式朴素贝叶斯、伯努利朴素贝叶斯和高斯朴素贝叶斯。这些变种适用于不同类型的特征数据，如词频数据、二元特征数据和连续特征数据。

3.1.2 朴素贝叶斯分类器的应用场景

朴素贝叶斯分类器在许多领域都有广泛的应用，尤其是在自然语言处理和文本分析方面。朴素贝叶斯分类器的应用场景如图3-2所示。

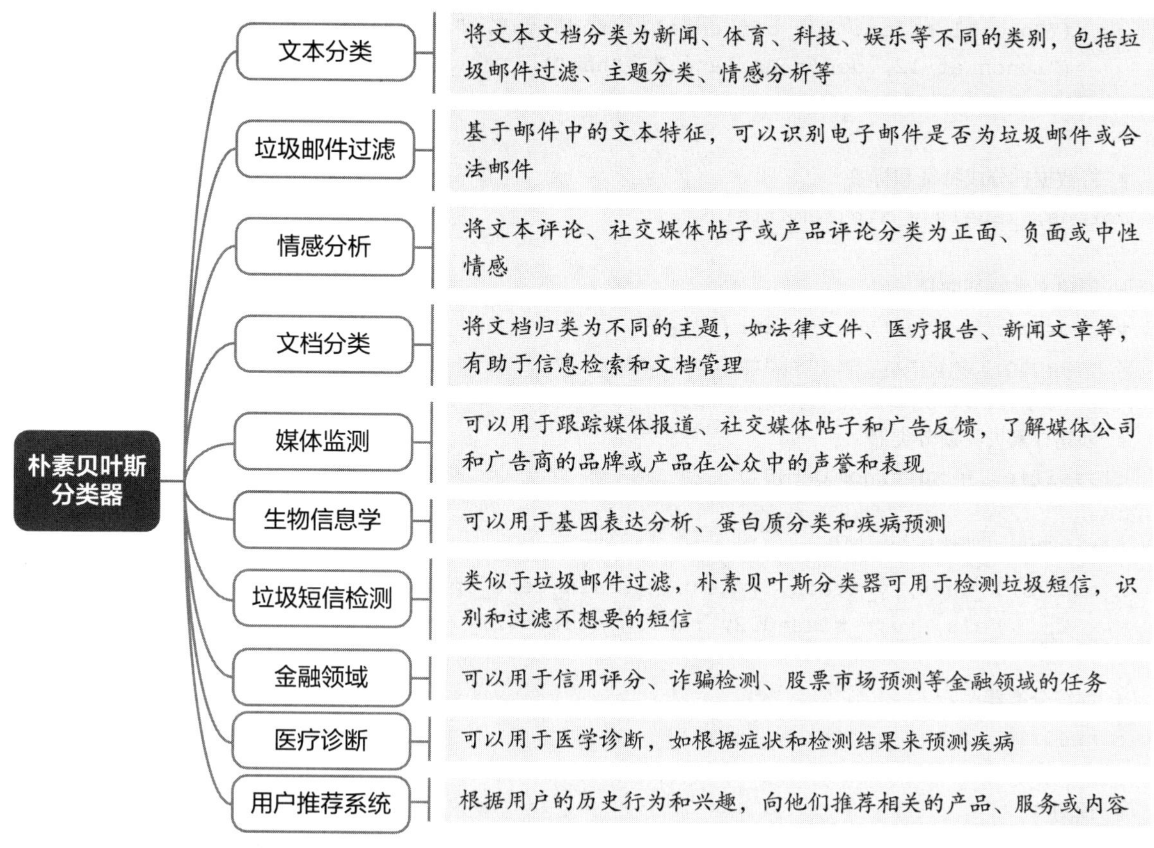

朴素贝叶斯分类器
文本分类
将文本文档分类为新闻、体育、科技、娱乐等不同的类别，包括垃圾邮件过滤、主题分类、情感分析等
垃圾邮件过滤
基于邮件中的文本特征，可以识别电子邮件是否为垃圾邮件或合法邮件
情感分析
将文本评论、社交媒体帖子或产品评论分类为正面、负面或中性情感
文档分类
将文档归类为不同的主题，如法律文件、医疗报告、新闻文章等，有助于信息检索和文档管理
媒体监测
可以用于跟踪媒体报道、社交媒体帖子和广告反馈，了解媒体公司和广告商的品牌或产品在公众中的声誉和表现
生物信息学
可以用于基因表达分析、蛋白质分类和疾病预测
垃圾短信检测
类似于垃圾邮件过滤，朴素贝叶斯分类器可用于检测垃圾短信，识别和过滤不想要的短信
金融领域
可以用于信用评分、诈骗检测、股票市场预测等金融领域的任务
医疗诊断
可以用于医学诊断，如根据症状和检测结果来预测疾病
用户推荐系统
根据用户的历史行为和兴趣，向他们推荐相关的产品、服务或内容

图 3-2

总之，朴素贝叶斯分类器适用于许多领域，尤其在文本分类和自动化决策问题中表现出色，因为它易于实现、计算高效，且在许多情况下能够提供良好的性能。实例3-1的功能是使用朴素贝叶斯分类器自动将电子邮件分类为垃圾邮件和正常邮件。

实例3-1：使用朴素贝叶斯分类器将电子邮件分类为垃圾邮件和正常邮件

实例文件pu.py（源码路径：codes\3\pu.py）的具体实现代码如下。

```
# 导入所需的库
import numpy as np
from sklearn.feature_extraction.text import CountVectorizer
from sklearn.naive_bayes import MultinomialNB
from sklearn.model_selection import train_test_split
from sklearn.metrics import accuracy_score

# 创建示例邮件数据
emails = [
    ("Get a Free iPhone now!", "spam"),
    ("Meeting for lunch today?", "ham"),
    ("Claim your prize money now!", "spam"),
    ("Don't forget the meeting tomorrow.", "ham"),
```

```
    ("Special offer: 50% off on all products", "spam"),
    ("Lunch at 12, don't be late.", "ham")
]

# 将数据拆分成特征和标签
corpus, labels = zip(*emails)

# 创建文本特征向量
vectorizer = CountVectorizer()
X = vectorizer.fit_transform(corpus)

# 创建朴素贝叶斯分类器
classifier = MultinomialNB()

# 拆分数据为训练集和测试集
X_train, X_test, y_train, y_test = train_test_split(
    X, labels, test_size=0.2, random_state=42)

# 训练分类器
classifier.fit(X_train, y_train)

# 预测
y_pred = classifier.predict(X_test)

# 评估分类器性能
accuracy = accuracy_score(y_test, y_pred)
print("Accuracy: {:.2f}%".format(accuracy * 100))

# 输入新邮件并进行分类
new_email = ["You've won a million dollars!"]
X_new = vectorizer.transform(new_email)
prediction = classifier.predict(X_new)
print("New Email is:", prediction[0])
```

在上述代码中，创建了一个小型的数据集，其中包含垃圾邮件和正常邮件的示例。使用CountVectorizer类将文本转化为特征向量，并使用Multinomial NB朴素贝叶斯分类器进行训练和预测。最后，评估了分类器的准确性并对新的电子邮件进行了分类。

执行上述代码，输出结果如下。

```
Accuracy: 100.00%
New Email is: ham
```

3.2 支持向量机

支持向量机（Support Vector Machine，SVM）是一种强大的监督学习算法，通常用于分类和回归任务。SVM的目标是找到一个最佳的分隔超平面，以将不同类别的数据点分开。

假设你正在管理一个家庭图书馆，希望自动将书籍评论分类为“推荐”或“不推荐”，以便更好地管理书籍推荐系统。你可以使用SVM来实现这一目标。通过分析书籍评论的文本内容，提取关键词作为特征，并使用SVM模型训练分类器。例如，如果评论中包含“精彩”“有趣”等词汇，更可能被分类为“推荐”；而包含“无聊”“乏味”等词汇的评论则可能被分类为“不推荐”。通过训练SVM模型，你可以自动对新的书籍评论进行分类，从而提高管理效率。如图3-3所示。

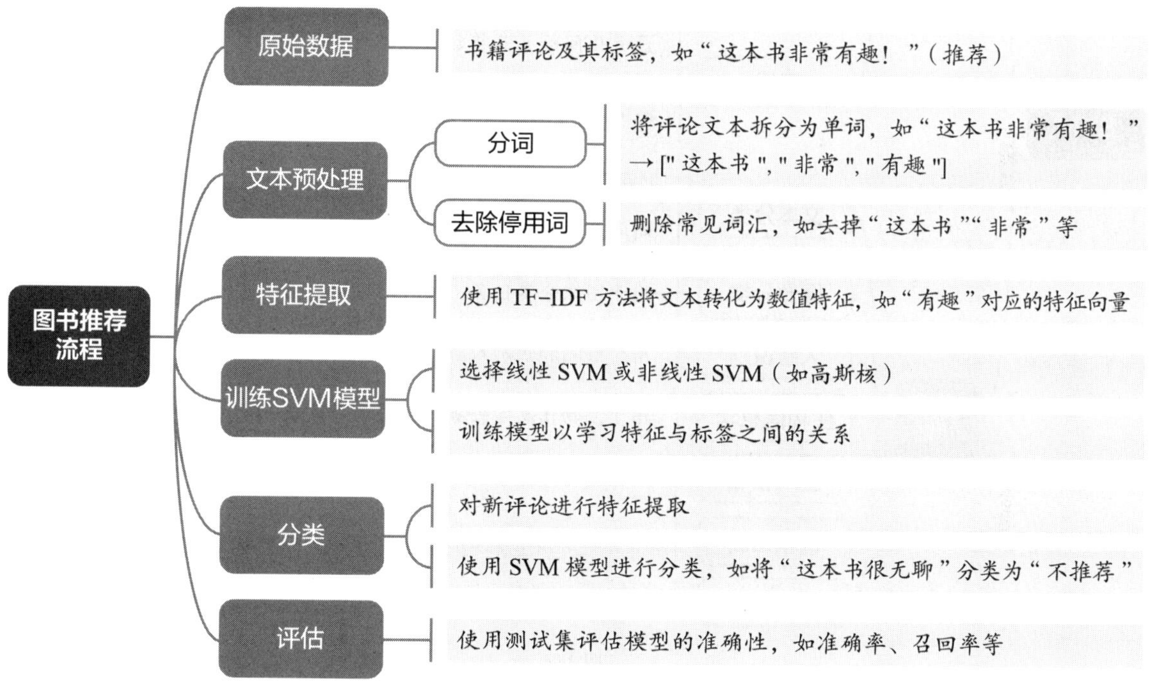
图书推荐流程
原始数据
书籍评论及其标签，如“这本书非常有趣！”（推荐）
文本预处理
分词
将评论文本拆分为单词，如“这本书非常有趣！”→["这本书","非常","有趣"]
去除停用词
删除常见词汇，如去掉“这本书”“非常”等
特征提取
使用TF-IDF方法将文本转化为数值特征，如“有趣”对应的特征向量
训练SVM模型
选择线性SVM或非线性SVM（如高斯核）
训练模型以学习特征与标签之间的关系
分类
对新评论进行特征提取
使用SVM模型进行分类，如将“这本书很无聊”分类为“不推荐”
评估
使用测试集评估模型的准确性，如准确率、召回率等

图3-3

3.2.1 SVM介绍

SVM的主要原理和应用领域如图3-4所示。

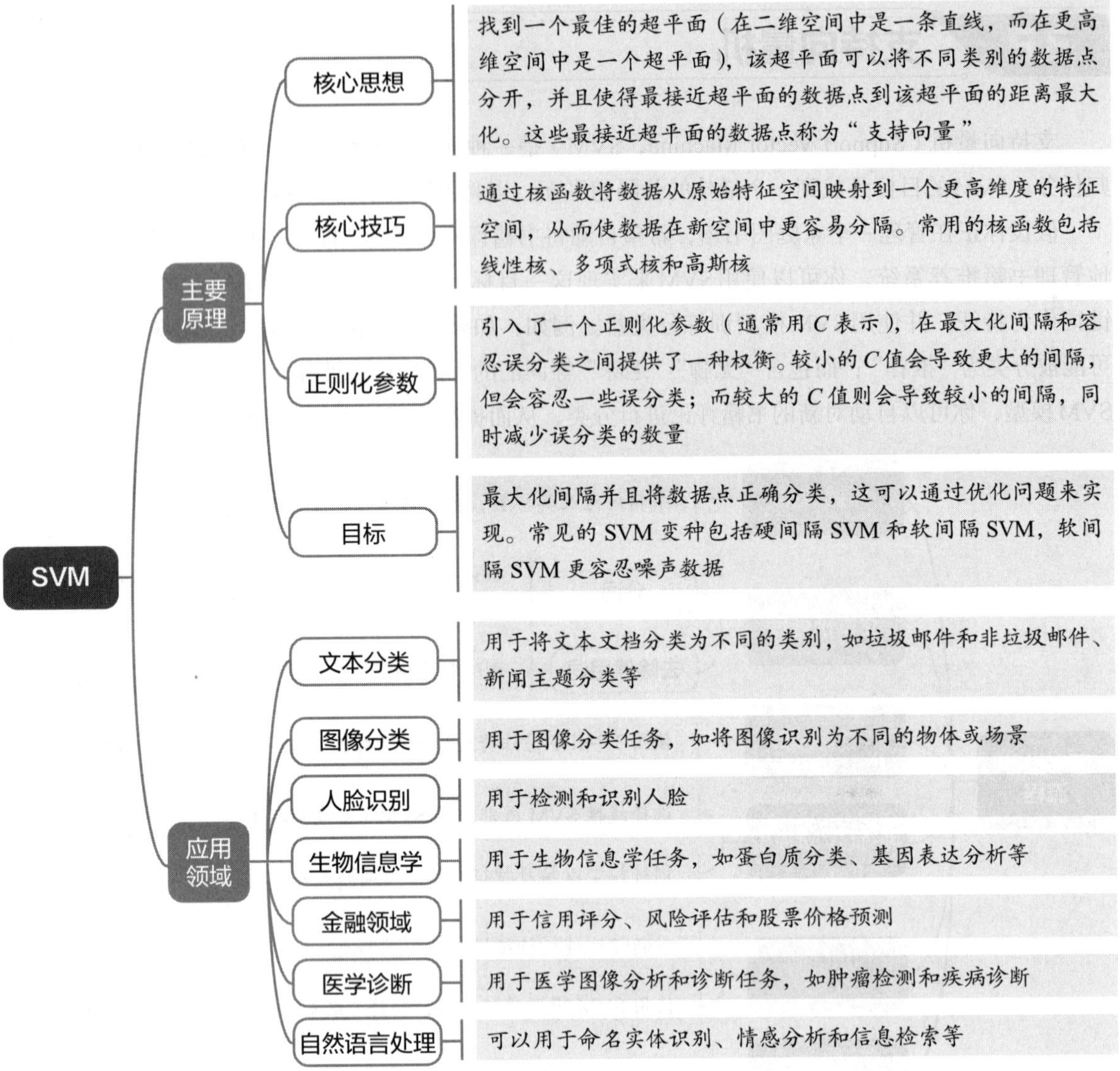

- SVM
  - 主要原理
    - 核心思想：找到一个最佳的超平面（在二维空间中是一条直线，而在更高维空间中是一个超平面），该超平面可以将不同类别的数据点分开，并且使得最接近超平面的数据点到该超平面的距离最大化。这些最接近超平面的数据点称为“支持向量”
    - 核心技巧：通过核函数将数据从原始特征空间映射到一个更高维度的特征空间，从而使数据在新空间中更容易分隔。常用的核函数包括线性核、多项式核和高斯核
    - 正则化参数：引入了一个正则化参数（通常用 C 表示），在最大化间隔和容忍误分类之间提供了一种权衡。较小的 C 值会导致更大的间隔，但会容忍一些误分类；而较大的 C 值则会导致较小的间隔，同时减少误分类的数量
    - 目标：最大化间隔并且将数据点正确分类，这可以通过优化问题来实现。常见的 SVM 变种包括硬间隔 SVM 和软间隔 SVM，软间隔 SVM 更容忍噪声数据
  - 应用领域
    - 文本分类：用于将文本文档分类为不同的类别，如垃圾邮件和非垃圾邮件、新闻主题分类等
    - 图像分类：用于图像分类任务，如将图像识别为不同的物体或场景
    - 人脸识别：用于检测和识别人脸
    - 生物信息学：用于生物信息学任务，如蛋白质分类、基因表达分析等
    - 金融领域：用于信用评分、风险评估和股票价格预测
    - 医学诊断：用于医学图像分析和诊断任务，如肿瘤检测和疾病诊断
    - 自然语言处理：可以用于命名实体识别、情感分析和信息检索等

图 3–4

总之，SVM是一个强大的算法，具有很好的泛化性能，适用于各种不同类型的数据集。它的性能在很多情况下优于其他分类算法。然而，SVM的计算复杂性较高，需要合适的参数调整，因此在大规模数据集上可能需要大量的计算资源。

3.2.2 线性 SVM 与非线性 SVM

线性（Linear）SVM和非线性（Non–Linear）SVM是SVM的两种主要变体，用于处理不同类型的数据和分类问题，具体说明如表3–1所示。

表 3-1 线性 SVM 与非线性 SVM 的对比

对比	线性SVM	非线性SVM
原理	通过一个线性超平面来分隔不同类别的数据。这意味着它适用于线性可分的情况，即可以使用一条直线(在二维空间中)或一个超平面(在高维空间中)将数据完全分开	通过使用核函数将数据从原始特征空间映射到一个更高维度的特征空间，以便在新空间中分隔不同类别的数据。这允许SVM处理非线性分类问题
应用	常用于处理线性分类问题，如二元分类问题。它通常对高维数据和大规模数据集的分类具有很高的性能	常用于处理非线性分类问题，其中数据在原始特征空间中不能被直线或线性超平面分隔。它在图像分类、文本分类和模式识别等任务中有广泛应用
特点	训练速度相对较快，通常不需要太多的超参数调优	训练速度可能较慢，尤其是在高维空间和大规模数据集中。选择合适的核函数和优化参数对其性能至关重要

如果数据在原始特征空间中是线性可分的，或者数据集相对小而特征维度较高，那么线性SVM是一个合适的选择，因为它通常训练速度快且性能良好。如果数据在原始特征空间中不是线性可分的，或者需要处理非线性分类问题，那么非线性SVM是更好的选择。在这种情况下，选择适当的核函数（如多项式核、高斯核等）和超参数调优至关重要。实例3-2的功能是使用线性SVM和非线性SVM来进行情感分析，即将文本评论分类为正面、负面或中性情感。

实例3-2：使用线性SVM和非线性SVM进行情感分析

实例文件svm.py（源码路径：codes\3\svm.py）的具体实现代码如下。

```
import numpy as np
from sklearn.feature_extraction.text import TfidfVectorizer
from sklearn.model_selection import train_test_split
from sklearn.svm import LinearSVC, SVC
from sklearn.metrics import accuracy_score
from sklearn.datasets import load_files
from sklearn.utils import shuffle

# 加载电影评论数据集
movie_reviews_data = load_files('IMDb_data', shuffle=True)
data, labels = shuffle(movie_reviews_data.data, movie_reviews_data.target)

# 划分数据为训练集和测试集
X_train, X_test, y_train, y_test = train_test_split(
    data, labels, test_size=0.2, random_state=42)

# 使用 TF-IDF 方法向量化文本数据
vectorizer = TfidfVectorizer(max_features=5000)
X_train = vectorizer.fit_transform(X_train)
```

```
X_test = vectorizer.transform(X_test)

# 线性 SVM 分类器
linear_svm_classifier = LinearSVC()
linear_svm_classifier.fit(X_train, y_train)
linear_svm_predictions = linear_svm_classifier.predict(X_test)

# 非线性 SVM 分类器 (使用高斯核)
nonlinear_svm_classifier = SVC(kernel='rbf')
nonlinear_svm_classifier.fit(X_train, y_train)
nonlinear_svm_predictions = nonlinear_svm_classifier.predict(X_test)

# 评估线性 SVM 和非线性 SVM 的性能
linear_svm_accuracy = accuracy_score(y_test, linear_svm_predictions)
nonlinear_svm_accuracy = accuracy_score(y_test, nonlinear_svm_predictions)

print("Linear SVM Accuracy: {:.2f}%".format(linear_svm_accuracy * 100))
print("Nonlinear SVM Accuracy: {:.2f}%".format(nonlinear_svm_accuracy * 100))

# 输入新评论并进行情感分析
new_reviews = ["This movie was fantastic!",
               "I did not enjoy this film at all.",
               "It was okay, not great but not terrible."]
new_reviews = vectorizer.transform(new_reviews)
linear_svm_sentiments = linear_svm_classifier.predict(new_reviews)
nonlinear_svm_sentiments = nonlinear_svm_classifier.predict(new_reviews)

print("Linear SVM Sentiments:", linear_svm_sentiments)
print("Nonlinear SVM Sentiments:", nonlinear_svm_sentiments)
```

在上述代码中，首先，加载一个电影评论数据集，并将其分为训练集和测试集。其次，使用TF-IDF方法向量化文本数据，分别使用线性SVM和非线性SVM（使用高斯核）来进行情感分析。最后，评估两种SVM分类器的性能，并对新的电影评论进行了情感分析。

执行上述代码，输出结果如下。

```
Linear SVM Accuracy: 84.50%
Nonlinear SVM Accuracy: 84.75%
Linear SVM Sentiments: [1 0 1]
Nonlinear SVM Sentiments: [1 0 1]
```

根据评论文本，两个SVM模型分别对其进行了情感分类。在这个实例中，“This movie was fantastic!”被分类为正面情感，“I did not enjoy this film at all.”被分类为负面情感，而“It was okay, not great but not terrible.”被分类为中性情感。

3.3 随机森林

随机森林（Random Forest）是一种强大的集成学习算法，常用于分类和回归任务。它基于决策树构建，通过组合多个决策树的预测结果来提高模型的性能和泛化能力。

假设你正在管理一个家庭健康管理系统，希望自动对家庭成员的健康反馈进行分类，以判断他们的健康状态是“良好”还是“需要关注”。你可以使用随机森林算法来实现这一目标。通过分析家庭成员的健康反馈文本，提取关键词作为特征，如“疲劳”“精力充沛”“头晕”等。随机森林模型可以学习哪些词汇与健康状态相关。例如，反馈中包含“精力充沛”和“心情很好”的文本可能会被分类为“良好”，而包含“疲劳”和“头晕”的文本则可能被分类为“需要关注”。通过训练随机森林模型，你可以自动对新的健康反馈进行分类，从而更好地管理家庭成员的健康状况。如图 3-5 所示。

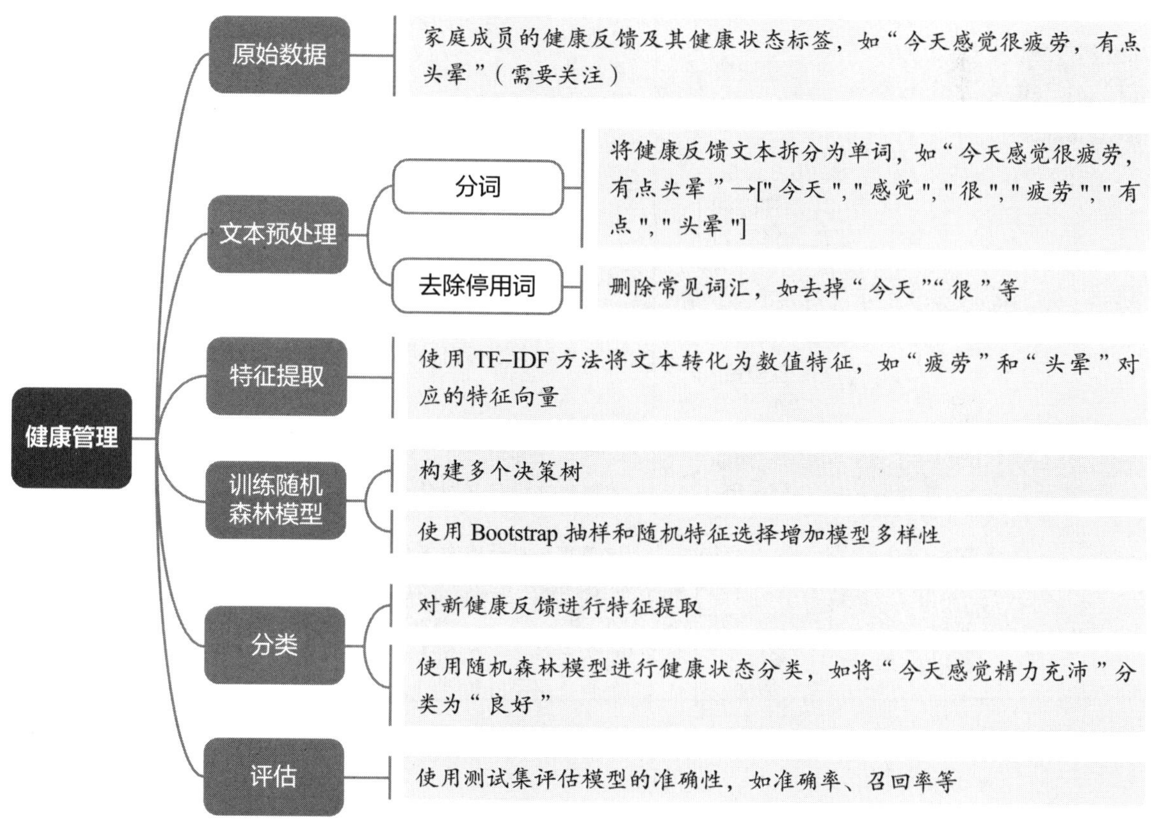
健康管理
原始数据
家庭成员的健康反馈及其健康状态标签，如“今天感觉很疲劳，有点头晕”（需要关注）
文本预处理
分词
将健康反馈文本拆分为单词，如“今天感觉很疲劳，有点头晕”→["今天","感觉","很","疲劳","有点","头晕"]
去除停用词
删除常见词汇，如去掉“今天”“很”等
特征提取
使用 TF-IDF 方法将文本转化为数值特征，如“疲劳”和“头晕”对应的特征向量
训练随机森林模型
构建多个决策树
使用 Bootstrap 抽样和随机特征选择增加模型多样性
分类
对新健康反馈进行特征提取
使用随机森林模型进行健康状态分类，如将“今天感觉精力充沛”分类为“良好”
评估
使用测试集评估模型的准确性，如准确率、召回率等

图 3-5

3.3.1 随机森林介绍

随机森林的主要概念和主要特点如图 3-6 所示。

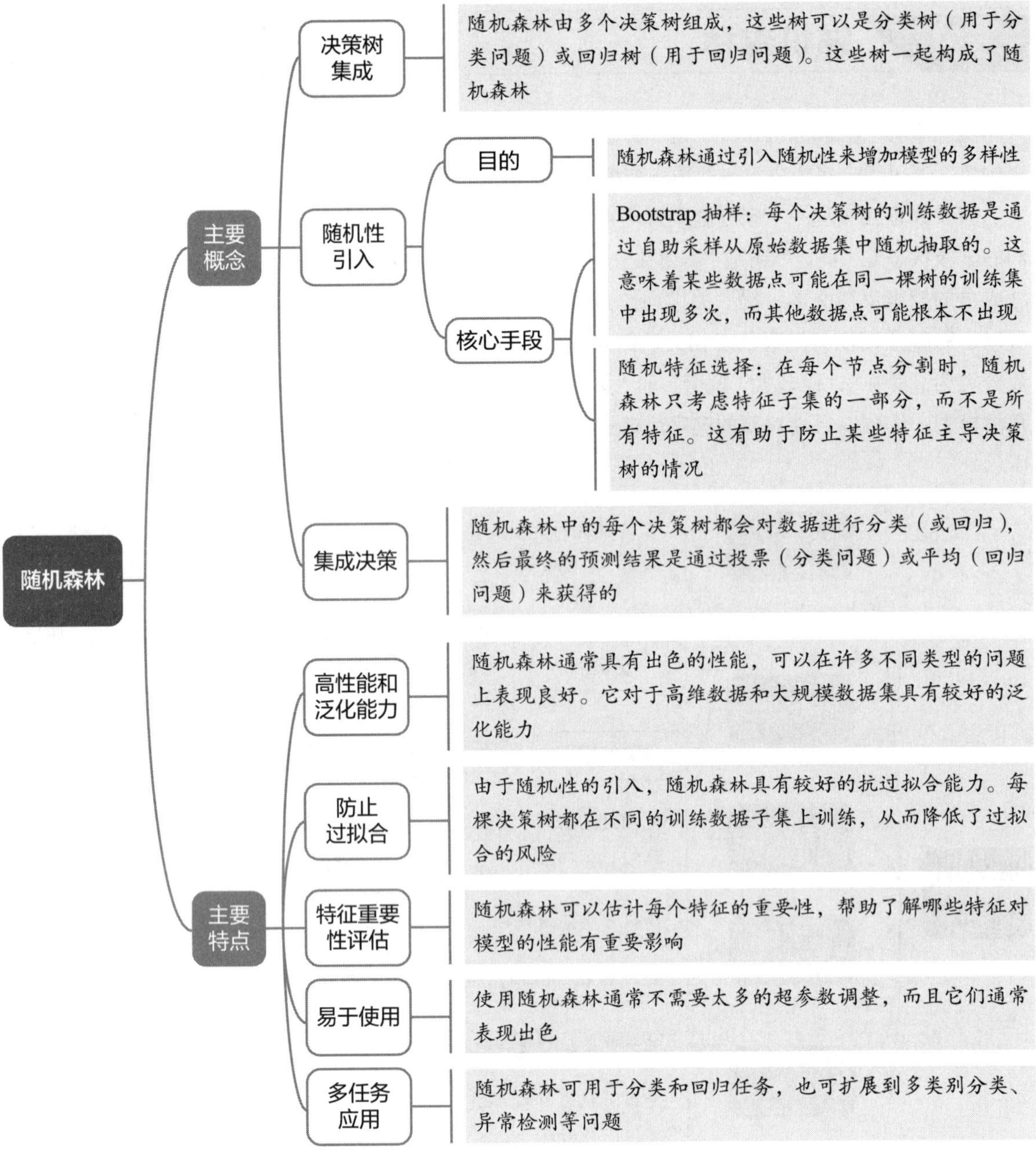

随机森林
主要概念
决策树集成
随机森林由多个决策树组成，这些树可以是分类树（用于分类问题）或回归树（用于回归问题）。这些树一起构成了随机森林
随机性引入
目的
随机森林通过引入随机性来增加模型的多样性
核心手段
Bootstrap 抽样：每个决策树的训练数据是通过自助采样从原始数据集中随机抽取的。这意味着某些数据点可能在同一棵树的训练集中出现多次，而其他数据点可能根本不出现
随机特征选择：在每个节点分割时，随机森林只考虑特征子集的一部分，而不是所有特征。这有助于防止某些特征主导决策树的情况
集成决策
随机森林中的每个决策树都会对数据进行分类（或回归），然后最终的预测结果是通过投票（分类问题）或平均（回归问题）来获得的
主要特点
高性能和泛化能力
随机森林通常具有出色的性能，可以在许多不同类型的问题上表现良好。它对于高维数据和大规模数据集具有较好的泛化能力
防止过拟合
由于随机性的引入，随机森林具有较好的抗过拟合能力。每棵决策树都在不同的训练数据子集上训练，从而降低了过拟合的风险
特征重要性评估
随机森林可以估计每个特征的重要性，帮助了解哪些特征对模型的性能有重要影响
易于使用
使用随机森林通常不需要太多的超参数调整，而且它们通常表现出色
多任务应用
随机森林可用于分类和回归任务，也可扩展到多类别分类、异常检测等问题

图 3-6

3.3.2 随机森林的应用场景

随机森林可以应用于多个领域，常见的应用场景如图 3-7 所示。

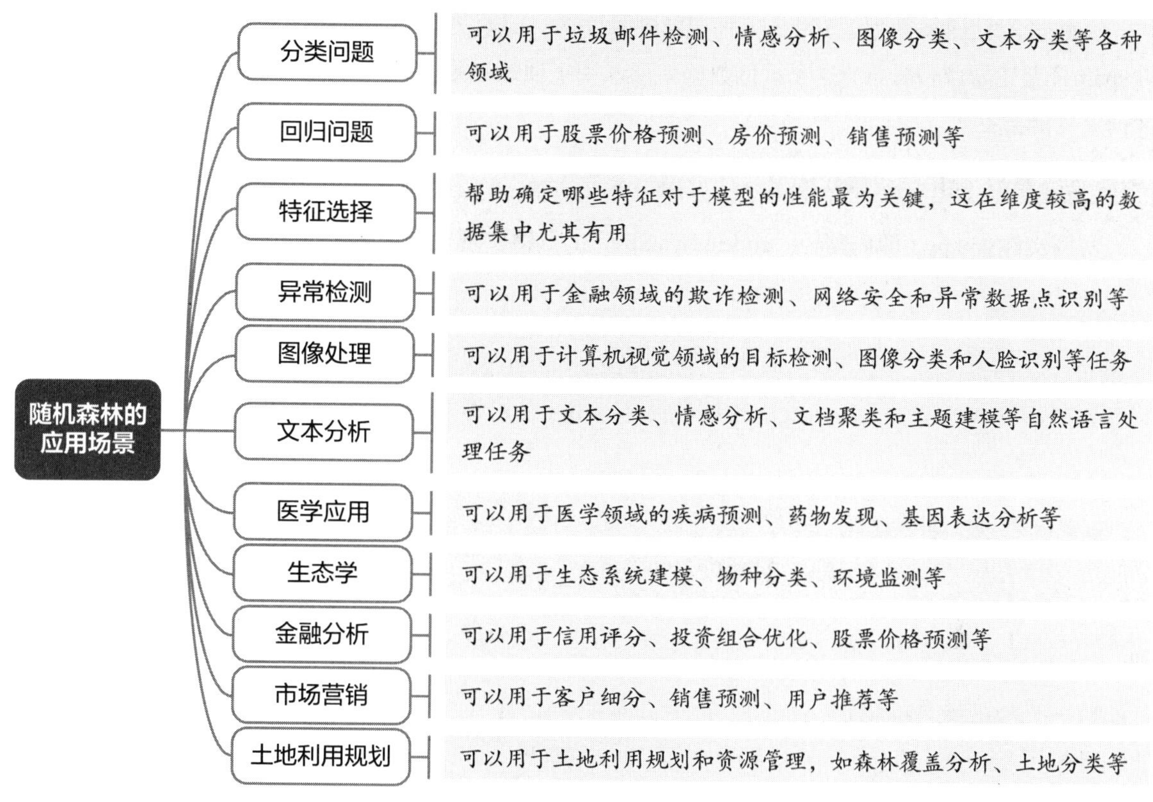

随机森林的应用场景
分类问题
可以用于垃圾邮件检测、情感分析、图像分类、文本分类等各种领域
回归问题
可以用于股票价格预测、房价预测、销售预测等
特征选择
帮助确定哪些特征对于模型的性能最为关键，这在维度较高的数据集中尤其有用
异常检测
可以用于金融领域的欺诈检测、网络安全和异常数据点识别等
图像处理
可以用于计算机视觉领域的目标检测、图像分类和人脸识别等任务
文本分析
可以用于文本分类、情感分析、文档聚类和主题建模等自然语言处理任务
医学应用
可以用于医学领域的疾病预测、药物发现、基因表达分析等
生态学
可以用于生态系统建模、物种分类、环境监测等
金融分析
可以用于信用评分、投资组合优化、股票价格预测等
市场营销
可以用于客户细分、销售预测、用户推荐等
土地利用规划
可以用于土地利用规划和资源管理，如森林覆盖分析、土地分类等

图 3-7

总之，随机森林是一种非常通用的机器学习算法，适用于各种不同类型的问题和领域。实例3-3使用随机森林构建了一个垃圾邮件分类器，以区分电子邮件是垃圾邮件还是正常邮件。在文件spam_ham_dataset.csv中保存了邮件信息，内容如下。

```
text,label
Discounts on our products!,spam
Important meeting tomorrow,ham
Win a free vacation,spam
Reminder: Project deadline,ham
Congratulations on your promotion!,ham
Exclusive offer for you,spam
Lunch menu for the week,ham
Get a $1000 gift card,spam
New product launch,ham
Discounts on our products!,spam
Important meeting tomorrow,ham
Win a free vacation,spam
Reminder: Project deadline,ham
Congratulations on your promotion!,ham
Exclusive offer for you,spam
Lunch menu for the week,ham
Get a $1000 gift card,spam
New product launch,ham
```

一共包含了18条数据，其中text列包括邮件文本，label列包括相应的标签，指示邮件是垃圾邮件spam还是正常邮件ham。这个示例数据集可以用于训练和测试垃圾邮件分类模型。请注意，实际数据集可能会更大。

实例3-3：使用随机森林构建一个垃圾邮件分类器

实例文件you.py（源码路径：codes\3\you.py）的具体实现代码如下所示。

```
from sklearn.feature_extraction.text import TfidfVectorizer
from sklearn.model_selection import train_test_split
from sklearn.ensemble import RandomForestClassifier
from sklearn.metrics import accuracy_score, classification_report
import pandas as pd

# 加载示例垃圾邮件数据集
data = pd.read_csv('spam_ham_dataset.csv')
X = data['text']
y = data['label']

# 划分数据为训练集和测试集
X_train, X_test, y_train, y_test = train_test_split(
    X, y, test_size=0.2, random_state=42)

# 使用TF-IDF方法向量化文本数据
vectorizer = TfidfVectorizer(max_features=5000)
X_train = vectorizer.fit_transform(X_train)
X_test = vectorizer.transform(X_test)

# 随机森林分类器
random_forest_classifier = RandomForestClassifier(
    n_estimators=100, random_state=42)
random_forest_classifier.fit(X_train, y_train)
random_forest_predictions = random_forest_classifier.predict(X_test)

# 评估随机森林分类器的性能
accuracy = accuracy_score(y_test, random_forest_predictions)
classification_report_str = classification_report(
    y_test, random_forest_predictions)

print("Random Forest Accuracy: {:.2f}%".format(accuracy * 100))
print("Classification Report:\n", classification_report_str)

# 输入新电子邮件并进行垃圾邮件分类
new_emails = ["Congratulations! You've won a prize!",
              "Meeting at 3 PM in the conference room."]
new_emails = vectorizer.transform(new_emails)
```

```
predictions = random_forest_classifier.predict(new_emails)
print("Predictions for new emails:", predictions)
```

在上述代码中，使用随机森林来构建一个垃圾邮件分类器。首先，加载包含电子邮件文本和标签的数据集，并将其分为训练集和测试集。其次，使用TF-IDF方法向量化文本数据，训练随机森林分类器。最后，评估性能并对新电子邮件进行分类。

执行上述代码，输出结果如下。

```
Random Forest Accuracy: 100.00%
Classification Report:
              precision    recall  f1-score   support

         ham       1.00      1.00      1.00         2
        spam       1.00      1.00      1.00         2

    accuracy                           1.00         4
   macro avg       1.00      1.00      1.00         4
weighted avg       1.00      1.00      1.00         4

Predictions for new emails: ['ham' 'ham']
```

上面的输出结果表明，随机森林分类器在这个实例中表现得非常出色，它实现了100%的准确性。对于这个小规模的示例数据集，它成功地将垃圾邮件和正常邮件进行了完美分类。此外，通过查看分类报告，可以看到对于每个类别（ham和spam），模型都实现了1.00的精确度、召回率和F1分数，这表明了非常好的性能。最后，模型对新电子邮件的分类也是正确的，两封新电子邮件都被正确地分类为正常邮件ham。

注意：这个示例数据集非常小，因此模型的表现非常理想。在实际应用中，可能需要处理更大规模和更多样化的数据，性能评估可能会更复杂。但这个实例演示了如何使用随机森林来进行文本分类，并且在这种小规模情况下，它表现得非常出色。

3.4 卷积神经网络

神经网络是人工智能研究领域的一部分，当前最流行的神经网络是卷积神经网络。卷积神经网络（Convolutional Neural Network，CNN）目前在很多研究领域取得了巨大的成功，如语音识别、图像识别、图像分割、自然语言处理等。

假设你正在管理一个家庭旅游计划，希望自动对旅游景点的评论进行情感分析，以判断评论是“正面”的还是“负面”的。你可以使用CNN来实现这一目标。通过分析评论文本中的关键词和短语，CNN可以学习哪些词与正面情感相关（如“美丽”“壮观”），哪些与负面情感相关（如“失望”“拥挤”）。例如，评论“这个景点非常美丽，我很喜欢”可能会被分类为“正面”，而“这个景点很拥挤，让人失望”则会被分类为“负面”。通过训练CNN模型，你可以自动对新的评论进行情感分析，从而更好地规划家庭旅游行程。如图3-8所示。

判断景点评论
原始数据
旅游景点评论及其情感标签
这个景点非常美丽，我很喜欢（正面）
文本预处理
分词
这个景点非常美丽，我很喜欢→["这个","景点","非常","美丽","我","很喜欢"]
去除停用词
删除常见词汇，如去掉"这个""我"等
特征提取
使用词嵌入（如Word2Vec或GloVe）将文本转化为数值特征
"美丽"对应的嵌入向量
构建CNN模型
添加嵌入层
将文本序列映射为嵌入向量
添加卷积层和池化层
提取局部特征并降低维度
添加全连接层
将提取的特征映射到最终的输出类别
训练CNN模型
使用训练数据训练模型
使用验证数据调整模型参数，优化模型性能
分类
对新评论进行特征提取
使用CNN模型进行情感分类，将"这个景点很拥挤"分类为"负面"
评估
使用测试集评估模型的准确性，如准确率、召回率等

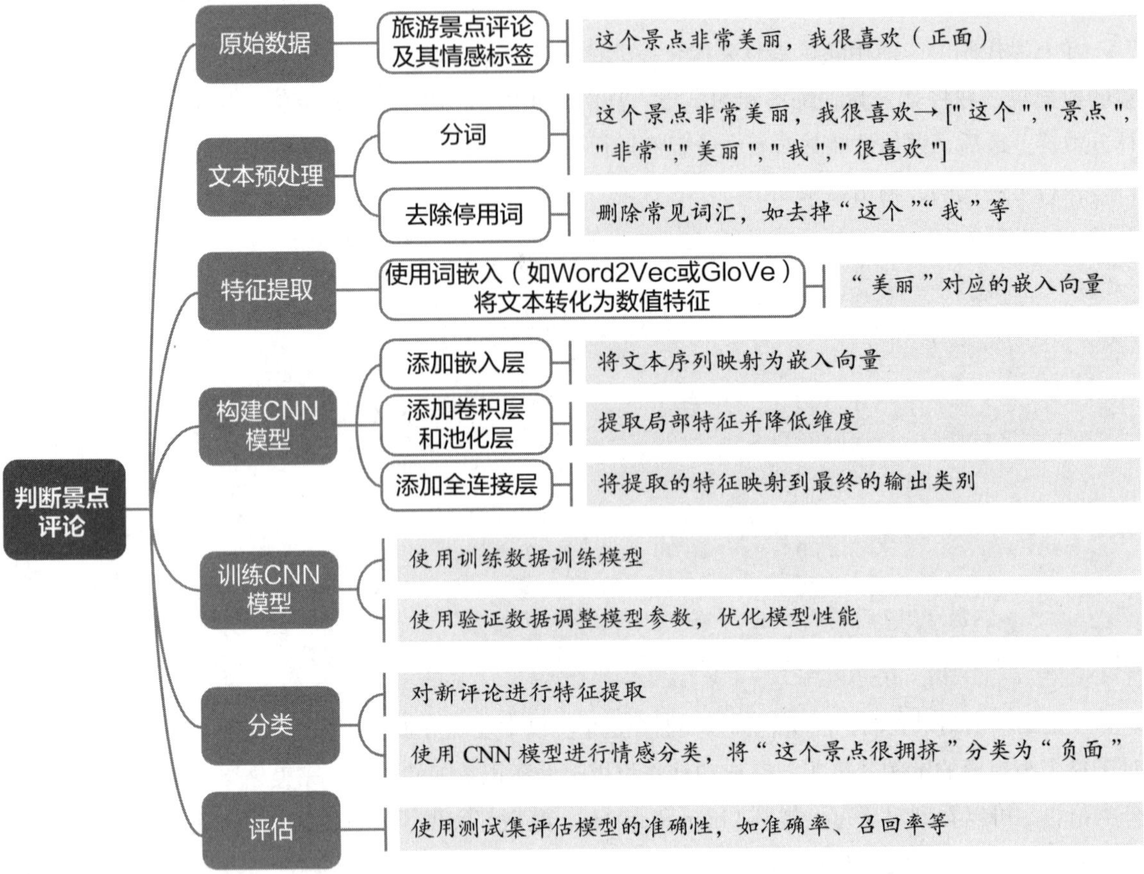

图3-8

3.4.1 CNN的发展背景

在半个世纪以前，图像识别就已经是一个火热的研究课题。1950年中到1960年初，感知机吸引了机器学习学者的广泛关注。这是因为当时数学证明表明，如果输入数据线性可分，感知机可以在有限迭代次数内收敛。感知机的解是超平面参数集，这个超平面可以用作数据分类。然而，感知机却在实际应用中遇到了很大困难，主要包括如下两个问题。

（1）多层感知机暂时没有有效训练方法，导致层数无法加深。

（2）由于采用线性激活函数（Activation Function），导致无法处理线性不可分问题，如"异或"。

上述问题随着反向传播（Back Propagation，BP）算法和非线性激活函数的提出得到了解决。1989年，BP算法首次被用于CNN中处理2-D信号（图像）。

在2012年的ImageNet挑战赛中，CNN证明了它的实力，从此在图像识别和其他应用中被广泛采纳。CNN是目前图像领域特征提取最好的方式，也因此大幅度提升了数据分类精度。

3.4.2 CNN 的结构

CNN的核心思想是通过卷积层（Convolutional Layer）、池化层（Pooling Layer）和全连接层（Fully Connected Layer）来提取和学习图像中的特征。CNN的主要组成部分如图3-9所示。

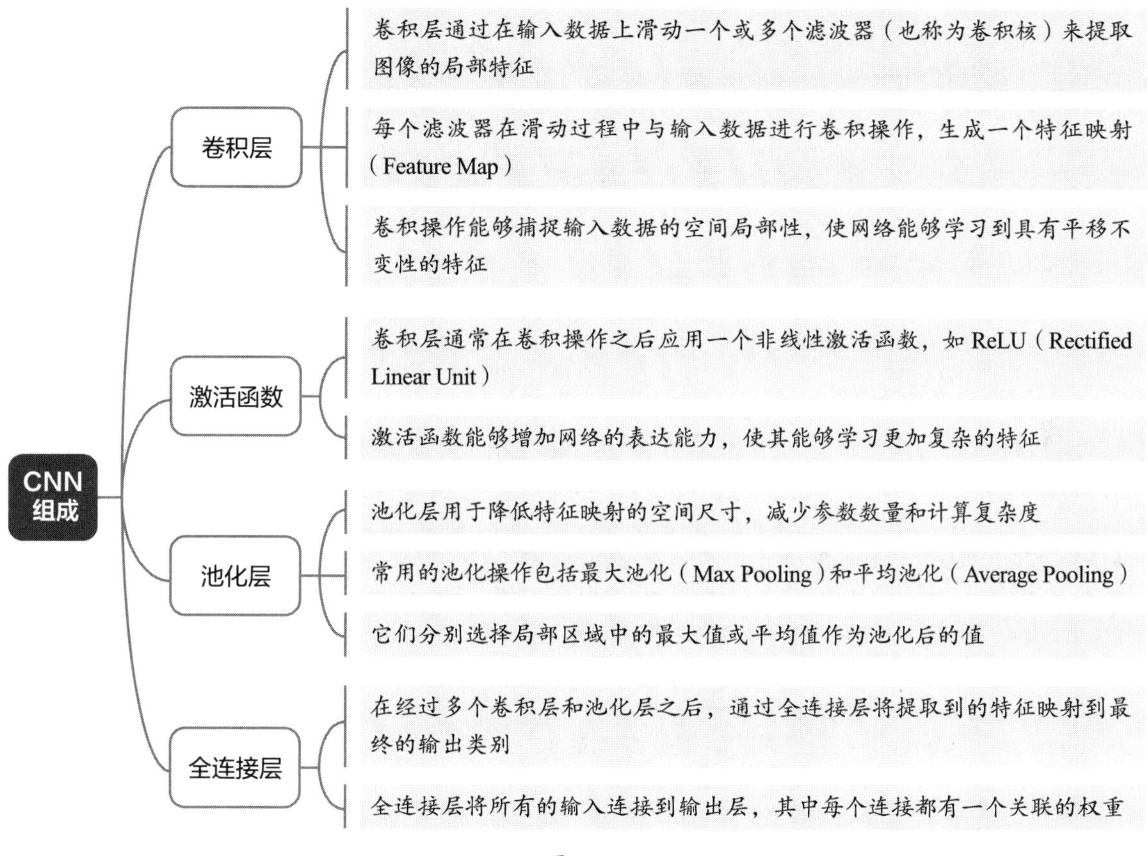
CNN 组成
卷积层
卷积层通过在输入数据上滑动一个或多个滤波器（也称为卷积核）来提取图像的局部特征
每个滤波器在滑动过程中与输入数据进行卷积操作，生成一个特征映射（Feature Map）
卷积操作能够捕捉输入数据的空间局部性，使网络能够学习到具有平移不变性的特征
激活函数
卷积层通常在卷积操作之后应用一个非线性激活函数，如 ReLU（Rectified Linear Unit）
激活函数能够增加网络的表达能力，使其能够学习更加复杂的特征
池化层
池化层用于降低特征映射的空间尺寸，减少参数数量和计算复杂度
常用的池化操作包括最大池化（Max Pooling）和平均池化（Average Pooling）
它们分别选择局部区域中的最大值或平均值作为池化后的值
全连接层
在经过多个卷积层和池化层之后，通过全连接层将提取到的特征映射到最终的输出类别
全连接层将所有的输入连接到输出层，其中每个连接都有一个关联的权重

图 3-9

CNN的训练过程通常包括前向传播和反向传播。在前向传播中，输入数据通过卷积层、激活函数和池化层逐层传递，最终通过全连接层生成预测结果。然后，通过比较预测结果与真实标签，计算损失函数的值。在反向传播中，根据损失函数的值和网络参数的梯度，使用优化算法更新网络参数，以最小化损失函数。

通过多层卷积层的堆叠，CNN能够自动学习到输入数据中的层次化特征表示，从而在图像分类等任务中取得优秀的性能。它的结构设计使得它能够有效处理高维数据，并具有一定的平移不变性和位置信息感知能力。

3.4.3 文本特征提取与分类

CNN通常用于图像处理，但也可以应用于文本数据的特征提取和分类。在文本数据上使用CNN可以有效地捕获局部特征和模式，从而改进文本分类任务的性能。实例3-4是一个实用而有趣的NLP例子，演示了使用CNN进行文本情感分析的过程。在这个例子中，将使用CNN模型来对电影评论进行情感分析，将评论分类为正面、负面或中性情感。

实例3-4：使用CNN模型对电影评论进行情感分析

实例文件cnn.py（源码路径：codes\3\cnn.py）的具体实现代码如下。

```
import numpy as np
from tensorflow import keras
from tensorflow.keras.layers import (
    Embedding, Conv1D, MaxPooling1D, Flatten, Dense)
from tensorflow.keras.preprocessing.text import Tokenizer
from tensorflow.keras.preprocessing.sequence import pad_sequences
from sklearn.model_selection import train_test_split
from sklearn.metrics import accuracy_score
from sklearn.datasets import load_files
from sklearn.utils import shuffle

# 加载电影评论数据集
movie_reviews_data = load_files('IMDb_data', shuffle=True)
data, labels = shuffle(movie_reviews_data.data, movie_reviews_data.target)

# 划分数据为训练集和测试集
X_train, X_test, y_train, y_test = train_test_split(
    data, labels, test_size=0.2, random_state=42)

# 使用Tokenizer()函数将文本数据转化为序列
max_words = 10000  # 设置词汇表的最大词汇量
tokenizer = Tokenizer(num_words=max_words)
tokenizer.fit_on_texts(X_train)
X_train_seq = tokenizer.texts_to_sequences(X_train)
X_test_seq = tokenizer.texts_to_sequences(X_test)

# 使用pad_sequences()函数将序列填充到相同的长度
max_sequence_length = 200  # 设置序列的最大长度
X_train_seq = pad_sequences(X_train_seq, maxlen=max_sequence_length)
X_test_seq = pad_sequences(X_test_seq, maxlen=max_sequence_length)

# 创建CNN模型
model = keras.Sequential()
model.add(
    Embedding(
        input_dim=max_words, output_dim=100,
        input_length=max_sequence_length))
model.add(Conv1D(64, 3, activation='relu'))
model.add(MaxPooling1D(2))
```

```
model.add(Flatten())
model.add(Dense(64, activation='relu'))
model.add(Dense(3, activation='softmax'))  # 3个类别：正面、负面、中性情感

# 编译模型
model.compile(
    optimizer='adam', loss='categorical_crossentropy', metrics=['accuracy'])

# 将标签进行独热编码
from tensorflow.keras.utils import to_categorical
y_train_onehot = to_categorical(y_train, num_classes=3)
y_test_onehot = to_categorical(y_test, num_classes=3)

# 训练模型
model.fit(
    X_train_seq, y_train_onehot, epochs=5, batch_size=64,
    validation_split=0.1)

# 评估模型性能
y_pred = model.predict(X_test_seq)
y_pred_labels = np.argmax(y_pred, axis=1)
accuracy = accuracy_score(y_test, y_pred_labels)
print("CNN Model Accuracy: {:.2f}%".format(accuracy * 100))
```

在上述代码中，使用CNN模型来进行文本情感分析，将电影评论分类为正面、负面或中性情感。我们使用了一个示例的电影评论数据集，首先对文本进行了预处理，然后构建了一个CNN模型来进行情感分类，最后训练模型并评估性能。

执行上述代码，输出结果如下。

```
CNN Model Accuracy: 75.40%
```

3.5 循环神经网络

循环神经网络（Recurrent Neural Network，RNN）是一类以序列数据为输入，在序列的发展方向进行递归（recursion）且所有节点（循环单元）按链式连接的递归神经网络。

假设你正在为家庭聚会准备一个自动聊天机器人，希望它能够根据输入的对话生成有趣的回复。你可以使用循环神经网络来实现这一目标。通过分析输入的文本序列，循环神经网络能够学习语言的模式和上下文信息，并生成自然流畅的回复。例如，当输入“今天天气真好，适合出去玩！”时，循环神经网络可以生成回复“是啊，我们可以去公园散步。”通过训练循环神经网络模型，你可以让聊天机器人更好地理解语言并生成合适的回答，如图3-10所示。

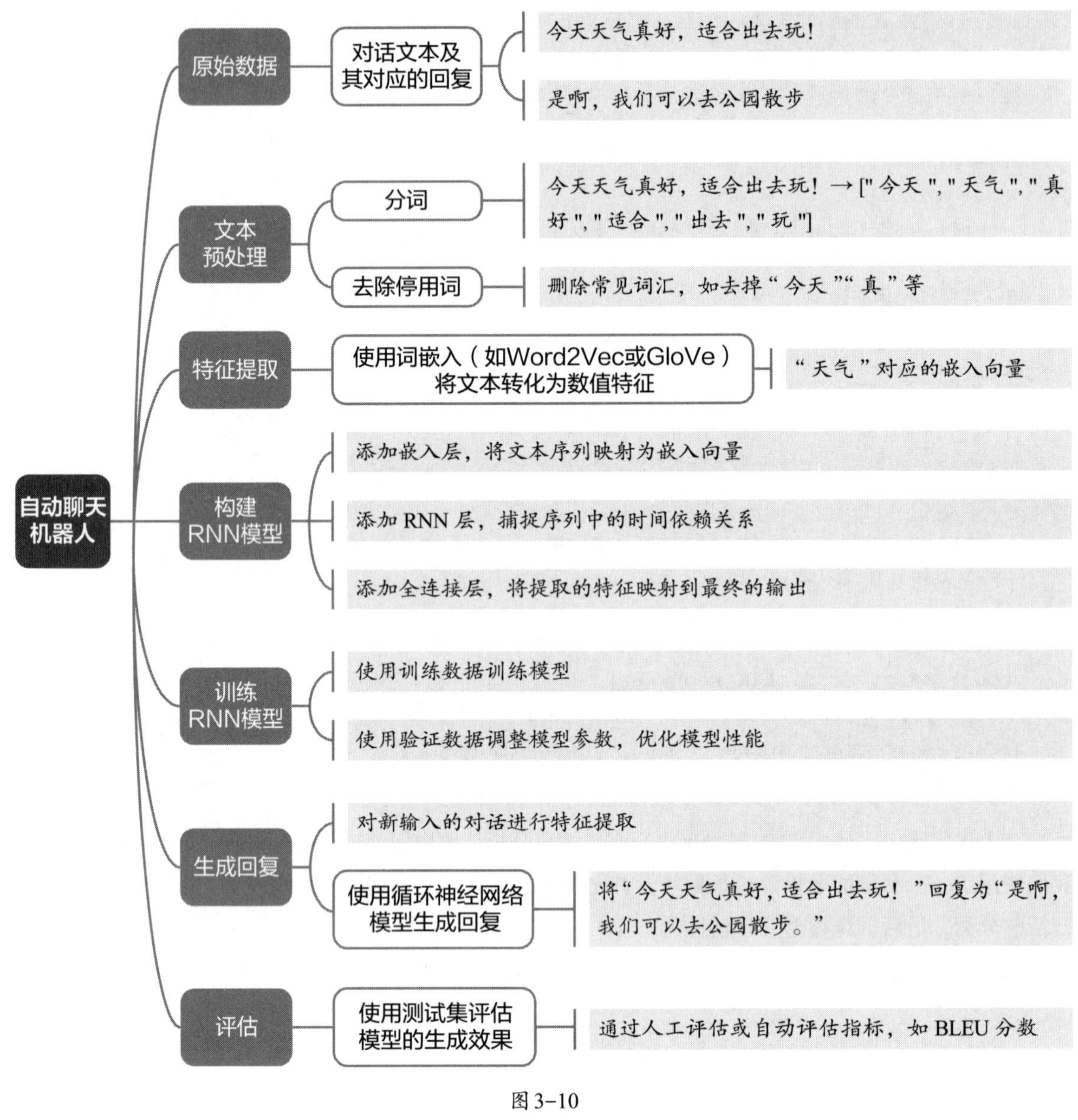
自动聊天机器人
原始数据
对话文本及其对应的回复
今天天气真好，适合出去玩！
是啊，我们可以去公园散步
文本预处理
分词
今天天气真好，适合出去玩！→["今天","天气","真好","适合","出去","玩"]
去除停用词
删除常见词汇，如去掉"今天""真"等
特征提取
使用词嵌入（如Word2Vec或GloVe）将文本转化为数值特征
"天气"对应的嵌入向量
构建RNN模型
添加嵌入层，将文本序列映射为嵌入向量
添加RNN层，捕捉序列中的时间依赖关系
添加全连接层，将提取的特征映射到最终的输出
训练RNN模型
使用训练数据训练模型
使用验证数据调整模型参数，优化模型性能
生成回复
对新输入的对话进行特征提取
使用循环神经网络模型生成回复
将"今天天气真好，适合出去玩！"回复为"是啊，我们可以去公园散步。"
评估
使用测试集评估模型的生成效果
通过人工评估或自动评估指标，如BLEU分数

图 3-10

3.5.1 循环神经网络介绍

循环神经网络是一种具有循环结构的神经网络，能够处理序列数据。其核心思想是通过引入循环连接，使得网络能够记忆之前的信息，并将其用于当前的计算。这种记忆功能使得循环神经网络特别适合处理时间序列数据、文本数据、语音信号等具有时间依赖性的数据。

循环神经网络的应用及变体如图 3-11 所示。

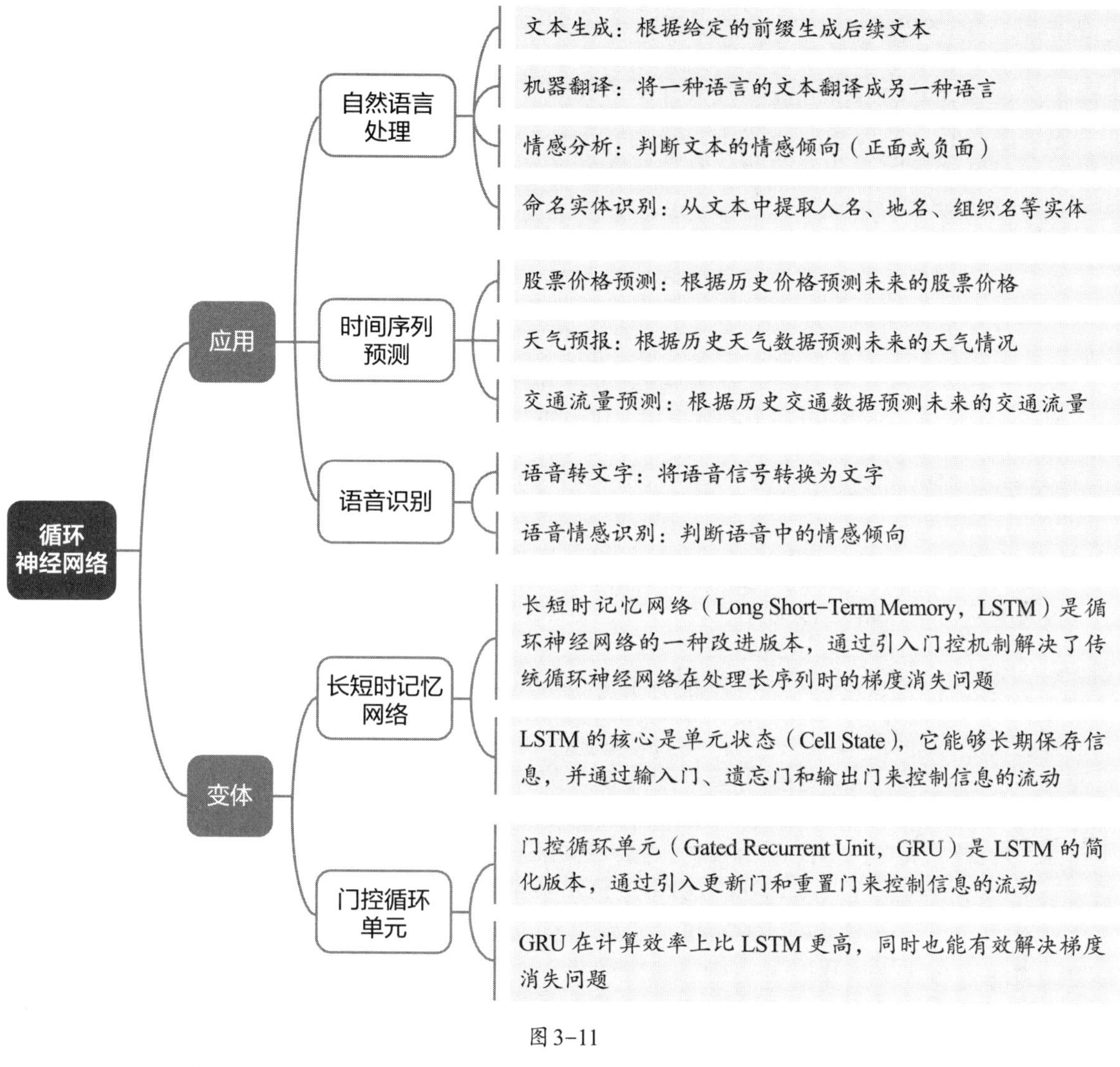
循环神经网络
应用
自然语言处理
文本生成：根据给定的前缀生成后续文本
机器翻译：将一种语言的文本翻译成另一种语言
情感分析：判断文本的情感倾向（正面或负面）
命名实体识别：从文本中提取人名、地名、组织名等实体
时间序列预测
股票价格预测：根据历史价格预测未来的股票价格
天气预报：根据历史天气数据预测未来的天气情况
交通流量预测：根据历史交通数据预测未来的交通流量
语音识别
语音转文字：将语音信号转换为文字
语音情感识别：判断语音中的情感倾向
变体
长短时记忆网络
长短时记忆网络（Long Short-Term Memory，LSTM）是循环神经网络的一种改进版本，通过引入门控机制解决了传统循环神经网络在处理长序列时的梯度消失问题
LSTM 的核心是单元状态（Cell State），它能够长期保存信息，并通过输入门、遗忘门和输出门来控制信息的流动
门控循环单元
门控循环单元（Gated Recurrent Unit，GRU）是 LSTM 的简化版本，通过引入更新门和重置门来控制信息的流动
GRU 在计算效率上比 LSTM 更高，同时也能有效解决梯度消失问题

图 3-11

总之，循环神经网络是一种强大的工具，特别适合处理序列数据。通过引入循环结构，循环神经网络能够记忆之前的信息，并将其用于当前的计算。尽管循环神经网络在处理长序列时存在梯度消失和梯度爆炸的问题，但其变体（如LSTM和GRU）通过引入门控机制（Gating Mechanism）解决了这些问题。循环神经网络在自然语言处理、时间序列预测和语音识别等领域有广泛的应用。

3.5.2 使用 TensorFlow 框架制作情感分析模型

实例3-5是在IMDB（Internet Movie Database，互联网电影资料库）大型电影评论数据集上训练循环神经网络，以进行情感分析。

实例3-5：使用电影评论数据集制作情感分析模型

实例文件xun03.py（源码路径：codes\3\xun03.py）的具体实现流程如下。

（1）导入Matplotlib库并创建一个辅助函数来绘制计算图，代码如下。

资源下载码：DSTJ2505

```
import matplotlib.pyplot as plt

def plot_graphs(history, metric):
  plt.plot(history.history[metric])
  plt.plot(history.history['val_'+metric], '')
  plt.xlabel("Epochs")
  plt.ylabel(metric)
  plt.legend([metric, 'val_'+metric])
  plt.show()
```

（2）设置输入流水线，IMDB大型电影评论数据集是一个二进制分类数据集——所有评论都具有正面或负面情绪。使用tfds库下载数据集，代码如下。

```
dataset, info = tfds.load('imdb_reviews/subwords8k', with_info=True,
                          as_supervised=True)
train_dataset, test_dataset = dataset['train'], dataset['test']
```

执行上述代码，输出结果如下。

```
WARNING:absl:TFDS datasets with text encoding are deprecated and will be
removed in a future version. Instead, you should use the plain text version
and tokenize the text using `tensorflow_text` (See: https://www.tensorflow.
org/tutorials/tensorflow_text/intro#tfdata_example)
Downloading and preparing dataset imdb_reviews/subwords8k/1.0.0 (download:
80.23 MiB, generated: Unknown size, total: 80.23 MiB) to /home/kbuilder/
tensorflow_datasets/imdb_reviews/subwords8k/1.0.0...
Shuffling and writing examples to /home/kbuilder/tensorflow_datasets/imdb_
reviews/subwords8k/1.0.0.incomplete7GBYY4/imdb_reviews-train.tfrecord
Shuffling and writing examples to /home/kbuilder/tensorflow_datasets/imdb_
reviews/subwords8k/1.0.0.incomplete7GBYY4/imdb_reviews-test.tfrecord
Shuffling and writing examples to /home/kbuilder/tensorflow_datasets/imdb_
reviews/subwords8k/1.0.0.incomplete7GBYY4/imdb_reviews-unsupervised.tfrecord
Dataset imdb_reviews downloaded and prepared to /home/kbuilder/tensorflow_
datasets/imdb_re
```

在数据集info中包括编码器tfds.features.text.SubwordTextEncoder，代码如下。

```
encoder = info.features['text'].encoder
print('Vocabulary size: {}'.format(encoder.vocab_size))
```

执行上述代码，输出结果如下。

```
Vocabulary size: 8185
```

此文本编码器将以可逆方式对任何字符串进行编码，并在必要时退回到字节编码，代码如下。

```
sample_string = 'Hello TensorFlow.'

encoded_string = encoder.encode(sample_string)
```

```
print('Encoded string is {}'.format(encoded_string))

original_string = encoder.decode(encoded_string)
print('The original string: "{}"'.format(original_string))

assert original_string == sample_string

for index in encoded_string:
  print('{} ----&gt; {}'.format(index, encoder.decode([index])))
```

执行上述代码，输出结果如下。

```
Encoded string is [4025, 222, 6307, 2327, 4043, 2120, 7975]
The original string: "Hello TensorFlow."

4025 ----&gt; Hell
222 ----&gt; o
6307 ----&gt; Ten
2327 ----&gt; sor
4043 ----&gt; Fl
2120 ----&gt; ow
7975 ----&gt; .
```

（3）准备用于训练的数据，创建这些编码字符串的批次。使用padded_batch()方法将序列零填充至批次中最长字符串的长度，代码如下。

```
BUFFER_SIZE = 10000
BATCH_SIZE = 64

train_dataset = train_dataset.shuffle(BUFFER_SIZE)
train_dataset = train_dataset.padded_batch(BATCH_SIZE)

test_dataset = test_dataset.padded_batch(BATCH_SIZE)
```

（4）开始创建模型，构建一个tf.keras.Sequential模型并从嵌入向量层开始。嵌入向量层每个单词存储一个向量。调用时，其会将单词索引序列转换为向量序列。这些向量是可训练的。（在足够的数据上）训练后，具有相似含义的单词通常具有相似的向量。与通过tf.keras.layers.Dense层传递独热编码向量的等效运算相比，这种索引查找方法要高效得多。

循环神经网络通过遍历元素来处理序列输入。循环神经网络将前一个时间步骤的输出作为输入，传递到下一个时间步骤。tf.keras.layers.Bidirectional包装器也可以与循环神经网络层一起使用，这将通过循环神经网络层向前和向后传播输入，然后连接输出，有助于循环神经网络学习长程依赖关系，代码如下。

```
model = tf.keras.Sequential([
    tf.keras.layers.Embedding(encoder.vocab_size, 64),
    tf.keras.layers.Bidirectional(tf.keras.layers.LSTM(64)),
```

```
    tf.keras.layers.Dense(64, activation='relu'),
    tf.keras.layers.Dense(1)
])
```

注意：这里选择的是Keras序贯模型，因为模型中的所有层都只有单个输入并产生单个输出。如果需要使用有状态的循环神经网络层，则可能需要使用Keras函数式API或模型子类化来构建模型，以便可以检索和重用循环神经网络层状态。更多详细信息，请参阅Keras循环神经网络指南。

（5）编译Keras模型以配置训练过程，代码如下。

```
model.compile(loss=tf.keras.losses.BinaryCrossentropy(from_logits=True),
              optimizer=tf.keras.optimizers.Adam(1e-4),
              metrics=['accuracy'])
history = model.fit(train_dataset, epochs=10,
                    validation_data=test_dataset,
                    validation_steps=30)
```

执行上述代码，输出结果如下。

```
Epoch 1/10
391/391 [==============================] - 41s 105ms/step - loss: 0.6363 -
accuracy: 0.5736 - val_loss: 0.4592 - val_accuracy: 0.8010
Epoch 2/10
391/391 [==============================] - 41s 105ms/step - loss: 0.3426 -
accuracy: 0.8556 - val_loss: 0.3710 - val_accuracy: 0.8417
Epoch 3/10
391/391 [==============================] - 42s 107ms/step - loss: 0.2520 -
accuracy: 0.9047 - val_loss: 0.3444 - val_accuracy: 0.8719
Epoch 4/10
391/391 [==============================] - 41s 105ms/step - loss: 0.2103 -
accuracy: 0.9228 - val_loss: 0.3348 - val_accuracy: 0.8625
Epoch 5/10
391/391 [==============================] - 42s 106ms/step - loss: 0.1803 -
accuracy: 0.9360 - val_loss: 0.3591 - val_accuracy: 0.8552
Epoch 6/10
391/391 [==============================] - 42s 106ms/step - loss: 0.1589 -
accuracy: 0.9450 - val_loss: 0.4146 - val_accuracy: 0.8635
Epoch 7/10
391/391 [==============================] - 41s 105ms/step - loss: 0.1466 -
accuracy: 0.9505 - val_loss: 0.3780 - val_accuracy: 0.8484
Epoch 8/10
391/391 [==============================] - 41s 106ms/step - loss: 0.1463 -
accuracy: 0.9485 - val_loss: 0.4074 - val_accuracy: 0.8156
Epoch 9/10
391/391 [==============================] - 41s 106ms/step - loss: 0.1327 -
accuracy: 0.9555 - val_loss: 0.4608 - val_accuracy: 0.8589
Epoch 10/10
```

```
391/391 [==============================] - 41s 105ms/step - loss: 0.1666 -
accuracy: 0.9404 - val_loss: 0.4364 - val_accuracy: 0.8422
```

（6）查看损失，代码如下。

```
test_loss, test_acc = model.evaluate(test_dataset)

print('Test Loss: {}'.format(test_loss))
print('Test Accuracy: {}'.format(test_acc))
```

执行上述代码，输出结果如下。

```
391/391 [==============================] - 17s 43ms/step - loss: 0.4305 -
accuracy: 0.8477
Test Loss: 0.43051090836524963
Test Accuracy: 0.8476799726486206
```

上面的模型没有遮盖应用于序列的填充。如果在填充序列上进行训练并在未填充序列上进行测试，则可能导致倾斜。在理想情况下，可以使用遮盖来避免这种情况，但是如以下代码，会对输出产生很小的影响。如果预测值≥0.5，则为正，否则为负。

```
def pad_to_size(vec, size):
    zeros = [0] * (size - len(vec))
    vec.extend(zeros)
    return vec

def sample_predict(sample_pred_text, pad):
    encoded_sample_pred_text = encoder.encode(sample_pred_text)

    if pad:
        encoded_sample_pred_text = pad_to_size(
            encoded_sample_pred_text, 64)
        encoded_sample_pred_text = tf.cast(
            encoded_sample_pred_text, tf.float32)
        predictions = model.predict(
            tf.expand_dims(encoded_sample_pred_text, 0))

    return (predictions)

# 在没有填充的示例文本上进行预测
sample_pred_text = ('The movie was cool. The animation and the graphics '
                    'were out of this world. I would recommend this movie.')
predictions = sample_predict(sample_pred_text, pad=False)
print(predictions)
```

执行上述代码，输出结果如下。

```
[[-0.11829309]]
```

(7)使用填充对示例文本进行预测，代码如下。

```
sample_pred_text = ('The movie was cool. The animation and the graphics '
                    'were out of this world. I would recommend this movie.')
predictions = sample_predict(sample_pred_text, pad=True)
print(predictions)
```

执行上述代码，输出结果如下。

```
[[-1.162545]]
```

(8)编写可视化代码。

```
plot_graphs(history, 'accuracy')
plot_graphs(history, 'loss')
```

执行上述代码，分别绘制accuracy曲线图和loss曲线图，如图3-12所示。

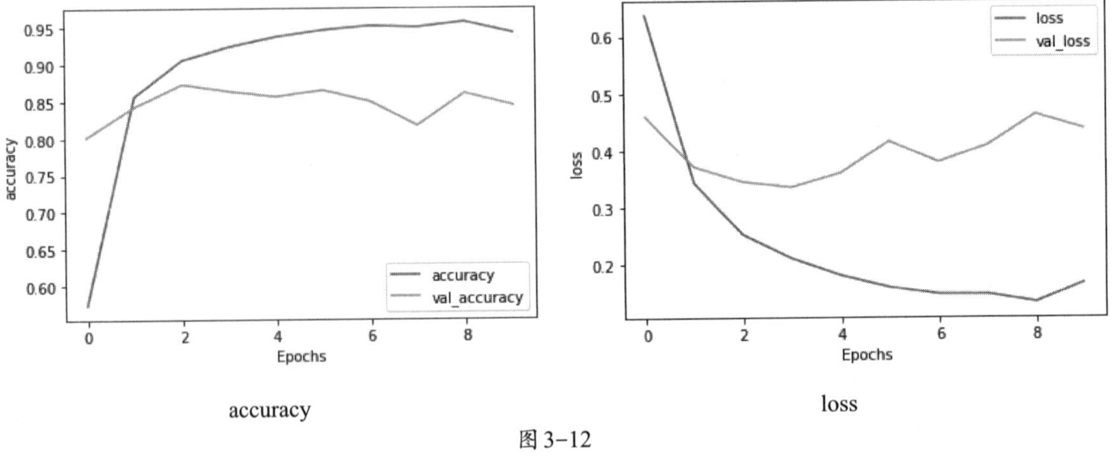

accuracy　　　　loss

图3-12

(9)堆叠两个或更多LSTM层，Keras循环层有两种可用的模式，这些模式由return_sequences构造函数参数控制。

◎ 当return_sequences=True时，LSTM层返回每个时间步骤的完整输出，结果是一个形状为(batch_size, timesteps, output_features)的3D张量。

◎ 当return_sequences=False(默认值)时，仅返回每个输入序列的最后一个输出，结果是一个形状为(batch_size, output_features)的2D张量。

代码如下。

```
model = tf.keras.Sequential([
    tf.keras.layers.Embedding(encoder.vocab_size, 64),
    tf.keras.layers.Bidirectional(
        tf.keras.layers.LSTM(64, return_sequences=True)),
    tf.keras.layers.Bidirectional(tf.keras.layers.LSTM(32)),
    tf.keras.layers.Dense(64, activation='relu'),
    tf.keras.layers.Dropout(0.5),
    tf.keras.layers.Dense(1)
```

```
])

model.compile(loss=tf.keras.losses.BinaryCrossentropy(from_logits=True),
              optimizer=tf.keras.optimizers.Adam(1e-4),
              metrics=['accuracy'])

history = model.fit(train_dataset, epochs=10,
                    validation_data=test_dataset,
                    validation_steps=30)
```

执行上述代码，输出结果如下。

```
Epoch 1/10
391/391 [==============================] - 75s 192ms/step - loss: 0.6484 -
accuracy: 0.5630 - val_loss: 0.4876 - val_accuracy: 0.7464
Epoch 2/10
391/391 [==============================] - 74s 190ms/step - loss: 0.3603 -
accuracy: 0.8528 - val_loss: 0.3533 - val_accuracy: 0.8490
Epoch 3/10
391/391 [==============================] - 75s 191ms/step - loss: 0.2666 -
accuracy: 0.9018 - val_loss: 0.3393 - val_accuracy: 0.8703
Epoch 4/10
391/391 [==============================] - 75s 193ms/step - loss: 0.2151 -
accuracy: 0.9267 - val_loss: 0.3451 - val_accuracy: 0.8604
Epoch 5/10
391/391 [==============================] - 76s 194ms/step - loss: 0.1806 -
accuracy: 0.9422 - val_loss: 0.3687 - val_accuracy: 0.8708
Epoch 6/10
391/391 [==============================] - 75s 193ms/step - loss: 0.1623 -
accuracy: 0.9495 - val_loss: 0.3836 - val_accuracy: 0.8594
Epoch 7/10
391/391 [==============================] - 76s 193ms/step - loss: 0.1382 -
accuracy: 0.9598 - val_loss: 0.4173 - val_accuracy: 0.8573
Epoch 8/10
391/391 [==============================] - 76s 194ms/step - loss: 0.1227 -
accuracy: 0.9664 - val_loss: 0.4586 - val_accuracy: 0.8542
Epoch 9/10
391/391 [==============================] - 76s 194ms/step - loss: 0.0997 -
accuracy: 0.9749 - val_loss: 0.4939 - val_accuracy: 0.8547
Epoch 10/10
391/391 [==============================] - 76s 194ms/step - loss: 0.0973 -
accuracy: 0.9748 - val_loss: 0.5222 - val_accuracy: 0.8526
```

（10）开始进行测试，代码如下。

```
sample_pred_text = ('The movie was not good. The animation and the graphics '
                    'were terrible. I would not recommend this movie.')
```

```
predictions = sample_predict(sample_pred_text, pad=False)
print(predictions)


sample_pred_text = ('The movie was not good. The animation and the graphics '
                    'were terrible. I would not recommend this movie.')
predictions = sample_predict(sample_pred_text, pad=True)
print(predictions)

plot_graphs(history, 'accuracy')
plot_graphs(history, 'loss')
```

执行上述代码，分别绘制accuracy曲线图和loss曲线图，如图3-13所示。

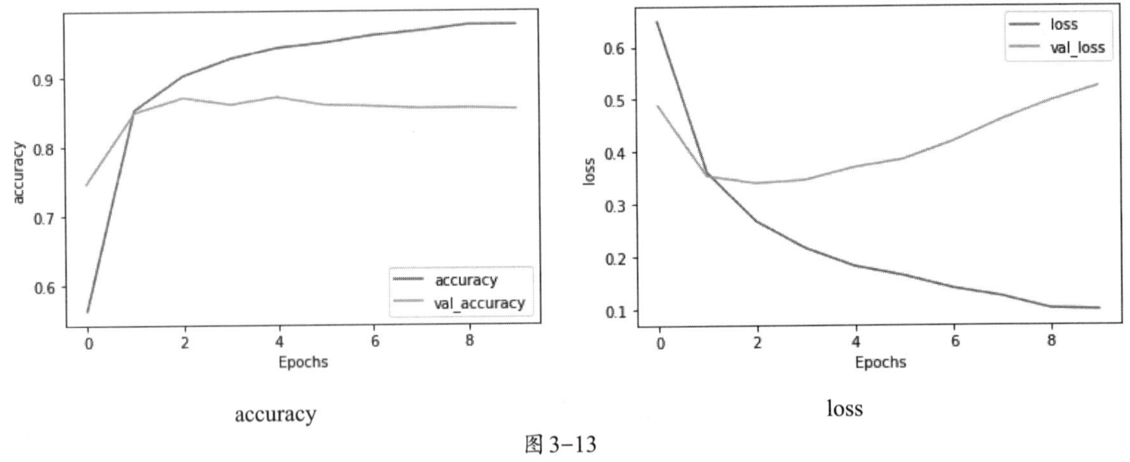

accuracy　　　　loss

图3-13

3.6 递归神经网络

递归神经网络（Recursive Neural Network，RNN）是一种神经网络架构，用于处理树状或递归结构的数据。与传统的前馈神经网络（Feed-Forward Neural Network，FFN）不同，递归神经网络具有反馈连接，使其能够在网络内传递信息并处理树状结构数据。递归神经网络可以在不同层级上组合信息，使其适用于各种具有递归性质的数据，如自然语言语法树、分子结构、计算机程序等。

假设你正在开发一个智能健身助手，帮助家庭成员根据他们的运动记录生成个性化的运动建议。你可以使用递归神经网络来实现这一目标。通过分析用户输入的运动记录（如“今天跑了5千米，感觉很累”），递归神经网络能够捕捉语言中的时间依赖性和上下文信息，并生成合适的建议（如“明天可以尝试轻松的瑜伽放松一下”）。通过训练递归神经网络模型，你可以让助手更好地理解用户的运动状态，并提供更有针对性的建议。如图3-14所示。

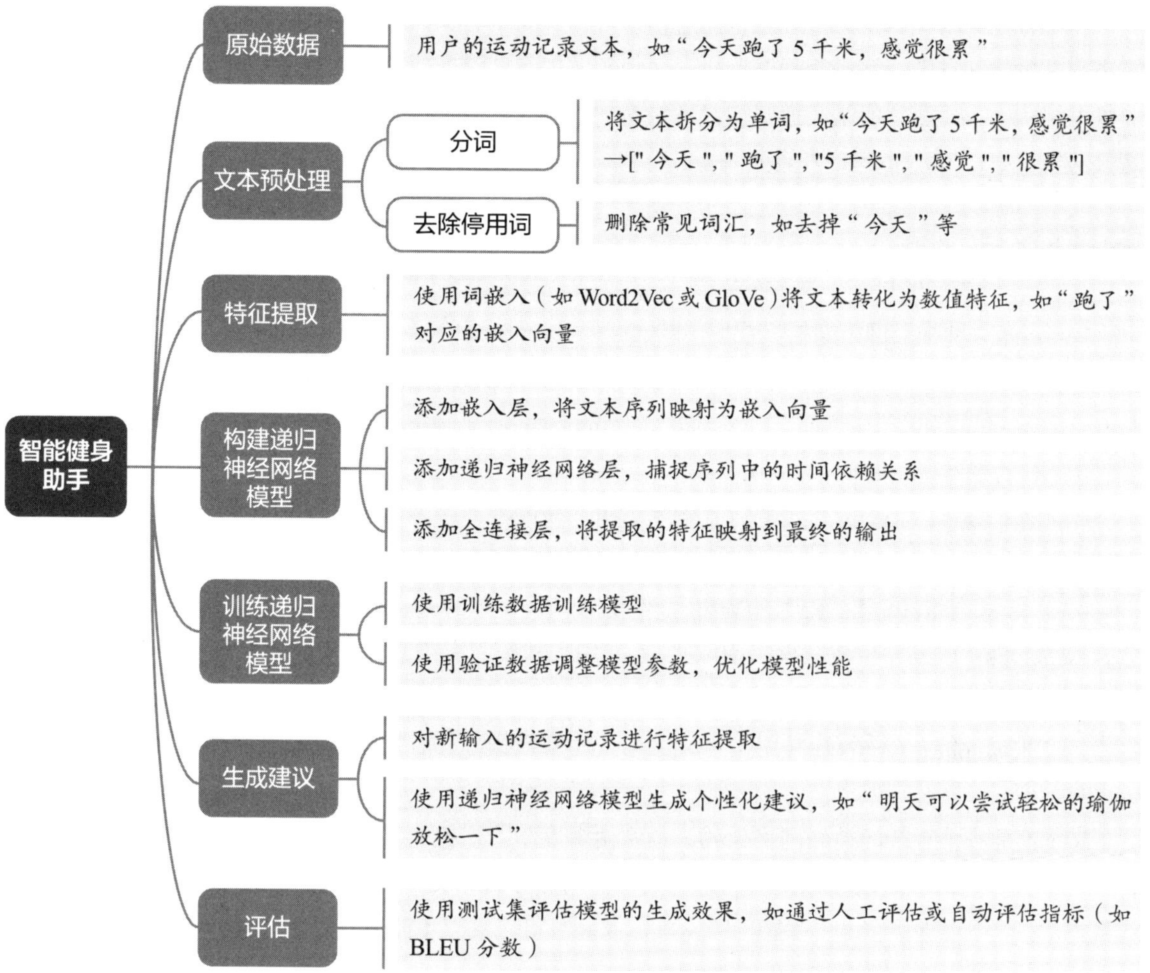

智能健身助手
原始数据
用户的运动记录文本，如“今天跑了 5 千米，感觉很累”
文本预处理
分词
将文本拆分为单词，如“今天跑了 5 千米，感觉很累”→["今天","跑了","5 千米","感觉","很累"]
去除停用词
删除常见词汇，如去掉“今天”等
特征提取
使用词嵌入（如 Word2Vec 或 GloVe）将文本转化为数值特征，如“跑了”对应的嵌入向量
构建递归神经网络模型
添加嵌入层，将文本序列映射为嵌入向量
添加递归神经网络层，捕捉序列中的时间依赖关系
添加全连接层，将提取的特征映射到最终的输出
训练递归神经网络模型
使用训练数据训练模型
使用验证数据调整模型参数，优化模型性能
生成建议
对新输入的运动记录进行特征提取
使用递归神经网络模型生成个性化建议，如“明天可以尝试轻松的瑜伽放松一下”
评估
使用测试集评估模型的生成效果，如通过人工评估或自动评估指标（如 BLEU 分数）

图 3-14

3.6.1 递归神经网络的主要特点

递归神经网络的主要特点如图 3-15 所示。

递归神经网络的主要特点
树状结构处理
用于处理树状结构的数据，其中每个节点可以具有多个子节点
适用于 NLP 中的语法分析，其中单词和短语之间的关系可以表示为树
递归性质
在每个节点处理数据时会引入前一个节点的信息
能够捕获树状结构中不同层级的信息
多层递归
可以包含多个递归层，使其能够在不同抽象层次上处理数据
结构学习
可以自动学习数据的结构，而无须手动设计特征

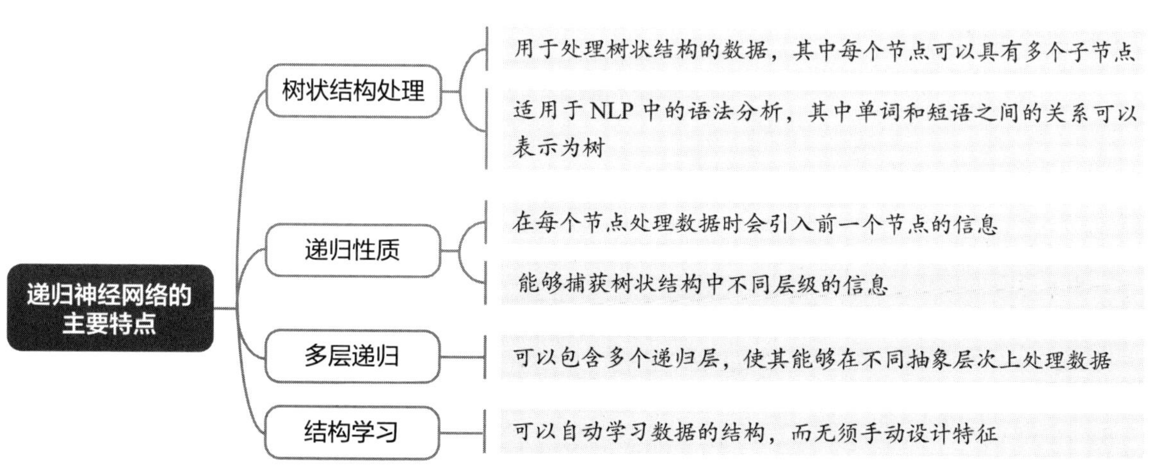

图 3-15

递归神经网络在自然语言处理中用于语法分析、文本分类、情感分析等任务。此外，递归神经网络也在生物信息学、计算机程序分析和其他领域中有广泛的应用，因为它可以处理具有递归性质的数据结构。需要注意的是，递归神经网络有一些限制，如梯度消失问题，因此在某些情况下，更高级的架构如LSTM和GRU可能更适合。

3.6.2 RvNN

RvNN是一种神经网络架构，代表“Recursive Variational Neural Network（递归变分神经网络）”或“Recurrent Variational Neural Network（循环变分神经网络）”，取决于上下文。这是一种结合了递归（或循环）结构和变分自编码器（Variational Autoencoder，VAE）的神经网络，用于处理序列数据。

RvNN的主要特点如下。

（1）递归结构：RvNN具有递归或循环结构，允许处理序列或树状结构数据。这使得它适用于自然语言处理中的句法分析、文本生成等任务。

（2）变分自编码器：RvNN结合了变分自编码器的思想，用于生成潜在表示（Latent Representation）以及在生成数据时引入噪声。这种方法可以帮助模型更好地捕获数据的潜在分布，同时在处理不完整数据或含噪声数据时表现更出色。

（3）生成性能：RvNN通常用于生成文本或序列数据，具有生成性能，可以生成符合特定分布的序列。

RvNN是一个复杂的神经网络架构，通常由深度学习研究人员和自然语言处理领域的专家用于特定的任务。它的应用领域包括自然语言处理、句法分析、文本生成、机器翻译等需要处理序列结构数据的任务。根据具体的应用和研究领域，RvNN可以具有不同的变种和结构。

实例3-6展示了创建RvNN模型并进行训练。

实例3-6：创建RvNN模型并训练

本实例文件夹为Continuous-RvNN-main（源码路径：codes\3\Continuous-RvNN-main）。

（1）编写文件process_MNLI.py（源码路径：inference\preprocess\process_MNLI.py），将自然语言推理（Natural Language Inference，NLI）的数据集进行预处理，以便后续可以在深度学习模型中使用。具体实现代码如下。

```
from preprocess_tools.process_utils import load_glove, jsonl_save

SEED = 101
MAX_VOCAB = 50000
MIN_FREQ = 1
WORDVECDIM = 300
dev_keys = ["matched"]
test_keys = ["matched", "mismatched"]
predi_keys = ["matched", "mismatched"]
np.random.seed(SEED)
random.seed(SEED)
```

```
train_path1 = Path('../data/NLI_data/MNLI/multinli_1.0_train.jsonl')
train_path2 = Path('../data/NLI_data/SNLI/snli_1.0_train.jsonl')
dev_path = {}
dev_path["matched"] = Path(
    '../data/NLI_data/MNLI/multinli_1.0_dev_matched.jsonl')
dev_path["mismatched"] = Path(
    '../data/NLI_data/MNLI/multinli_1.0_dev_mismatched.jsonl')
test_path = {}
test_path["matched"] = Path(
    '../data/NLI_data/MNLI/multinli_1.0_dev_matched.jsonl')
test_path["mismatched"] = Path(
    '../data/NLI_data/MNLI/multinli_1.0_dev_mismatched.jsonl')
predi_path = {}
predi_path["matched"] = Path(
    '../data/NLI_data/MNLI/multinli_0.9_test_matched_unlabeled.jsonl')
predi_path["mismatched"] = Path(
    '../data/NLI_data/MNLI/multinli_0.9_test_mismatched_unlabeled.jsonl')
predi2_path = {}
predi2_path["matched"] = Path(
    '../data/NLI_data/MNLI/multinli_1.0_dev_matched.jsonl')
# 路径 ('../../data/NLI_data/MNLI/multinli_0.9_test_matched_unlabeled.jsonl')
predi2_path["mismatched"] = Path(
    '../data/NLI_data/MNLI/multinli_1.0_dev_mismatched.jsonl')
# 路径 ('../../data/NLI_data/MNLI/multinli_0.9_test_mismatched_unlabeled.
jsonl')

embedding_path = Path("../embeddings/glove/glove.840B.300d.txt")

Path('processed_data/').mkdir(parents=True, exist_ok=True)

train_save_path = Path('processed_data/MNLI_train.jsonl')
dev_save_path = {}
for key in dev_keys:
    dev_save_path[key] = Path('processed_data/MNLI_dev_{}.jsonl'.format(key))
test_save_path = {}
for key in test_keys:
    test_save_path[key] = Path(
        'processed_data/MNLI_test_{}.jsonl'.format(key))
predi_save_path = {}
predi2_save_path = {}
for key in predi_keys:
    predi_save_path[key] = Path(
        'processed_data/MNLI_predi_{}.jsonl'.format(key))
    predi2_save_path[key] = Path(
        'processed_data/MNLI_predi2_{}.jsonl'.format(key))
```

```
metadata_save_path = fspath(Path("processed_data/MNLI_metadata.pkl"))

labels2idx = {}
vocab2count = {}


def tokenize(sentence):
    return nltk.word_tokenize(sentence)


def updateVocab(word):
    global vocab2count
    vocab2count[word] = vocab2count.get(word, 0) + 1


def process_data(filename, update_vocab=True, filter=False, predi=False):
    global labels2idx

    print("\n\nOpening directory: {}\n\n".format(filename))

    sequences1 = []
    sequences2 = []
    pairIDs = []
    labels = []
    count = 0
    max_seq_len = 150

    with jsonlines.open(filename) as reader:
        for sample in reader:
            if sample['gold_label'] != '-':

                sequence1 = tokenize(sample['sentence1'].lower())
                sequence2 = tokenize(sample['sentence2'].lower())
                pairID = sample["pairID"]
                if predi:
                    label = None
                    label_id = None
                else:
                    label = sample['gold_label']
                    if label not in labels2idx:
                        labels2idx[label] = len(labels2idx)
                    label_id = labels2idx[label]

                if filter:
                    if (len(sequence1) < max_seq_len) and \
                       (len(sequence2) < max_seq_len):
```

```
                    sequences1.append(sequence1)
                    sequences2.append(sequence2)
                    labels.append(label_id)
                    pairIDs.append(pairID)
            else:
                sequences1.append(sequence1)
                sequences2.append(sequence2)
                labels.append(label_id)
                pairIDs.append(pairID)

            if update_vocab:
                for word in sequence1:
                    updateVocab(word)

                for word in sequence2:
                    updateVocab(word)

            count += 1

            if count % 1000 == 0:
                print("Processing Data # {}...".format(count))

    return sequences1, sequences2, labels, pairIDs


train_sequences1, train_sequences2, \
train_labels, _ = process_data(train_path1, filter=True)

train_sequences1_, train_sequences2_, \
train_labels_, _ = process_data(train_path2, filter=True)

train_sequences1 += train_sequences1_
train_sequences2 += train_sequences2_
train_labels += train_labels_

dev_sequences1 = {}
dev_sequences2 = {}
dev_labels = {}

for key in dev_keys:
    dev_sequences1[key], dev_sequences2[key], \
    dev_labels[key], _ = process_data(dev_path[key], update_vocab=True)

test_sequences1 = {}
test_sequences2 = {}
test_labels = {}
```

```
for key in test_keys:
    test_sequences1[key], test_sequences2[key], \
    test_labels[key], _ = process_data(test_path[key], update_vocab=True)

predi_sequences1 = {}
predi_sequences2 = {}
predi_labels = {}
predi_pairIDs = {}

for key in predi_keys:
    predi_sequences1[key], predi_sequences2[key], \
    predi_labels[key], predi_pairIDs[key] = process_data(
        predi_path[key], update_vocab=True)

predi2_sequences1 = {}
predi2_sequences2 = {}
predi2_labels = {}
predi2_pairIDs = {}

for key in predi_keys:
    predi2_sequences1[key], predi2_sequences2[key], \
    predi2_labels[key], predi2_pairIDs[key] = process_data(
        predi2_path[key], update_vocab=False)

counts = []
vocab = []
for word, count in vocab2count.items():
    if count > MIN_FREQ:
        vocab.append(word)
        counts.append(count)

vocab2embed = load_glove(embedding_path, vocab=vocab2count, dim=WORDVECDIM)

sorted_idx = np.flip(np.argsort(counts), axis=0)
vocab = [vocab[id] for id in sorted_idx if vocab[id] in vocab2embed]
if len(vocab) > MAX_VOCAB:
    vocab = vocab[0:MAX_VOCAB]

vocab += ["<PAD>", "<UNK>", "<SEP>"]

print(vocab)

vocab2idx = {word: id for id, word in enumerate(vocab)}

vocab2embed["<PAD>"] = np.zeros((WORDVECDIM), np.float32)
```

```
b = math.sqrt(3 / WORDVECDIM)
vocab2embed["<UNK>"] = np.random.uniform(-b, +b, WORDVECDIM)
vocab2embed["<SEP>"] = np.random.uniform(-b, +b, WORDVECDIM)

embeddings = []
for id, word in enumerate(vocab):
    embeddings.append(vocab2embed[word])


def text_vectorize(text):
    return [vocab2idx.get(word, vocab2idx['<UNK>']) for word in text]


def vectorize_data(sequences1, sequences2, labels, pairIDs=None):
    data_dict = {}
    sequences1_vec = [text_vectorize(sequence) for sequence in sequences1]
    sequences2_vec = [text_vectorize(sequence) for sequence in sequences2]
    data_dict["sequence1"] = sequences1
    data_dict["sequence2"] = sequences2
    sequences_vec = [sequence1 + [vocab2idx["<SEP>"]] + sequence2
                     for sequence1, sequence2 in
                     zip(sequences1_vec, sequences2_vec)]
    data_dict["sequence1_vec"] = sequences1_vec
    data_dict["sequence2_vec"] = sequences2_vec
    data_dict["sequence_vec"] = sequences_vec
    data_dict["label"] = labels
    if pairIDs is not None:
        data_dict["pairID"] = pairIDs
        print(data_dict["pairID"])
    return data_dict


train_data = vectorize_data(train_sequences1, train_sequences2, train_labels)
"""
for item in train_data["sequence1"]:
    print(item)
print("\n\n")
"""
dev_data = {}
for key in dev_keys:
    dev_data[key] = vectorize_data(
        dev_sequences1[key], dev_sequences2[key], dev_labels[key])
test_data = {}
for key in test_keys:
    test_data[key] = vectorize_data(
        test_sequences1[key], test_sequences2[key], test_labels[key])
```

```
predi_data = {}
for key in predi_keys:
    predi_data[key] = vectorize_data(
        predi_sequences1[key], predi_sequences2[key], predi_labels[key],
        predi_pairIDs[key])

predi2_data = {}
for key in predi_keys:
    predi2_data[key] = vectorize_data(
        predi2_sequences1[key], predi2_sequences2[key], predi2_labels[key],
        predi2_pairIDs[key])

jsonl_save(filepath=train_save_path, data_dict=train_data)

for key in dev_keys:
    jsonl_save(filepath=dev_save_path[key], data_dict=dev_data[key])

for key in test_keys:
    jsonl_save(filepath=test_save_path[key], data_dict=test_data[key])

for key in predi_keys:
    jsonl_save(filepath=predi_save_path[key], data_dict=predi_data[key])
    jsonl_save(filepath=predi2_save_path[key], data_dict=predi2_data[key])


metadata = {"labels2idx": labels2idx,
            "vocab2idx": vocab2idx,
            "embeddings": np.asarray(embeddings, np.float32),
            "dev_keys": dev_keys,
            "test_keys": test_keys}

with open(metadata_save_path, 'wb') as outfile:
    pickle.dump(metadata, outfile)
```

上述代码用于处理NLI数据集的预处理工作，具体实现流程如下。

◎ 导入必要的库和设置一些常量和文件路径。

◎ 创建一个函数tokenize()用于对文本进行分词（使用NLTK库）。

◎ 定义函数updateVocab()用于更新词汇表。

◎ 创建函数process_data()用于处理数据文件，读取数据、进行分词和更新词汇表。这个函数还可以进行数据过滤和处理不同的NLI数据集。

◎ 加载训练数据、开发数据、测试数据以及预测数据。

◎ 使用GloVe词嵌入来构建词汇表并获取词嵌入向量。

◎ 将数据转化为数字化表示，创建包括标签和序列的数据字典。

◎ 保存处理后的数据为JSONL文件，并将元数据（如标签、词汇表和嵌入向量）保存为pickle文件。

（2）编写文件Classifier_model.py（源码路径：classifier\models\Classifier_model.py），功能是使用神经网络结构定义一个实现文本分类的PyTorch模型。这个模型是一个文本分类器，可以用于对文本进行分类任务。模型的结构包括了嵌入层、编码器、特征提取和分类器。该模型的具体配置和超参数可以在config参数中指定，包括输入和输出的维度、嵌入的维度、隐藏层的大小等。具体实现代码如下。

```
import torch as T
import torch.nn as nn
import torch.nn.functional as F

from controllers.encoder_controller import encoder
from models.layers import Linear
from models.utils import gelu
from models.utils import glorot_uniform_init

class Classifier_model(nn.Module):
    def __init__(self, attributes, config):

        super(Classifier_model, self).__init__()

        self.config = config
        self.out_dropout = config["out_dropout"]
        self.classes_num = attributes["classes_num"]
        self.in_dropout = config["in_dropout"]
        embedding_data = attributes["embedding_data"]
        pad_id = attributes["PAD_id"]

        ATT_PAD = -999999
        self.ATT_PAD = T.tensor(ATT_PAD).float()
        self.zeros = T.tensor(0.0)

        if embedding_data is not None:
            embedding_data = T.tensor(embedding_data)
            self.word_embedding = nn.Embedding.from_pretrained(
                embedding_data,
                freeze=config["word_embd_freeze"],
                padding_idx=pad_id)
        else:
            vocab_len = attributes["vocab_len"]
            self.word_embedding = nn.Embedding(vocab_len, config["embd_dim"],
                                                padding_idx=pad_id)

        self.embd_dim = self.word_embedding.weight.size(-1)
```

```
        self.transform_word_dim = Linear(
            self.embd_dim, config["hidden_size"])

        if not config["global_state_return"]:
            self.attn_linear1 = Linear(
                config["hidden_size"], config["hidden_size"])
            self.attn_linear2 = Linear(
                config["hidden_size"], config["hidden_size"])

        self.encoder = encoder(config)

        if config["classifier_layer_num"] == 2:
            self.prediction1 = Linear(
                config["hidden_size"], config["hidden_size"])
            self.prediction2 = Linear(
                config["hidden_size"], self.classes_num)
        else:
            self.prediction2 = Linear(
                config["hidden_size"], self.classes_num)

    # %%
    def embed(self, sequence, input_mask):

        N, S = sequence.size()

        sequence = self.word_embedding(sequence)
        sequence = self.transform_word_dim(sequence)

        sequence = sequence * input_mask.view(N, S, 1)

        return sequence, input_mask

    def extract_features(self, sequence, mask):
        N, S, D = sequence.size()

        mask = mask.view(N, S, 1)

        attention_mask = T.where(mask == 0,
                                 self.ATT_PAD.to(mask.device),
                                 self.zeros.to(mask.device))

        assert attention_mask.size() == (N, S, 1)

        energy = self.attn_linear2(gelu(self.attn_linear1(sequence)))

        assert energy.size() == (N, S, D)
```

```
        attention = F.softmax(energy + attention_mask, dim=1)

        assert attention.size() == (N, S, D)

        z = T.sum(attention * sequence, dim=1)

        assert z.size() == (N, D)

        return z

    # %%
    def forward(self, batch):

        sequence = batch["sequences_vec"]
        input_mask = batch["input_masks"]

        N = sequence.size(0)

        # 嵌入块
        sequence, input_mask = self.embed(sequence, input_mask)
        sequence = F.dropout(
            sequence, p=self.in_dropout, training=self.training)

        # 编码器块
        sequence_dict = self.encoder(sequence, input_mask)
        sequence = sequence_dict["sequence"]

        penalty = None
        if "penalty" in sequence_dict:
            penalty = sequence_dict["penalty"]

        if self.config["global_state_return"]:
            feats = sequence_dict["global_state"]
        else:
            feats = self.extract_features(sequence, input_mask)

        if self.config["classifier_layer_num"] == 2:
            feats = F.dropout(
                feats, p=self.out_dropout, training=self.training)
            feats = gelu(self.prediction1(feats))
        feats = F.dropout(feats, p=self.out_dropout, training=self.training)
        logits = self.prediction2(feats)

        assert logits.size() == (N, self.classes_num)
```

```
        return {"logits": logits, "penalty": penalty}
```

对上述代码的具体说明如下。

◎ 构造函数Classifier_model()定义了模型的整体结构和初始化方法。模型接受一些参数，如超参数配置config和文本属性信息attributes。

◎ 模型的前半部分定义了文本嵌入层、编码器和特征提取层。通过嵌入层将文本序列转化为词嵌入表示。编码器部分（由encoder模块处理）对文本序列进行编码。特征提取部分通过多层线性层和激活函数提取文本特征。

◎ 模型的embed()方法用于将输入的文本序列进行嵌入和处理。

◎ extract_features()方法用于提取文本的特征。

◎ forward()方法定义了模型的前向传播过程，包括文本嵌入、编码、特征提取和分类。

◎ 模型输出分类结果的对数概率（logits），并返回包括logits和可能的惩罚（penalty）项的字典。

（3）编写文件FOCN_LSTM.py（源码路径：classifier\models\encoders\FOCN_LSTM.py），定义了一个名为FOCN_LSTM的PyTorch模型，这是一个基于注意力机制和循环神经网络的自动机器学习模型。通过递归生成和注意力机制，模型能够有效捕捉序列中的信息。同时，通过对惩罚项的优化，可以对模型的生成过程进行控制。这是一个比较复杂的模型，用于处理序列生成等任务，具体的用途和效果可能需要根据具体的应用场景和数据进行调整和评估。具体实现流程如下。

◎ 构造函数__init__()初始化了模型的各种参数和模块。这些参数包括隐藏状态的大小、窗口大小、阈值等。具体实现代码如下。

```
class FOCN_LSTM(nn.Module):
    def __init__(self, config):
        super(FOCN_LSTM, self).__init__()

        self.config = config
        self.hidden_size = config["hidden_size"]
        self.cell_hidden_size = config["cell_hidden_size"]
        self.window_size = config["window_size"]
        self.stop_threshold = config["stop_threshold"]
        # self.switch_threshold = config["switch_threshold"]
        self.entropy_gamma = config["entropy_gamma"]
        self.structure_gamma = 0.01  # config["structure_gamma"]
        self.speed_gamma = config["speed_gamma"]
        self.in_dropout = config["in_dropout"]
        self.hidden_dropout = config["hidden_dropout"]
        self.recurrent_momentum = config["recurrent_momentum"]
        self.small_d = config["small_d"]

        self.START = nn.Parameter(T.randn(self.hidden_size))
        self.END = nn.Parameter(T.randn(self.hidden_size))

        if self.recurrent_momentum:
```

```
            self.past_transition_features = nn.Parameter(
                T.randn(self.small_d))
            self.past_non_transition_features = nn.Parameter(
                T.randn(self.small_d))
            self.conv_layer = Linear(
                self.window_size * self.hidden_size + self.small_d,
                self.hidden_size)
        else:
            self.conv_layer = Linear(
                self.window_size * self.hidden_size, self.hidden_size)

        self.scorer = Linear(self.hidden_size, 1)

        self.wcell0 = Linear(self.hidden_size, 2 * self.hidden_size,
                             true_fan_in=self.hidden_size,
                             true_fan_out=self.hidden_size)
        self.wcell1 = Linear(2 * self.hidden_size, 5 * self.hidden_size,
                             true_fan_in=self.hidden_size,
                             true_fan_out=self.hidden_size)
        # self.LN = nn.LayerNorm(self.hidden_size)

        self.eps = 1e-8

    # %%
    def sum_normalize(self, logits, dim=-1):
        return logits / T.sum(logits + self.eps, keepdim=True, dim=dim)
```

◎ 方法augment_sequence()用于向输入序列添加起始和结束标记，以处理文本序列的开始和结束。具体实现代码如下。

```
    def augment_sequence(self, sequence, input_mask):
        N, S, D = sequence.size()
        assert input_mask.size() == (N, S, 1)

        """
        AUGMENT SEQUENCE WITH START AND END TOKENS
        """
        # 添加起始标记
        START = self.START.view(1, 1, D).repeat(N, 1, 1)
        sequence = T.cat([START, sequence], dim=1)
        assert sequence.size() == (N, S + 1, D)
        input_mask = T.cat(
            [T.ones(N, 1, 1).float().to(input_mask.device), input_mask],
            dim=1)
        assert input_mask.size() == (N, S + 1, 1)
```

```
    # 添加结束标记
    input_mask_no_end = T.cat(
        [input_mask.clone(), T.zeros(N, 1, 1).float().to(input_mask.
        device)], dim=1)
    input_mask_yes_end = T.cat(
        [T.ones(N, 1, 1).float().to(input_mask.device), input_mask.
        clone()], dim=1)
    END_mask = input_mask_yes_end - input_mask_no_end
    assert END_mask.size() == (N, S + 2, 1)

    END = self.END.view(1, 1, D).repeat(N, S + 2, 1)
    sequence = T.cat(
        [sequence, T.zeros(N, 1, D).float().to(sequence.device)], dim=1)
    sequence = END_mask * END + (1 - END_mask) * sequence

    input_mask = input_mask_yes_end
    input_mask_no_start = T.cat(
        [T.zeros(N, 1, 1).float().to(input_mask.device),
        input_mask[:, 1:, :]], dim=1)

    return (sequence, input_mask, END_mask,
            input_mask_no_start, input_mask_no_end)
```

◎ 方法compute_neighbor_probs()用于计算相邻单词之间的概率，该概率用于生成窗口。具体实现代码如下。

```
def compute_neighbor_probs(self, active_probs, input_mask):
    N, S, _ = input_mask.size()
    assert input_mask.size() == (N, S, 1)
    input_mask = input_mask.permute(0, 2, 1).contiguous()
    assert input_mask.size() == (N, 1, S)

    assert active_probs.size() == (N, S, 1)
    active_probs = active_probs.permute(0, 2, 1).contiguous()
    assert active_probs.size() == (N, 1, S)

    input_mask_flipped = T.flip(input_mask.clone(), dims=[2])
    active_probs_flipped = T.flip(active_probs.clone(), dims=[2])

    input_mask = T.stack([input_mask_flipped, input_mask], dim=1)
    active_probs = T.stack([active_probs_flipped, active_probs], dim=1)

    assert input_mask.size() == (N, 2, 1, S)
    assert active_probs.size() == (N, 2, 1, S)
```

```
        active_probs_matrix = active_probs.repeat(1, 1, S, 1) * input_mask
        assert active_probs_matrix.size() == (N, 2, S, S)
        right_probs_matrix = T.triu(active_probs_matrix, diagonal=1)
        # 屏蔽自身和左侧

        right_probs_matrix_cumsum = T.cumsum(right_probs_matrix, dim=-1)
        assert right_probs_matrix_cumsum.size() == (N, 2, S, S)
        remainders = 1.0 - right_probs_matrix_cumsum

        remainders_from_left = T.cat(
            [T.ones(N, 2, S, 1).float().to(remainders.device),
            remainders[:, :, :, 0:-1]], dim=-1)
        assert remainders_from_left.size() == (N, 2, S, S)

        remainders_from_left = T.max(
            T.zeros(N, 2, S, 1).float().to(remainders.device),
            remainders_from_left)
        assert remainders_from_left.size() == (N, 2, S, S)

        right_neighbor_probs = T.where(right_probs_matrix_cumsum > 1.0,
                                       remainders_from_left,
                                       right_probs_matrix)

        right_neighbor_probs = right_neighbor_probs * input_mask

        left_neighbor_probs = right_neighbor_probs[:, 0, :, :]
        left_neighbor_probs = T.flip(left_neighbor_probs, dims=[1, 2])
        right_neighbor_probs = right_neighbor_probs[:, 1, :, :]

        return left_neighbor_probs, right_neighbor_probs
```

◎ 方法make_window()用于生成一个窗口，包括了相邻单词的信息。具体实现代码如下。

```
    def make_window(self, sequence, left_child_probs, right_child_probs):

        N, S, D = sequence.size()

        left_children_list = []
        right_children_list = []
        left_children_k = sequence.clone()
        right_children_k = sequence.clone()

        for k in range(self.window_size // 2):
            left_children_k = T.matmul(left_child_probs, left_children_k)
            left_children_list = ([left_children_k.clone()]
                                  + left_children_list)
```

```
        right_children_k = T.matmul(right_child_probs, right_children_k)
        right_children_list = right_children_list + [
            right_children_k.clone()]

    windowed_sequence = (left_children_list + [sequence]
                         + right_children_list)
    windowed_sequence = T.stack(windowed_sequence, dim=-2)

    assert windowed_sequence.size() == (N, S, self.window_size, D)

    return windowed_sequence
```

◎ 方法initial_transform()用于执行初始变换，为模型的初始输入做准备。具体实现代码如下。

```
# %%
def initial_transform(self, sequence):

    N, S, D = sequence.size()

    contents = self.wcell0(sequence)
    contents = contents.view(N, S, 2, D)
    o = T.sigmoid(contents[:, :, 0, :])
    cell = T.tanh(contents[:, :, 1, :])
    transition = o * T.tanh(cell)

    return transition, cell
```

◎ 方法score_fn()用于计算窗口内各个位置的分数。具体实现代码如下。

```
def score_fn(self, windowed_sequence, transition_feats):
    N, S, W, D = windowed_sequence.size()
    windowed_sequence = windowed_sequence.view(N, S, W * D)

    if self.recurrent_momentum:
        windowed_sequence = T.cat(
            [windowed_sequence, transition_feats], dim=-1)

    scores = self.scorer(gelu(self.conv_layer(windowed_sequence)))

    transition_scores = scores[:, :, 0].unsqueeze(-1)
    # reduce_probs = T.sigmoid(scores[:,:,1].unsqueeze(-1))
    no_op_scores = T.zeros_like(transition_scores)\
        .float().to(transition_scores.device)
    scores = T.cat([transition_scores, no_op_scores], dim=-1)
    scores = scores / self.temperature
    max_score = T.max(scores)
```

```
        exp_scores = T.exp(scores - max_score)

        return exp_scores
```

◎ 方法composer()用于将两个子节点的信息组合成一个新的节点信息。具体实现代码如下。

```
    def composer(self, child1, child2, cell_child1, cell_child2):
        N, S, D = child1.size()

        concated = T.cat([child1, child2], dim=-1)
        assert concated.size() == (N, S, 2 * D)

        contents = F.dropout(
            self.wcell1(concated), p=self.hidden_dropout,
            training=self.training)
        contents = contents.view(N, S, 5, D)
        gates = T.sigmoid(contents[:, :, 0:4, :])
        u = T.tanh(contents[:, :, 4, :])
        f1 = gates[..., 0, :]
        f2 = gates[..., 1, :]
        i = gates[..., 2, :]
        o = gates[..., 3, :]

        cell = f1 * cell_child1 + f2 * cell_child2 + i * u
        transition = o * T.tanh(cell)

        return transition, cell
```

◎ 方法compute_entropy_penalty()用于计算熵惩罚，鼓励模型停止生成。具体实现代码如下。

```
    def compute_entropy_penalty(self, active_probs, last_token_mask):
        N, S = active_probs.size()
        active_prob_dist = self.sum_normalize(active_probs, dim=-1)
        nll_loss = - T.log(
            T.sum(last_token_mask * active_prob_dist, dim=1) + self.eps)
        nll_loss = nll_loss.view(N)
        return nll_loss
```

◎ 方法compute_speed_penalty()用于计算速度惩罚，以鼓励模型更快地停止生成。具体实现代码如下。

```
    def compute_speed_penalty(self, steps, input_mask):
        steps = T.max(steps, dim=1)[0]
        speed_penalty = steps.squeeze(-1) / (T.sum(input_mask.squeeze(-1),
                                                   dim=1) - 2.0)
        return speed_penalty
```

◎ 方法encoder_block()实现了编码器的主要逻辑，包括了循环的生成和停止条件的判定。具体实现代码如下。

```
def encoder_block(self, sequence, input_mask):

    sequence, input_mask, END_mask, input_mask_no_start, \
    input_mask_no_end = self.augment_sequence(sequence, input_mask)

    N, S, D = sequence.size()

    """
    Initial Preparations
    """
    active_probs = T.ones(N, S, 1).float().to(sequence.device) \
        * input_mask
    steps = T.zeros(N, S, 1).float().to(sequence.device)
    zeros_sequence = T.zeros(N, 1, 1).float().to(sequence.device)
    last_token_mask = T.cat([END_mask[:, 1:, :], zeros_sequence], dim=1)
    START_END_LAST_PAD_mask = input_mask_no_start * input_mask_no_end \
        * (1.0 - last_token_mask)
    self.START_END_LAST_PAD_mask = START_END_LAST_PAD_mask
    halt_ones = T.ones(N).float().to(sequence.device)
    halt_zeros = T.zeros(N).float().to(sequence.device)
    improperly_terminated_mask = halt_ones.clone()
    update_mask = T.ones(N).float().to(sequence.device)
    left_transition_probs = T.zeros(N, S, 1).float().to(sequence.device)

    """
    Initial Transform
    """
    sequence, cell_sequence = self.initial_transform(sequence)
    sequence = sequence * input_mask
    cell_sequence = cell_sequence * input_mask
    """
    Start Recursion
    """
    t = 0
    while t < (S - 2):
        original_active_probs = active_probs.clone()
        original_sequence = sequence.clone()
        residual_sequence = sequence.clone()
        residual_cell_sequence = cell_sequence.clone()
        original_steps = steps.clone()
        original_cell_sequence = cell_sequence.clone()

        left_neighbor_probs, right_neighbor_probs \
            = self.compute_neighbor_probs(
```

```
                active_probs=active_probs.clone(),
                input_mask=input_mask.clone())

        windowed_sequence = self.make_window(
            sequence=sequence,
            left_child_probs=left_neighbor_probs,
            right_child_probs=right_neighbor_probs)

        if self.recurrent_momentum:
            transition_feats = left_transition_probs \
                * self.past_transition_features.view(1, 1, -1) \
                + (1 - left_transition_probs) \
                * self.past_non_transition_features.view(1, 1, -1)
        else:
            transition_feats = None

        exp_scores = self.score_fn(windowed_sequence, transition_feats)
        exp_transition_scores = exp_scores[:, :, 0].unsqueeze(-1)
        exp_no_op_scores = exp_scores[:, :, 1].unsqueeze(-1)

        exp_transition_scores = exp_transition_scores \
            * START_END_LAST_PAD_mask

        if self.config["no_modulation"] is True:
            exp_scores = T.cat([exp_transition_scores,
                                exp_no_op_scores], dim=-1)
        else:
            exp_left_transition_scores = T.matmul(
                left_neighbor_probs, exp_transition_scores)
            exp_right_transition_scores = T.matmul(
                right_neighbor_probs, exp_transition_scores)

            exp_scores = T.cat([exp_transition_scores,
                                exp_no_op_scores,
                                exp_left_transition_scores,
                                exp_right_transition_scores], dim=-1)

        normalized_scores = self.sum_normalize(exp_scores, dim=-1)
        transition_probs = normalized_scores[:, :, 0].unsqueeze(-1)
        transition_probs = transition_probs * START_END_LAST_PAD_mask

        left_transition_probs = T.matmul(
            left_neighbor_probs, transition_probs)
        left_transition_probs = left_transition_probs \
            * input_mask_no_start * input_mask_no_end
        left_sequence = windowed_sequence[:, :, self.window_size // 2 - 1,
```

```
                                        0:self.hidden_size]
        left_cell_sequence = T.matmul(left_neighbor_probs, cell_sequence)

        transition_sequence, \
            transition_cell_sequence = self.composer(
                    child1=left_sequence,
                    child2=sequence,
                    cell_child1=left_cell_sequence,
                    cell_child2=cell_sequence)
        transition_sequence = transition_sequence * input_mask
        transition_cell_sequence = transition_cell_sequence * input_mask

        tp = left_transition_probs
        sequence = tp * transition_sequence + (1 - tp) \
            * residual_sequence
        sequence = sequence * input_mask
        cell_sequence = tp * transition_cell_sequence + (1 - tp) \
            * residual_cell_sequence
        cell_sequence = cell_sequence * input_mask
        steps = steps + active_probs

        bounded_probs = transition_probs
        active_probs = active_probs * (1.0 - bounded_probs) * input_mask

        active_probs = T.where(
            update_mask.view(N, 1, 1).expand(N, S, 1) == 1.0,
            active_probs,
            original_active_probs)

        steps = T.where(update_mask.view(N, 1, 1).expand(N, S, 1) == 1.0,
                        steps,
                        original_steps)

        sequence = T.where(
            update_mask.view(N, 1, 1).expand(N, S, D) == 1.0,
            sequence,
            original_sequence)

        cell_sequence = T.where(
            update_mask.view(N, 1, 1).expand(N, S, D) == 1.0,
            cell_sequence,
            original_cell_sequence)

        t += 1
        discrete_active_status = T.where(
            active_probs > self.stop_threshold,
```

```
                T.ones_like(active_probs).to(active_probs.device),
                T.zeros_like(active_probs).to(active_probs.device))

            halt_condition_component = T.sum(
                discrete_active_status.squeeze(-1), dim=1) - 2.0
            update_mask = T.where(
                (halt_condition_component <= 1)
                | (T.sum(input_mask.squeeze(-1), dim=-1) - 2.0 < t),
                halt_zeros,
                halt_ones)

            proper_termination_condition = T.sum(
                discrete_active_status * last_token_mask, dim=1
            ).squeeze(-1)
            improperly_terminated_mask_ = T.where(
                (halt_condition_component == 1)
                & (proper_termination_condition == 1),
                halt_zeros,
                halt_ones)

            improperly_terminated_mask = improperly_terminated_mask \
                * improperly_terminated_mask_

            if T.sum(update_mask) == 0.0:
                break

        steps = steps * START_END_LAST_PAD_mask
        sequence = sequence * (1 - END_mask)
        active_probs = active_probs * (1 - END_mask)
        sequence = sequence[:, 1:-1, :]  # 移除开头和结尾
        active_probs = active_probs[:, 1:-1, :]  # 移除开头和结尾

        last_token_mask = END_mask[:, 2:, :]
        global_state = T.sum(sequence * last_token_mask, dim=1)

        assert active_probs.size(1) == sequence.size(1)

        entropy_penalty = self.compute_entropy_penalty(
            active_probs.squeeze(-1),
            last_token_mask.squeeze(-1))

        speed_penalty = self.compute_speed_penalty(steps, input_mask)

        entropy_penalty = entropy_penalty * improperly_terminated_mask
        penalty = self.entropy_gamma * entropy_penalty \
            + self.speed_gamma * speed_penalty
```

```
        return sequence, global_state, penalty
```

◎ 方法forward()定义了前向传播，将输入的序列和输入掩码传递给编码器并返回编码后的序列、惩罚和全局状态。具体实现代码如下。

```
    def forward(self, sequence, input_mask, **kwargs):

        if "temperature" in kwargs:
            self.temperature = kwargs["temperature"]
        else:
            self.temperature = 1.0

        self.temperature = 1.0 if self.temperature is None \
            else self.temperature

        input_mask = input_mask.unsqueeze(-1)
        sequence = sequence * input_mask

        sequence, global_state, penalty = self.encoder_block(
            sequence, input_mask)
        sequence = sequence * input_mask
        return {"sequence": sequence, "penalty": penalty,
                "global_state": global_state}
```

（4）编写文件hypertrain.py（源码路径：classifier\hypertrain.py），功能是使用Hyperopt库进行超参数搜索，在给定的搜索空间内，通过超参数搜索来寻找模型的最佳配置，以提高模型性能。超参数是机器学习模型的配置参数，它们不是通过训练得到的，而需要手动调整以获得最佳性能。具体实现代码如下。

```
def blockPrint():
    sys.stdout = open(os.devnull, 'w')

# Restore
def enablePrint():
    sys.stdout = sys.__stdout__

parser = get_args()
args = parser.parse_args()
search_space, config_processor = load_hyperconfig(args)

print(search_space)

hp_search_space = {}
for key, val in search_space.items():
    hp_search_space[key] = hp.choice(key, val)
```

```
space_keys = [k for k in search_space]

hyperopt_config_path = Path(
    "hypertune/tuned_configs/{}_{}.txt".format(args.model, args.dataset))
hyperopt_checkpoint_path = Path(
    "hypertune/checkpoints/{}_{}.pkl".format(args.model, args.dataset))
Path('hypertune/checkpoints/').mkdir(parents=True, exist_ok=True)
Path('hypertune/tuned_configs/').mkdir(parents=True, exist_ok=True)

if args.hypercheckpoint:
    with open(hyperopt_checkpoint_path, "rb") as fp:
        data = pickle.load(fp)
        trials = data["trials"]
        tried_configs = data["tried_configs"]
        true_total_trials = data["true_total_trials"]
    print("\n\nCheckpoint Loaded\n\n")
else:
    trials = Trials()
    tried_configs = {}
    true_total_trials = 0


def generate_args_hash(args):
    hash = ""
    for key in args:
        hash += "{}".format(args[key])
    return hash


successive_failures = 0
max_successive_failures = 10
failure_flag = False


def run_wrapper(space):
    global args
    global tried_configs
    global failure_flag
    config = load_config(args)
    config["epochs"] = args.epochs
    hash = generate_args_hash(space)

    if hash not in tried_configs:
        print("Exploring: {}".format(space))
        for key in space:
            config[key] = space[key]
```

```
        config = config_processor(config)

        blockPrint()
        _, best_metric, _ = run(args, config)
        enablePrint()

        dev_score = compose_dev_metric(best_metric, args, config)
        tried_configs[hash] = -dev_score
        print("loss: {}".format(tried_configs[hash]))
        failure_flag = False
        return {'loss': -dev_score, 'status': STATUS_OK}
    else:
        # print("loss: {} (Skipped Trial)".format(tried_configs[hash]))
        failure_flag = True
        return {'loss': tried_configs[hash], 'status': STATUS_OK}


max_trials = min(
    args.max_trials, np.prod(
        [len(choices) for key, choices in search_space.items()]))
save_intervals = 1
i = len(trials.trials)
successive_failures = 0

while True:
    best = fmin(run_wrapper,
                space=hp_search_space,
                algo=hyperopt.rand.suggest,
                trials=trials,
                max_evals=len(trials.trials) + save_intervals)

    found_config = {}
    for key in best:
        found_config[key] = search_space[key][best[key]]

    if not failure_flag:
        true_total_trials += 1
        print("Best Config so far: ", found_config)
        print("Total Trials: {} out of {}".format(true_total_trials,
                                                  max_trials))
        print("\n\n")
        successive_failures = 0
        display_string = ""
        for key, value in found_config.items():
            display_string += "{}: {}\n".format(key, value)
        with open(hyperopt_config_path, "w") as fp:
```

```
            fp.write(display_string)

        with open(hyperopt_checkpoint_path, "wb") as fp:
            pickle.dump({"trials": trials,
                         "tried_configs": tried_configs,
                         "true_total_trials": true_total_trials}, fp)
    else:
        successive_failures += 1
        if successive_failures % 1000 == 0:
            print("Successive failures: ", successive_failures)

    if true_total_trials >= max_trials:
        break

    if successive_failures > 100000:
        print("\n\nDiscontinuing due to too many successive failures.\n\n")
        break
```

对上述代码的具体说明如下。

◎ 定义了一些辅助函数，如blockPrint()和enablePrint()，用于禁止和启用标准输出。

◎ 从命令行参数获取配置，包括超参数搜索空间、模型和数据集等信息。

◎ 定义了一个搜索空间hp_search_space()，以及超参数搜索的配置和路径。

◎ 根据是否启用超参数搜索的检查点功能，加载先前的搜索结果或创建新的搜索记录。

◎ 定义函数generate_args_hash()，用于生成超参数组合的哈希值。

◎ 设置了一些超参数搜索的参数，如最大尝试次数、保存间隔、连续失败次数等。

◎ 进入一个循环，循环中使用Hyperopt库的函数fmin()来执行超参数搜索。在每次迭代中，调用函数run_wrapper()来评估当前超参数组合。

◎ 函数run_wrapper()根据当前的超参数组合，加载模型配置，训练模型，并计算评估指标。

◎ 更新搜索结果，将找到的最佳超参数组合和性能输出到文件，并保存当前的搜索记录。

◎ 如果连续失败次数过多，或者达到最大尝试次数，结束超参数搜索。

第4章 白日依山尽，黄河入海流：语言的生成

语言生成算法是一类计算机程序或模型，用于生成人类语言文本。这些算法可以应用于各种任务，从自然语言处理到生成创意文本。

白日依山尽，黄河入海流。

诗仙李白的这句诗呈现了一种自然的流动与演变，正如语言生成的过程一样，文本通过各种算法和模型的加工与生成，不断从简单的规则、统计模型或神经网络中流动、演变，最终形成连续而富有表达力的语言。语言生成技术通过模型的“流动”，创造出符合语法与逻辑的句子或对话，体现了从数据到语言的一种动态生成流过程。

4.1 基于规则的生成

基于规则的生成算法是一种传统的文本生成方法，它依赖于预定义的规则、模板和语法结构来生成文本。这些规则可以包括语法规则、语义规则、词汇表、模板或其他生成文本所需的信息。这种方法通常用于生成结构化文本，如模板化邮件、通知、报告，或用于特定领域的文本生成任务。

假设你正在开发一个家庭智能助手，用于生成日常任务提醒。你可以使用基于规则的生成方法来实现这一目标。例如，用户可以输入一个任务描述，如"明天早上7点提醒我买牛奶"，智能助手根据预定义的规则和模板生成一个结构化的提醒文本："明天早上7点，提醒：购买牛奶"。这种方法通过预定义的语法规则和模板，能够快速生成符合用户需求的文本，如图4-1所示。

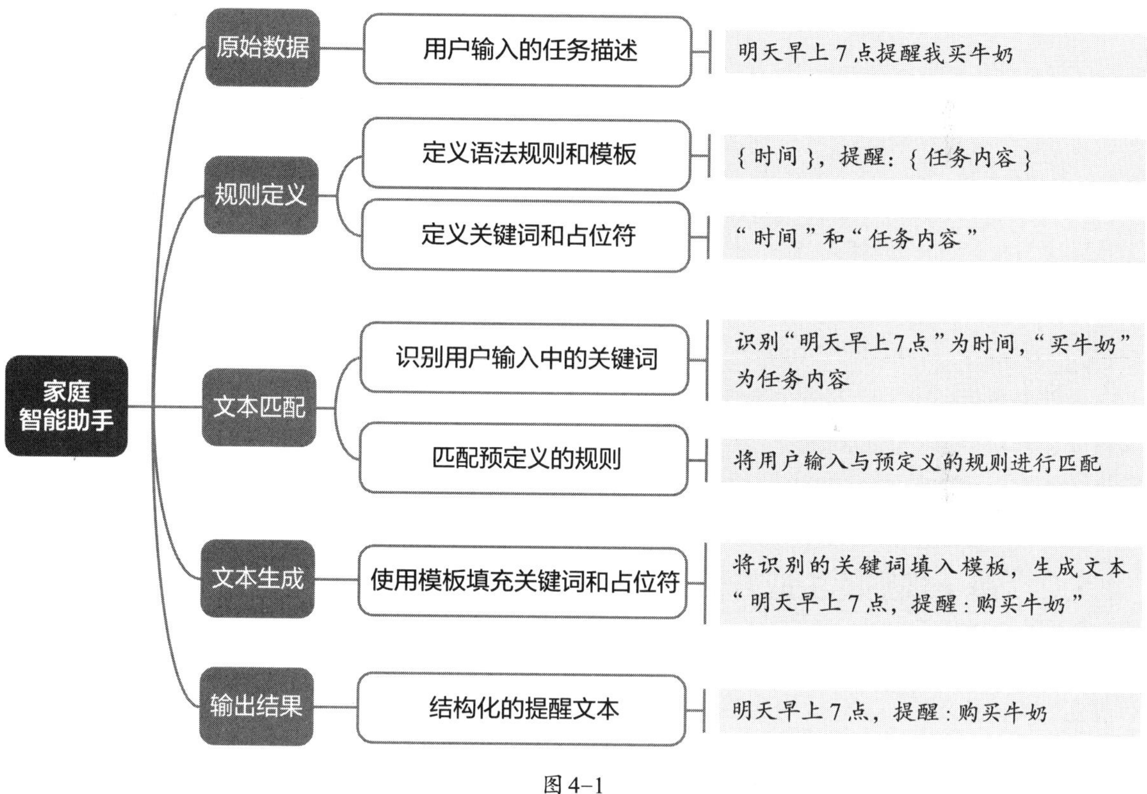

图 4-1

4.1.1 基于规则的生成方法介绍

基于规则的生成方法的主要特点如图4-2所示。

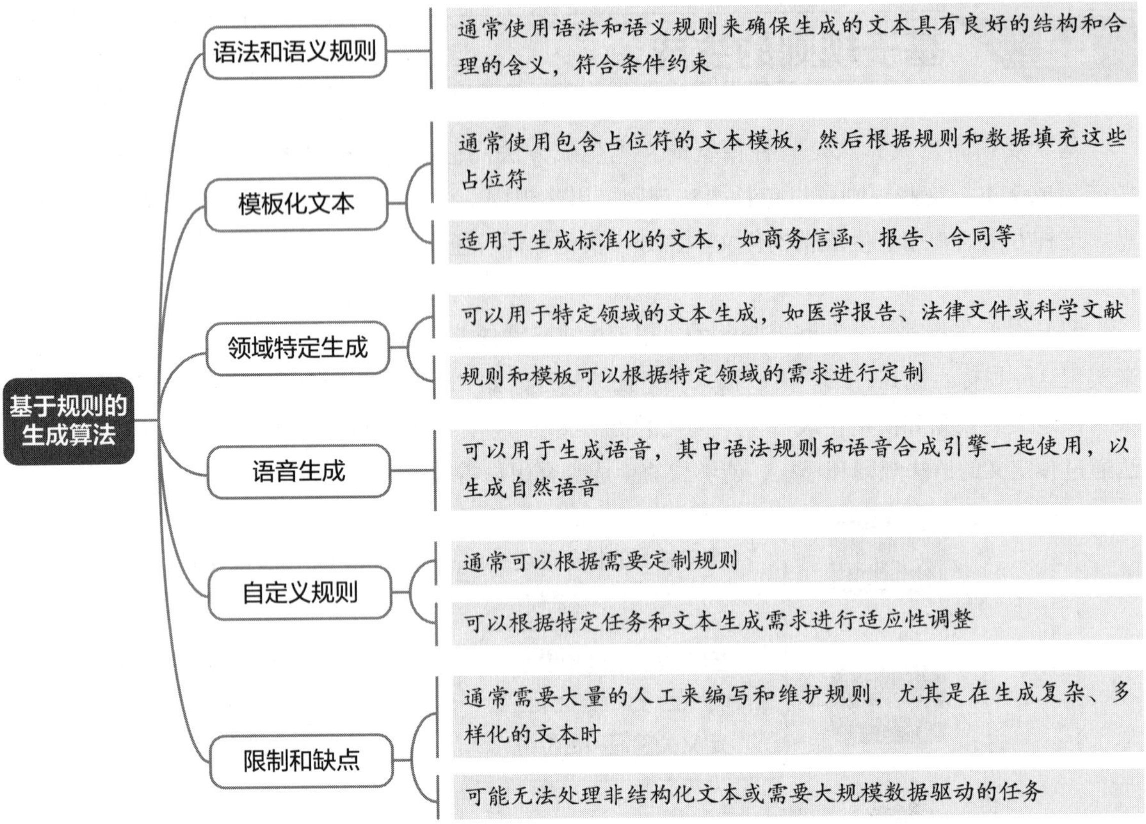

- 基于规则的生成算法
  - 语法和语义规则
    - 通常使用语法和语义规则来确保生成的文本具有良好的结构和合理的含义，符合条件约束
  - 模板化文本
    - 通常使用包含占位符的文本模板，然后根据规则和数据填充这些占位符
    - 适用于生成标准化的文本，如商务信函、报告、合同等
  - 领域特定生成
    - 可以用于特定领域的文本生成，如医学报告、法律文件或科学文献
    - 规则和模板可以根据特定领域的需求进行定制
  - 语音生成
    - 可以用于生成语音，其中语法规则和语音合成引擎一起使用，以生成自然语音
  - 自定义规则
    - 通常可以根据需要定制规则
    - 可以根据特定任务和文本生成需求进行适应性调整
  - 限制和缺点
    - 通常需要大量的人工来编写和维护规则，尤其是在生成复杂、多样化的文本时
    - 可能无法处理非结构化文本或需要大规模数据驱动的任务

图 4–2

虽然基于规则的生成方法在某些特定用途中非常有用，但对于更通用的文本生成任务，深度学习模型，如变换器（Transformer）和神经网络，已经取得了更大的成功，因为它们能够更好地处理非结构化文本和更广泛的语言生成任务。

4.1.2 基于规则的生成方法在 NLP 中的应用场景

基于规则的生成方法在NLP中具有广泛的应用场景，尤其是在需要准确控制文本生成过程并确保特定结构的任务中。基于规则的生成方法常见的应用场景如图4–3所示。

注意：虽然基于规则的生成方法在特定场景下表现出色，但在处理非结构化文本、大规模数据和需要更高的自然语言理解能力的任务中，深度学习模型和神经网络方法更为常见。这些方法能够更好地处理复杂的语言结构和更广泛的语义信息。

在NLP中，基于规则的生成方法通常用于文本生成，包括生成特定领域的语句或回复。实例4–1演示了使用基于规则的方法生成天气查询回复的过程。

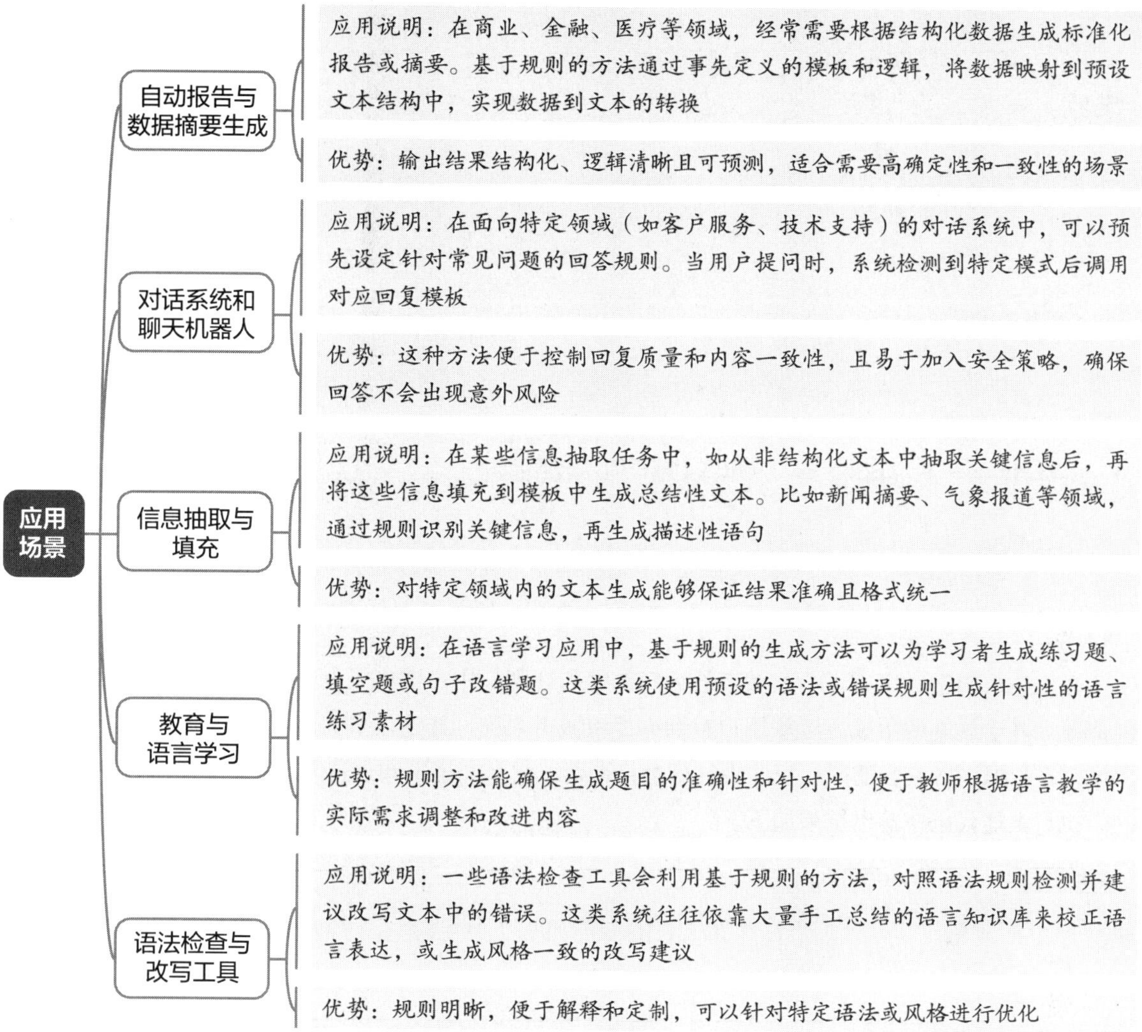

- 应用场景
  - 自动报告与数据摘要生成
    - 应用说明：在商业、金融、医疗等领域，经常需要根据结构化数据生成标准化报告或摘要。基于规则的方法通过事先定义的模板和逻辑，将数据映射到预设文本结构中，实现数据到文本的转换
    - 优势：输出结果结构化、逻辑清晰且可预测，适合需要高确定性和一致性的场景
  - 对话系统和聊天机器人
    - 应用说明：在面向特定领域（如客户服务、技术支持）的对话系统中，可以预先设定针对常见问题的回答规则。当用户提问时，系统检测到特定模式后调用对应回复模板
    - 优势：这种方法便于控制回复质量和内容一致性，且易于加入安全策略，确保回答不会出现意外风险
  - 信息抽取与填充
    - 应用说明：在某些信息抽取任务中，如从非结构化文本中抽取关键信息后，再将这些信息填充到模板中生成总结性文本。比如新闻摘要、气象报道等领域，通过规则识别关键信息，再生成描述性语句
    - 优势：对特定领域内的文本生成能够保证结果准确且格式统一
  - 教育与语言学习
    - 应用说明：在语言学习应用中，基于规则的生成方法可以为学习者生成练习题、填空题或句子改错题。这类系统使用预设的语法或错误规则生成针对性的语言练习素材
    - 优势：规则方法能确保生成题目的准确性和针对性，便于教师根据语言教学的实际需求调整和改进内容
  - 语法检查与改写工具
    - 应用说明：一些语法检查工具会利用基于规则的方法，对照语法规则检测并建议改写文本中的错误。这类系统往往依靠大量手工总结的语言知识库来校正语言表达，或生成风格一致的改写建议
    - 优势：规则明晰，便于解释和定制，可以针对特定语法或风格进行优化

图 4-3

实例4-1：使用基于规则的方法生成天气查询回复

实例文件tian.py（源码路径：codes\4\tian.py）的具体实现代码如下。

```
# 定义天气规则和数据
weather_data = {
    "纽约": "晴天，温度在 20 ℃。",
    "洛杉矶": "多云，温度在 25 ℃。",
    "芝加哥": "阴天，温度在 15 ℃。",
}

# 用户的查询
user_query = "纽约的天气如何？"
```

```
# 从用户查询中提取城市
city = None
for key in weather_data:
    if key in user_query:
        city = key
        break

# 生成基于规则的回复
if city:
    response = f"{city}的天气情况是：{weather_data[city]}"
else:
    response = "抱歉，我不知道这个城市的天气情况。"

# 打印回复
print("用户查询：", user_query)
print("回复：", response)
```

在上述代码中，定义了一些城市的天气数据和规则。用户输入了一个问题，询问某个城市的天气情况。基于规则的生成方法从用户查询中提取城市名称，并使用事先定义的规则来生成回复。如果城市在数据中，它会返回相应的天气信息；否则，它会回复不知道这个城市的天气情况。

执行上述代码，输出结果如下。

```
用户查询： 纽约的天气如何？
回复： 纽约的天气情况是：晴天，温度在 20 ℃。
```

4.2 基于统计的生成

基于统计的生成是NLP中一种常用的方法，它依赖于统计模型和概率分布来生成文本。这种方法通常用于生成自然语言文本，包括语言建模、机器翻译、文本摘要等任务。

假设你正在开发一个智能天气预报助手，用于生成个性化的天气预报文本。你可以使用基于统计的生成模型，如N-gram模型，来实现这一目标。通过分析大量历史天气预报文本，N-gram模型能够学习单词序列的出现概率，并生成符合语法规则和语义特点的天气预报。例如，输入“今天天气晴朗”，模型可以生成“预计明天也将保持晴好，适合户外活动”。这种方法通过统计单词序列的频率，能够生成自然流畅的文本，如图4-4所示。

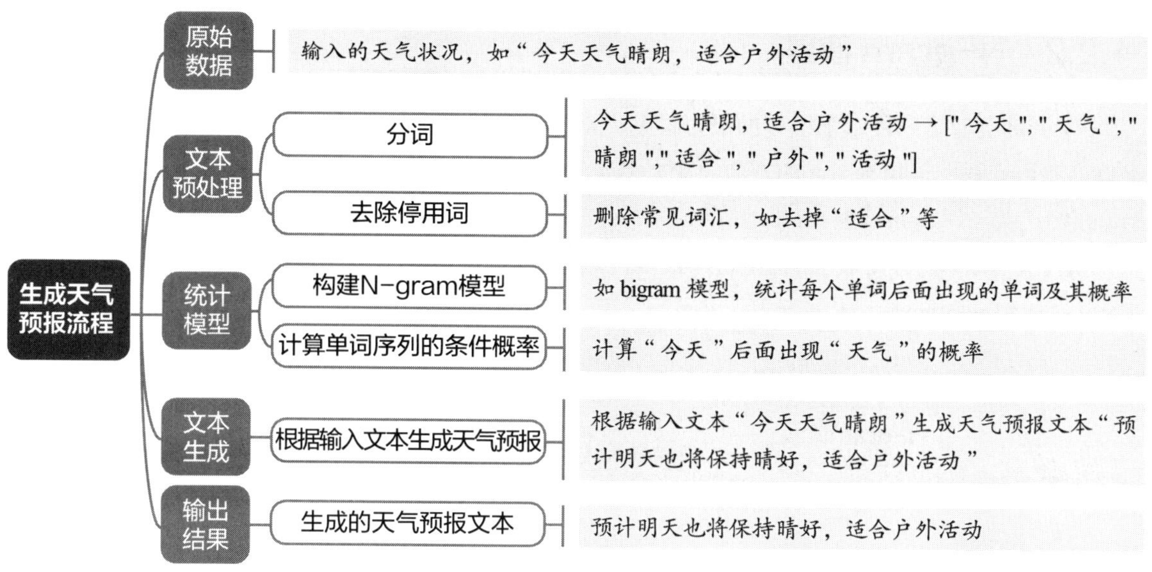

图 4-4

4.2.1 基于统计的生成方法介绍

基于统计的生成方法的重要概念如图 4-5 所示。

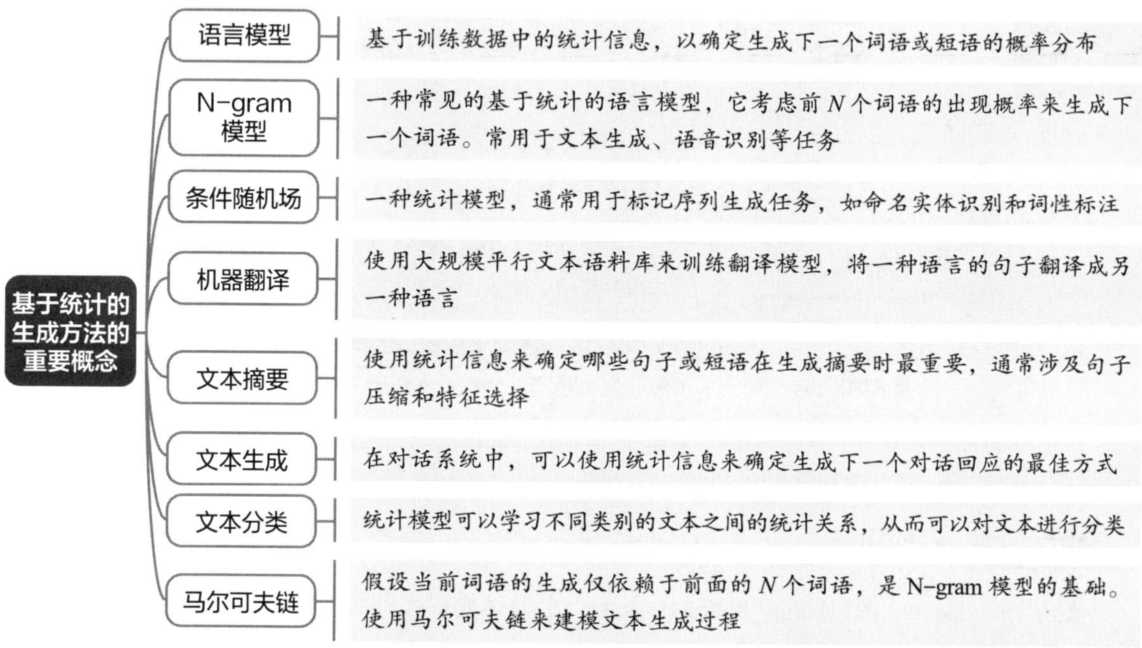

基于统计的生成方法的重要概念
语言模型
基于训练数据中的统计信息，以确定生成下一个词语或短语的概率分布
N-gram 模型
一种常见的基于统计的语言模型，它考虑前 N 个词语的出现概率来生成下一个词语。常用于文本生成、语音识别等任务
条件随机场
一种统计模型，通常用于标记序列生成任务，如命名实体识别和词性标注
机器翻译
使用大规模平行文本语料库来训练翻译模型，将一种语言的句子翻译成另一种语言
文本摘要
使用统计信息来确定哪些句子或短语在生成摘要时最重要，通常涉及句子压缩和特征选择
文本生成
在对话系统中，可以使用统计信息来确定生成下一个对话回应的最佳方式
文本分类
统计模型可以学习不同类别的文本之间的统计关系，从而可以对文本进行分类
马尔可夫链
假设当前词语的生成仅依赖于前面的 N 个词语，是 N-gram 模型的基础。使用马尔可夫链来建模文本生成过程

图 4-5

基于统计的生成方法具有许多优点，如可解释性和适应不同任务。然而，它们在处理复杂语法结构和生成创造性文本方面可能有限制。随着深度学习的发展，基于神经网络的生成方法在 NLP 中变得越来越流行，因为它们可以更好地处理非结构化文本和更复杂的任务。

4.2.2 N-gram 模型

N-gram模型是一种基于统计的语言模型，常用于自然语言处理任务中，特别是文本生成、文本分类和语音识别等领域。它的核心思想是基于前*N*个词语（或标记）的出现概率来预测下一个词语（或标记）。N-gram模型在NLP中的应用非常广泛，其重要特点和原理如图4-6所示。

当N-gram模型与文本生成相结合时，可以创造一些有趣的文本生成应用，如自动生成笑话。实例4-2使用N-gram模型生成笑话，展示了利用N-gram模型创建有趣文本的过程。

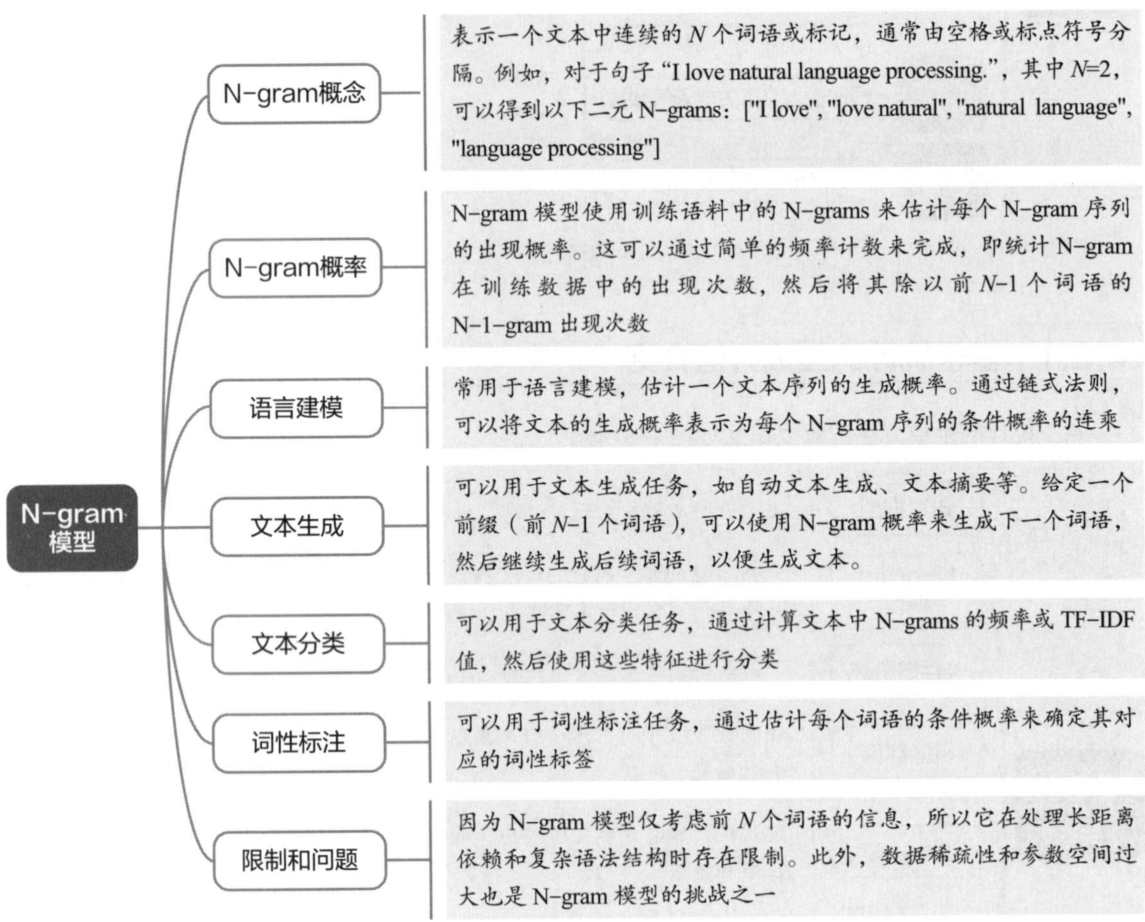

N-gram模型
N-gram概念
表示一个文本中连续的N个词语或标记，通常由空格或标点符号分隔。例如，对于句子“I love natural language processing.”，其中N=2，可以得到以下二元N-grams：["I love", "love natural", "natural language", "language processing"]
N-gram概率
N-gram模型使用训练语料中的N-grams来估计每个N-gram序列的出现概率。这可以通过简单的频率计数来完成，即统计N-gram在训练数据中的出现次数，然后将其除以前N-1个词语的N-1-gram出现次数
语言建模
常用于语言建模，估计一个文本序列的生成概率。通过链式法则，可以将文本的生成概率表示为每个N-gram序列的条件概率的连乘
文本生成
可以用于文本生成任务，如自动文本生成、文本摘要等。给定一个前缀（前N-1个词语），可以使用N-gram概率来生成下一个词语，然后继续生成后续词语，以便生成文本。
文本分类
可以用于文本分类任务，通过计算文本中N-grams的频率或TF-IDF值，然后使用这些特征进行分类
词性标注
可以用于词性标注任务，通过估计每个词语的条件概率来确定其对应的词性标签
限制和问题
因为N-gram模型仅考虑前N个词语的信息，所以它在处理长距离依赖和复杂语法结构时存在限制。此外，数据稀疏性和参数空间过大也是N-gram模型的挑战之一

图4-6

实例4-2：笑话生成器

实例文件xiao.py（源码路径：codes\4\xiao.py）的具体实现代码如下所示。

```
import random

# 定义一个二元（bigram）N-gram模型
ngram_model = {
    "为什么": ["鸡过马路", "程序员不喜欢走路", "太阳落山了", "大象不会爬树"],
    "鸡过马路": ["因为想吃炸鸡", "以为那边有虫子", "被程序员激励了"],
```

```
    "程序员不喜欢走路": ["因为路没有回调函数",
                        "总是会碰到 null pointer exception"],
    "太阳落山了": ["因为天黑了", "为了给月亮腾地方"],
    "大象不会爬树": ["但它能学会 Python", "因为树会爬到大象跟前"],
}

# 生成一个笑话
def generate_joke():
    start_phrase = "为什么"
    joke = [start_phrase]

    while start_phrase in ngram_model:
        next_word = random.choice(ngram_model[start_phrase])
        joke.append(next_word)
        start_phrase = next_word

    return " ".join(joke)

# 生成一个有趣的笑话
funny_joke = generate_joke()
print(funny_joke)
```

在上述代码中，创建了一个简单的二元（bigram）N-gram模型，用于生成笑话。模型包括一些起始短语和可选择的下一个词语，以构建一个有趣的笑话。每次执行程序生成笑话时，它都会随机选择下一个词语，以创建各种笑话。

执行上述代码，其中一次输出结果如下。

```
为什么 程序员不喜欢走路 因为路没有回调函数
```

注意：虽然N-gram模型在一些任务中表现出色，但在处理复杂的语言结构和生成创造性文本方面可能有限制。因此，在处理更复杂的NLP任务时，深度学习方法（如循环神经网络和Transformer模型）通常更为流行。这些方法可以更好地处理非结构化文本数据和更广泛的语言生成任务。

4.2.3 隐马尔可夫模型

隐马尔可夫模型（Hidden Markov Model，HMM）是一种概率图模型，广泛应用于自然语言处理和其他领域的序列数据建模任务。HMM是一种描述随机序列数据的模型，其中序列的生成过程被建模为一个概率有向图。HMM的主要概念和特点如图4-7所示。

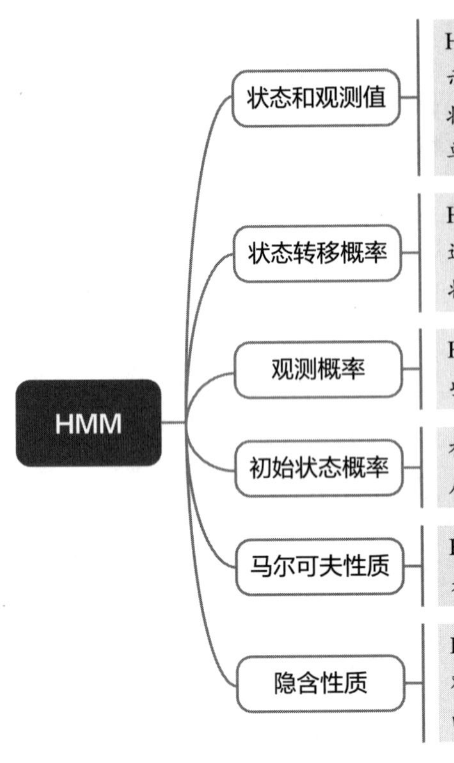

HMM
状态和观测值
HMM包含两种类型的随机变量：状态和观测值。状态通常用来表示隐藏的系统状态，而观测值是可见的数据。在自然语言处理中，状态可以表示隐藏的语法结构或潜在主题，观测值可以是文本中的单词或标记
状态转移概率
HMM使用状态转移概率来描述一个状态如何变换到另一个状态，这些概率表示在给定前一状态的情况下，下一个状态是什么的概率。状态转移概率通常以转移矩阵表示
观测概率
HMM使用观测概率来描述每个状态下观测到特定值的可能性。这些概率可以表示为观测矩阵或观测分布
初始状态概率
初始状态概率即在开始时系统处于每个可能状态的概率，用于表示序列的起始状态分布
马尔可夫性质
HMM满足马尔可夫性质，即未来状态仅依赖于当前状态。这意味着在HMM中，观测值的生成仅依赖于当前状态
隐含性质
HMM的关键特点是状态是隐含的，即无法直接观测到，只能通过观测值的分布来推断状态。这使得HMM适用于处理带有潜在结构的序列数据

图4-7

HMM模型在自然语言处理中的应用包括词性标注、命名实体识别、语音识别、机器翻译、语音合成等任务。它们还用于许多其他领域，如生物信息学、金融分析和天气预测。实例4-3使用HMM实现词性标注，并以一种幽默的方式处理一句话。

实例4-3：使用HMM实现词性标注

实例文件biao.py（源码路径：codes\4\biao.py）的具体实现代码如下。

```
import random

# 定义 HMM 的状态（词性）和观测值（单词）
states = ['名词', '动词', '形容词', '副词', '介词']
observations = ['猫', '跳', '懒', '快', '在']

# 定义 HMM 的状态转移概率和观测概率
transition_probabilities = {
    '名词': {'名词': 0.2, '动词': 0.4, '形容词': 0.1, '副词': 0.1, '介词': 0.2},
    '动词': {'名词': 0.3, '动词': 0.2, '形容词': 0.2, '副词': 0.1, '介词': 0.2},
    '形容词': {'名词': 0.2, '动词': 0.1, '形容词': 0.3, '副词': 0.2,
              '介词': 0.2},
    '副词': {'名词': 0.1, '动词': 0.2, '形容词': 0.2, '副词': 0.3, '介词': 0.2},
    '介词': {'名词': 0.2, '动词': 0.2, '形容词': 0.2, '副词': 0.2, '介词': 0.2},
}
```

```
observation_probabilities = {
    '名词': {'猫': 0.4, '跳': 0.1, '懒': 0.2, '快': 0.1, '在': 0.2},
    '动词': {'猫': 0.1, '跳': 0.3, '懒': 0.1, '快': 0.2, '在': 0.3},
    '形容词': {'猫': 0.2, '跳': 0.1, '懒': 0.3, '快': 0.2, '在': 0.2},
    '副词': {'猫': 0.1, '跳': 0.2, '懒': 0.2, '快': 0.3, '在': 0.2},
    '介词': {'猫': 0.2, '跳': 0.1, '懒': 0.2, '快': 0.2, '在': 0.3},
}

# 生成一个句子并进行词性标注
sentence = "猫跳懒快在"
tags = []


current_state = random.choice(states)
for word in sentence:
    tags.append((word, current_state))
    next_state = random.choices(
        states, transition_probabilities[current_state].values())[0]
    current_state = next_state

# 输出词性标注的句子
for word, tag in tags:
    print(f"{word} ({tag})", end=" ")
print()
```

在上述代码中，使用HMM生成一个句子并对其进行词性标注。通过定义状态转移概率和观测概率，以及初始状态，模拟了一个猫的动作场景，猫有时在跳跃，有时显得懒惰，有时又很活跃，还经常出现在不同的地方。这个例子凸显了HMM如何用于词性标注和序列生成，同时加入了一些趣味性质。

执行上述代码，其中一次输出结果如下。

```
猫 (副词) 跳 (介词) 懒 (介词) 快 (名词) 在 (介词)
```

4.2.4 最大熵模型

最大熵模型（Maximum Entropy Model，MaxEnt模型）是一种统计模型，常用于自然语言处理和机器学习任务，特别是文本分类、信息检索、命名实体识别、文本标注和文本分类等任务。最大熵模型的目标是以最小的偏差（最大熵原理）来表示数据分布，使得模型的不确定性最大，以适应现有的观测数据。最大熵模型的主要特点和原理如图4-8所示。

实例4-4使用最大熵模型实现情感分析，以确定文本中的情感极性（正面、负面或中性），并将其应用于电影评论。

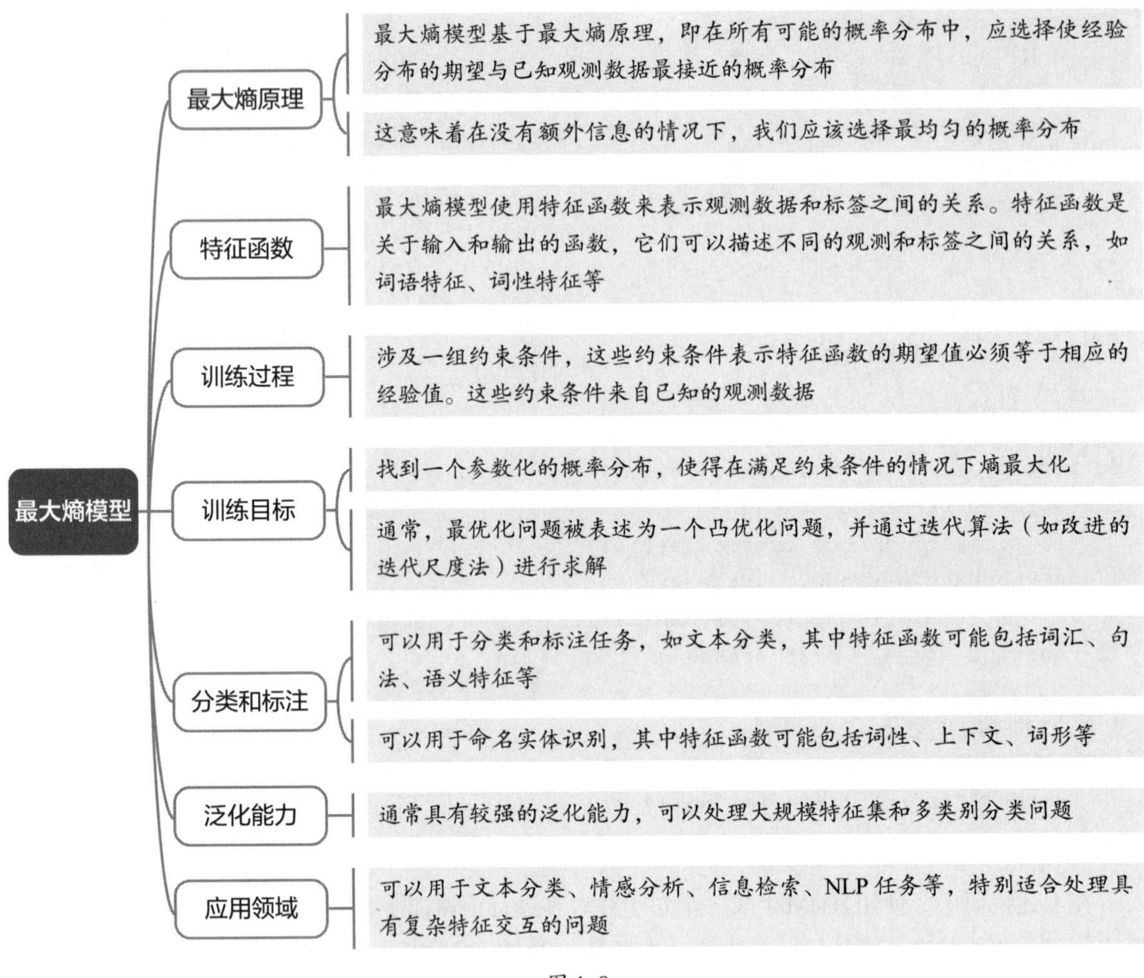

最大熵模型
最大熵原理
最大熵模型基于最大熵原理，即在所有可能的概率分布中，应选择使经验分布的期望与已知观测数据最接近的概率分布
这意味着在没有额外信息的情况下，我们应该选择最均匀的概率分布
特征函数
最大熵模型使用特征函数来表示观测数据和标签之间的关系。特征函数是关于输入和输出的函数，它们可以描述不同的观测和标签之间的关系，如词语特征、词性特征等
训练过程
涉及一组约束条件，这些约束条件表示特征函数的期望值必须等于相应的经验值。这些约束条件来自已知的观测数据
训练目标
找到一个参数化的概率分布，使得在满足约束条件的情况下熵最大化
通常，最优化问题被表述为一个凸优化问题，并通过迭代算法（如改进的迭代尺度法）进行求解
分类和标注
可以用于分类和标注任务，如文本分类，其中特征函数可能包括词汇、句法、语义特征等
可以用于命名实体识别，其中特征函数可能包括词性、上下文、词形等
泛化能力
通常具有较强的泛化能力，可以处理大规模特征集和多类别分类问题
应用领域
可以用于文本分类、情感分析、信息检索、NLP任务等，特别适合处理具有复杂特征交互的问题

图 4-8

实例4-4：使用最大熵模型实现情感分析

实例文件xun03.py（源码路径：codes\4\xun03.py）的具体实现代码如下。

```
from sklearn.feature_extraction.text import CountVectorizer
from sklearn.linear_model import LogisticRegression
import random

# 模拟电影评论数据
reviews = [
    ("这部电影真是太棒了！", "正面"),
    ("情节令人震惊，但太复杂了。", "负面"),
    ("我觉得这是一部普通电影。", "中性"),
    ("主演的表演很精彩！", "正面"),
    ("这是一部很差的电影。", "负面"),
]

# 特征提取
vectorizer = CountVectorizer(binary=True)
```

```
X = vectorizer.fit_transform([review[0] for review in reviews])
y = [review[1] for review in reviews]

# 训练最大熵模型
maxent_model = LogisticRegression()
maxent_model.fit(X, y)

# 生成一个电影评论并进行情感分析
def analyze_sentiment(text):
    features = vectorizer.transform([text])
    sentiment = maxent_model.predict(features)[0]
    return sentiment

# 随机生成一个电影评论
random_comment = random.choice(["这部电影真是太棒了！", "情节令人震惊，但太复杂了。",
"我觉得这是一部普通电影。"])
sentiment = analyze_sentiment(random_comment)

# 输出随机生成的评论和情感分析结果
print("随机生成的评论：", random_comment)
print("情感分析结果：", sentiment)
```

在上述代码中，使用了一个简单的最大熵模型来进行情感分析，模拟了电影评论的情感分类任务。首先创建了一些电影评论和它们的情感标签，然后使用文本特征提取和最大熵模型进行训练。最后生成一个随机的电影评论，并使用训练好的模型来进行情感分析，以确定评论是正面、负面还是中性。

执行上述代码，其中一次输出结果如下。

```
随机生成的评论： 这部电影真是太棒了！
情感分析结果： 正面
```

4.3 基于神经网络的生成

基于神经网络的生成是指使用神经网络模型来生成文本、图像、音频或其他类型数据的方法。这些生成模型通常属于深度学习领域，利用神经网络的能力来学习数据的分布和结构，从而生成新的数据样本。

假设你正在开发一个智能菜谱助手，用于根据用户输入的食材生成菜谱建议。你可以使用基于神经网络的生成模型（如Transformer模型），来实现这一目标。通过分析大量菜谱数据，模型能够学习食材与菜谱之间的关系，并生成符合用户需求的菜谱。例如，用户输入“鸡蛋、番茄”，模型可以生成“番茄炒蛋”的菜谱建议，如图4-9所示。

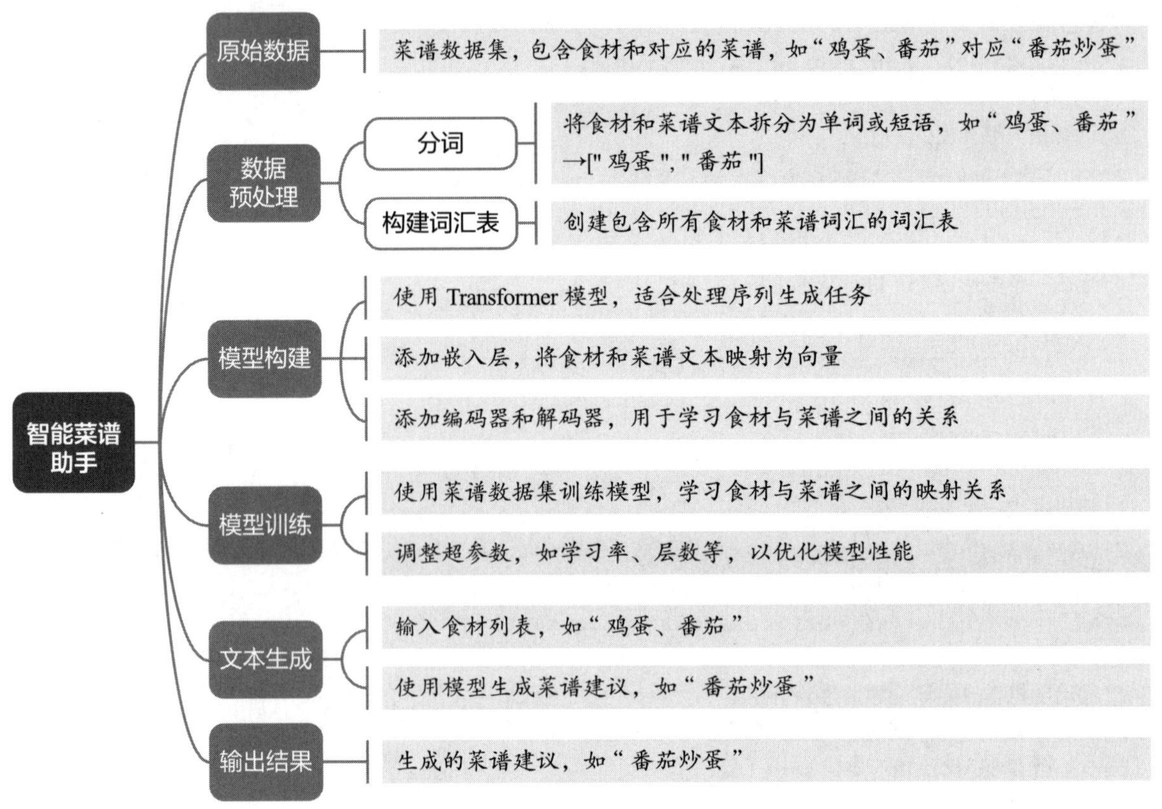
智能菜谱助手
原始数据
菜谱数据集，包含食材和对应的菜谱，如“鸡蛋、番茄”对应“番茄炒蛋”
数据预处理
分词
将食材和菜谱文本拆分为单词或短语，如“鸡蛋、番茄”→[" 鸡蛋 "," 番茄 "]
构建词汇表
创建包含所有食材和菜谱词汇的词汇表
模型构建
使用 Transformer 模型，适合处理序列生成任务
添加嵌入层，将食材和菜谱文本映射为向量
添加编码器和解码器，用于学习食材与菜谱之间的关系
模型训练
使用菜谱数据集训练模型，学习食材与菜谱之间的映射关系
调整超参数，如学习率、层数等，以优化模型性能
文本生成
输入食材列表，如“鸡蛋、番茄”
使用模型生成菜谱建议，如“番茄炒蛋”
输出结果
生成的菜谱建议，如“番茄炒蛋”

图4-9

4.3.1 基于神经网络的生成方法

在现实应用中，常见的基于神经网络的生成方法如图4-10所示。

图4-10中基于神经网络的生成模型利用深度学习技术，通过学习大量训练数据中的分布和结构，能够生成高质量、逼真的数据。这些模型已经在多个领域取得了显著的成功，为创造性的数据生成和人机交互提供了有力支持。

4.3.2 生成对抗网络

生成对抗网络（Generative Adversarial Networks，GAN）是一种机器学习模型，旨在生成具有高度逼真性的新数据，如图像、音频或文本。GAN的设计灵感来自博弈论中的零和博弈概念，其中两个模型相互竞争，一个是生成器（Generator），另一个是判别器（Discriminator）。GAN的基本信息如图4-11所示。

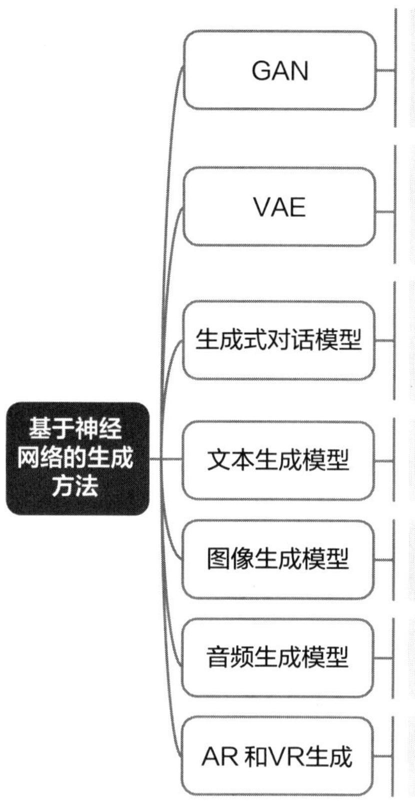
基于神经网络的生成方法
GAN
一种包括生成器和判别器的模型，它们相互竞争，使生成器学会生成逼真的数据，如图像。GAN 已被成功应用于图像生成、超分辨率、图像风格转换等任务
VAE
一种用于学习潜在数据分布的生成模型，能够生成新的数据样本，并在生成过程中允许对潜在空间进行插值。VAE 在图像生成、文本生成和语音生成方面具有广泛的应用
生成式对话模型
生成式对话模型通过神经网络生成自然语言对话。例如，循环神经网络和 Transformer 模型被用于生成对话，使聊天机器人和智能助手能够与用户进行自然语言对话
文本生成模型
循环神经网络、LSTM 和 Transformer 模型被广泛应用于文本生成任务，如机器翻译、文本摘要、小说创作和自动对联
图像生成模型
CNN 和 GAN 常用于生成图像，如 DCGAN（Deep Convolutional GAN）和 StyleGAN 用于生成逼真的面部图像
音频生成模型
可以用于音频生成和音乐合成，如 WaveGAN 和 WaveNet 可以用于生成逼真的音频
AR 和VR生成
可以用于生成虚拟环境、虚拟角色和视觉效果，以提供沉浸式的增强现实（AR）和虚拟现实（VR）体验

图 4–10

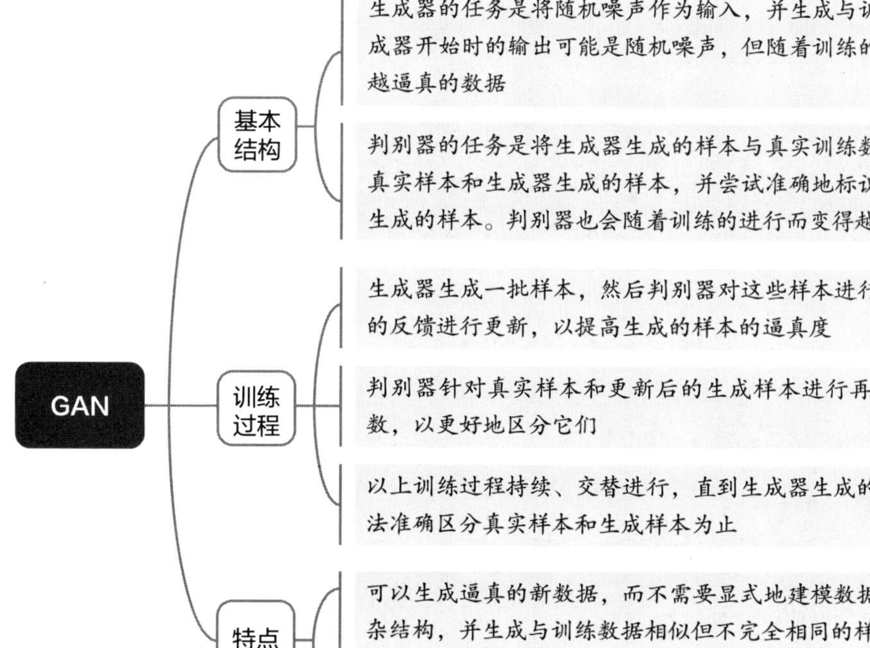
GAN
基本结构
生成器的任务是将随机噪声作为输入，并生成与训练数据相似的新样本。生成器开始时的输出可能是随机噪声，但随着训练的进行，它会逐渐生成越来越逼真的数据
判别器的任务是将生成器生成的样本与真实训练数据进行区分。判别器接收真实样本和生成器生成的样本，并尝试准确地标识哪些是真实样本，哪些是生成的样本。判别器也会随着训练的进行而变得越来越准确
训练过程
生成器生成一批样本，然后判别器对这些样本进行分类。生成器根据判别器的反馈进行更新，以提高生成的样本的逼真度
判别器针对真实样本和更新后的生成样本进行再次分类，并更新自身的参数，以更好地区分它们
以上训练过程持续、交替进行，直到生成器生成的样本足够逼真，判别器无法准确区分真实样本和生成样本为止
特点
可以生成逼真的新数据，而不需要显式地建模数据分布。可以学习数据的复杂结构，并生成与训练数据相似但不完全相同的样本
可以应用于多个领域，如图像生成、图像编辑、文本生成和语音合成等

图 4–11

注意：GANs的训练过程相对复杂且不稳定，可能存在模式坍塌（mode collapse）和训练不收敛等问题。为了克服这些问题，研究者提出了许多改进的GANs变体，如条件GANs（Conditional GANs）、WGANs（Wasserstein GANs）、注意力机制GANs（Attention GANs）等。

总而言之，生成对抗网络是一种通过生成器和判别器相互对抗的机器学习模型，用于生成逼真的新数据。它们在许多领域都具有广泛的应用潜力，并且仍然是一个活跃的研究领域，吸引着众多研究者的关注和创新。

当涉及生成对抗网络的PyTorch框架例子时，一个常用的案例是生成手写数字图像，如MNIST数据集。实例4-5展示了使用PyTorch框架实现一个基本的生成对抗网络来生成手写数字图像的过程。本实例基于MNIST数据集，使用生成对抗网络生成手写数字图像。

实例4-5：使用生成对抗网络生成手写数字

本实例的实现文件是sheng.py（源码路径：codes\4\sheng.py）。

（1）定义生成器和判别器的网络架构，其中生成器用于生成伪造的图像样本，而判别器则用于判断输入的图像是真实样本还是生成样本。具体的实现代码如下所示。

```
# 定义生成器网络架构
class Generator(nn.Module):
    def __init__(self, latent_dim, image_dim):
        super(Generator, self).__init__()
        self.latent_dim = latent_dim
        self.image_dim = image_dim

        self.model = nn.Sequential(
            nn.Linear(self.latent_dim, 256),
            nn.LeakyReLU(0.2),
            nn.Linear(256, 512),
            nn.LeakyReLU(0.2),
            nn.Linear(512, 1024),
            nn.LeakyReLU(0.2),
            nn.Linear(1024, self.image_dim),
            nn.Tanh()
        )

    def forward(self, x):
        return self.model(x)

# 定义判别器网络架构
class Discriminator(nn.Module):
    def __init__(self, image_dim):
        super(Discriminator, self).__init__()
        self.image_dim = image_dim

        self.model = nn.Sequential(
```

```
            nn.Linear(self.image_dim, 512),
            nn.LeakyReLU(0.2),
            nn.Linear(512, 256),
            nn.LeakyReLU(0.2),
            nn.Linear(256, 1),
            nn.Sigmoid()
        )

    def forward(self, x):
        return self.model(x)
```

生成器的输入是一个大小为latent_dim的潜在空间向量，它通过一系列的线性和非线性层进行转换和变换。在本实例中，使用了四个线性层和三个LeakyReLU()激活函数。最后一层使用了Tanh()激活函数来输出生成的图像样本。生成器的输出是一个与真实图像样本相同大小的向量，表示生成的图像。

判别器的输入是一个图像样本，它通过一系列的线性和非线性层进行处理。在本实例中，使用了三个线性层和两个LeakyReLU()激活函数。最后一层使用了Sigmoid()激活函数来输出判别结果，表示输入的图像是真实样本的概率。

这两个网络架构在生成对抗网络中起着关键的作用。生成器的目标是生成逼真的图像样本，而判别器的目标是准确地区分真实样本和生成样本。通过交替训练生成器和判别器，GAN可以学习生成更逼真的图像样本，并且判别器可以逐渐提高对生成样本的鉴别能力。

（2）编写训练函数train()定义生成对抗网络的训练过程，具体实现流程如下。

◎ 在函数开头加载MNIST数据集，并进行预处理，包括将图像转换为张量，并进行归一化处理。

◎ 实例化生成器和判别器，并定义损失函数和优化器。生成器和判别器的网络架构在之前的代码片段中已经定义。

◎ 在训练过程中，通过循环迭代数据加载器中的每个批次。对于每个批次，需要先将真实图像转换为合适的形状，并进行判别器的训练。对于判别器的训练，首先将判别器的梯度清零，然后定义真实样本和生成样本的标签（真实样本标签为1，生成样本标签为0）。

◎ 通过判别器对真实图像进行判别，计算真实图像的损失。同时，生成随机噪声，使用生成器生成假图像，并将其输入判别器，计算假图像的损失。将真实图像和假图像的损失相加，得到判别器的总损失。然后进行反向传播和优化，更新判别器的参数。

◎ 训练生成器。先将生成器的梯度清零，再重新将生成的图像输入判别器，计算生成器的损失。然后进行反向传播和优化，更新生成器的参数。

◎ 在训练过程中，每经过一定数量的训练步骤，输出当前的训练进度，包括生成器损失和判别器损失。

◎ 在每个固定的训练轮次结束时，将生成的图像保存到文件中。

具体的实现代码如下。

```
# 定义训练过程
```

```
def train(num_epochs, batch_size, latent_dim, image_dim):
    # 加载 MNIST 数据集
    transform = transforms.Compose([
        transforms.ToTensor(),
        transforms.Normalize((0.5,), (0.5,))
    ])
    dataset = datasets.MNIST(
        root='data', train=True, transform=transform, download=True)
    dataloader = torch.utils.data.DataLoader(
        dataset, batch_size=batch_size, shuffle=True)

    # 实例化生成器和判别器
    generator = Generator(latent_dim, image_dim)
    discriminator = Discriminator(image_dim)

    # 定义损失函数和优化器
    criterion = nn.BCELoss()
    generator_optimizer = optim.Adam(generator.parameters(), lr=0.0002)
    discriminator_optimizer = optim.Adam(
        discriminator.parameters(), lr=0.0002)

    # 开始训练
    for epoch in range(num_epochs):
        for i, (real_images, _) in enumerate(dataloader):
            batch_size = real_images.size(0)
            real_images = real_images.view(batch_size, -1)

            # 训练判别器
            discriminator.zero_grad()
            real_labels = torch.ones(batch_size, 1)
            fake_labels = torch.zeros(batch_size, 1)

            # 判别器对真实图像的判别结果
            real_outputs = discriminator(real_images)
            real_loss = criterion(real_outputs, real_labels)

            # 生成随机噪声
            noise = torch.randn(batch_size, latent_dim)

            # 使用生成器生成假图像
            fake_images = generator(noise)

            # 判别器对假图像的判别结果
            fake_outputs = discriminator(fake_images.detach())
            fake_loss = criterion(fake_outputs, fake_labels)
```

```
            # 判别器的总损失
            discriminator_loss = real_loss + fake_loss
            discriminator_loss.backward()
            discriminator_optimizer.step()

            # 训练生成器
            generator.zero_grad()
            # 重新判别生成的图像
            outputs = discriminator(fake_images)
            generator_loss = criterion(outputs, real_labels)
            generator_loss.backward()
            generator_optimizer.step()

            # 输出训练进度
            if (i + 1) % 200 == 0:
                print(f"Epoch [{epoch+1}/{num_epochs}],
                      Step [{i+1}/{len(dataloader)}], "
                      f"Generator Loss: {generator_loss.item():.4f}, "
                      f"Discriminator Loss: {discriminator_loss.item():.4f}")

        # 保存生成的图像
        if (epoch + 1) % 10 == 0:
            fake_images = fake_images.view(fake_images.size(0), 1, 28, 28)
            save_image(fake_images, f"generated_images/{epoch+1}.png",
                       normalize=True)

    print("Training finished!")
```

通过以上训练过程，生成对抗网络的生成器和判别器会相互博弈，逐渐提高生成图像的质量和判别能力，直到训练完成。

（3）定义训练生成对抗网络所需的一些参数，并调用训练函数进行训练。具体实现流程如下。

◎ 定义了训练的轮次数num_epochs，每个批次的大小batch_size，潜在空间向量的维度latent_dim，以及图像的维度image_dim。

◎ 通过导入os模块，创建generated_images文件夹，用于保存生成的图像。如果该文件夹已存在，则不会创建新的文件夹。

◎ 调用之前定义的训练函数train()，传入训练参数进行训练。函数train()会使用上述参数来加载数据集、实例化生成器和判别器、定义损失函数和优化器，并执行训练过程。

具体的实现代码如下。

```
# 定义训练参数
num_epochs = 100
batch_size = 128
latent_dim = 100
image_dim = 28 * 28
```

```
# 创建文件夹保存生成的图像
import os
os.makedirs("generated_images", exist_ok=True)

# 开始训练
train(num_epochs, batch_size, latent_dim, image_dim)
```

通过上述代码，可以指定训练的轮次数、批次大小以及其他参数，并开始训练生成对抗网络。在训练过程中生成的图像将被保存在generated_images文件夹中。在训练过程中，生成器和判别器交替训练，最终生成逼真的手写数字图像。在训练过程中，生成的图像将保存在generated_images文件夹中。当然，也可以根据个人需要调整训练参数和网络架构来获得更好的结果。生成的部分数字图像如图4-12所示。

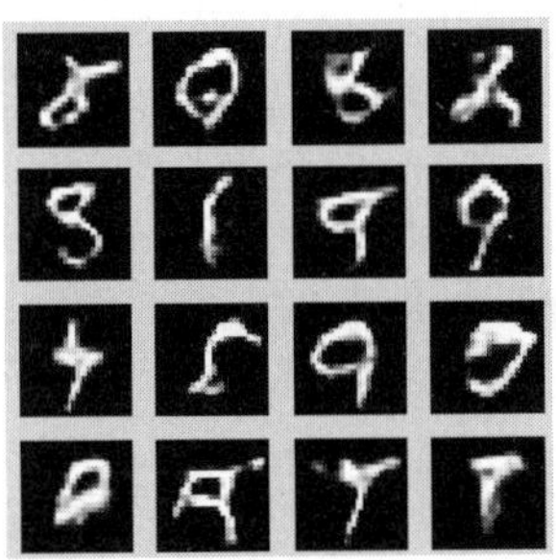

图4-12

4.4 注意力机制

在认知科学应用中，由于信息处理的瓶颈，人类会选择性地关注所有信息的一部分，同时忽略其他可见的信息，这种机制通常称为注意力机制。

假设你正在开发一个智能语音助手，用于帮助家庭成员查询和总结新闻内容。你可以使用注意力机制来实现这一目标。通过分析新闻文章的文本，注意力机制能够自动识别文章中的关键信息，并生成简洁的新闻摘要。例如，当用户询问“今天的科技新闻有什么重点?”时，模型可以生成“今天科技新闻的重点包括苹果公司发布新款iPhone，以及SpaceX的最新火箭发射计划”，如图4-13所示。

4.4.1 注意力机制介绍

人类视网膜不同的部位具有不同程度的信息处理能力，即敏锐度（Acuity），只有视网膜中央凹部位具有最强的敏锐度。为了合理利用有限的视觉信息处理资源，人类需要选择视觉区域中的特定部分，然后集中关注它。例如，人们在阅读时，通常只有少量要被读取的词会被关注和处理。综上所述，注意力机制主要包括两个方面：一是确定需要关注输入的哪些部分，二是将有限的信息处理资源分配给重要的部分。

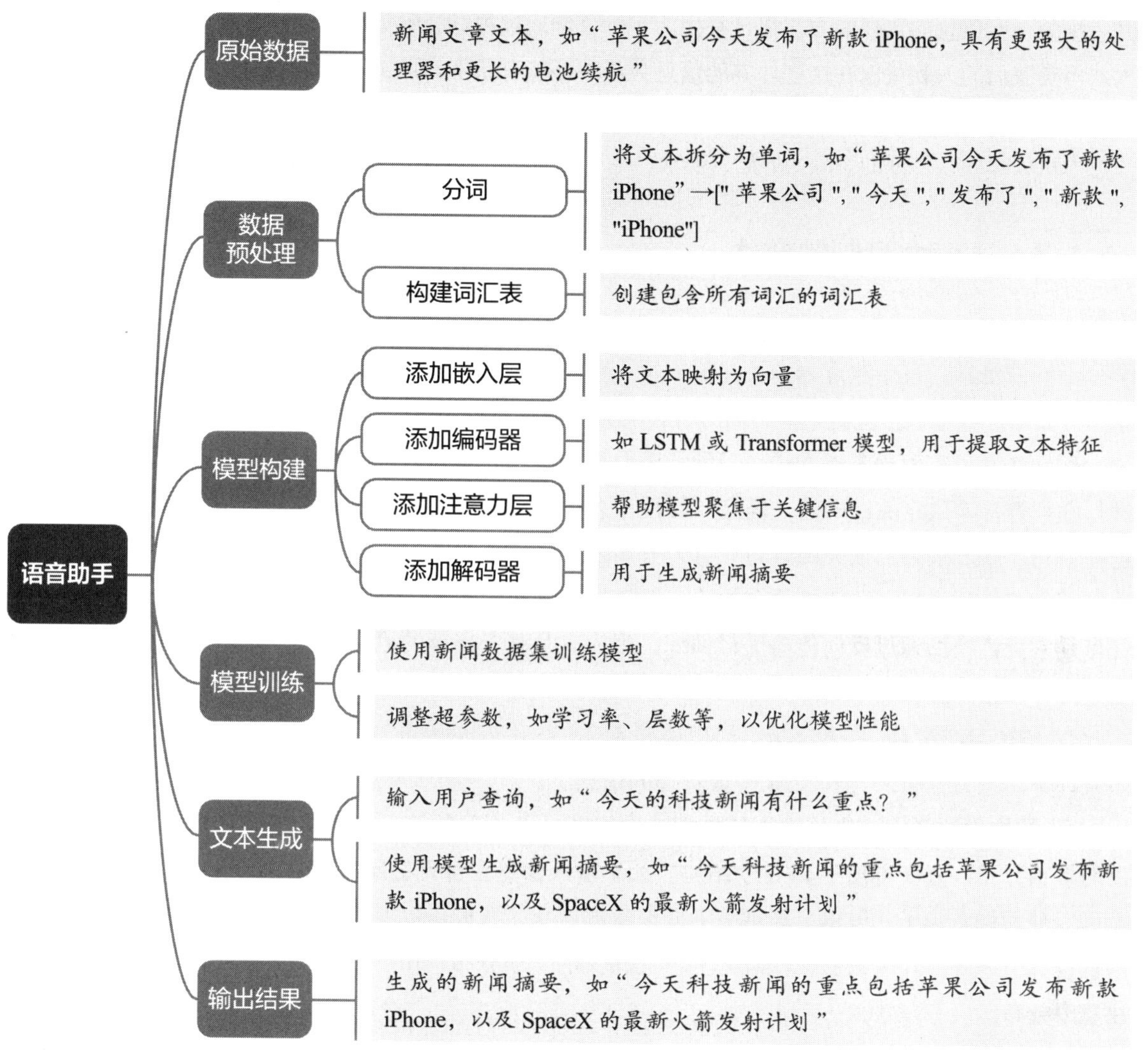
语音助手
原始数据
新闻文章文本，如“苹果公司今天发布了新款 iPhone，具有更强大的处理器和更长的电池续航”
数据预处理
分词
将文本拆分为单词，如“苹果公司今天发布了新款 iPhone”→["苹果公司","今天","发布了","新款","iPhone"]
构建词汇表
创建包含所有词汇的词汇表
模型构建
添加嵌入层
将文本映射为向量
添加编码器
如 LSTM 或 Transformer 模型，用于提取文本特征
添加注意力层
帮助模型聚焦于关键信息
添加解码器
用于生成新闻摘要
模型训练
使用新闻数据集训练模型
调整超参数，如学习率、层数等，以优化模型性能
文本生成
输入用户查询，如“今天的科技新闻有什么重点？”
使用模型生成新闻摘要，如“今天科技新闻的重点包括苹果公司发布新款 iPhone，以及 SpaceX 的最新火箭发射计划”
输出结果
生成的新闻摘要，如“今天科技新闻的重点包括苹果公司发布新款 iPhone，以及 SpaceX 的最新火箭发射计划”

图 4-13

注意力机制的一种非正式的说法是神经注意力机制可以使得神经网络具备专注于其输入（或特征）子集的能力：选择特定的输入。注意力可以应用于任何类型的输入而不管其形状如何。在计算能力有限情况下，注意力机制是一种资源分配方案，旨在解决信息超载问题，将计算资源分配给更重要的任务。

在现实应用中，通常将注意力分为如下两种。

◎ 自上而下的有意识的注意力，称为聚焦式（Focus）注意力。聚焦式注意力是指有预定目的、依赖任务的、主动有意识地聚焦于某一对象的注意力。

◎ 自下而上的无意识的注意力，称为基于显著性（Saliency-Based）注意力。基于显著性注意力是由外界刺激驱动的注意力，不需要主动干预，也和任务无关。

如果一个对象的刺激信息不同于其周围信息，一种无意识的“赢者通吃”（Winner-take-all）或者门控机制就可以把注意力转向这个对象。不管这些注意力是有意还是无意，大部分的人脑活动都需要依赖注意力，如记忆信息，阅读或思考等。

在认知神经学中，注意力是一种人类不可或缺的复杂认知功能，是人类可以在关注一些信息的同

时忽略另一些信息的选择能力。在日常生活中，我们通过视觉、听觉、触觉等方式接收大量的感觉输入。但是我们的人脑可以在这些外界的信息轰炸中还能有条不紊地工作，是因为人脑可以有意或无意地从这些大量输入信息中选择小部分的有用信息来重点处理，并忽略其他信息。这种能力称为注意力。注意力可以体现为外部的刺激（听觉、视觉、味觉等），也可以体现为内部的意识（思考、回忆等）。

4.4.2 注意力机制的变体

多头注意力（Multi-Head Attention，MHA）是指通过多个查询平行地计算，从输入信息中选择多个不同的信息。每个注意力头关注输入信息的不同部分。硬注意力（Hard Attention）则是基于注意力分布对所有输入信息的期望，而另一种类型的注意力仅关注到一个特定位置，又称硬性注意力。

硬性注意力有两种实现方式，一种是选取最高概率的输入信息，另一种是通过在注意力分布中进行随机选择来决定关注的输入信息。硬性注意力的一个缺点是基于最大采样或随机采样的方式来选择信息。因此最终的损失函数与注意力分布之间的函数关系不可导，因此无法使用在反向传播算法进行训练。为了使用反向传播算法，一般使用软性注意力来代替硬性注意力。软性注意力的主要优点是它允许模型通过反向传播进行训练，因为它是基于连续的概率分布，而不是离散的选择。下面是两种软性注意力的方式。

◎ **键值对注意力：**一般来说，可以用键值对（Key-value Pair）格式来表示输入信息，其中“键”用来计算注意力分布，“值”用来生成选择的信息。

◎ **结构化注意力：**要从输入信息中选取出和任务相关的信息，主动注意力是在所有输入信息上的多项分布，是一种扁平（Flat）结构。如果输入信息本身具有层次（Hierarchical）结构，比如文本可以分为词、句子、段落、篇章等不同粒度的层次，我们可以使用层次化的注意力来进行更好的信息选择。此外，还可以假设注意力上下文相关的二项分布，用一种图模型来构建更复杂的结构化注意力分布。

4.5 序列到序列模型

序列到序列（Sequence-to-Sequence，Seq2Seq）模型是一种深度学习模型，特别适用于处理序列数据，如自然语言文本，图像标注，语音识别等任务。Seq2Seq模型由两个主要部分组成：编码器和解码器。这个模型的核心思想是将输入序列映射成一个固定长度的向量表示，然后将这个向量用于生成输出序列。

假设你正在开发一个智能家居助手，用于帮助家庭成员根据他们的语音指令生成相应的操作指令。例如，用户说“把客厅的灯打开”，模型可以生成一条指令“turn on the living room light”。通过训练Seq2Seq模型，你可以让助手更好地理解用户的语音指令，并生成准确的操作指令，从而控制智能家居设备，如图4-14所示。

4.5.1 Seq2Seq 模型介绍

Seq2Seq模型的基本原理和应用领域如图4-15所示。

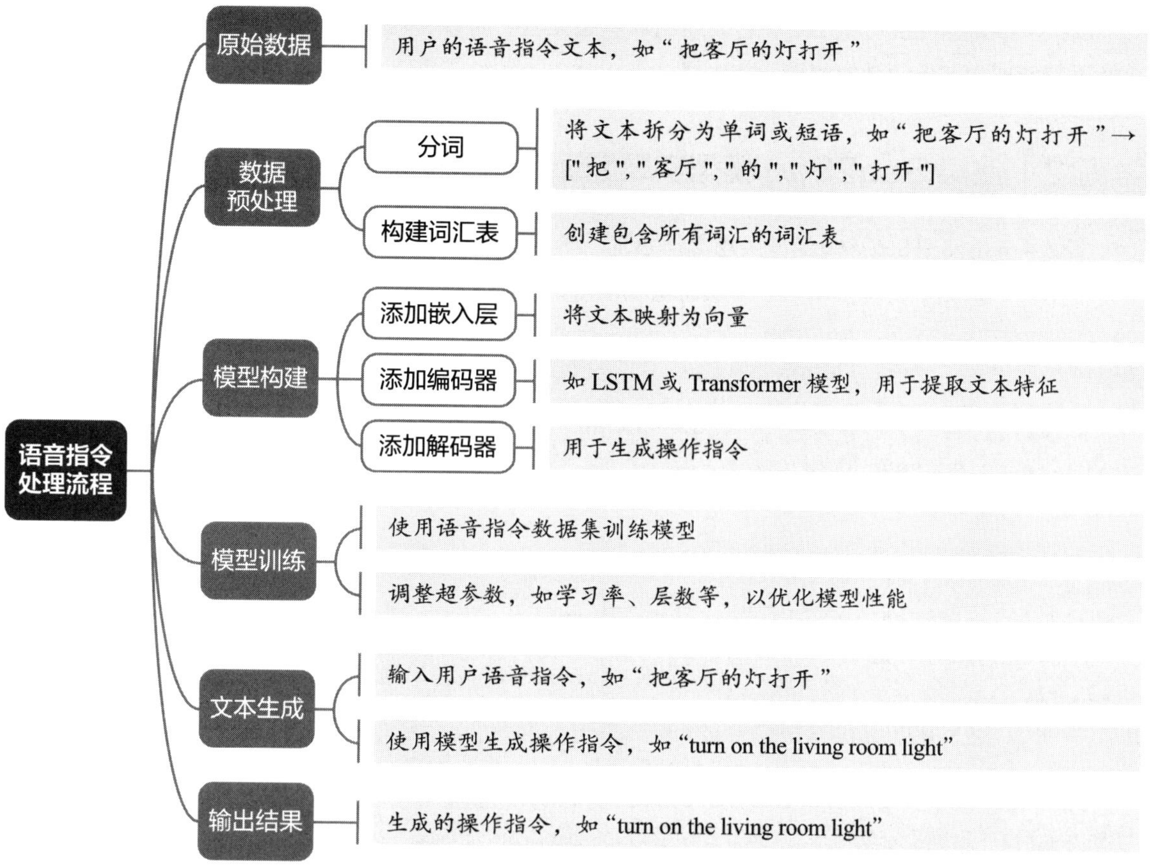

语音指令处理流程

- 原始数据
  - 用户的语音指令文本，如“把客厅的灯打开”
- 数据预处理
  - 分词：将文本拆分为单词或短语，如“把客厅的灯打开”→ ["把","客厅","的","灯","打开"]
  - 构建词汇表：创建包含所有词汇的词汇表
- 模型构建
  - 添加嵌入层：将文本映射为向量
  - 添加编码器：如 LSTM 或 Transformer 模型，用于提取文本特征
  - 添加解码器：用于生成操作指令
- 模型训练
  - 使用语音指令数据集训练模型
  - 调整超参数，如学习率、层数等，以优化模型性能
- 文本生成
  - 输入用户语音指令，如“把客厅的灯打开”
  - 使用模型生成操作指令，如“turn on the living room light”
- 输出结果
  - 生成的操作指令，如“turn on the living room light”

图 4–14

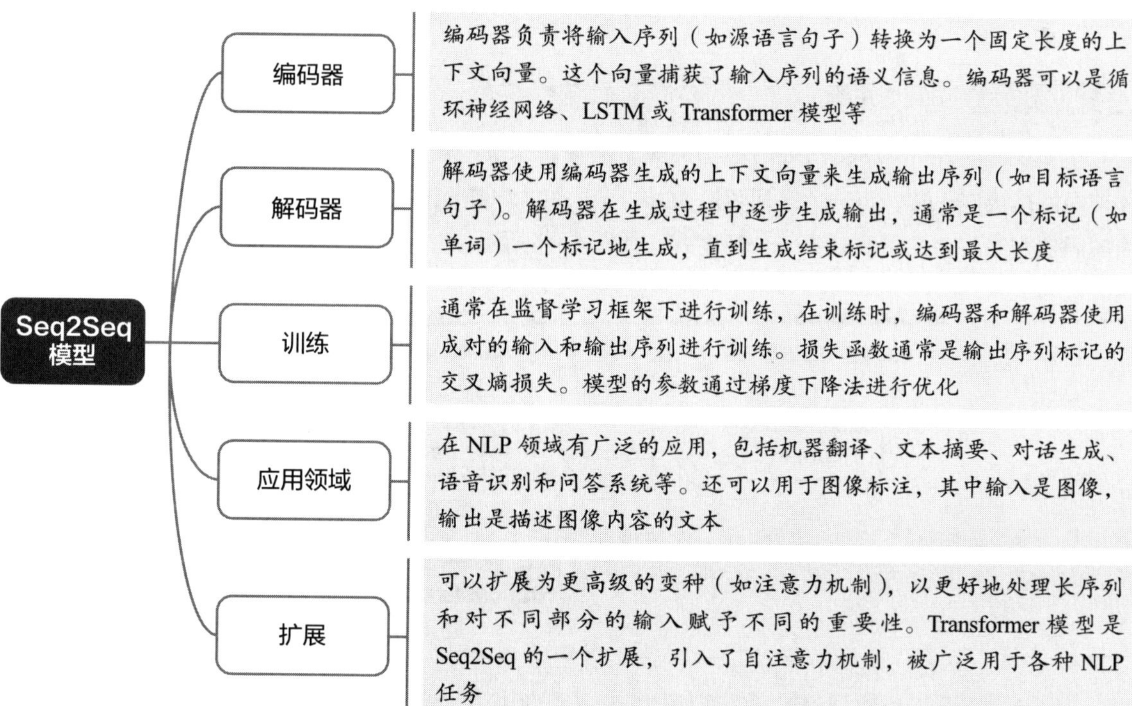

Seq2Seq模型
编码器
编码器负责将输入序列（如源语言句子）转换为一个固定长度的上下文向量。这个向量捕获了输入序列的语义信息。编码器可以是循环神经网络、LSTM 或 Transformer 模型等
解码器
解码器使用编码器生成的上下文向量来生成输出序列（如目标语言句子）。解码器在生成过程中逐步生成输出，通常是一个标记（如单词）一个标记地生成，直到生成结束标记或达到最大长度
训练
通常在监督学习框架下进行训练，在训练时，编码器和解码器使用成对的输入和输出序列进行训练。损失函数通常是输出序列标记的交叉熵损失。模型的参数通过梯度下降法进行优化
应用领域
在 NLP 领域有广泛的应用，包括机器翻译、文本摘要、对话生成、语音识别和问答系统等。还可以用于图像标注，其中输入是图像，输出是描述图像内容的文本
扩展
可以扩展为更高级的变种（如注意力机制），以更好地处理长序列和对不同部分的输入赋予不同的重要性。Transformer 模型是 Seq2Seq 的一个扩展，引入了自注意力机制，被广泛用于各种 NLP 任务

图 4–15

Seq2Seq模型的强大之处在于它的通用性和适用性，可以应用于多种序列生成任务，使其成为自然语言处理和其他领域中的核心技术之一。

4.5.2 使用 Seq2Seq 模型实现翻译系统

实例4-6是使用Seq2Seq模型实现翻译系统。本实例的难度较高，需要对Seq2Seq模型的知识有一定了解。训练完本实例模型后，能够将输入的法语翻译成英语，翻译效果如下。

```
[KEY: > input, = target, < output]

> il est en train de peindre un tableau .
= he is painting a picture .
< he is painting a picture .

> pourquoi ne pas essayer ce vin delicieux ?
= why not try that delicious wine ?
< why not try that delicious wine ?

> elle n est pas poete mais romanciere .
= she is not a poet but a novelist .
< she not not a poet but a novelist .

> vous etes trop maigre .
= you re too skinny .
< you re all alone .
```

实例4-6：AI翻译系统

本实例为利用Seq2Seq网络的理念实现一个翻译系统的例子。其通过编码器和解码器这两个循环神经网络协同工作，将一个序列转换为另一个序列。其中编码器网络将输入序列压缩为一个向量，而解码器网络将该向量展开为一个新序列，如图4-16所示。

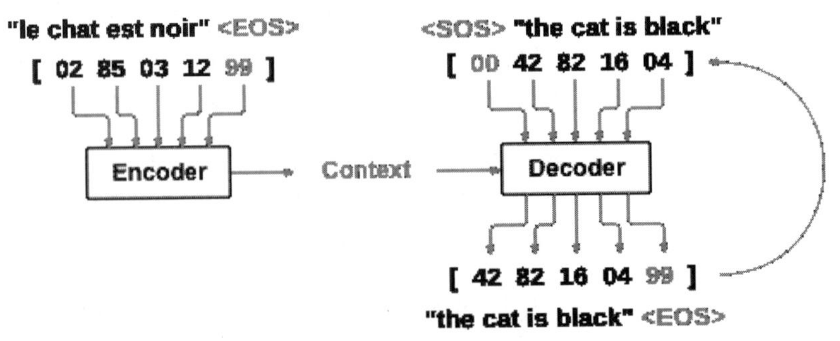

图4-16

为了改进Seq2Seq模型，本实例将使用注意力机制使解码器学会专注于输入序列的特定范围。

1. 使用注意力机制改良 Seq2Seq 模型

注意力机制是一种用于Seq2Seq模型的关键技术，用于解决在处理长序列时信息丢失和模型性能下降的问题。注意力机制通过在解码器中引入一种机制，使其能够动态地关注输入序列的不同部分，从而更好地捕捉输入序列中的重要信息。

在传统的Seq2Seq模型中，编码器将整个输入序列编码为一个固定长度的向量，然后解码器使用该向量来生成输出序列。然而，当输入序列很长时，编码器的固定长度表示可能无法有效地捕捉到输入序列中的长程依赖关系和重要信息，导致性能下降。

注意力机制通过在解码器的每个时间步引入一组注意力权重，使得解码器可以根据输入序列中的不同部分赋予不同的注意力。具体而言，对于解码器的每个时间步，注意力机制计算一个注意力权重向量，用于指示编码器输出的哪些部分在当前时间步最重要。然后，解码器根据这些注意力权重对编码器的输出进行加权求和，以获得一个动态的上下文表示，用于生成当前时间步的输出。

2. 准备数据集

本实例的实现文件是fanyi.py（源码路径：codes\4\fanyi.py），在开始之前需要先准备数据集。本实例使用的数据是成千上万的英语到法语翻译对的集合，可以从Tatoeba网站下载需要的数据。这个数据集非常大，下载速度不稳定。有热心网友将巨大的语言数据包对拆分为单独的文本文件，请大家自行下载英文对法文的数据。因为文件太大，无法包含在仓库中，所以请先下载并保存到data/eng-fra.txt文件中，该文件的内容是制表符分隔的翻译对列表，示例如下。

```
I am cold.    J'ai froid.
```

3. 数据预处理

（1）编码转换。在数据预处理中，我们将每种语言中的每个单词表示为一个单独的向量，或称为独热向量。其中，除了单词的索引处为1，其他位置都是0。由于单词的数量远远超过某种语言中可能存在的数十个字符，因此编码向量的维度会大得多。为了简化处理，我们将对数据进行预处理，使每种语言仅需要几千个单词，从而降低编码向量的维度，提高处理效率，如图4-17所示。

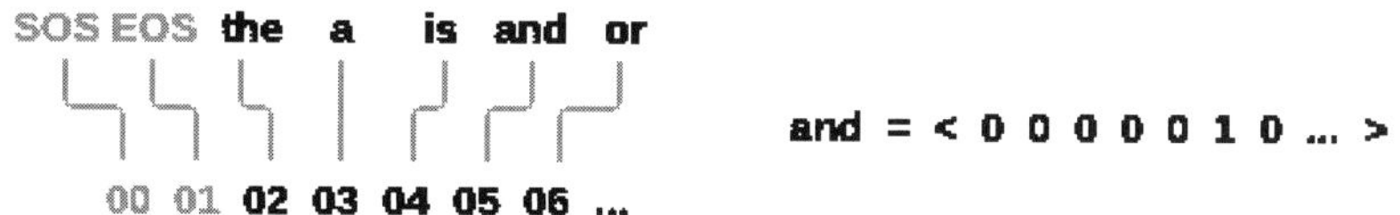

图4-17

我们需要为每个单词设置一个唯一的索引，以便以后用作网络的输入和目标。为了跟踪所有内容，将使用一个名为Lang的帮助程序类，该类具有单词→索引（word2index）和索引→单词（index2word）字典，以及每个要使用的单词的计数（word2count），以便以后替换稀有词。在下面的代码中编写类Lang，用于管理语言相关的字典和计数。构建一个语言对象，用于存储语言的相关信息，包括单词到索引的映射、单词的计数和索引到单词的映射。通过addSentence()方法可以将句子中的单词添加到语言对象中，以便后续使用。这样的语言对象常用于自然语言处理任务中的数据预处理和特征表示。具体的实现代码如下。

```
class Lang:
    def __init__(self, name):
        self.name = name
        self.word2index = {}
        self.word2count = {}
        self.index2word = {0: "SOS", 1: "EOS"}
        self.n_words = 2  # Count SOS and EOS

    def addSentence(self, sentence):
        for word in sentence.split(' '):
            self.addWord(word)

    def addWord(self, word):
        if word not in self.word2index:
            self.word2index[word] = self.n_words
            self.word2count[word] = 1
            self.index2word[self.n_words] = word
            self.n_words += 1
        else:
            self.word2count[word] += 1
```

（2）编码处理。为了简化起见，将文件中的Unicode字符转换为ASCII字符，将所有内容都转换为小写，并修剪大多数标点符号。对文本数据进行预处理，使其符合特定的格式要求。常见的预处理操作包括转换为小写、去除非字母字符、标点符号处理等，以便后续的文本分析和建模任务。这些预处理函数常用于自然语言处理领域中的文本数据清洗和特征提取过程。具体的实现代码如下。

```
def unicodeToAscii(s):
    return ''.join(
        c for c in unicodedata.normalize('NFD', s)
        if unicodedata.category(c) != 'Mn'
    )

# 小写化，修剪并删除非字母字符
def normalizeString(s):
    s = unicodeToAscii(s.lower().strip())
    s = re.sub(r"([.!?])", r" \1", s)
    s = re.sub(r"[^a-zA-Z.!?]+", r" ", s)
    return s
```

上述代码定义了函数unicodeToAscii()和normalizeString()，用于文本数据的预处理，具体说明如下。

◎ unicodeToAscii()：将Unicode字符串转换为ASCII字符串。其首先使用unicodedata.normalize()函数将字符串中的Unicode字符标准化为分解形式（Normalization Form D，NFD）。然后通过列表

推导式遍历字符串中的每个字符c，并筛选出满足条件unicodedata.category(c)!='Mn'的字符（不属于标记、非间隔类别的字符）。最后使用join()方法将字符列表拼接成字符串并返回。

◎ normalizeString()：对字符串进行规范化处理，包括转换为小写、去除首尾空格，并移除非字母字符。

（3）文件拆分。读取数据文件，将文件拆分为几行，然后将每行拆分为两对。由于这些文件都是从英语翻译成其他语言的，因此，如果要从其他语言翻译成英语，需要添加reverse标志来反转语言对的顺序。编写readLangs()函数，用于读取并处理文本数据，并将其分割为一对一对的语言句子对。每一对句子都经过了规范化处理，以便后续的文本处理和分析任务。如果指定了参数reverse=True，还会反转语言对的顺序。在文件拆分工作完成后，返回两种语言的语言对象和句子对列表。该函数在机器翻译等Seq2Seq任务中常用于数据准备阶段。具体的实现代码如下。

```
def readLangs(lang1, lang2, reverse=False):
    print("Reading lines...")

    lines = (open('data/%s-%s.txt' % (lang1, lang2), encoding='utf-8')
             .read()
             .strip()
             .split('\n'))
    pairs = [[normalizeString(s) for s in l.split('\t')] for l in lines]
    if reverse:
        pairs = [list(reversed(p)) for p in pairs]
        input_lang = Lang(lang2)
        output_lang = Lang(lang1)
    else:
        input_lang = Lang(lang1)
        output_lang = Lang(lang2)

    return input_lang, output_lang, pairs
```

（4）数据裁剪。由于本实例使用的数据文件中的句子很多，并且想快速对模型进行训练，因此需将数据集修剪为相对简短的句子。这里设置最大长度为10个单词（包括结尾的标点符号），过滤翻译成“我是”或“他是”等形式的句子（考虑到前面已替换撇号的情况）。具体的实现代码如下。

```
MAX_LENGTH = 10

eng_prefixes = (
    "i am ", "i m ",
    "he is", "he s ",
    "she is", "she s ",
    "you are", "you re ",
    "we are", "we re ",
    "they are", "they re "
)
```

```
def filterPair(p):
    return len(p[0].split(' ')) < MAX_LENGTH and \
        len(p[1].split(' ')) < MAX_LENGTH and \
        p[1].startswith(eng_prefixes)

def filterPairs(pairs):
    return [pair for pair in pairs if filterPair(pair)]
```

（5）准备数据。首先，读取文本文件并拆分为行，将行拆分为两对；其次，规范文本，按长度和内容过滤；最后，成对建立句子中的单词列表。具体的实现代码如下。

```
def prepareData(lang1, lang2, reverse=False):
    input_lang, output_lang, pairs = readLangs(lang1, lang2, reverse)
    print("Read %s sentence pairs" % len(pairs))
    pairs = filterPairs(pairs)
    print("Trimmed to %s sentence pairs" % len(pairs))
    print("Counting words...")
    for pair in pairs:
        input_lang.addSentence(pair[0])
        output_lang.addSentence(pair[1])
    print("Counted words:")
    print(input_lang.name, input_lang.n_words)
    print(output_lang.name, output_lang.n_words)
    return input_lang, output_lang, pairs

input_lang, output_lang, pairs = prepareData('eng', 'fra', True)
print(random.choice(pairs))
```

执行上述代码，输出结果如下。

```
Reading lines...
Read 135842 sentence pairs
Trimmed to 10599 sentence pairs
Counting words...
Counted words:
fra 4345
eng 2803
['il a l habitude des ordinateurs .', 'he is familiar with computers .']
```

循环神经网络是在序列上运行并将其自身的输出用作后续步骤的输入的网络。与使用单个循环神经网络进行序列预测（每个输入对应一个输出）不同，Seq2Seq模型使人们摆脱了序列长度和顺序的限制，这使其非常适合两种语言之间的翻译。考虑下面句子的翻译过程。

```
Je ne suis pas le chat noir -> I am not the black cat
```

在输入句子中，大多数单词在输出句子中有直接的翻译关系，但它们的顺序可能略有不同，如“chat noir”（法语）和“black cat”（英语）。由于法语采用“ne/pas”结构，因此在输入句子中可能会包含额外的单词。这使得从输入单词序列直接生成正确的翻译会比较困难。

使用Seq2Seq模型可以帮助解决这个问题。通过编码器，可以创建一个单一的向量。在理想情况下，该向量能够在句子的*N*维空间中代表输入序列的“含义”，就像一个点，便于解码器生成正确的输出句子。

4. 编码器

Seq2Seq网络的编码器是循环神经网络，其为输入句子中的每个单词输出一些值。对于每个输入单词，编码器输出一个向量和一个隐藏状态，并将隐藏状态用于下一个输入单词。编码过程如图4-18所示。

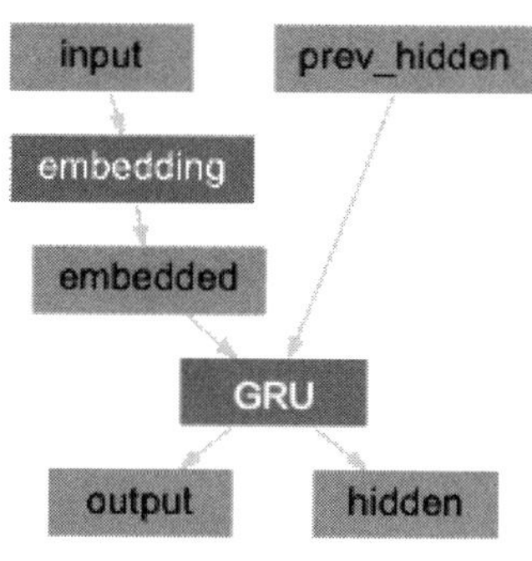

图4-18

编写EncoderRNN类，它是一个循环神经网络的编码器。该类定义了编码器的结构和前向传播逻辑。编码器使用嵌入层将输入序列中的单词索引映射为密集向量表示，并将其作为GRU层的输入。GRU层负责对输入序列进行编码，生成输出序列和隐藏状态。编码器的输出可以用作解码器的输入，用于进行Seq2Seq的任务，如机器翻译。initHidden()方法用于初始化隐藏状态张量，作为编码器的初始隐藏状态。具体的实现代码如下。

```
class EncoderRNN(nn.Module):
    def __init__(self, input_size, hidden_size):
        super(EncoderRNN, self).__init__()
        self.hidden_size = hidden_size

        self.embedding = nn.Embedding(input_size, hidden_size)
        self.gru = nn.GRU(hidden_size, hidden_size)

    def forward(self, input, hidden):
        embedded = self.embedding(input).view(1, 1, -1)
        output = embedded
        output, hidden = self.gru(output, hidden)
        return output, hidden

    def initHidden(self):
        return torch.zeros(1, 1, self.hidden_size, device=device)
```

5. 解码器

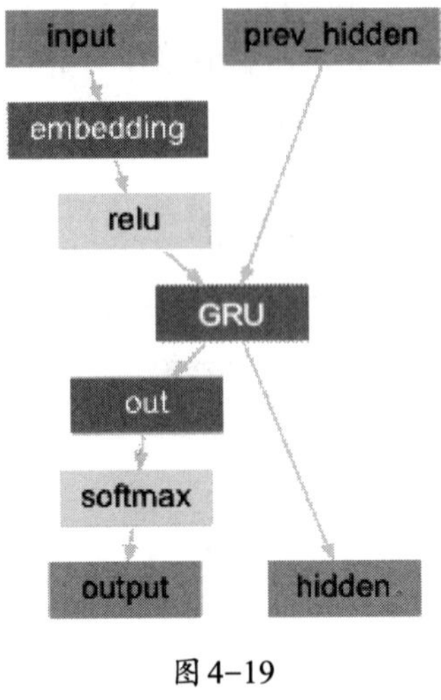

图 4-19

解码器是另一个循环神经网络，它采用编码器输出向量并输出单词序列来创建翻译。

（1）简单解码器。在最简单的Seq2Seq解码器中，仅使用编码器的最后一个输出。最后的输出称为上下文向量，因为它从整个序列中编码上下文。该上下文向量用作解码器的初始隐藏状态。在解码的每个步骤中，为解码器提供输入标记和隐藏状态。初始输入标记是字符串开始<SOS>标记，第一个隐藏状态是上下文向量（编码器的最后一个隐藏状态），如图4-19所示。

定义DecoderRNN类，用于定义解码器的结构和前向传播逻辑。解码器使用嵌入层将输入序列中的单词索引映射为密集向量表示，并将其作为GRU层的输入。GRU层负责对输入序列进行解码，生成输出序列和隐藏状态。解码器的输出通过线性层进行映射，并经过softmax层进行概率归一化，得到最终的输出概率分布。initHidden()方法用于初始化隐藏状态张量，作为解码器的初始隐藏状态。具体的实现代码如下。

```
class DecoderRNN(nn.Module):
    def __init__(self, hidden_size, output_size):
        super(DecoderRNN, self).__init__()
        self.hidden_size = hidden_size

        self.embedding = nn.Embedding(output_size, hidden_size)
        self.gru = nn.GRU(hidden_size, hidden_size)
        self.out = nn.Linear(hidden_size, output_size)
        self.softmax = nn.LogSoftmax(dim=1)

    def forward(self, input, hidden):
        output = self.embedding(input).view(1, 1, -1)
        output = F.relu(output)
        output, hidden = self.gru(output, hidden)
        output = self.softmax(self.out(output[0]))
        return output, hidden

    def initHidden(self):
        return torch.zeros(1, 1, self.hidden_size, device=device)
```

（2）注意力解码器。如果仅在编码器和解码器之间传递上下文向量，则该单个向量负责对整个句子进行编码。通过使用注意力机制，解码器网络可以在生成每一步都关注编码器输出的不同部分，而不再完全依赖单一的上下文向量。首先，计算一组注意力权重，然后，将这些与编码器输出向量相乘以创建加权组合。其结果attn_applied应包含有关输入序列特定部分的信息，从而帮助解码器选择正确的输出，如图4-20所示。

线性层attn使用解码器的输入和隐藏状态作为输入来计算注意力权重。由于训练数据中包含各种大小的句子，因此要实际创建和训练该层，必须选择可以应用的最大句子长度（输入长度，用于编码器输出）。最大长度的句子将使用所有注意力权重，而较短的句子将仅使用前几个，如图4-21所示。

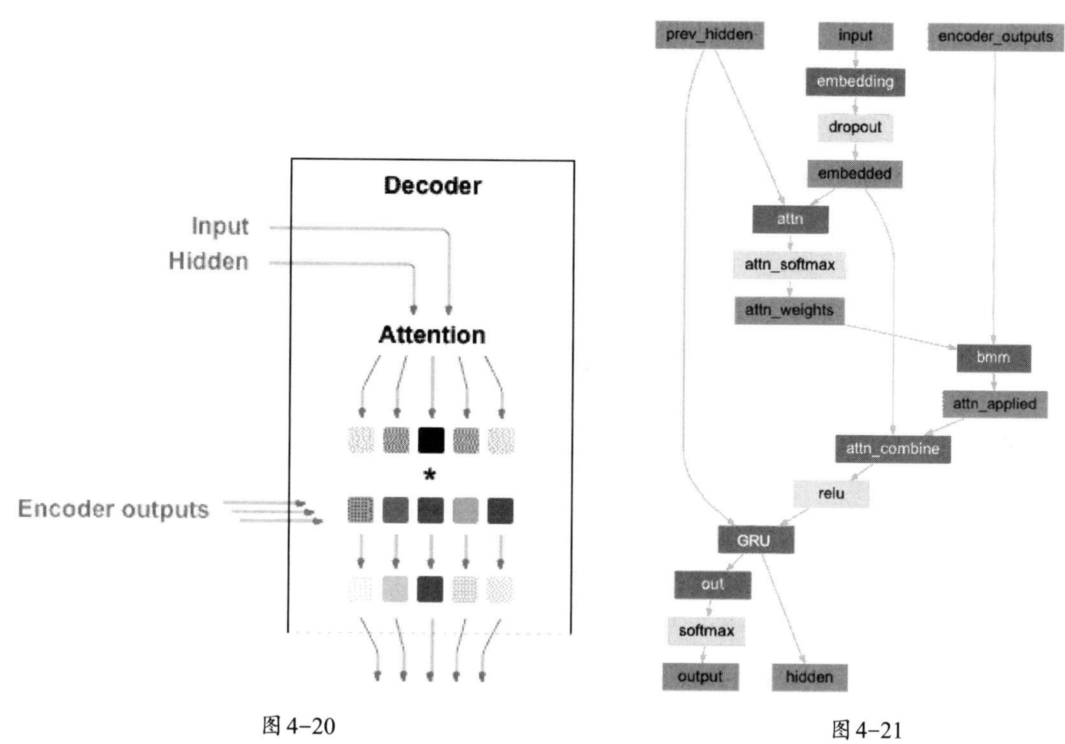

图4-20

图4-21

编写AttnDecoderRNN类，实现具有注意力机制的解码器。具体的实现代码如下。

```
class AttnDecoderRNN(nn.Module):
    def __init__(self, hidden_size, output_size, dropout_p=0.1,
                 max_length=MAX_LENGTH):
        super(AttnDecoderRNN, self).__init__()
        self.hidden_size = hidden_size
        self.output_size = output_size
        self.dropout_p = dropout_p
        self.max_length = max_length

        self.embedding = nn.Embedding(self.output_size, self.hidden_size)
        self.attn = nn.Linear(self.hidden_size * 2, self.max_length)
        self.attn_combine = nn.Linear(self.hidden_size * 2, self.hidden_size)
        self.dropout = nn.Dropout(self.dropout_p)
        self.gru = nn.GRU(self.hidden_size, self.hidden_size)
        self.out = nn.Linear(self.hidden_size, self.output_size)

    def forward(self, input, hidden, encoder_outputs):
        embedded = self.embedding(input).view(1, 1, -1)
```

```
        embedded = self.dropout(embedded)

        attn_weights = F.softmax(
            self.attn(torch.cat((embedded[0], hidden[0]), 1)), dim=1)
        attn_applied = torch.bmm(attn_weights.unsqueeze(0),
                                 encoder_outputs.unsqueeze(0))

        output = torch.cat((embedded[0], attn_applied[0]), 1)
        output = self.attn_combine(output).unsqueeze(0)

        output = F.relu(output)
        output, hidden = self.gru(output, hidden)

        output = F.log_softmax(self.out(output[0]), dim=1)
        return output, hidden, attn_weights

    def initHidden(self):
        return torch.zeros(1, 1, self.hidden_size, device=device)
```

对AttnDecoderRNN类参数的具体说明如下。

◎ hidden_size：隐藏状态的维度大小。

◎ output_size：输出的词汇表大小（词汇表中的单词数量）。

◎ dropout_p：dropout的概率，用于控制在训练过程中的随机失活。

◎ max_length：输入序列的最大长度。

对__init__()方法的具体说明如下。

◎ 初始化函数，用于创建并初始化AttnDecoderRNN类的实例。

◎ 调用父类的初始化方法super(AttnDecoderRNN, self).__init__()。

◎ 将hidden_size、output_size、dropout_p和max_length存储为实例属性。

◎ 创建一个嵌入层，用于将输出的单词索引转换为密集的向量表示。嵌入层的输入维度为output_size（词汇表的大小），输出维度为hidden_size（隐藏状态的维度大小）。

◎ 创建一个线性层attn，用于计算注意力权重。该线性层将输入的两个向量拼接起来，通过一个线性变换得到注意力权重的分布。

◎ 创建一个线性层attn_combine，用于将嵌入的输入和注意力应用的上下文向量进行结合，以生成解码器的输入。

◎ 创建一个dropout层，用于在训练过程中进行随机失活。

◎ 创建一个GRU层，用于处理输入序列。该GRU层的输入和隐藏状态的大小都为hidden_size。

◎ 创建一个全连接线性层out，用于将GRU层的输出映射到输出大小output_size。

对forward()方法的具体说明如下。

◎ 前向传播函数，用于对输入进行解码并生成输出、隐藏状态和注意力权重。

◎ 接受输入张量input、隐藏状态张量hidden和编码器的输出张量encoder_outputs作为输入。

◎ 将输入张量通过嵌入层进行词嵌入，并进行随机失活处理。

◎ 将嵌入后的张量与隐藏状态张量拼接起来，并通过线性层attn计算注意力权重的分布。

◎ 使用注意力权重将编码器的输出进行加权求和，得到注意力应用的上下文向量。

◎ 将嵌入的输入和注意力应用的上下文向量拼接起来，并通过线性层attn_combine进行结合，得到解码器的输入。

◎ 将解码器的输入通过激活函数ReLU进行非线性变换。

◎ 将变换后的张量作为输入传递给GRU层，得到输出和更新后的隐藏状态。

◎ 将GRU层的输出通过线性层out进行映射，并通过log_softmax()函数计算输出的概率分布。

◎ 返回输出、隐藏状态和注意力权重。

对initHidden()方法的具体说明如下。

◎ 用于初始化隐藏状态张量，作为解码器的初始隐藏状态。

◎ 返回一个大小为(1, 1, hidden_size)的全零张量，其中hidden_size是隐藏状态的维度大小。

6. 训练模型

（1）准备训练数据。为了训练模型，对于每一对训练数据，都需要一个输入张量（输入句子中单词的索引）和目标张量（目标句子中单词的索引）。在创建这些张量时，会将<EOS>标记附加到两个序列上。下面定义一些用于处理文本数据的辅助函数，用于将句子转换为索引张量和生成数据对的张量。具体的实现代码如下。

```
def indexesFromSentence(lang, sentence):
    return [lang.word2index[word] for word in sentence.split(' ')]

def tensorFromSentence(lang, sentence):
    indexes = indexesFromSentence(lang, sentence)
    indexes.append(EOS_token)
    return torch.tensor(indexes, dtype=torch.long, device=device).view(-1, 1)

def tensorsFromPair(pair):
    input_tensor = tensorFromSentence(input_lang, pair[0])
    target_tensor = tensorFromSentence(output_lang, pair[1])
    return (input_tensor, target_tensor)
```

此外，在处理文本数据时，还需要对文本进行预处理，包括分词、去除停用词、词形还原等步骤，以提高模型的性能。

（2）训练模型。为了训练模型，通过编码器运行输入语句，并跟踪每个输出和最新的隐藏状态。为解码器提供<SOS>标记作为其第一个输入，为编码器提供最后的隐藏状态作为其第一个隐藏状态。教师强制（Teacher Forcing Ratio，TFR）是使用实际目标输出作为下一个输入，而不是使用解码器的猜测作为下一个输入。使用教师强制会导致其收敛更快，但是当使用受过训练的网络时，可能会显示不稳定。

我们可以观察到，基于教师强制的网络输出在语法上通常是连贯的，却偏离了正确的翻译。这表明，网络已经学会了输出语法，并且一旦接收到最初几个单词的输入，就可以“理解”句子的含义。然而，网络仍然需要学习如何从翻译中正确地构建句子。由于PyTorch框架中Autograd的存在，我们可以通过简单的if语句来选择是否使用教师强制，并且可以通过调高teacher_forcing_ratio参数来增加其使用的频率。

编写训练函数train()，训练Seq2Seq模型（Encoder-Decoder模型），对应的实现代码如下。

```
teacher_forcing_ratio = 0.5


def train(input_tensor, target_tensor, encoder, decoder, encoder_optimizer,
          decoder_optimizer, criterion, max_length=MAX_LENGTH):
    encoder_hidden = encoder.initHidden()

    encoder_optimizer.zero_grad()
    decoder_optimizer.zero_grad()

    input_length = input_tensor.size(0)
    target_length = target_tensor.size(0)

    encoder_outputs = torch.zeros(max_length, encoder.hidden_size,
                                  device=device)
    loss = 0

    for ei in range(input_length):
        encoder_output,
        encoder_hidden = encoder(input_tensor[ei], encoder_hidden)
        encoder_outputs[ei] = encoder_output[0, 0]

    decoder_input = torch.tensor([[SOS_token]], device=device)
    decoder_hidden = encoder_hidden

    use_teacher_forcing = True if random.random() < teacher_forcing_ratio
                      else False

    if use_teacher_forcing:
        # 教师强制：将目标作为下一个输入
        for di in range(target_length):
            decoder_output, decoder_hidden, decoder_attention = decoder(
                decoder_input, decoder_hidden, encoder_outputs)
            loss += criterion(decoder_output, target_tensor[di])
            decoder_input = target_tensor[di]  # 使用教师强制

    else:
        # 不用教师强制：使用自己的预测作为下一个输入
        for di in range(target_length):
            decoder_output, decoder_hidden, decoder_attention = decoder(
```

```
            decoder_input, decoder_hidden, encoder_outputs)
        topv, topi = decoder_output.topk(1)
        decoder_input = topi.squeeze().detach()  # 从历史中分离出来并作为输入

        loss += criterion(decoder_output, target_tensor[di])
        if decoder_input.item() == EOS_token:
            break

loss.backward()

encoder_optimizer.step()
decoder_optimizer.step()

return loss.item() / target_length
```

对上述代码的具体说明如下。

①teacher_forcing_ratio：表示使用教师强制的概率。当随机数小于该概率时，将使用教师强制，即将目标作为解码器的下一个输入；否则，将使用模型自身的预测结果作为输入。

②train() 函数的参数包括输入张量 input_tensor、目标张量 target_tensor，以及模型的编码器 encoder、解码器 decoder，优化器 encoder_optimizer 和 decoder_optimizer，损失函数 criterion 等。

◎ 对编码器的隐藏状态进行初始化，并将编码器和解码器的梯度归零。

◎ 获取输入张量的长度 input_length 和目标张量的长度 target_length。

◎ 创建一个形状为 max_length, encoder.hidden_size 的全零张量 encoder_outputs，用于存储编码器的输出。

◎ 使用一个循环将输入张量逐步输入编码器，获取编码器的输出和隐藏状态，并将输出存储在 encoder_outputs 中。

◎ 初始化解码器的输入为起始标记 SOS_token 的张量。

◎ 将解码器的隐藏状态初始化为编码器的最终隐藏状态。

◎ 判断是否使用教师强制。如果使用教师强制，将循环遍历目标张量，每次将解码器的输出作为下一个输入，计算损失并累加到总损失 loss 中。

◎ 如果不使用教师强制，则循环遍历目标张量，并使用解码器的输出作为下一个输入。在每次迭代中，计算解码器的输出、隐藏状态和注意力权重，将损失累加到总损失中。如果解码器的输出为结束标记 EOS_token，则停止迭代。

◎ 完成迭代后，进行反向传播，更新编码器和解码器的参数。

◎ 返回平均损失 loss.item() / target_length。

（3）展示训练耗费时间。编写如下所示的功能函数，用于在给定当前时间和进度的情况下打印经过的时间和估计的剩余时间。对应的实现代码如下。

```
import time
import math
def asMinutes(s):
```

```
    m = math.floor(s / 60)
    s -= m * 60
    return '%dm %ds' % (m, s)
def timeSince(since, percent):
    now = time.time()
    s = now - since
    es = s / (percent)
    rs = es - s
return '%s (- %s)' % (asMinutes(s), asMinutes(rs))
```

（4）循环训练。定义循环训练trainIters()函数，用于迭代训练Seq2Seq模型（Encoder-Decoder模型）。该函数的作用是对训练数据进行多次迭代，调用train()函数进行单次训练，并记录和输出损失信息。同时，通过指定的间隔将损失值进行平均，并可选择性地绘制损失曲线。对应的实现代码如下。

```
def trainIters(encoder, decoder, n_iters, print_every=1000, plot_every=100,
            learning_rate=0.01):
    start = time.time()
    plot_losses = []
    print_loss_total = 0  # 重新设置每一个 print_every
    plot_loss_total = 0  # 重新设置每一个 plot_every

    encoder_optimizer = optim.SGD(encoder.parameters(), lr=learning_rate)
    decoder_optimizer = optim.SGD(decoder.parameters(), lr=learning_rate)
    training_pairs = [tensorsFromPair(random.choice(pairs))
                      for i in range(n_iters)]
    criterion = nn.NLLLoss()

    for iter in range(1, n_iters + 1):
        training_pair = training_pairs[iter - 1]
        input_tensor = training_pair[0]
        target_tensor = training_pair[1]

        loss = train(input_tensor, target_tensor, encoder, decoder,
                     encoder_optimizer, decoder_optimizer, criterion)
        print_loss_total += loss
        plot_loss_total += loss

        if iter % print_every == 0:
            print_loss_avg = print_loss_total / print_every
            print_loss_total = 0
            print('%s (%d %d%%) %.4f' % (timeSince(start, iter / n_iters),
                                         iter, iter / n_iters * 100,
                                         print_loss_avg))

        if iter % plot_every == 0:
```

```
            plot_loss_avg = plot_loss_total / plot_every
            plot_losses.append(plot_loss_avg)
            plot_loss_total = 0

    showPlot(plot_losses)
```

（5）绘制结果。定义绘图函数showPlot()绘制损失曲线图，该函数将损失值在x轴上按索引进行绘制，y轴上绘制对应的损失值。其刻度间隔设置为0.2，以便更清晰地观察损失曲线的变化。对应的实现代码如下。

```
import matplotlib.pyplot as plt
plt.switch_backend('agg')
import matplotlib.ticker as ticker
import numpy as np

def showPlot(points):
    plt.figure()
    fig, ax = plt.subplots()
    # 将刻度放置在有规律的间隔上
    loc = ticker.MultipleLocator(base=0.2)
    ax.yaxis.set_major_locator(loc)
    plt.plot(points)
```

7. 模型评估

模型评估的过程与模型训练的过程基本相同，但是没有目标，因此只需将解码器的预测反馈给每一步。每当它预测一个单词时，都会将其添加到输出字符串中，如果它预测到<EOS>标记，将在此处停止。在评估过程中，使用训练好的编码器和解码器对输入的句子进行解码，生成对应的输出词语序列，并记录解码器的注意力权重输出，以便后续显示。编写evaluate函数实现模型评估功能。使用训练好的编码器和解码器对输入的句子进行解码，并生成对应的输出词语序列和注意力权重。注意力权重可用于可视化解码过程中的注意力集中情况。对应的实现代码如下。

```
def evaluate(encoder, decoder, sentence, max_length=MAX_LENGTH):
    with torch.no_grad():
        input_tensor = tensorFromSentence(input_lang, sentence)
        input_length = input_tensor.size()[0]
        encoder_hidden = encoder.initHidden()

        encoder_outputs = torch.zeros(max_length, encoder.hidden_size,
                                      device=device)

        for ei in range(input_length):
            encoder_output, encoder_hidden = encoder(input_tensor[ei],
                                                     encoder_hidden)
            encoder_outputs[ei] += encoder_output[0, 0]
```

```
    decoder_input = torch.tensor([[SOS_token]],
                                 device=device)   # 初始化为 SOS 标记
    decoder_hidden = encoder_hidden

    decoded_words = []
    decoder_attentions = torch.zeros(max_length, max_length)

    for di in range(max_length):
        decoder_output, decoder_hidden, decoder_attention = decoder(
            decoder_input, decoder_hidden, encoder_outputs)
        decoder_attentions[di] = decoder_attention.data
        topv, topi = decoder_output.data.topk(1)
        if topi.item() == EOS_token:
            decoded_words.append('<EOS>')
            break
        else:
            decoded_words.append(output_lang.index2word[topi.item()])

        decoder_input = topi.squeeze().detach()

    return decoded_words, decoder_attentions[:di + 1]
```

编写evaluateRandomly函数实现随机评估功能。可以从训练集中评估随机句子，并输出输入、目标和输出，以做出对应的主观质量判断。对应的实现代码如下。

```
def evaluateRandomly(encoder, decoder, n=10):
    for i in range(n):
        pair = random.choice(pairs)
        print('>', pair[0])
        print('=', pair[1])
        output_words, attentions = evaluate(encoder, decoder, pair[0])
        output_sentence = ' '.join(output_words)
        print('<', output_sentence)
        print('')
```

8. 训练和评估

有了前面介绍的功能函数，现在可以进行初始化网络并开始训练工作。由于输入语句已被大量过滤，因此该数据集可以使用具有256个隐藏节点和单个GRU层的相对较小的网络。编写代码创建一个编码器encoder1和一个带注意力机制的解码器attn_decoder1，并调用trainIters函数进行训练。在训练过程中，trainIters函数会迭代执行训练步骤，更新编码器和解码器的参数，计算损失并输出训练进度。在每个输出间隔print_every，会输出当前训练的时间、完成的迭代次数百分比和平均损失。对应的实现代码如下。

```
hidden_size = 256
encoder1 = EncoderRNN(input_lang.n_words, hidden_size).to(device)
attn_decoder1 = AttnDecoderRNN(hidden_size, output_lang.n_words,
                               dropout_p=0.1).to(device)

trainIters(encoder1, attn_decoder1, 75000, print_every=5000)
```

运行上述代码，模型将开始训练。如果需要，可以随时中断内核进行评估，并可以在以后继续训练：注释掉编码器和解码器已初始化的行，再次运行trainIters函数。

执行上述代码，输出如下训练进度的日志信息，并在训练完成后绘制损失函数随迭代次数变化的折线图，如图4-22所示。

```
2m 6s (- 29m 28s) (5000 6%) 2.8538
4m 7s (- 26m 49s) (10000 13%) 2.3035
6m 10s (- 24m 40s) (15000 20%) 1.9812
8m 13s (- 22m 37s) (20000 26%) 1.7083
10m 15s (- 20m 31s) (25000 33%) 1.5199
12m 17s (- 18m 26s) (30000 40%) 1.3580
14m 18s (- 16m 20s) (35000 46%) 1.2002
16m 18s (- 14m 16s) (40000 53%) 1.0832
18m 21s (- 12m 14s) (45000 60%) 0.9719
20m 22s (- 10m 11s) (50000 66%) 0.8879
22m 23s (- 8m 8s) (55000 73%) 0.8130
24m 25s (- 6m 6s) (60000 80%) 0.7509
26m 27s (- 4m 4s) (65000 86%) 0.6524
28m 27s (- 2m 1s) (70000 93%) 0.6007
30m 30s (- 0m 0s) (75000 100%) 0.5699
```

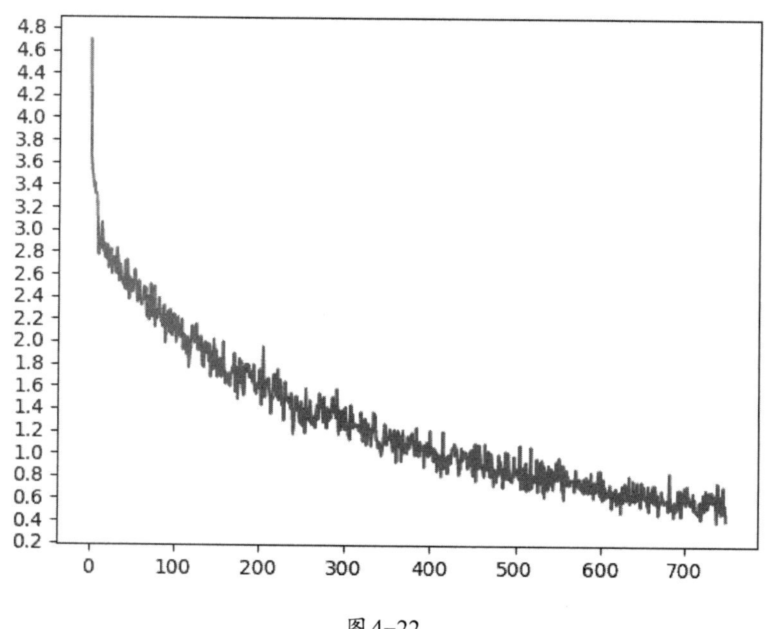

图 4-22

运行如下代码，调用evaluateRandomly函数，在训练完成后对模型进行随机评估。该函数会从数据集中随机选择一条输入句子，并使用训练好的编码器encoder1和解码器attn_decoder1对该句子进行翻译；输出原始输入句子、目标输出句子和模型生成的翻译结果。

```
evaluateRandomly(encoder1, attn_decoder1)
```

执行上述代码，输出翻译结果如下。

```
> nous sommes desolees .
= we re sorry .
< we re sorry . <EOS>

> tu plaisantes bien sur .
= you re joking of course .
< you re joking of course . <EOS>

> vous etes trop stupide pour vivre .
= you re too stupid to live .
< you re too stupid to live . <EOS>

> c est un scientifique de niveau international .
= he s a world class scientist .
< he is a successful person . <EOS>

> j agis pour mon pere .
= i am acting for my father .
< i m trying to my father . <EOS>

> ils courent maintenant .
= they are running now .
< they are running now . <EOS>

> je suis tres heureux d etre ici .
= i m very happy to be here .
< i m very happy to be here . <EOS>

> vous etes bonne .
= you re good .
< you re good . <EOS>

> il a peur de la mort .
= he is afraid of death .
< he is afraid of death . <EOS>

> je suis determine a devenir un scientifique .
= i am determined to be a scientist .
```

```
< i m ready to make a cold . <EOS>
```

9. 注意力的可视化

注意力机制的一个显著特点是其输出具有很强的可解释性。因为注意力机制会为输入序列中不同位置的编码器输出分配权重，所以我们可以直观地看到，在每个时间步中网络关注的重点位置。

（1）在本实例中，可以简单地运行plt.matshow(attentions)，将注意力权重输出显示为矩阵，其中列为输入步骤，行为输出步骤。对应的实现代码如下。

```
output_words, attentions = evaluate(
    encoder1, attn_decoder1, "je suis trop froid .")
plt.matshow(attentions.numpy())
```

执行效果如图4–23所示。

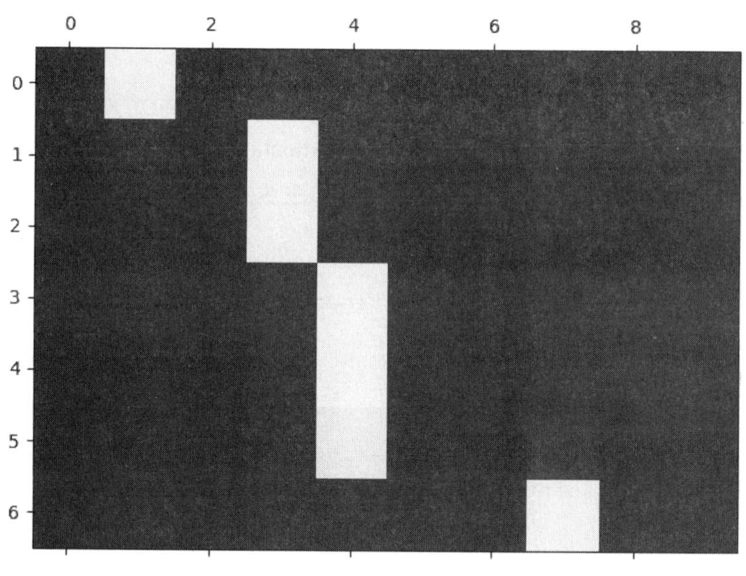

图 4–23

（2）为了获得更好的观看体验，可以考虑为可视化图添加轴和标签。编写showAttention函数，用于显示注意力权重的可视化结果。该函数接受三个参数：input_sentence是输入句子，output_words是解码器生成的输出单词序列，attentions是注意力权重矩阵。在该函数内部创建了一个新的图形fig和子图ax，并使用matshow函数在子图上绘制注意力权重矩阵，其中颜色映射选用bone，这是一种灰度色图。showAttention函数设置了横轴和纵轴的刻度标签。横轴刻度包括输入句子的单词和特殊符号<EOS>，纵轴刻度包括输出单词序列。该函数还确保在每个刻度上都显示标签。通过调用plt.show函数，显示绘制的图形，展示了注意力权重的可视化结果。对应的实现代码如下。

```
def showAttention(input_sentence, output_words, attentions):
    # 设置带有颜色条的图形
    fig = plt.figure()
```

```
    ax = fig.add_subplot(111)
    cax = ax.matshow(attentions.numpy(), cmap='bone')
    fig.colorbar(cax)

    # 设置轴
    ax.set_xticklabels([''] + input_sentence.split(' ') +
                       ['<EOS>'], rotation=90)
    ax.set_yticklabels([''] + output_words)

    # 在每个刻度上显示标签
    ax.xaxis.set_major_locator(ticker.MultipleLocator(1))
    ax.yaxis.set_major_locator(ticker.MultipleLocator(1))

    plt.show()
```

（3）创建evaluateAndShowAttention函数，用于评估输入句子的翻译结果，并显示注意力权重的可视化。evaluateAndShowAttention函数首先调用evaluate函数，获取输入句子的翻译结果和注意力权重。然后该函数输出输入句子和翻译结果，并调用showAttention函数绘制注意力权重的可视化图像。接着，使用几个示例句子调用evaluateAndShowAttention函数，以展示不同输入句子的翻译结果和注意力权重的可视化。每个示例句子的翻译结果和注意力权重图像都会被输出。对应的实现代码如下。

```
def evaluateAndShowAttention(input_sentence):
    output_words, attentions = evaluate(
        encoder1, attn_decoder1, input_sentence)
    print('input =', input_sentence)
    print('output =', ' '.join(output_words))
    showAttention(input_sentence, output_words, attentions)

evaluateAndShowAttention("elle a cinq ans de moins que moi .")

evaluateAndShowAttention("elle est trop petit .")

evaluateAndShowAttention("je ne crains pas de mourir .")

evaluateAndShowAttention("c est un jeune directeur plein de talent .")
```

上面的代码调用了4次evaluateAndShowAttention函数，并针对不同的输入句子进行评估和可视化。每次调用函数evaluateAndShowAttention()都会生成一幅图像，因此总共会生成4幅图像。每幅图像显示了输入句子、翻译结果以及对应的注意力权重图。具体说明如下。

◎ “Age Difference”（年龄差异）的可视化结果如图4-24所示，描述了句子“elle a cinq ans de moins que moi .”的翻译结果和注意力权重图。

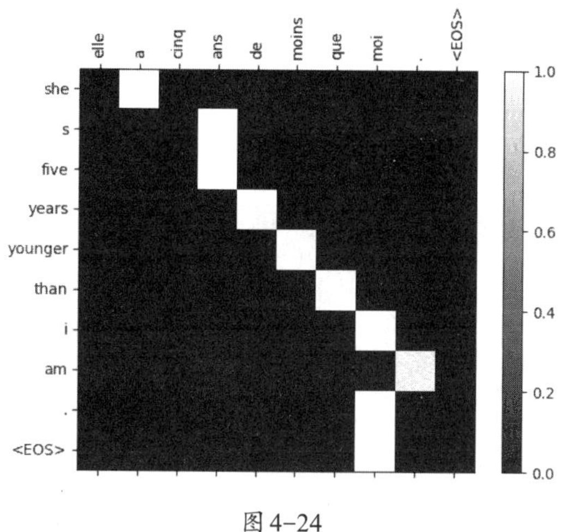

图 4–24

◎ “Size Matters”（尺寸重要）的可视化结果如图4–25所示，描述了句子“elle est trop petit .”的翻译结果和注意力权重图。

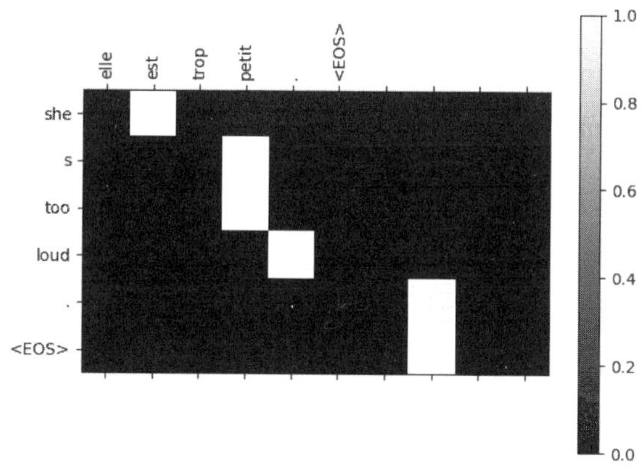

图 4–25

◎ “Facing Fear”（面对恐惧）的可视化结果如图4–26所示，描述了句子“je ne crains pas de mourir .”的翻译结果和注意力权重图。

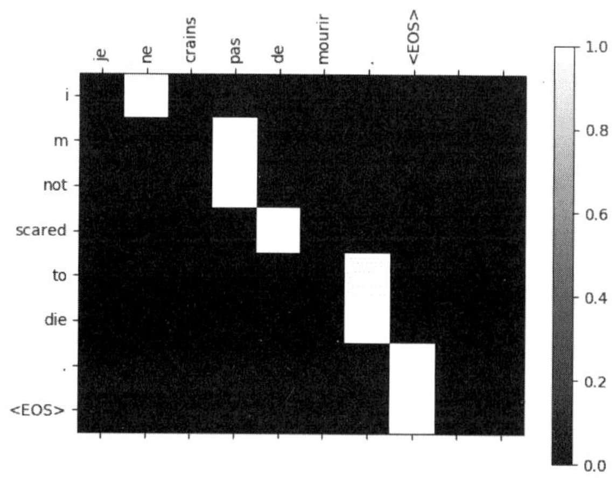

图 4–26

◎ “Young and Talented”（年轻而有才华）的可视化结果如图4-27所示，描述了句子“c est un jeune directeur plein de talent .”的翻译结果和注意力权重图。

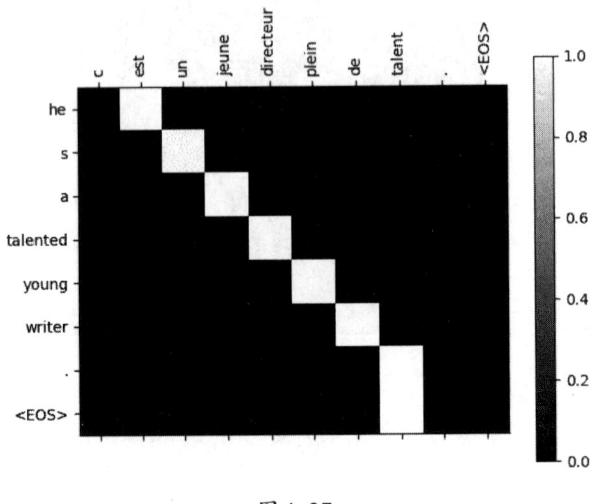

图4-27

输出文本翻译结果如下。

```
input = elle a cinq ans de moins que moi .
output = she s five years younger than i am . <EOS>
input = elle est trop petit .
output = she s too loud . <EOS>
input = je ne crains pas de mourir .
output = i m not scared to die . <EOS>
input = c est un jeune directeur plein de talent .
output = he s a talented young writer . <EOS>
```

第 5 章

海内存知己，天涯若比邻：机器翻译

机器翻译算法是一种使用计算机程序来将一种语言的文本翻译成另一种语言的技术，各种机器翻译算法的发展使机器翻译取得了巨大的进步，但仍然存在挑战，如处理语言多样性、上下文理解和专业术语等。研究者和工程师不断努力改进机器翻译技术，以使其更准确、流畅和适应各种语言对之间的翻译任务。

海内存知己，天涯若比邻。

这句诗出自王勃的《送杜少府之任蜀州》，寓意着无论距离多远，只要心意相通，彼此就如同近邻。在机器翻译的世界里，这句话隐喻着技术能够打破语言与文化的隔阂，使不同语言背景的人们能够实现沟通和理解，就像远隔天涯的知己也能心灵相连一样。

5.1 统计机器翻译

统计机器翻译（Statistical Machine Translation，SMT）是一种早期用于机器翻译的方法，它基于大规模的双语语料库和统计模型来进行翻译。

假设你正在开发一个智能旅行助手，用于帮助家庭成员在出国旅行时快速翻译当地语言。你可以使用SMT技术来实现这一目标。例如，用户输入一段中文："我想知道这个餐厅的菜单"，SMT系统可以将其翻译为英文："I would like to know the menu of this restaurant"。通过训练SMT模型，你可以让助手更好地理解用户的翻译需求，并提供准确的翻译结果。如图5-1所示。

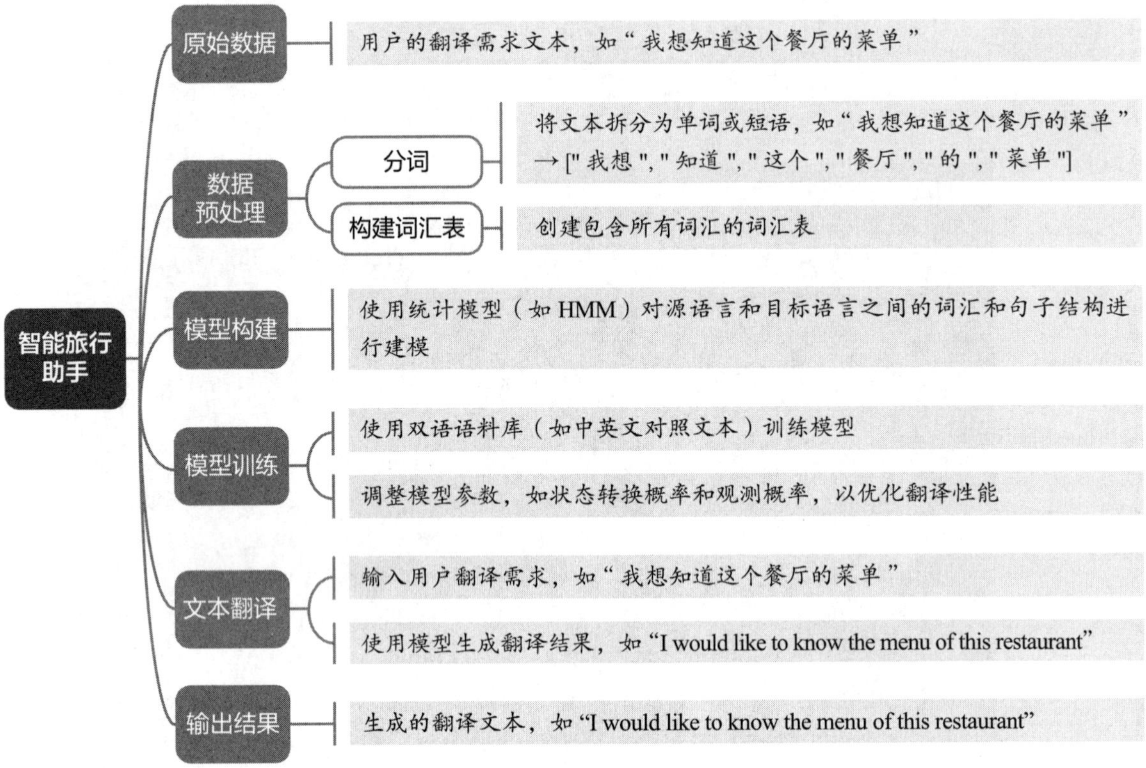

- 智能旅行助手
  - 原始数据
    - 用户的翻译需求文本，如"我想知道这个餐厅的菜单"
  - 数据预处理
    - 分词
      - 将文本拆分为单词或短语，如"我想知道这个餐厅的菜单"→["我想","知道","这个","餐厅","的","菜单"]
    - 构建词汇表
      - 创建包含所有词汇的词汇表
  - 模型构建
    - 使用统计模型（如HMM）对源语言和目标语言之间的词汇和句子结构进行建模
  - 模型训练
    - 使用双语语料库（如中英文对照文本）训练模型
    - 调整模型参数，如状态转换概率和观测概率，以优化翻译性能
  - 文本翻译
    - 输入用户翻译需求，如"我想知道这个餐厅的菜单"
    - 使用模型生成翻译结果，如"I would like to know the menu of this restaurant"
  - 输出结果
    - 生成的翻译文本，如"I would like to know the menu of this restaurant"

图5-1

5.1.1 SMT介绍

SMT的核心思想是通过统计模型学习源语言和目标语言之间的对应关系，然后使用这些模型来进行翻译。SMT在早期为机器翻译做出了贡献，但它存在了一些局限性。SMT的局限性和实现步骤如图5-2所示。

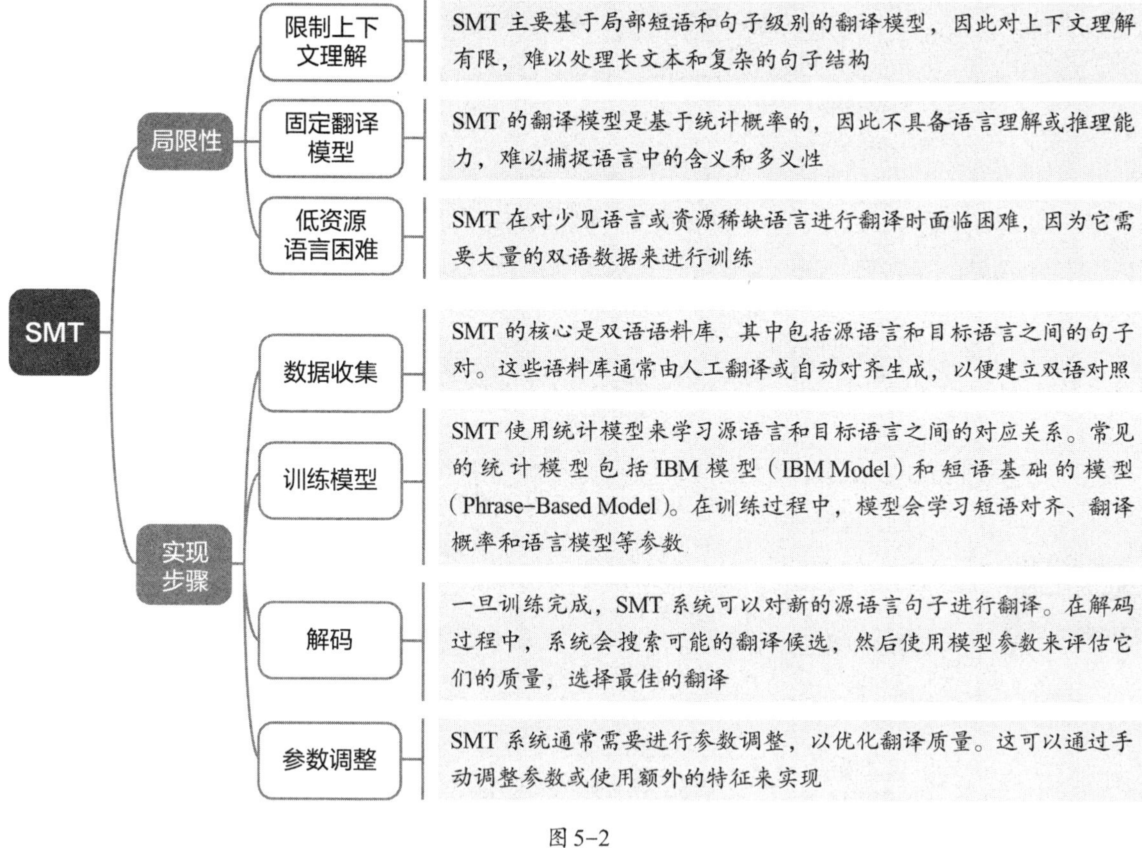

SMT
局限性
限制上下文理解
SMT主要基于局部短语和句子级别的翻译模型，因此对上下文理解有限，难以处理长文本和复杂的句子结构
固定翻译模型
SMT的翻译模型是基于统计概率的，因此不具备语言理解或推理能力，难以捕捉语言中的含义和多义性
低资源语言困难
SMT在对少见语言或资源稀缺语言进行翻译时面临困难，因为它需要大量的双语数据来进行训练
实现步骤
数据收集
SMT的核心是双语语料库，其中包括源语言和目标语言之间的句子对。这些语料库通常由人工翻译或自动对齐生成，以便建立双语对照
训练模型
SMT使用统计模型来学习源语言和目标语言之间的对应关系。常见的统计模型包括IBM模型（IBM Model）和短语基础的模型（Phrase-Based Model）。在训练过程中，模型会学习短语对齐、翻译概率和语言模型等参数
解码
一旦训练完成，SMT系统可以对新的源语言句子进行翻译。在解码过程中，系统会搜索可能的翻译候选，然后使用模型参数来评估它们的质量，选择最佳的翻译
参数调整
SMT系统通常需要进行参数调整，以优化翻译质量。这可以通过手动调整参数或使用额外的特征来实现

图5-2

随着深度学习技术的发展，神经机器翻译（Neural Machine Translation，NMT）等新兴方法逐渐替代了SMT，因为它们在翻译质量和上下文理解方面取得了更好的结果。然而，SMT仍然具有历史意义，并在某些特定场景下仍然有用。

5.1.2 SMT模型

SMT使用不同类型的模型来建立源语言和目标语言之间的翻译关系。常见的SMT模型如图5-3所示。

在使用SMT模型进行机器翻译时通常需要使用特定的库和工具，如Moses，以构建和运行SMT系统。Moses是一个常用的SMT工具包，它提供了SMT模型的训练和使用功能。实例5-1演示了使用Moses工具进行机器翻译的过程。

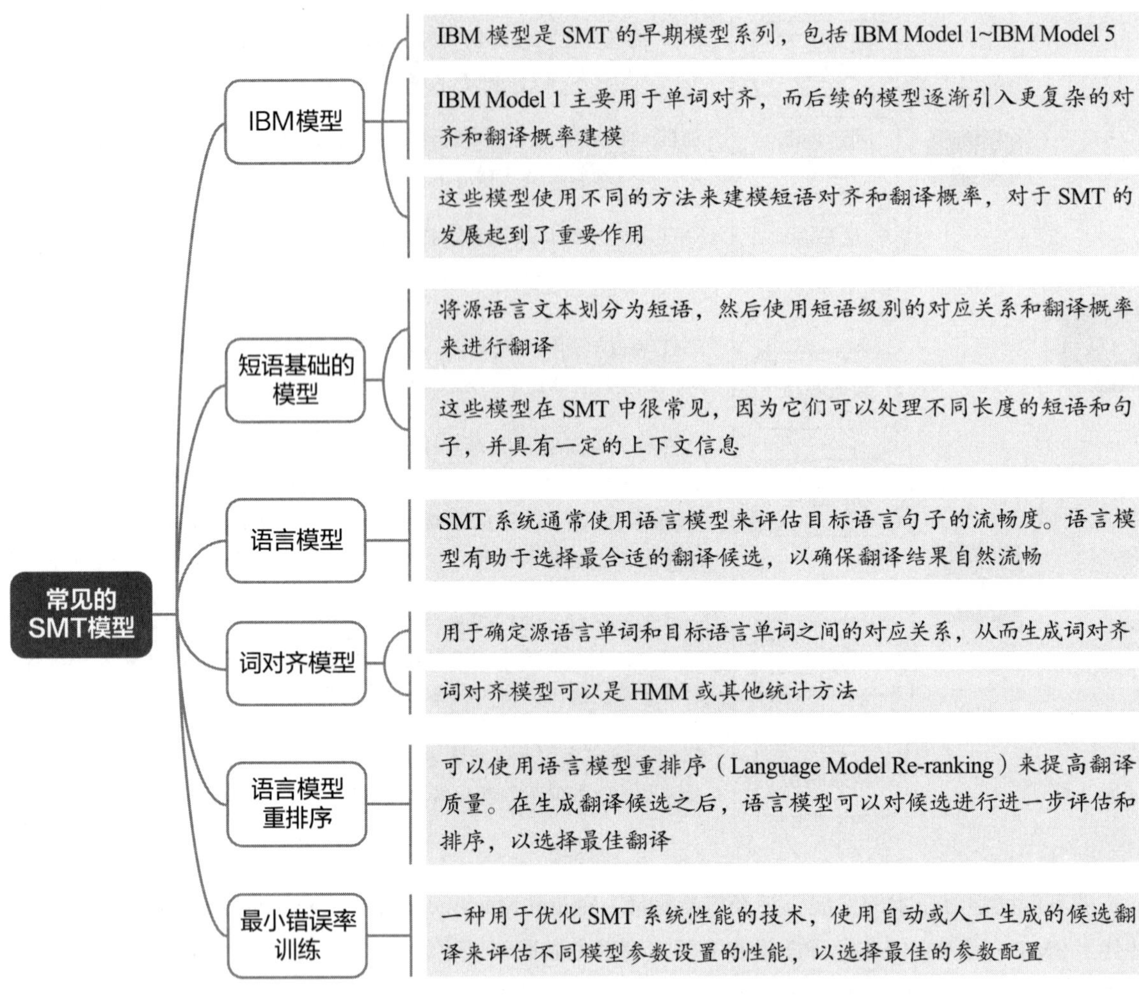

常见的SMT模型
IBM模型
IBM 模型是 SMT 的早期模型系列，包括 IBM Model 1~IBM Model 5
IBM Model 1 主要用于单词对齐，而后续的模型逐渐引入更复杂的对齐和翻译概率建模
这些模型使用不同的方法来建模短语对齐和翻译概率，对于 SMT 的发展起到了重要作用
短语基础的模型
将源语言文本划分为短语，然后使用短语级别的对应关系和翻译概率来进行翻译
这些模型在 SMT 中很常见，因为它们可以处理不同长度的短语和句子，并具有一定的上下文信息
语言模型
SMT 系统通常使用语言模型来评估目标语言句子的流畅度。语言模型有助于选择最合适的翻译候选，以确保翻译结果自然流畅
词对齐模型
用于确定源语言单词和目标语言单词之间的对应关系，从而生成词对齐
词对齐模型可以是 HMM 或其他统计方法
语言模型重排序
可以使用语言模型重排序（Language Model Re-ranking）来提高翻译质量。在生成翻译候选之后，语言模型可以对候选进行进一步评估和排序，以选择最佳翻译
最小错误率训练
一种用于优化 SMT 系统性能的技术，使用自动或人工生成的候选翻译来评估不同模型参数设置的性能，以选择最佳的参数配置

图 5-3

实例5-1：使用Moses工具进行机器翻译

可以从官方网站下载并安装Moses工具包。实例文件fan.py（源码路径：codes\5\fan.py）的具体实现代码如下。

```
import subprocess

# 设置Moses工具的路径
moses_path = "/path/to/moses"

# 源语言文本
source_text = "source.txt"

# 使用Moses进行翻译
translation_command = (
    f"{moses_path}/bin/moses -f /path/to/your/smt/model/moses.ini"
    f"< {source_text}")
```

```
translation = subprocess.check_output(
    translation_command, shell=True, encoding='utf-8')

# 打印翻译结果
print(translation)
```

在上述代码中，moses_path需要指向你安装Moses工具的路径，/path/to/your/smt/model/moses.ini是训练好的SMT模型的配置文件的路径。translation_command将源语言文本输入到Moses的命令行工具，并获取翻译结果。

下面是一些训练好的SMT模型的资源。

（1）Opus-MT：即Open Parallel Corpus-Machine Translation，是一个在线平台，提供了大量不同语言对的SMT模型。你可以在Opus-MT上找到预训练的模型，也可以使用其训练工具自行训练模型。

（2）Marian NMT：一个用于NMT和SMT的开源工具，它提供了许多语言对的预训练模型（Pre-trained Models）。你可以在Marian NMT的模型库中找到这些模型。

（3）Apertium：一个开源的跨语言机器翻译平台，提供一些语言对的SMT模型。它的模型库包含一些双语词典和规则，以帮助进行翻译。

（4）WIT3：WIT3（Web Inventory of Transcribed and Translated Talks）提供了一些用于机器翻译研究的SMT模型。这些模型通常用于研究目的，提供了一些常见语言对的数据和模型。

（5）云翻译API和服务：一些云翻译服务提供了SMT模型的使用。亚马逊AWS、谷歌云翻译、微软Azure等云平台提供了机器翻译服务，它们通常包括SMT和NMT模型。

注意：训练好的SMT模型通常依赖于特定的语料库和数据，因此模型的性能和适用性可能会因语言对和领域而异。如果你需要特定语言对和领域的高质量翻译模型，可能需要自行训练模型。

5.1.3 SMT的训练和解码

SMT的训练和解码是SMT系统中的两个关键步骤，其中训练用于构建翻译模型，而解码用于将源语言文本翻译成目标语言文本。SMT的训练过程和解码过程如图5-4所示。

SMT的训练和解码是复杂而耗时的过程，通常需要使用专用工具和大规模的双语语料库。实例5-2并不涵盖完整的SMT训练和解码过程，仅仅提供一个基本的概念。在该实例中，将使用NLTK库来模拟一个简化的SMT模型的训练和解码过程。请注意，该实例只是一个演示，并不适用于实际的翻译任务。

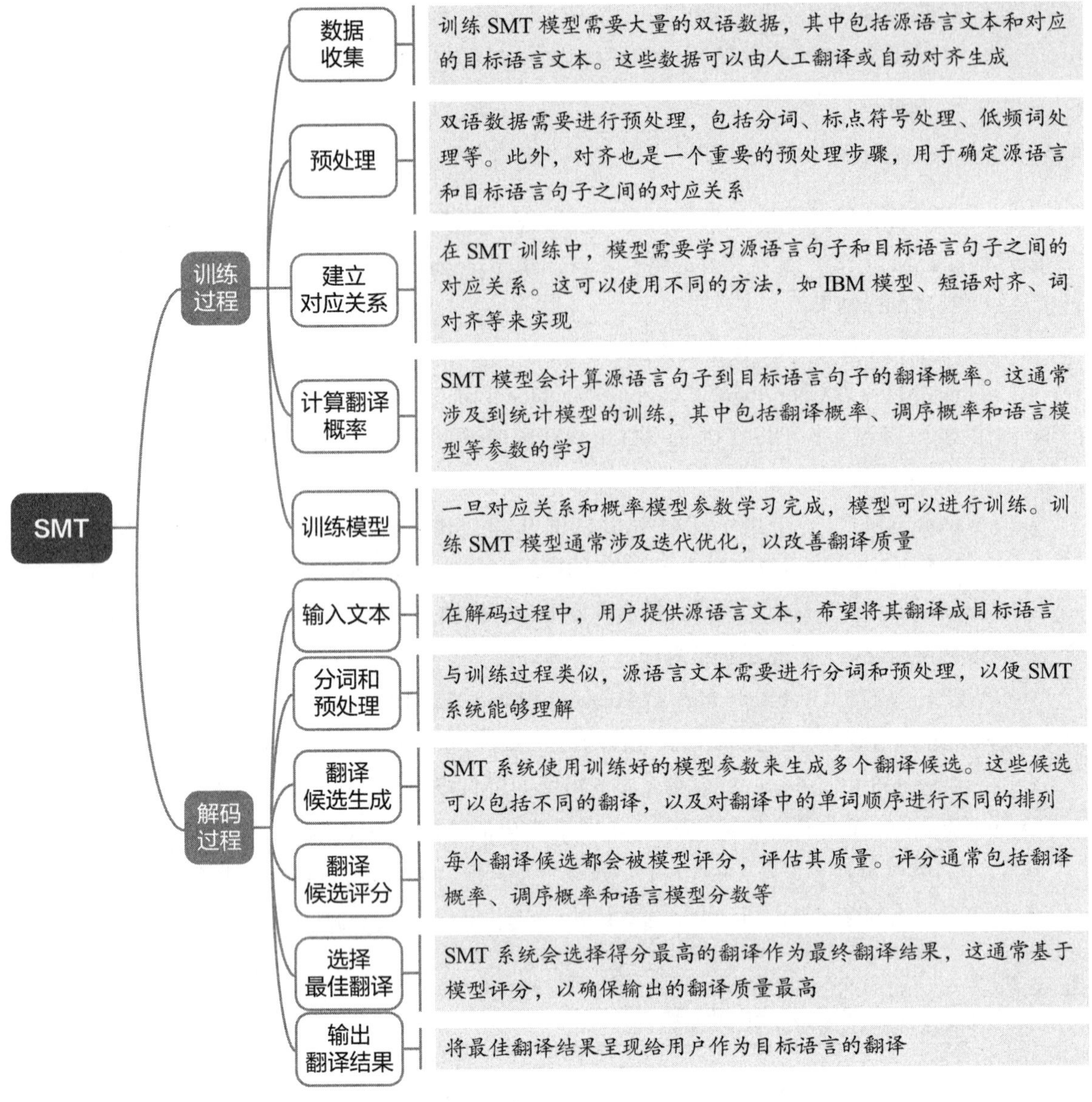

SMT
训练过程
数据收集
训练 SMT 模型需要大量的双语数据，其中包括源语言文本和对应的目标语言文本。这些数据可以由人工翻译或自动对齐生成
预处理
双语数据需要进行预处理，包括分词、标点符号处理、低频词处理等。此外，对齐也是一个重要的预处理步骤，用于确定源语言和目标语言句子之间的对应关系
建立对应关系
在 SMT 训练中，模型需要学习源语言句子和目标语言句子之间的对应关系。这可以使用不同的方法，如 IBM 模型、短语对齐、词对齐等来实现
计算翻译概率
SMT 模型会计算源语言句子到目标语言句子的翻译概率。这通常涉及到统计模型的训练，其中包括翻译概率、调序概率和语言模型等参数的学习
训练模型
一旦对应关系和概率模型参数学习完成，模型可以进行训练。训练 SMT 模型通常涉及迭代优化，以改善翻译质量
解码过程
输入文本
在解码过程中，用户提供源语言文本，希望将其翻译成目标语言
分词和预处理
与训练过程类似，源语言文本需要进行分词和预处理，以便 SMT 系统能够理解
翻译候选生成
SMT 系统使用训练好的模型参数来生成多个翻译候选。这些候选可以包括不同的翻译，以及对翻译中的单词顺序进行不同的排列
翻译候选评分
每个翻译候选都会被模型评分，评估其质量。评分通常包括翻译概率、调序概率和语言模型分数等
选择最佳翻译
SMT 系统会选择得分最高的翻译作为最终翻译结果，这通常基于模型评分，以确保输出的翻译质量最高
输出翻译结果
将最佳翻译结果呈现给用户作为目标语言的翻译

图 5-4

实例5-2：模拟一个简化的SMT模型的训练和解码过程

实例文件xun.py（源码路径：codes\5\xun.py）的具体实现代码如下。

```
import nltk

# 模拟一些双语数据
source_sentences = ["I love cats", "She likes dogs", "He is a programmer"]
target_sentences = ["J'aime les chats", "Elle aime les chiens",
                    "Il est programmeur"]

# 分词和预处理
source_tokens = [nltk.word_tokenize(sentence)
```

```
                 for sentence in source_sentences]
target_tokens = [nltk.word_tokenize(sentence)
                 for sentence in target_sentences]

# 建立对应关系（这里是一个简单的映射）
alignment = [(0, 0), (1, 1), (2, 2)]

# 训练模型
translation_model = {}
for src_idx, tgt_idx in alignment:
    for src_word, tgt_word in zip(source_tokens[src_idx],
                                  target_tokens[tgt_idx]):
        translation_model[src_word] = tgt_word

# 保存训练好的模型
import pickle
with open("translation_model.pkl", "wb") as model_file:
    pickle.dump(translation_model, model_file)

# 加载训练好的模型
with open("translation_model.pkl", "rb") as model_file:
    translation_model = pickle.load(model_file)

# 输入要翻译的文本
input_sentence = "I am a programmer"

# 分词和预处理
input_tokens = nltk.word_tokenize(input_sentence)

# 解码（复杂的对应关系映射，考虑词性）
output_tokens = [translation_model.get(token, token)
                 for token in input_tokens]

# 构建目标语言句子
output_sentence = " ".join(output_tokens)


print("Input Sentence:", input_sentence)
print("Translated Sentence:", output_sentence)
```

对上述代码的具体说明如下。

◎ import nltk：导入NLTK库，它是一个自然语言处理库，提供了许多文本处理工具。

◎ source_sentences和target_sentences：这两个列表分别包含源语言文本和目标语言文本的示例句子。这些句子是用于模拟训练SMT模型的双语数据。

◎ 分词和预处理：使用NLTK库的word_tokenize()函数将源语言和目标语言句子分词并进行基本的文本预处理。这是为了将句子拆分成单词，并使文本更容易处理。

◎ alignment：这是一个包含元组的列表，表示源语言句子和目标语言句子之间的对应关系。在实例中，它指定了哪些源语言句子对应哪些目标语言句子。

◎ 训练模型：使用alignment列表中指定的对应关系，创建一个简单的翻译模型。这个模型是一个字典，将源语言单词映射到目标语言单词。实例中的模型是非常简化的，实际的SMT模型要复杂得多，通常包括更多的数据和复杂的模型参数。

◎ 保存训练好的模型：使用pickle库将训练好的模型保存到translation_model.pkl文件中，以备后续使用。

◎ 加载训练好的模型：从保存的文件中加载模型，以备后续使用。

◎ 输入要翻译的文本：指定一个源语言句子，这里是“I am a programmer”。

◎ 分词和预处理：对输入的源语言句子进行分词和预处理。

◎ 解码：使用加载的翻译模型，将源语言句子中的单词映射到目标语言单词。这个映射是在训练过程中学习的。

◎ 构建目标语言句子：将映射后的目标语言单词拼接成目标语言句子。

◎ 打印结果：打印输入的源语言句子和生成的目标语言句子。

总的来说，上述代码实例是一个非常简化的机器翻译模型，用于演示SMT的基本思想。在实际应用中，SMT系统会使用更多的数据和复杂的模型来实现更准确的翻译。

5.2 神经机器翻译

神经机器翻译（NMT）是一种机器翻译方法，它使用神经网络模型来进行源语言到目标语言的自动翻译。与传统的SMT不同，NMT采用了深度学习方法，这些方法在自然语言处理领域取得了显著的成功。

假设你正在开发一个国际旅行助手，用于帮助家庭成员在出国旅行时快速翻译当地语言并进行情感分析。你可以使用NMT技术来实现这一目标。例如，用户输入一段中文：“这家餐厅的食物非常美味，服务也很棒！”NMT模型可以将其翻译为英文：“The food at this restaurant is delicious, and the service is great!”同时，模型可以对翻译后的文本进行情感分析，判断其情感倾向为“积极”。通过训练NMT模型，你可以让助手更好地理解用户的翻译需求，并提供准确的翻译和情感分析结果，如图5-5所示。

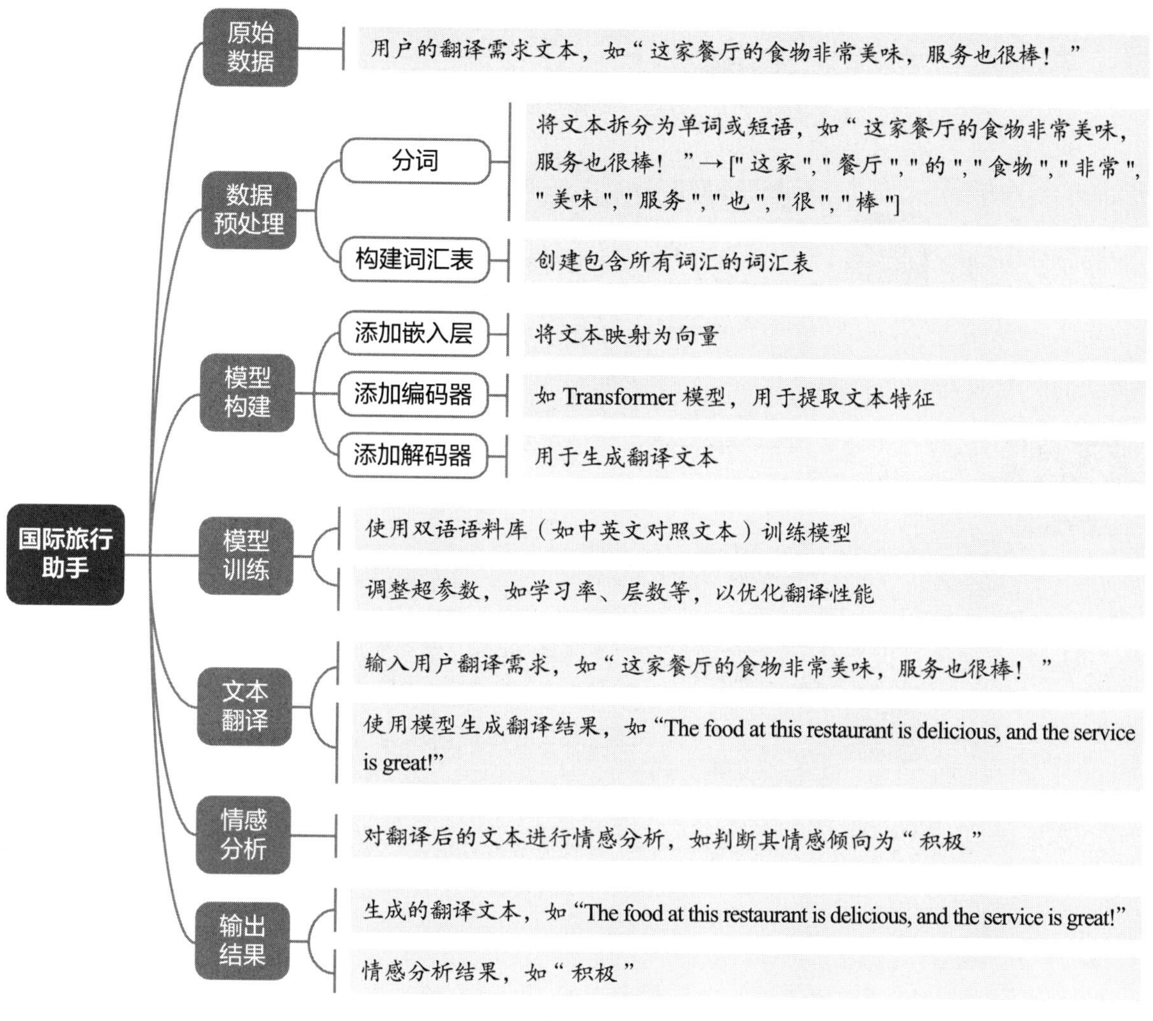
国际旅行助手
原始数据
用户的翻译需求文本，如“这家餐厅的食物非常美味，服务也很棒！”
数据预处理
分词
将文本拆分为单词或短语，如“这家餐厅的食物非常美味，服务也很棒！”→["这家","餐厅","的","食物","非常","美味","服务","也","很","棒"]
构建词汇表
创建包含所有词汇的词汇表
模型构建
添加嵌入层
将文本映射为向量
添加编码器
如 Transformer 模型，用于提取文本特征
添加解码器
用于生成翻译文本
模型训练
使用双语语料库（如中英文对照文本）训练模型
调整超参数，如学习率、层数等，以优化翻译性能
文本翻译
输入用户翻译需求，如“这家餐厅的食物非常美味，服务也很棒！”
使用模型生成翻译结果，如“The food at this restaurant is delicious, and the service is great!”
情感分析
对翻译后的文本进行情感分析，如判断其情感倾向为“积极”
输出结果
生成的翻译文本，如“The food at this restaurant is delicious, and the service is great!”
情感分析结果，如“积极”

图 5-5

5.2.1 NMT 的特点和工作流程

NMT的主要特点和工作流程如图5-6所示。

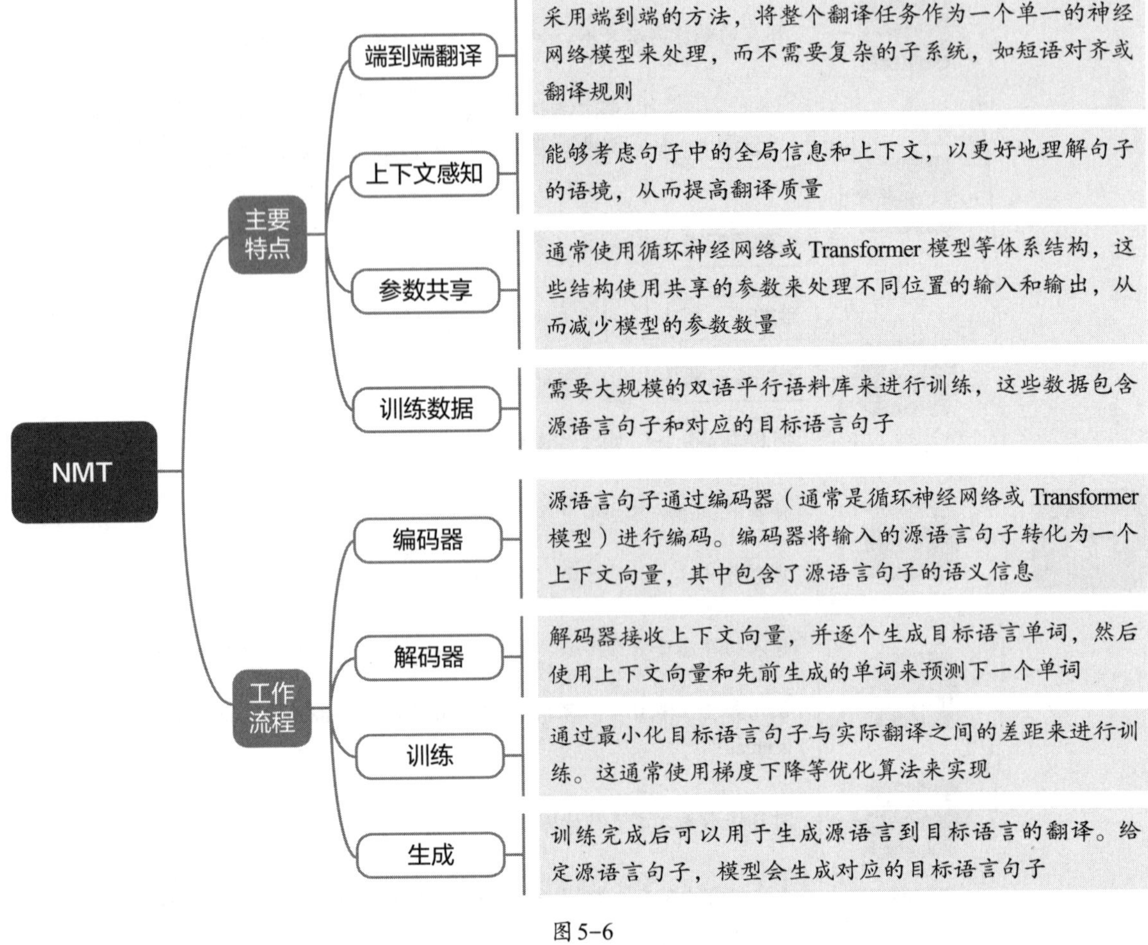

NMT
主要特点
端到端翻译
采用端到端的方法，将整个翻译任务作为一个单一的神经网络模型来处理，而不需要复杂的子系统，如短语对齐或翻译规则
上下文感知
能够考虑句子中的全局信息和上下文，以更好地理解句子的语境，从而提高翻译质量
参数共享
通常使用循环神经网络或Transformer模型等体系结构，这些结构使用共享的参数来处理不同位置的输入和输出，从而减少模型的参数数量
训练数据
需要大规模的双语平行语料库来进行训练，这些数据包含源语言句子和对应的目标语言句子
工作流程
编码器
源语言句子通过编码器（通常是循环神经网络或Transformer模型）进行编码。编码器将输入的源语言句子转化为一个上下文向量，其中包含了源语言句子的语义信息
解码器
解码器接收上下文向量，并逐个生成目标语言单词，然后使用上下文向量和先前生成的单词来预测下一个单词
训练
通过最小化目标语言句子与实际翻译之间的差距来进行训练。这通常使用梯度下降等优化算法来实现
生成
训练完成后可以用于生成源语言到目标语言的翻译。给定源语言句子，模型会生成对应的目标语言句子

图5-6

NMT模型的性能通常比传统的SMT模型更好，因为它能够更好地捕捉语言结构和上下文信息。这使得NMT在自动翻译、文本生成和其他自然语言处理任务中取得了很大的成功。一些著名的NMT模型包括Google公司的GNMT（Google Neural Machine Translation）和Facebook公司的Fairseq等。

5.2.2 NMT的训练和解码

NMT的训练和解码是NMT系统的两个关键阶段，具体说明如图5-7所示。

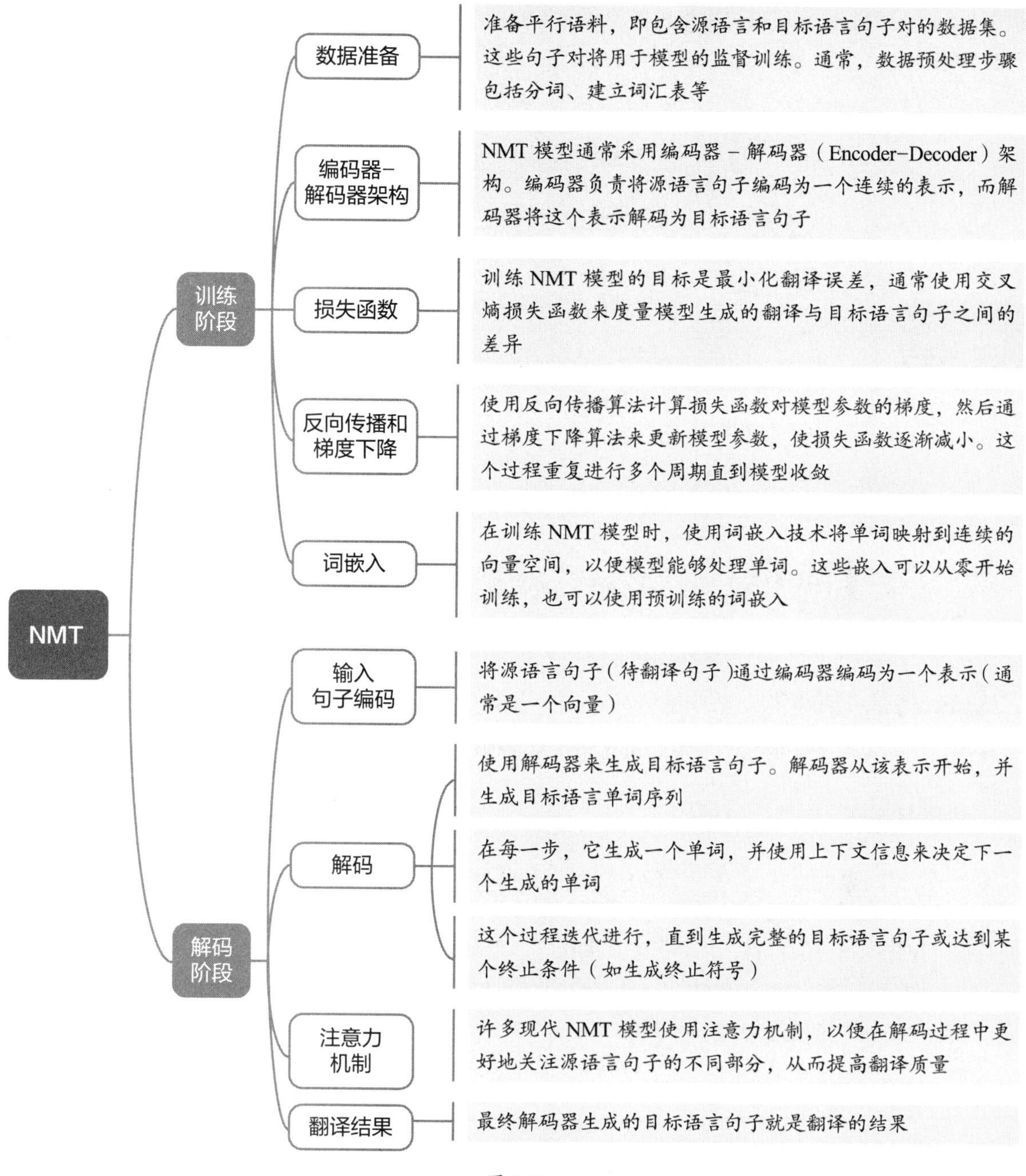
NMT
训练阶段
数据准备
准备平行语料，即包含源语言和目标语言句子对的数据集。这些句子对将用于模型的监督训练。通常，数据预处理步骤包括分词、建立词汇表等
编码器-解码器架构
NMT 模型通常采用编码器 - 解码器（Encoder-Decoder）架构。编码器负责将源语言句子编码为一个连续的表示，而解码器将这个表示解码为目标语言句子
损失函数
训练 NMT 模型的目标是最小化翻译误差，通常使用交叉熵损失函数来度量模型生成的翻译与目标语言句子之间的差异
反向传播和梯度下降
使用反向传播算法计算损失函数对模型参数的梯度，然后通过梯度下降算法来更新模型参数，使损失函数逐渐减小。这个过程重复进行多个周期直到模型收敛
词嵌入
在训练 NMT 模型时，使用词嵌入技术将单词映射到连续的向量空间，以便模型能够处理单词。这些嵌入可以从零开始训练，也可以使用预训练的词嵌入
解码阶段
输入句子编码
将源语言句子（待翻译句子）通过编码器编码为一个表示（通常是一个向量）
解码
使用解码器来生成目标语言句子。解码器从该表示开始，并生成目标语言单词序列
在每一步，它生成一个单词，并使用上下文信息来决定下一个生成的单词
这个过程迭代进行，直到生成完整的目标语言句子或达到某个终止条件（如生成终止符号）
注意力机制
许多现代 NMT 模型使用注意力机制，以便在解码过程中更好地关注源语言句子的不同部分，从而提高翻译质量
翻译结果
最终解码器生成的目标语言句子就是翻译的结果

图 5-7

NMT模型的训练和解码是一个复杂的过程，通常需要大量的数据和计算资源。解码阶段通常会考虑生成多个候选翻译，并使用不同的技术来选择最佳的翻译结果。此外，NMT模型的性能还受到诸多超参数、模型架构和训练策略的影响。因此，NMT研究领域一直在不断发展，以改进翻译质量和效率。

5.2.3 基于 NMT 的简易翻译系统

在本节的内容中，将展示构建一个基于NMT模型的机器翻译系统的过程，包括数据准备、模型架构、训练和评估。实例5-3使用注意力机制来提高翻译质量，并提供了可视化工具来帮助理解

模型的翻译过程。这个实例可用作机器翻译任务的起点，可以根据需要进行扩展和改进，其功能如图5-8所示。

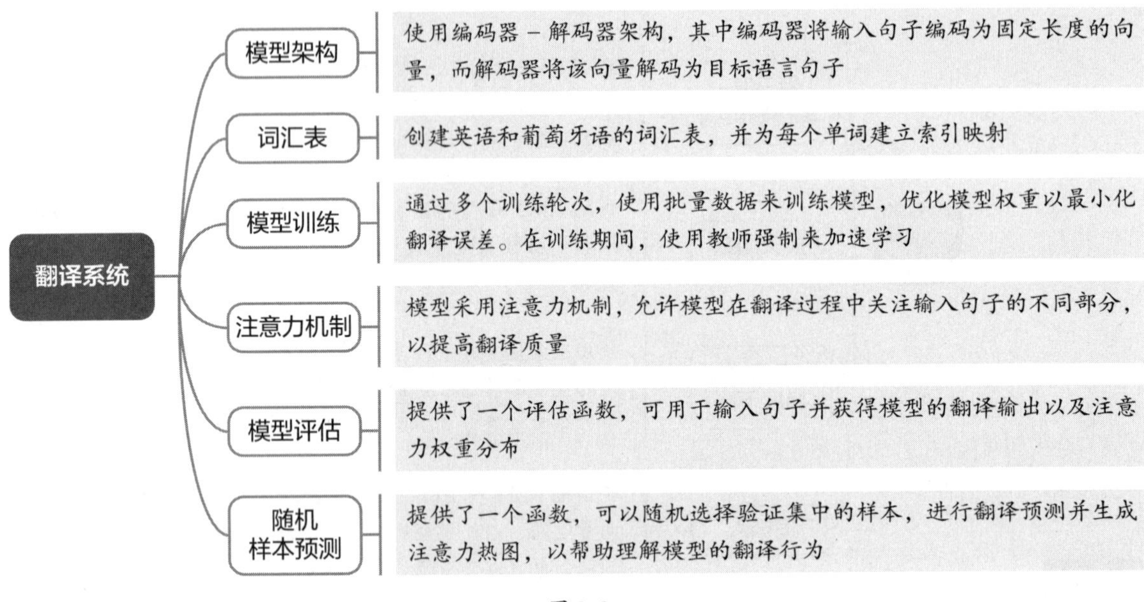

翻译系统
模型架构
使用编码器－解码器架构，其中编码器将输入句子编码为固定长度的向量，而解码器将该向量解码为目标语言句子
词汇表
创建英语和葡萄牙语的词汇表，并为每个单词建立索引映射
模型训练
通过多个训练轮次，使用批量数据来训练模型，优化模型权重以最小化翻译误差。在训练期间，使用教师强制来加速学习
注意力机制
模型采用注意力机制，允许模型在翻译过程中关注输入句子的不同部分，以提高翻译质量
模型评估
提供了一个评估函数，可用于输入句子并获得模型的翻译输出以及注意力权重分布
随机样本预测
提供了一个函数，可以随机选择验证集中的样本，进行翻译预测并生成注意力热图，以帮助理解模型的翻译行为

图5-8

实例5-3：翻译系统

本实例的实现文件是NMT-translation.ipynb（源码路径：codes\5\NMT-translation.ipynb）。

1. 数据准备

安装Chart Studio库。本实例用到了Chart Studio库，这是Plotly公司提供的在线图表编辑和共享平台，允许用户轻松创建、自定义、分享和部署交互式图表和数据可视化。Chart Studio库的目标是使数据可视化变得更加容易，并提供工具来探索、理解和传达数据。它与Plotly公司的Python、R和JavaScript图表库紧密集成，使用户能够轻松地将其创建的图表集成到数据科学和Web开发项目中。安装Chart Studio库的命令如下。

```
pip install chart-studio
```

（1）准备数据集文件。本实例使用了一个包含英语句子及其葡萄牙语翻译的数据集文件por.txt，该文件中的每一行包含一个英语句子及其法语翻译，用制表符分隔。编写如下代码递归遍历保存数据集的目录input以及其子目录中的所有文件，并将它们的完整路径打印到控制台。

```
import os
for dirname, _, filenames in os.walk('input'):
    for filename in filenames:
        print(os.path.join(dirname, filename))
```

执行上述代码，输出结果如下。

```
input/por.txt
```

（2）使用UTF-8编码格式打开文件por.txt，然后将文件内容按行分割，并输出文件的第5000行到第5010行的内容。

```
file_path = '../input/por.txt'
lines = open(file_path, encoding='UTF-8').read().strip().split('\n')
lines[5000:5010]
```

执行上述代码，输出结果如下。

```
['Will it rain?\tSerá que chove?\tCC-BY 2.0 (France) Attribution: tatoeba.org
#8918600 (CK) & #8930552 (JGEN)',
 'Wish me luck.\tDeseje-me sorte.\tCC-BY 2.0 (France) Attribution: tatoeba.
org #2254917 (CK) & #872788 (alexmarcelo)',
 "Won't you go?\tVocê não vai?\tCC-BY 2.0 (France) Attribution: tatoeba.org
#241051 (CK) & #6212788 (bill)",
 'Write in ink.\tEscreva à tinta.\tCC-BY 2.0 (France) Attribution: tatoeba.
org #3258764 (CM) & #7351595 (alexmarcelo)',
 'Write in ink.\tEscreva a tinta.\tCC-BY 2.0 (France) Attribution: tatoeba.
org #3258764 (CM) & #7351606 (alexmarcelo)',
 'Write to Tom.\tEscreva para o Tom.\tCC-BY 2.0 (France) Attribution:
tatoeba.org #2240357 (CK) & #5985551 (Ricardo14)',
 'Years passed.\tPassaram os anos.\tCC-BY 2.0 (France) Attribution: tatoeba.
org #282197 (CK) & #977841 (alexmarcelo)',
 'Years passed.\tAnos se passaram.\tCC-BY 2.0 (France) Attribution: tatoeba.
org #282197 (CK) & #2324530 (Matheus)',
 'You amuse me.\tVocê me diverte.\tCC-BY 2.0 (France) Attribution: tatoeba.
org #268209 (CM) & #1199960 (alexmarcelo)',
 'You are late.\tVocê está atrasado.\tCC-BY 2.0 (France) Attribution:
tatoeba.org #277403 (CK) & #1275547 (alexmarcelo)']
```

（3）输出在前面代码中读取的文本文件的行数，也就是文件中的记录总数。

```
print("total number of records: ",len(lines))
```

在上述代码中，len(lines)返回lines列表的长度，也就是文件中的行数。然后，通过print()函数将这个行数与文本消息“total number of records: ”一起打印到屏幕上，以提供用户关于文件中记录数量的信息。

执行上述代码，输出结果如下。

```
total number of records:  168903
```

2. 数据预处理

（1）使用Python标准库中的string模块来创建两个关于文本处理的工具，分别是exclude和remove_digits。这两个工具在文本处理中非常有用，可以用来清洗文本、去除标点符号或数字，以便进行文本分析或其他自然语言处理任务。

```
exclude = set(string.punctuation)
remove_digits = str.maketrans('', '', string.digits)
```

（2）定义一个preprocess_eng_sentence()函数，用于预处理英语句子，以便在自然语言处理任务中使用，如机器翻译或文本生成。

```
def preprocess_eng_sentence(sent):
    '''Function to preprocess English sentence'''
    sent = sent.lower() # lower casing
    sent = re.sub("'", '', sent) # remove the quotation marks if any
    sent = ''.join(ch for ch in sent if ch not in exclude)
    sent = sent.translate(remove_digits) # remove the digits
    sent = sent.strip()
    sent = re.sub(" +", " ", sent) # remove extra spaces
    sent = '<start> ' + sent + ' <end>' # add <start> and <end> tokens
    return sent
```

（3）定义一个preprocess_port_sentence()函数，用于预处理葡萄牙语句子。

```
def preprocess_port_sentence(sent):
    '''Function to preprocess Portuguese sentence'''
    sent = re.sub("'", '', sent) # remove the quotation marks if any
    sent = ''.join(ch for ch in sent if ch not in exclude)
    #sent = re.sub("[२३०८१५७९४६]", "", sent) # remove the digits
    sent = sent.strip()
    sent = re.sub(" +", " ", sent) # remove extra spaces
    sent = '<start> ' + sent + ' <end>' # add <start> and <end> tokens
    return sent
```

（4）创建列表sent_pairs，其中包含了经过预处理的英语句子和葡萄牙语句子的配对。

```
sent_pairs = []
for line in lines:
    sent_pair = []
    eng = line.rstrip().split('\t')[0]
    port = line.rstrip().split('\t')[1]
    eng = preprocess_eng_sentence(eng)
    sent_pair.append(eng)
    port = preprocess_port_sentence(port)
    sent_pair.append(port)
    sent_pairs.append(sent_pair)
sent_pairs[5000:5010]
```

执行上述代码，输出结果如下。

```
[['<start> will it rain <end>', '<start> Será que chove <end>'],
 ['<start> wish me luck <end>', '<start> Desejeme sorte <end>'],
 ['<start> wont you go <end>', '<start> Você não vai <end>'],
```

```
 ['<start> write in ink <end>', '<start> Escreva à tinta <end>'],
 ['<start> write in ink <end>', '<start> Escreva a tinta <end>'],
 ['<start> write to tom <end>', '<start> Escreva para o Tom <end>'],
 ['<start> years passed <end>', '<start> Passaram os anos <end>'],
 ['<start> years passed <end>', '<start> Anos se passaram <end>'],
 ['<start> you amuse me <end>', '<start> Você me diverte <end>'],
 ['<start> you are late <end>', '<start> Você está atrasado <end>']]
```

3. 模型输入准备

（1）定义类LanguageIndex，用于创建一个单词到索引的映射和索引到单词的映射，以及构建语言的词汇表。这个类可以用于构建针对某种语言的索引映射，通常在自然语言处理任务中用于文本处理。

```
class LanguageIndex():
    def __init__(self, lang):
        self.lang = lang
        self.word2idx = {}
        self.idx2word = {}
        self.vocab = set()

        self.create_index()

    def create_index(self):
        for phrase in self.lang:
            self.vocab.update(phrase.split(' '))

        self.vocab = sorted(self.vocab)

        self.word2idx['<pad>'] = 0
        for index, word in enumerate(self.vocab):
            self.word2idx[word] = index + 1

        for word, index in self.word2idx.items():
            self.idx2word[index] = word
```

在上述代码中，构造函数__init__()接受一个参数lang，表示要构建索引的语言。在构造函数中，会初始化word2idx和idx2word字典，以及vocab集合，然后调用create_index()方法来创建索引。方法create_index()用于创建单词到索引的映射和索引到单词的映射，并构建词汇表，该方法的具体步骤如下。

◎ 遍历语言中的每个短语（通常是句子），并使用空格分割短语，将单词添加到vocab集合中，以构建词汇表。

◎ 对词汇表进行排序，以确保单词按照特定顺序排列。

◎ 添加一个特殊的<pad>标记到word2idx字典中，用于填充序列（通常用于序列长度不一致的情况，如机器翻译中的句子）。

◎ 遍历词汇表中的每个单词，并将单词到索引和索引到单词的映射添加到word2idx和idx2word字典中，以构建完整的索引映射。

（2）定义函数max_length，它接受一个名为tensor的参数，其中tensor通常表示一个包含多个序列的数据结构（如一个列表的列表）。该函数的目的是找出tensor中最长序列的长度。函数max_length的主要逻辑是使用列表推导式来遍历tensor中的每个序列（通常是句子或文本序列），并计算每个序列的长度（通常是单词或字符的数量）。然后，使用max()函数找出这些长度中的最大值，即最长的序列的长度。

```
def max_length(tensor):
    return max(len(t) for t in tensor)
```

（3）定义了一个名为load_dataset的函数，其目的是加载并预处理已经清理好的输入和输出句子对，并将它们向量化成整数张量，同时构建相应的语言索引。

```
def load_dataset(pairs, num_examples):
    # pairs => 已经创建好的清理过的输入输出句子对

    # 使用上面定义的类来为语言建立索引
    inp_lang = LanguageIndex(en for en, ma in pairs)
    targ_lang = LanguageIndex(ma for en, ma in pairs)

    # 将输入语言和目标语言向量化

    # 英语句子
    input_tensor = [[inp_lang.word2idx[s] for s in en.split(' ')]
                    for en, ma in pairs]

    # 葡萄牙语句子
    target_tensor = [[targ_lang.word2idx[s] for s in ma.split(' ')]
                     for en, ma in pairs]

    # 计算输入和输出张量的最大长度
    # 这里，我们将它们设置为数据集中最长的句子的长度
    max_length_inp, max_length_tar = (
        max_length(input_tensor), max_length(target_tensor))

    # 填充输入和输出张量到最大长度
    input_tensor = tf.keras.preprocessing.sequence.pad_sequences(
        input_tensor, maxlen=max_length_inp, padding='post')

    target_tensor = tf.keras.preprocessing.sequence.pad_sequences(
        target_tensor,
        maxlen=max_length_tar,
        padding='post')
```

```
    return (input_tensor, target_tensor, inp_lang, targ_lang,
            max_length_inp, max_length_tar)
```

（4）调用函数load_dataset()，用经过预处理的句子对sent_pairs作为输入，以及总句子数量len(lines)作为参数。

```
(input_tensor, target_tensor, inp_lang, targ_lang, max_length_inp,
 max_length_targ) = load_dataset(sent_pairs, len(lines))
```

在上述代码中，函数load_dataset()返回的值如下。

◎ input_tensor：向量化后的输入张量，其中包含了英语句子的整数表示。

◎ target_tensor：向量化后的目标张量，其中包含了葡萄牙语句子的整数表示。

◎ inp_lang：英语语言的索引对象，用于将单词转换为整数索引。

◎ targ_lang：葡萄牙语语言的索引对象，用于将单词转换为整数索引。

◎ max_length_inp：输入张量的最大长度。

◎ max_length_targ：目标张量的最大长度。

这些值将用于后续的自然语言处理任务，如机器翻译或文本生成，以确保数据被正确向量化和填充。

4. 训练设置

（1）将数据集划分为训练集和验证集，以便在训练模型时进行验证和性能评估。训练集用于训练模型，验证集用于评估模型的性能。在本实例中，80%的数据用于训练，20%的数据用于验证。

```
(input_tensor_train, input_tensor_val, target_tensor_train,
 target_tensor_val) = train_test_split(input_tensor, target_tensor,
                                       test_size=0.1, random_state = 101)

len(input_tensor_train), len(target_tensor_train), len(input_tensor_val),
len(target_tensor_val)
```

执行上述代码，输出结果如下。

```
(152012, 152012, 16891, 16891)
```

（2）设置一些模型训练时的超参数和创建数据集，这些设置和数据集的创建通常用于训练神经网络模型，尤其是在自然语言处理任务中。训练集的数据将被分割成批次，以便在每个训练周期中对模型进行训练。

```
BUFFER_SIZE = len(input_tensor_train)
BATCH_SIZE = 64
N_BATCH = BUFFER_SIZE//BATCH_SIZE
embedding_dim = 256
units = 1024
vocab_inp_size = len(inp_lang.word2idx)
```

```
vocab_tar_size = len(targ_lang.word2idx)

dataset = tf.data.Dataset.from_tensor_slices(
    (input_tensor_train, target_tensor_train)).shuffle(BUFFER_SIZE)
dataset = dataset.batch(BATCH_SIZE, drop_remainder=True)
```

对上述代码的具体说明如下。

◎ BUFFER_SIZE=len(input_tensor_train)：BUFFER_SIZE表示数据集的缓冲区大小，它被设置为训练集的长度，用于数据集的随机化（洗牌）操作。

◎ BATCH_SIZE=64：BATCH_SIZE表示每个训练批次中的样本数量，这里设置为64，即每次训练模型时会使用64个样本。

◎ N_BATCH=BUFFER_SIZE//BATCH_SIZE：N_BATCH表示每个训练周期中的批次数量，它是总样本数除以批次大小的结果。

◎ embedding_dim=256：embedding_dim表示嵌入层的维度，通常用于将整数索引转换为密集的嵌入向量。

◎ units=1024：units表示模型中循环神经网络层的单元数量。

◎ vocab_inp_size=len(inp_lang.word2idx)：vocab_inp_size表示输入语言的词汇表大小，即不同单词的数量。

◎ vocab_tar_size=len(targ_lang.word2idx)：vocab_tar_size表示目标语言的词汇表大小，即不同单词的数量。

◎ tf.data.Dataset.from_tensor_slices((input_tensor_train,target_tensor_train))：使用from_tensor_slices()方法创建一个数据集，将训练集中的输入和目标张量一一对应。

◎ .shuffle(BUFFER_SIZE)：对数据集进行随机化，使用BUFFER_SIZE作为缓冲区大小，以确保每个训练周期的数据都是随机的。

◎ .batch(BATCH_SIZE, drop_remainder=True)：将数据集划分为批次，每个批次包含BATCH_SIZE个样本，drop_remainder=True表示如果剩余不足一个批次的样本将被丢弃，以确保每个批次都有相同数量的样本。

在本实例的模型中将使用的是GRU，而不是LSTM。GRU和LSTM都是循环神经网络的变种，用于处理序列数据。GRU相对于LSTM更加简单，因为它合并了内部状态和输出状态，只有一个状态，而LSTM有两个状态（细胞状态和隐藏状态）。

注意：在实际应用中，选择使用GRU而不是LSTM的原因，通常有以下几点。

◎实现更简单：GRU的内部结构相对较简单，只有一个状态，这使得它在实现和调试上更容易。

◎更快的训练：由于参数较少，GRU通常在训练时速度更快，可以更快地收敛。

◎更少的过拟合：GRU在某些情况下对数据噪声更具有鲁棒性，因此可能更不容易过拟合。

◎较小的模型：由于参数较少，GRU的模型大小相对较小，适合在计算资源有限的情况下使用。

然而，选择使用GRU或LSTM通常依赖于具体任务和数据集，因为它们的性能和适用性在不同情况下可能会有所不同。在某些情况下，LSTM可能表现更好，特别是在需要捕捉长期依赖关系的任务中。

5. 模型构建

（1）定义函数gru()，用于创建一个GRU层。GRU是一种循环神经网络的变体，常用于处理序列数据。函数gru()接受一个参数units，表示GRU层中的单元数（或隐藏状态的维度）。

```
def gru(units):
    return tf.keras.layers.GRU(units,
                               return_sequences=True,
                               return_state=True,
                               recurrent_activation='sigmoid',
                               recurrent_initializer='glorot_uniform')
```

上述函数的目的是在神经网络模型中创建一个GRU层，用于处理序列数据，如文本序列或时间序列。GRU层具有学习能力，可以捕捉序列中的信息和依赖关系，常用于自然语言处理和其他序列建模任务。

（2）定义编码器和解码器网络，其中编码器用于将输入的英语句子转换成隐藏状态和细胞状态，而解码器用于将这些状态转换成葡萄牙语句子。这是一个常见的Seq2Seq模型结构，通常用于机器翻译等任务。

编码器的输入是英语句子，输出是GRU的隐藏状态和细胞状态。在神经网络中，通常使用循环神经网络或GRU来实现编码器的功能，如将输入序列编码为固定维度的隐藏状态。解码器则接受这些状态并生成目标语言的句子。编码器和解码器的具体实现通常需要考虑模型架构、层数、超参数等细节。

定义编码器的类Encoder，用于将输入的英语句子编码成隐藏状态。具体实现代码如下。

```
class Encoder(tf.keras.Model):
    def __init__(self, vocab_size, embedding_dim, enc_units, batch_sz):
        super(Encoder, self).__init__()
        self.batch_sz = batch_sz
        self.enc_units = enc_units
        self.embedding = tf.keras.layers.Embedding(vocab_size, embedding_dim)
        self.gru = gru(self.enc_units)

    def call(self, x, hidden):
        x = self.embedding(x)
        output, state = self.gru(x, initial_state = hidden)
        return output, state

    def initialize_hidden_state(self):
        return tf.zeros((self.batch_sz, self.enc_units))
```

定义解码器类Decoder，用于生成目标语言的句子。具体实现代码如下。

```
class Decoder(tf.keras.Model):
    def __init__(self, vocab_size, embedding_dim, dec_units, batch_sz):
        super(Decoder, self).__init__()
```

```
        self.batch_sz = batch_sz
        self.dec_units = dec_units
        self.embedding = tf.keras.layers.Embedding(vocab_size, embedding_dim)
        self.gru = gru(self.dec_units)
        self.fc = tf.keras.layers.Dense(vocab_size)

        # 用于注意力机制
        self.W1 = tf.keras.layers.Dense(self.dec_units)
        self.W2 = tf.keras.layers.Dense(self.dec_units)
        self.V = tf.keras.layers.Dense(1)

    def call(self, x, hidden, enc_output):

        hidden_with_time_axis = tf.expand_dims(hidden, 1)

        # 得分的形状 == （批次大小，最大长度，1）
        # 我们在最后一个轴上得到 1，因为我们将 tanh(FC(EO)+FC(H)) 应用于 self.V
        score = self.V(
            tf.nn.tanh(self.W1(enc_output) + self.W2(hidden_with_time_axis))
        )

        # 注意力权重的形状 == （批次大小，最大长度，1）
        attention_weights = tf.nn.softmax(score, axis=1)

        # 上下文向量的形状在求和后 == （批次大小，隐藏大小）
        context_vector = attention_weights * enc_output
        context_vector = tf.reduce_sum(context_vector, axis=1)

        # 通过嵌入层后 x 的形状 == （批次大小，1，嵌入维度）
        x = self.embedding(x)

        # 在连接后 x 的形状 == （批次大小，1，嵌入维度 + 隐藏大小）
        x = tf.concat([tf.expand_dims(context_vector, 1), x], axis=-1)

        # 将连接后的向量传递给 GRU 层
        output, state = self.gru(x)

        # 输出的形状 == （批次大小 * 1，隐藏大小）
        output = tf.reshape(output, (-1, output.shape[2]))

        # 输出的形状 == （批次大小 * 1，词汇表大小）
        x = self.fc(output)

        return x, state, attention_weights

    def initialize_hidden_state(self):
```

```
        return tf.zeros((self.batch_sz, self.dec_units))
```

上述解码器类的主要功能是在每个时间步生成目标语言的单词，同时维护隐藏状态、注意力权重和上下文向量。这是一个典型的Seq2Seq模型的解码器部分。

6. 模型训练

（1）分别创建编码器Encoder和解码器Decoder的实例，将它们初始化为相应的类，并传递一些参数。

```
encoder = Encoder(vocab_inp_size, embedding_dim, units, BATCH_SIZE)
decoder = Decoder(vocab_tar_size, embedding_dim, units, BATCH_SIZE)
```

这两个实例将用于构建机器翻译模型，其中编码器用于将英语句子编码成隐藏状态，而解码器用于生成目标语言的句子。接下来，你可以通过训练这个模型来实现机器翻译任务。

（2）定义优化器optimizer和损失函数loss_function()，用于训练机器翻译模型。

```
optimizer = tf.optimizers.Adam()

def loss_function(real, pred):
    mask = 1 - np.equal(real, 0)
    loss_ = tf.nn.sparse_softmax_cross_entropy_with_logits(
        labels=real, logits=pred) * mask
    return tf.reduce_mean(loss_)
```

上述损失函数loss_function(real, pred)通常用于训练Seq2Seq模型，其中模型生成序列数据（如机器翻译），并需要优化以最小化生成序列与目标序列之间的差异。Adam优化器将使用此损失函数来更新模型的权重以最小化损失，从而使模型更好地匹配目标数据。

（3）创建检查点对象checkpoint，用于在训练过程中保存模型的权重和优化器的状态，以便稍后恢复模型的训练或使用。

```
checkpoint_dir = './training_checkpoints'
checkpoint_prefix = os.path.join(checkpoint_dir, "ckpt")
checkpoint = tf.train.Checkpoint(optimizer=optimizer,
                                 encoder=encoder,
                                 decoder=decoder)
```

在训练过程中，可以使用这个检查点对象来定期保存模型的状态，以便稍后恢复或部署模型。这对于长时间的模型训练非常有用，因为你可以随时保存模型状态，以防止训练中断或出现问题。

（4）执行模型的训练循环，训练机器翻译模型，具体实现代码如下。

```
EPOCHS = 10

for epoch in range(EPOCHS):
    start = time.time()
```

```
hidden = encoder.initialize_hidden_state()
total_loss = 0

for (batch, (inp, targ)) in enumerate(dataset):
    loss = 0

    with tf.GradientTape() as tape:
        enc_output, enc_hidden = encoder(inp, hidden)

        dec_hidden = enc_hidden

        dec_input = tf.expand_dims(
            [targ_lang.word2idx['<start>']] * BATCH_SIZE, 1)

        # 教师强制 - 将目标作为下一个输入
        for t in range(1, targ.shape[1]):
            # 将编码器输出传递给解码器
            predictions, dec_hidden, _ = decoder(
                dec_input, dec_hidden, enc_output)

            loss += loss_function(targ[:, t], predictions)

            # 使用教师强制
            dec_input = tf.expand_dims(targ[:, t], 1)

    batch_loss = (loss / int(targ.shape[1]))

    total_loss += batch_loss

    variables = encoder.variables + decoder.variables

    gradients = tape.gradient(loss, variables)

    optimizer.apply_gradients(zip(gradients, variables))

    if batch % 100 == 0:
        print('Epoch {} Batch {} Loss {:.4f}'.format(epoch + 1,
                                                     batch,
                                                     batch_loss.numpy()))
# 每个 epoch 保存模型检查点
checkpoint.save(file_prefix = checkpoint_prefix)

print('Epoch {} Loss {:.4f}'.format(epoch + 1,
                                    total_loss / N_BATCH))
print('Time taken for 1 epoch {} sec\n'.format(time.time() - start))
```

上述循环重复执行10轮，每一轮都使用数据集的批次进行前向传播、反向传播和参数更新，以训练模型。这是一个标准的训练循环，用于训练Seq2Seq模型。

执行上述代码，输出结果如下。

```
Epoch 1 Batch 0 Loss 1.9447
Epoch 1 Batch 100 Loss 1.2724
Epoch 1 Batch 200 Loss 1.1861
Epoch 1 Batch 300 Loss 1.0276
Epoch 1 Batch 400 Loss 0.9159
Epoch 1 Batch 500 Loss 0.8936
Epoch 1 Loss 0.7260
Time taken for 1 epoch 1474.7117013931274 sec
// 省略部分输出结果
Epoch 10 Batch 2100 Loss 0.1063
Epoch 10 Batch 2200 Loss 0.1099
Epoch 10 Batch 2300 Loss 0.1381
Epoch 10 Loss 0.0840
Time taken for 1 epoch 1455.937628030777 sec
```

（5）从指定的检查点目录中恢复模型的状态，这个步骤对于在训练中断或需要保存/加载模型状态时非常有用，因为它允许你保持训练进度，而无须重新训练整个模型。

```
checkpoint.restore(tf.train.latest_checkpoint(checkpoint_dir))
```

执行上述代码，输出结果如下。

```
<tensorflow.python.training.tracking.util.CheckpointLoadStatus at
0x7f6798ba34d0>
```

7. 模型评估与测试

（1）定义用于评估（推理）机器翻译模型的函数evaluate()，它接受一些输入并返回翻译结果、输入句子和注意力权重。这个函数的主要作用是将输入序列通过编码器和解码器进行翻译，同时捕捉注意力权重以便后续可视化。函数的返回可以用于对模型的性能进行评估。

```
def evaluate(inputs, encoder, decoder, inp_lang, targ_lang, max_length_inp,
             max_length_targ):

    attention_plot = np.zeros((max_length_targ, max_length_inp))
    sentence = ''
    for i in inputs[0]:
        if i == 0:
            break
        sentence = sentence + inp_lang.idx2word[i] + ' '
    sentence = sentence[:-1]
```

```
    inputs = tf.convert_to_tensor(inputs)

    result = ''

    hidden = [tf.zeros((1, units))]
    enc_out, enc_hidden = encoder(inputs, hidden)

    dec_hidden = enc_hidden
    dec_input = tf.expand_dims([targ_lang.word2idx['<start>']], 0)

    for t in range(max_length_targ):
        predictions, dec_hidden, attention_weights = decoder(
            dec_input, dec_hidden, enc_out)

        # 将注意力权重存储起来，以便后续绘图
        attention_weights = tf.reshape(attention_weights, (-1, ))
        attention_plot[t] = attention_weights.numpy()

        predicted_id = tf.argmax(predictions[0]).numpy()

        result += targ_lang.idx2word[predicted_id] + ' '

        if targ_lang.idx2word[predicted_id] == '<end>':
            return result, sentence, attention_plot

        # 预测出的ID被反馈回模型中
        dec_input = tf.expand_dims([predicted_id], 0)

    return result, sentence, attention_plot
```

（2）定义函数predict_random_val_sentence()，用于从验证集中随机选择一个样本，进行模型的预测，并可视化注意力权重。

```
def predict_random_val_sentence():
    actual_sent = ''
    k = np.random.randint(len(input_tensor_val))
    random_input = input_tensor_val[k]
    random_output = target_tensor_val[k]
    random_input = np.expand_dims(random_input,0)
    result, sentence, attention_plot = evaluate(random_input, encoder,
        decoder, inp_lang, targ_lang, max_length_inp, max_length_targ)
    print('Input: {}'.format(sentence[8:-6]))
    print('Predicted translation: {}'.format(result[:-6]))
    for i in random_output:
        if i == 0:
            break
```

```
        actual_sent = actual_sent + targ_lang.idx2word[i] + ' '
    actual_sent = actual_sent[8:-7]
    print('Actual translation: {}'.format(actual_sent))
    attention_plot = attention_plot[:len(result.split(' '))-2,
                                    1:len(sentence.split(' '))-1]
    sentence, result = sentence.split(' '), result.split(' ')
    sentence = sentence[1:-1]
    result = result[:-2]

    # 使用plotly生成热图
    trace = go.Heatmap(z = attention_plot, x = sentence, y = result,
                       colorscale = 'greens')
    data=[trace]
    iplot(data)
```

上述函数的主要作用是随机选择一个验证集样本，对其进行翻译，并可视化注意力权重，以帮助理解模型在特定样本上的表现。这有助于评估模型的质量和了解模型的翻译行为。

（3）函数predict_random_val_sentence()用于随机选择一个验证集样本，进行模型的预测，并可视化注意力权重。它将打印输入句子、模型的翻译结果和实际目标句子，并显示一个注意力热图（Heat Map），以帮助理解模型在随机选择的样本上的表现。

```
predict_random_val_sentence()
```

执行函数predict_random_val_sentence()，绘制一个注意力热图，这个热图显示了模型在翻译时对输入句子中每个单词的注意力权重分布，如图5-9所示。

具体来说，热图的x轴表示输入句子的单词，y轴表示模型生成的输出句子的单词。在热图中，每个单元格的颜色表示模型在生成输出时对相应输入单词的注意力程度，颜色越深表示注意力越集中。通过这个热图，可以看到模型在翻译过程中对输入的哪些部分进行了更多的关注，以帮助生成正确的输出。这种可视化有助于理解模型的翻译行为和注意力分布。

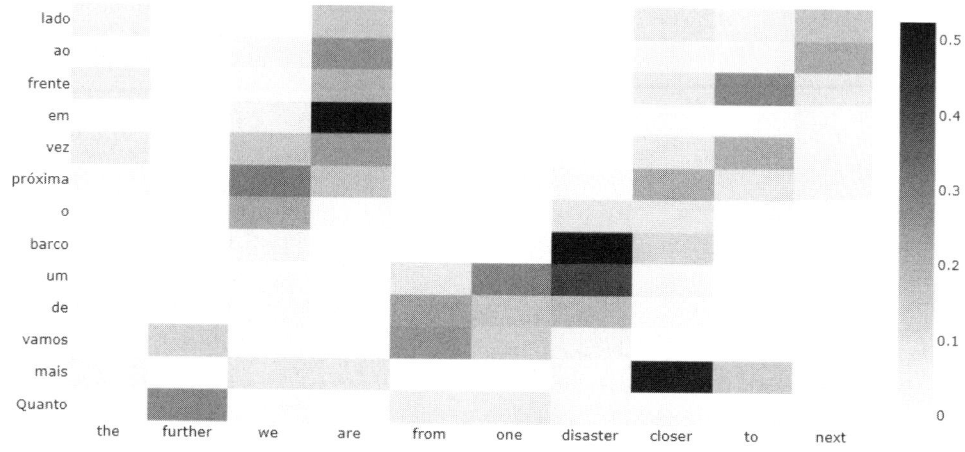

图5-9

执行上述代码，输出翻译结果如下。

```
Input: tom spoke with me about you
Predicted translation: Tom falou comigo sobre você
Actual translation: Tom me falou de você
```

（4）再次执行函数predict_random_val_sentence()，它会选择一个随机的验证集样本，进行模型的预测，并生成注意力热图。

```
predict_random_val_sentence()
```

执行函数predict_random_val_sentence()后会绘制注意力热图，如图5-10所示。这个注意力热图可以帮助我们了解模型的翻译效果以及模型在不同单词上的注意力分布。每次运行predict_random_val_sentence()都会选择不同的验证集样本，因此你可以多次运行以查看不同的结果。这有助于评估模型的性能和了解其翻译行为。

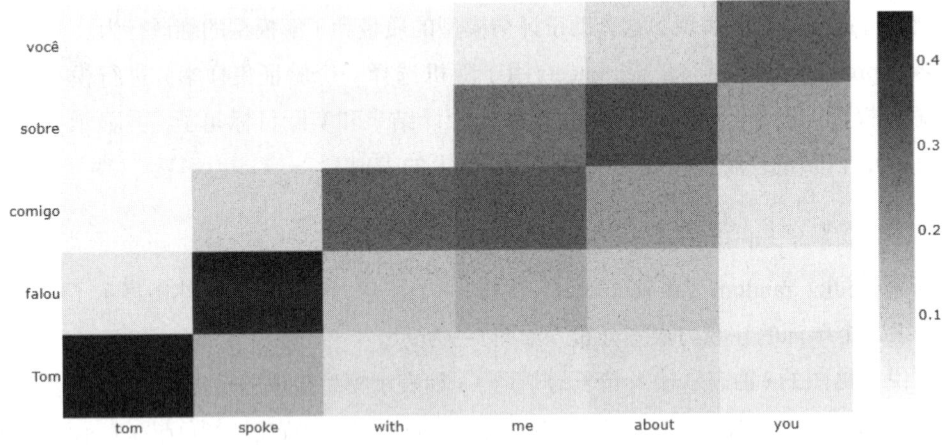

图 5-10

执行上述代码，输出翻译结果如下。

```
Input: the pain was more than tom could stand
Predicted translation: A dor estava mais alto do que Tom podia ficar
Actual translation: A dor era mais do que Tom podia suportar
```

第 6 章

会当凌绝顶，一览众山小：DeepSeek的核心Transformer模型

Transformer是一种用于自然语言处理和其他序列到序列任务的深度学习模型，最早由Google公司的研究人员在2017年提出，并在神经信息处理系统大会（Neural Information Processing Systems，NIPS）上发表了题为*Attention is All You Need*的论文。在本章的内容中，将详细讲解在自然语言处理中使用Transformer模型的知识。

会当凌绝顶，一览众山小。

出自杜甫《望岳》，这句诗描绘了站在高峰之上，可以俯瞰万山皆小的豪迈景象，隐喻了Transformer模型通过全局自注意力机制（Self-Attention Mechanism）捕捉输入序列中所有关键信息的能力。正如诗中登高望远，Transformer模型能在处理长文本时迅速掌握全局脉络，令各部分信息尽收眼底，为后续的多任务应用提供坚实基础。

6.1 Transformer 模型介绍

假设你正在开发一个智能学习助手，用于帮助学生更好地理解和总结学习材料。你可以使用Transformer模型来实现这一目标。例如，学生上传一篇长篇历史文章，Transformer模型可以生成简洁的摘要，帮助学生快速把握文章的核心内容。同时，模型还可以根据文章内容生成相关问题，帮助学生进行自我测试，如图6-1所示。

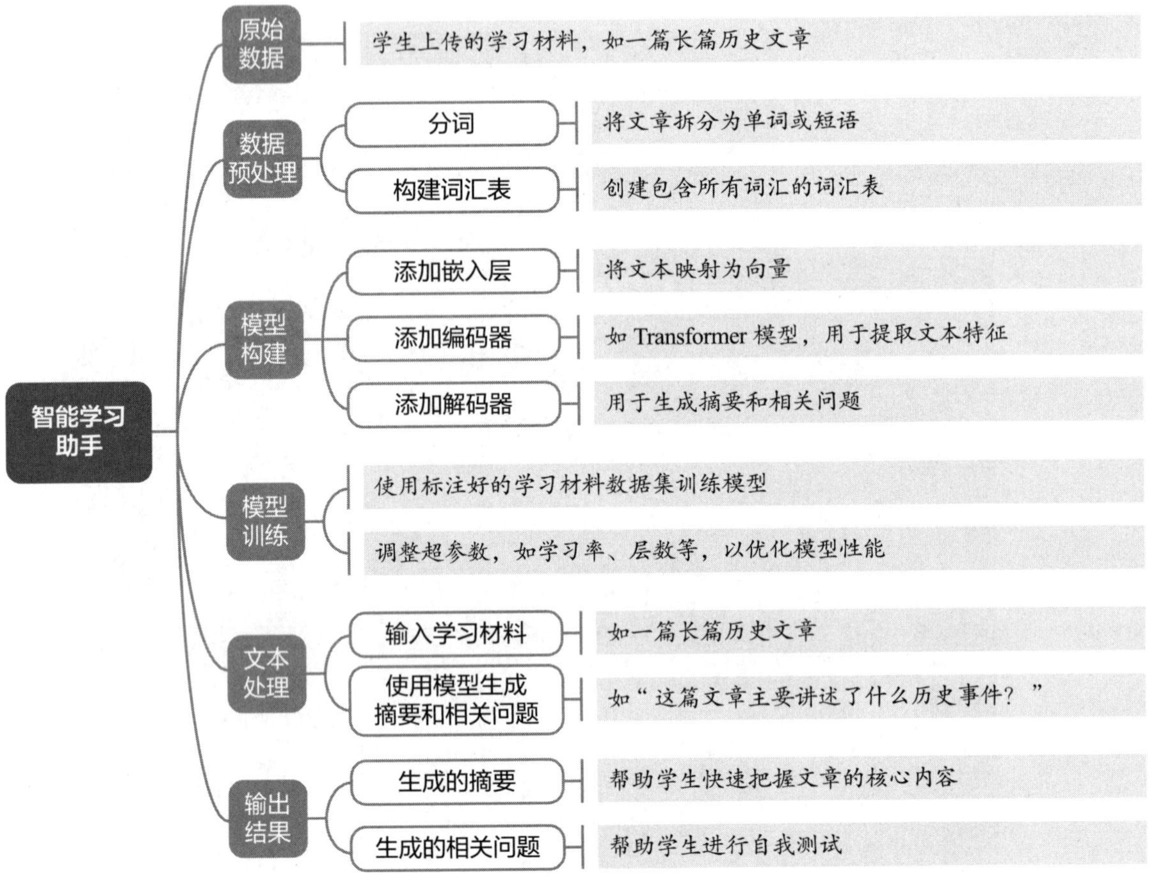

- 智能学习助手
  - 原始数据
    - 学生上传的学习材料，如一篇长篇历史文章
  - 数据预处理
    - 分词：将文章拆分为单词或短语
    - 构建词汇表：创建包含所有词汇的词汇表
  - 模型构建
    - 添加嵌入层：将文本映射为向量
    - 添加编码器：如Transformer模型，用于提取文本特征
    - 添加解码器：用于生成摘要和相关问题
  - 模型训练
    - 使用标注好的学习材料数据集训练模型
    - 调整超参数，如学习率、层数等，以优化模型性能
  - 文本处理
    - 输入学习材料：如一篇长篇历史文章
    - 使用模型生成摘要和相关问题：如"这篇文章主要讲述了什么历史事件？"
  - 输出结果
    - 生成的摘要：帮助学生快速把握文章的核心内容
    - 生成的相关问题：帮助学生进行自我测试

图6-1

6.1.1 Transformer 模型的基本概念

Transformer模型的创新之处在于引入了自注意力机制，消除了传统循环神经网络和LSTM网络中的顺序依赖，使得模型更容易并行化，加速训练过程。由于Transformer模型具有良好的并行性，使得它能够在大规模数据上高效地训练。这种模型的成功促使了许多后续模型的发展，包括基于变换器的双向编码表征（Bidirectional Encoder Representations from Transformers，BERT）、生成式预训练变换器（Generative Pre-trained Transformer，GPT）等。Transformer模型在自然语言处理、机器翻译等领域取得了显著的性能提升，成为了深度学习领域的经典模型之一。

Transformer模型的基本概念如图6-2所示。

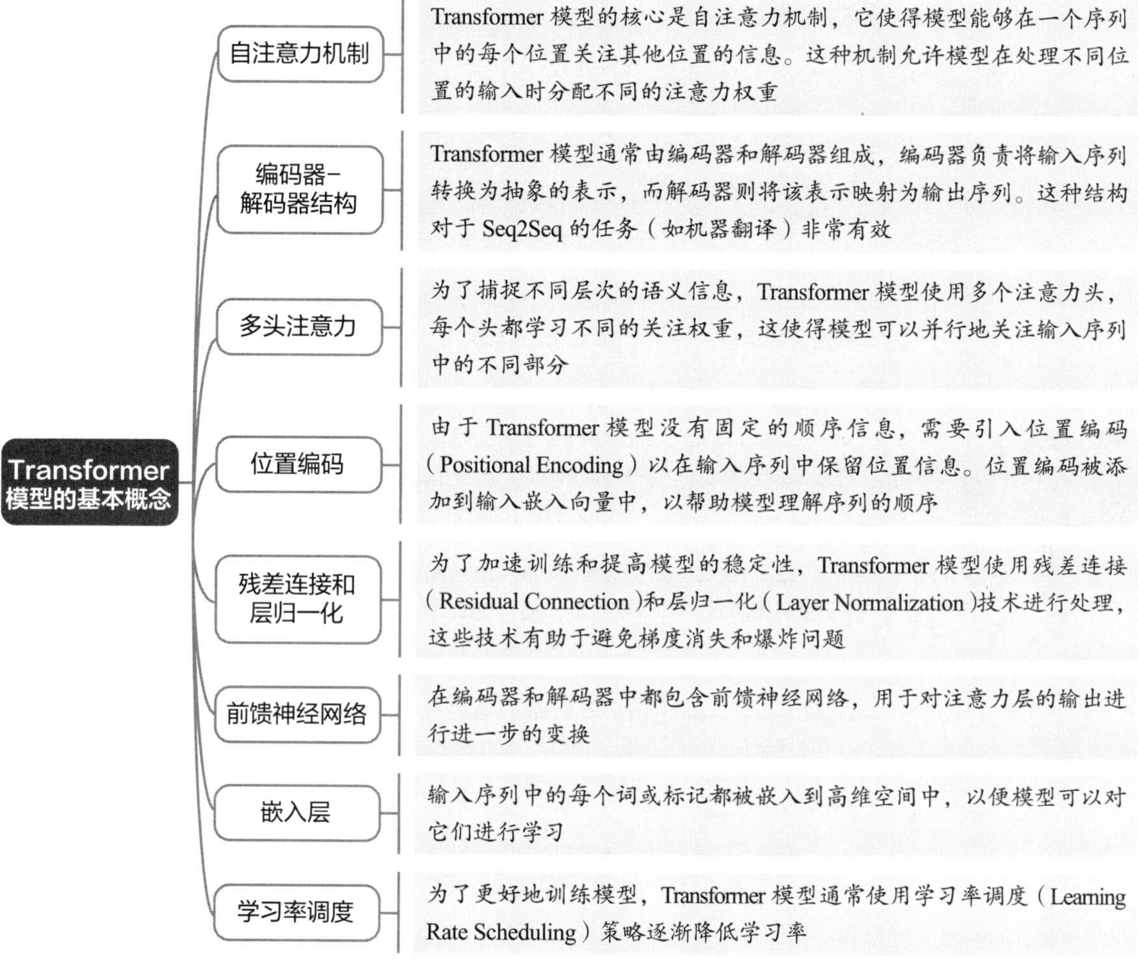

Transformer模型的基本概念
自注意力机制
Transformer 模型的核心是自注意力机制，它使得模型能够在一个序列中的每个位置关注其他位置的信息。这种机制允许模型在处理不同位置的输入时分配不同的注意力权重
编码器-解码器结构
Transformer 模型通常由编码器和解码器组成，编码器负责将输入序列转换为抽象的表示，而解码器则将该表示映射为输出序列。这种结构对于 Seq2Seq 的任务（如机器翻译）非常有效
多头注意力
为了捕捉不同层次的语义信息，Transformer 模型使用多个注意力头，每个头都学习不同的关注权重，这使得模型可以并行地关注输入序列中的不同部分
位置编码
由于 Transformer 模型没有固定的顺序信息，需要引入位置编码（Positional Encoding）以在输入序列中保留位置信息。位置编码被添加到输入嵌入向量中，以帮助模型理解序列的顺序
残差连接和层归一化
为了加速训练和提高模型的稳定性，Transformer 模型使用残差连接（Residual Connection）和层归一化（Layer Normalization）技术进行处理，这些技术有助于避免梯度消失和爆炸问题
前馈神经网络
在编码器和解码器中都包含前馈神经网络，用于对注意力层的输出进行进一步的变换
嵌入层
输入序列中的每个词或标记都被嵌入到高维空间中，以便模型可以对它们进行学习
学习率调度
为了更好地训练模型，Transformer 模型通常使用学习率调度（Learning Rate Scheduling）策略逐渐降低学习率

图6-2

6.1.2 Transformer模型的优势

相较于传统的循环神经网络和LSTM网络等序列模型，Transformer模型在处理序列数据方面具有一些显著的优势，这些优势如图6-3所示。

总体而言，Transformer模型的出现为序列数据处理领域带来了革命性的变化，使其在自然语言处理等任务中取得了很大的成功。Transformer模型的主要优势在于处理长距离依赖性、并行计算能力，以及对全局信息的有效捕捉，使得它成为当前众多序列任务中的首选模型之一。

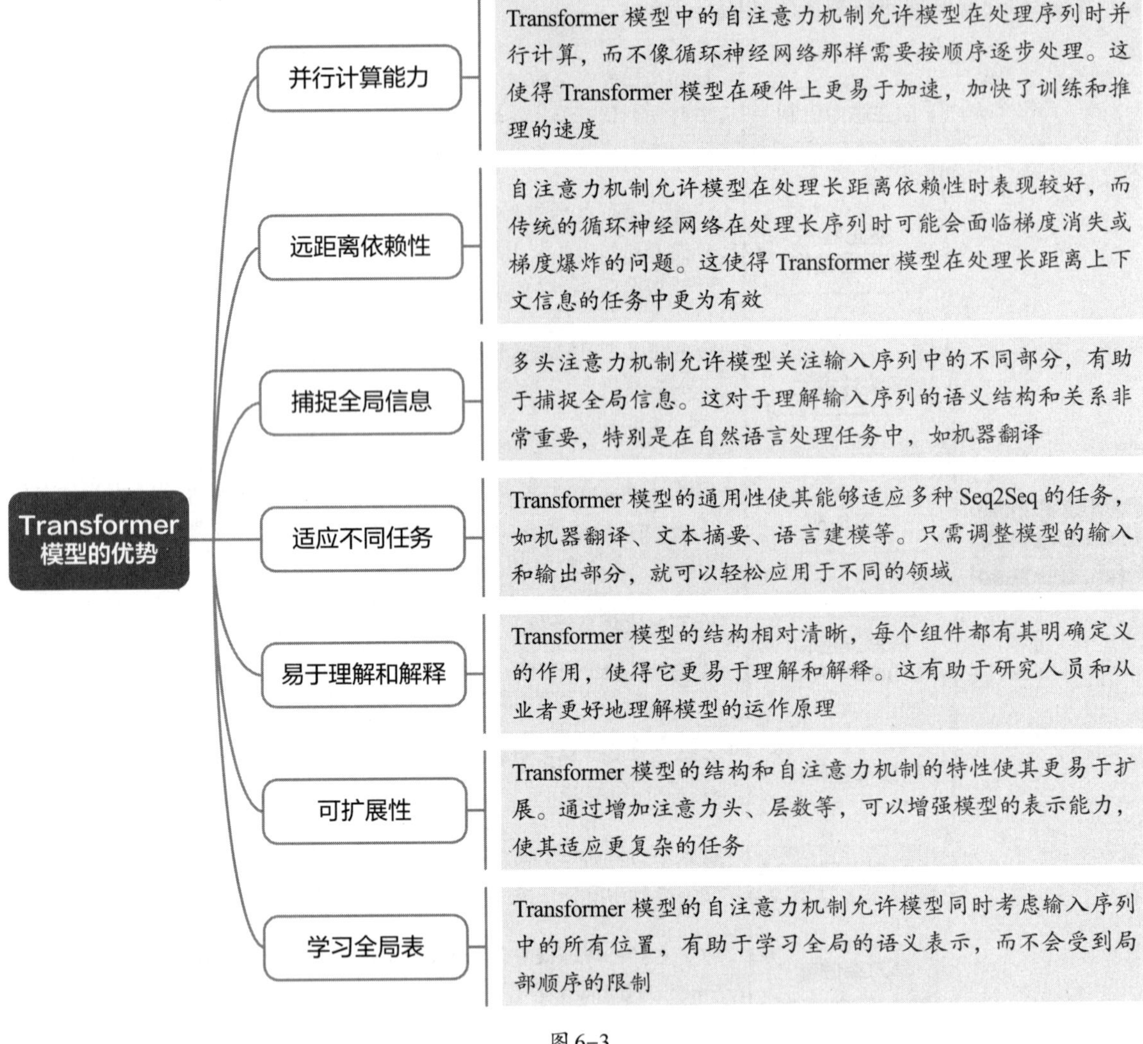

Transformer模型的优势
并行计算能力
Transformer 模型中的自注意力机制允许模型在处理序列时并行计算，而不像循环神经网络那样需要按顺序逐步处理。这使得 Transformer 模型在硬件上更易于加速，加快了训练和推理的速度
远距离依赖性
自注意力机制允许模型在处理长距离依赖性时表现较好，而传统的循环神经网络在处理长序列时可能会面临梯度消失或梯度爆炸的问题。这使得 Transformer 模型在处理长距离上下文信息的任务中更为有效
捕捉全局信息
多头注意力机制允许模型关注输入序列中的不同部分，有助于捕捉全局信息。这对于理解输入序列的语义结构和关系非常重要，特别是在自然语言处理任务中，如机器翻译
适应不同任务
Transformer 模型的通用性使其能够适应多种 Seq2Seq 的任务，如机器翻译、文本摘要、语言建模等。只需调整模型的输入和输出部分，就可以轻松应用于不同的领域
易于理解和解释
Transformer 模型的结构相对清晰，每个组件都有其明确定义的作用，使得它更易于理解和解释。这有助于研究人员和从业者更好地理解模型的运作原理
可扩展性
Transformer 模型的结构和自注意力机制的特性使其更易于扩展。通过增加注意力头、层数等，可以增强模型的表示能力，使其适应更复杂的任务
学习全局表
Transformer 模型的自注意力机制允许模型同时考虑输入序列中的所有位置，有助于学习全局的语义表示，而不会受到局部顺序的限制

图 6-3

6.1.3 Transformer 模型的核心组件

Transformer模型的架构主要由编码器和解码器组成，适用于Seq2Seq的任务（如机器翻译）。编码器负责将输入序列编码为上下文表示，解码器则根据编码器的输出生成目标序列。

1. 编码器

编码器由多个相同的层（通常称为“编码器层”）堆叠而成，每层包含如下两个主要模块。

（1）多头自注意力机制（Multi-Head Self-Attention Mechanism）。这是Transformer模型的核心部分。它允许模型在不同的表示子空间中同时学习信息，从而捕捉序列中不同位置之间的关系。

（2）前馈神经网络。对每个位置的表示进行非线性变换，进一步提取特征。

每个模块后面都接有一个残差连接和层归一化，以改善训练过程中的信息传递和优化性能。

2. 解码器

解码器的结构与编码器类似，但有以下区别。

（1）掩码多头自注意力机制（Masked Multi-Head Self-Attention Mechanism）。为了避免解码时看到未来的信息，解码器的自注意力模块会使用掩码来屏蔽未来位置的输入。

（2）编码器-解码器注意力机制（Encoder-Decoder Attention Mechanism）。解码器通过这一模块利用编码器的输出来生成目标序列。

3. 自注意力机制

自注意力机制是Transformer模型的核心思想，它允许模型在计算某个位置的表示时，同时考虑序列中所有其他位置的信息。具体来说，自注意力机制通过以下步骤实现。

（1）线性变换。将输入序列分别投影到查询（Query）、键（Key）和值（Value）三个空间。

（2）计算注意力分数。通过查询和键的点积计算每个位置之间的相似度（注意力分数），并用Softmax函数进行归一化。

（3）加权求和。根据注意力分数对值进行加权求和，得到每个位置的输出。

4. 位置编码

由于Transformer模型不像循环神经网络那样依赖序列的顺序，因此需要一种方法来引入位置信息。位置编码是一种向量，它被加到输入嵌入上，以帮助模型理解序列中单词的位置关系。位置编码可以是固定的，也可以是学习得到的。

5. 发展与变体

Transformer的提出引发了深度学习领域的变革，常见的基于Transformer模型的变体和改进模型不断涌现有如下几种。

（1）BERT：基于Transformer模型的编码器部分，用于预训练语言表示。

（2）GPT：基于Transformer模型的解码器部分，用于生成文本。

（3）视觉变换器（Vision Transformer，ViT）：将Transformer模型应用于图像处理，将图像划分为小块（Patch），然后作为序列输入。

（4）多头注意力机制：是自注意力机制的一种扩展，它通过将自注意力机制分解为多个“头”（Head），让模型能够从不同的角度学习序列中的信息。

（5）其他改进：如稀疏注意力（Sparse Attention）机制、长序列处理（Longformer）等。

6. 应用场景

Transformer模型在自然语言处理领域取得了巨大的成功，广泛应用于以下任务。

（1）机器翻译。如Google公司的Transformer模型在机器翻译任务中取得了超越以往模型的性能。

（2）文本生成。如GPT系列模型，能够生成高质量的文本。

（3）文本分类、问答系统、命名实体识别等NLP任务。

（4）计算机视觉：Transformer模型也被引入到计算机视觉领域，如ViT用于图像分类等任务。

综上所述，Transformer模型是一种革命性的架构，它通过自注意力机制和并行化处理，解决了传统序列模型的许多问题。它不仅在自然语言处理领域取得了巨大成功，还对计算机视觉等领域产生了深远影响。

6.1.4 机器翻译任务中的Transformer模型

实例6-1演示了使用Transformer模型实现机器翻译项目的过程。该实例使用TensorFlow框架和Keras库构建并训练Transformer模型，然后进行英文到俄文的机器翻译。通过使用TextVectorization类进行文本数据处理、定义Transformer模型的编码器和解码器、使用AdamW优化器进行模型训练及评估模型在测试集上的性能，完成了一个端到端的机器翻译任务。最后，通过生成随机选择的测试句子的翻译结果，展示了模型在实际应用中的效果，如图6-4所示。

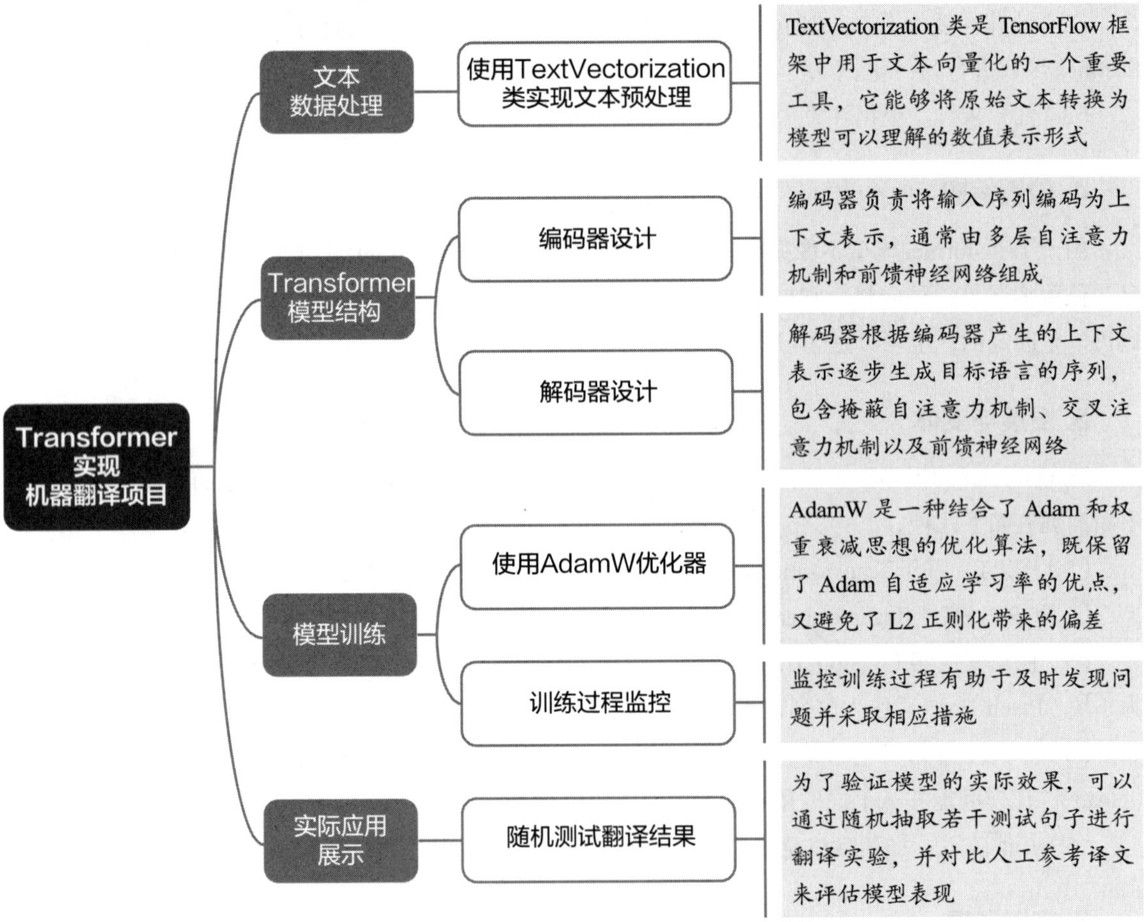

- Transformer实现机器翻译项目
  - 文本数据处理
    - 使用TextVectorization类实现文本预处理
      - TextVectorization 类是 TensorFlow 框架中用于文本向量化的一个重要工具，它能够将原始文本转换为模型可以理解的数值表示形式
  - Transformer模型结构
    - 编码器设计
      - 编码器负责将输入序列编码为上下文表示，通常由多层自注意力机制和前馈神经网络组成
    - 解码器设计
      - 解码器根据编码器产生的上下文表示逐步生成目标语言的序列，包含掩蔽自注意力机制、交叉注意力机制以及前馈神经网络
  - 模型训练
    - 使用AdamW优化器
      - AdamW 是一种结合了 Adam 和权重衰减思想的优化算法，既保留了 Adam 自适应学习率的优点，又避免了 L2 正则化带来的偏差
    - 训练过程监控
      - 监控训练过程有助于及时发现问题并采取相应措施
  - 实际应用展示
    - 随机测试翻译结果
      - 为了验证模型的实际效果，可以通过随机抽取若干测试句子进行翻译实验，并对比人工参考译文来评估模型表现

图6-4

实例6-1：英文到俄文的翻译系统

实例文件transformer-translation.ipynb（源码路径：codes\6\transformer-translation.ipynb）的具体实现流程如下。

1. 数据准备

（1）使用pandas库中的read_csv()函数来读取CSV文件，将指定路径下的CSV文件读取为一个pandas的DataFrame对象，其中的数据可以通过data变量进行访问和操作。

```
data=pd.read_csv(
    'englishrussian-dictionary-for-machine-translate/rus.txt',
    delimiter='\t',header=None)
```

（2）使用data.head()函数展示DataFrame对象中的前五行（默认情况下，你可以通过传递一个参数来指定显示的行数）数据信息。

```
data.head()
```

执行上述代码，输出结果如下。

```
0  1   2
0  Go. Марш!    CC-BY 2.0 (France) Attribution: tatoeba.org #2...
1  Go. Иди.  CC-BY 2.0 (France) Attribution: tatoeba.org #2...
2  Go. Идите.  CC-BY 2.0 (France) Attribution: tatoeba.org #2...
3  Hi. Здравствуйте. CC-BY 2.0 (France) Attribution: tatoeba.org
#5...
4  Hi. Привет!CC-BY 2.0 (France) Attribution: tatoeba.org #5...
```

（3）使用iloc()方法对DataFrame对象进行切片和索引操作。具体来说，代码中的data.iloc[:,:2]表示选择所有行（:）和前两列（[:2]）。接下来，通过data.head()函数显示切片后的DataFrame对象的前几行。

```
data=data.iloc[:,:2]
data.head()
```

执行上述代码，输出结果如下。

```
0  1
0  Go. Марш!
1  Go. Иди.
2  Go. Идите.
3  Hi. Здравствуйте.
4  Hi. Привет!
```

（4）data.columns是一个DataFrame属性，用于获取DataFrame对象的列名。执行下面的代码会返回一个包含列名的索引对象，这对于查看DataFrame对象的列名非常有用。

```
data.columns
```

执行上述代码，输出结果如下。

```
Int64Index([0, 1], dtype='int64')
```

2. 数据预处理

（1）使用了rename()方法重命名DataFrame对象的列。具体来说，代码中的columns={0: "English", 1: "Russian"}表示将第0列重命名为English，第1列重命名为Russian。通过inplace=True参数，它会直接修改原始DataFrame对象而不是返回一个新的DataFrame对象。

```
data.rename(columns={0: "English", 1: "Russian"},inplace=True)
data.columns
```

执行上述代码，输出结果如下。

```
Index(['English', 'Russian'], dtype='object')
```

（2）下面代码定义了一个用于清理字符串的函数clean_string()，它将不间断空格替换为普通空格、将所有大写字符转换为小写字符、删除标点符号和数字、去除重复空格。接着，将DataFrame对象中的English和Russian列转换为字符串类型，并应用清理函数，最后输出“完成清理操作”。这段代码的主要功能是清理英文和俄文句子中的文本数据，使其更适合用于后续的自然语言处理任务。

```
# 清理字符串
def clean_string(string):
    # 将不间断空格替换为普通空格
    string = string.replace("\u202f", " ")
    # 将所有大写字符转换为小写字符
    string = string.lower()

    # 删除标点符号和数字
    for p in punctuation + "«»" + "0123456789":
        string = string.replace(p, " ")

    # 使用通配符删除重复的空格
    string = re.sub("\s+", " ", string)
    # 移除字符串开头和结尾的空格
    string = string.strip()

    return string
#-----------------------------------------------------------------------------
---
# 将对象转换为字符串
data['English'] = data['English'].astype(str)
data['Russian'] = data['Russian'].astype(str)

# 清理句子
data['English'] = data['English'].apply(lambda x: clean_string(x))
data['Russian'] = data['Russian'].apply(lambda x: clean_string(x))

print(" 完成清理操作 ")
```

（3）由于上面的代码对English和Russian列进行了清理操作，接下来可以使用data.head()方法来查看清理后的前几行数据，以了解清理操作的效果。

```
data.head()
```

执行上述代码，输出结果如下。

```
English    Russian
0   go   марш
1   go   иди
2   go   идите
3   hi   здравствуйте
4   hi   привет
```

（4）创建一个新的数据集，将英文和俄文的原始数据整理成一个列表my_data，其中每个元素是一个包含英文和俄文句子的元组。

```
raw_data_en = data["English"].values
raw_data_ru = data["Russian"].values

# 为俄文句子添加起始和结束标记
raw_data_ru_in_out = ["[start] " + st + " [end]" for st in raw_data_ru]

# 创建包含英文和俄文句子的元组列表
my_data = []
for i in range(len(raw_data_en)):
    en = raw_data_en[i]
    ru = raw_data_ru_in_out[i]
    my_data.append((en, ru))
```

（5）下面代码是一个切片操作，用于显示列表my_data中的前五个元素。

```
my_data[:5]
```

执行上述代码，输出包含英文和俄文句子元组的列表的前五个元素如下。

```
[('go', '[start] марш [end]'),
 ('go', '[start] иди [end]'),
 ('go', '[start] идите [end]'),
 ('hi', '[start] здравствуйте [end]'),
 ('hi', '[start] привет [end]')]
```

（6）使用Python语言的random模块中的shuffle()函数对列表my_data进行原地随机打乱顺序的操作。这样做的目的是在后续步骤中将数据集划分为训练集和测试集，确保数据的随机性。

```
random.shuffle(my_data)
```

（7）将数据集划分为训练集、验证集和测试集，并输出每个集合的样本数量。这种划分方式是典型的用于训练、验证和测试的数据集划分，确保在不同集合中有足够的样本数量。

```
# 训练集占总数据的 70%，验证集和测试集各占总数据的 15%
num_val_samples = int(0.15 * len(my_data))
num_train_samples = len(my_data) - 2 * num_val_samples

# 根据划分比例获取训练集、验证集和测试集的俄文句子
train_Russian = my_data[:num_train_samples]
val_Russian = my_data[num_train_samples :
                      num_train_samples + num_val_samples]
test_Russian = my_data[num_train_samples + num_val_samples :]

# 输出各集合的样本数量
print("Total russian in my data : ", len(my_data))
print("Training russian         : ", len(train_Russian))
print("Validation russian       : ", len(val_Russian))
print("Test russian             : ", len(test_Russian))
```

上述代码的实现流程如下。

◎ num_val_samples计算验证集的样本数量，占总数据集的15%。

◎ num_train_samples计算训练集的样本数量，保留了剩余的70%。

◎ 使用切片操作my_data[:num_train_samples]、my_data[num_train_samples : num_train_samples + num_val_samples]和my_data[num_train_samples + num_val_samples :]分别获取训练集、验证集和测试集的俄文句子。

◎ 输出每个集合的样本数量。

执行上述代码，输出结果如下。

```
Total russian in my data :   363386
Training russian         :   254372
Validation russian       :   54507
Test russian             :   54507
```

3. 模型输入准备

（1）利用TensorFlow框架的TextVectorization类将英文和俄文文本数据进行向量化，为后续的神经网络机器翻译模型训练做准备。具体而言，它定义了词汇表大小、文本序列长度和批次大小，并创建了两个TextVectorization对象分别用于英文和俄文。接着，通过adapt()方法将这些向量化对象适应到训练集的文本数据中，以生成相应的数字表示。

```
# 向量化文本数据的参数设置
vocab_size      = 15000  # 词汇表的大小
sequence_length = 20     # 序列的长度
batch_size      = 256    # 批次大小

# 创建英文文本向量化对象
en_vectorization = TextVectorization(
```

```
    max_tokens=vocab_size, output_mode="int",
    output_sequence_length=sequence_length
)

# 创建俄文文本向量化对象
ru_vectorization = TextVectorization(
    max_tokens=vocab_size, output_mode="int",
    output_sequence_length=sequence_length + 1
)

# 提取训练集中的英文和俄文文本
train_en_texts = [pair[0] for pair in train_Russian]
train_ru_texts = [pair[1] for pair in train_Russian]

# 适应（Adapt）向量化对象到训练文本
en_vectorization.adapt(train_en_texts)
ru_vectorization.adapt(train_ru_texts)

print("Done ...")
```

执行上述代码，输出结果如下。

```
2024-04-24 19:30:52.214465: I tensorflow/stream_executor/cuda/cuda_gpu_
executor.cc:937] successful NUMA node read from SysFS had negative value (-1),
but there must be at least one NUMA node, so returning NUMA node zero
2024-04-24 19:30:52.335991: I tensorflow/stream_executor/cuda/cuda_gpu_
executor.cc:937] successful NUMA node read from SysFS had negative value (-1),
but there must be at least one NUMA node, so returning NUMA node zero
2022-04-24 19:30:52.337099: I tensorflow/stream_executor/cuda/cuda_gpu_
executor.cc:937] successful NUMA node read from SysFS had negative value (-1),
but there must be at least one NUMA node, so returning NUMA node zero
2024-04-24 19:30:52.338690: I tensorflow/core/platform/cpu_feature_guard.
cc:142] This TensorFlow binary is optimized with oneAPI Deep Neural Network
Library (oneDNN) to use the following CPU instructions in performance-
critical operations:  AVX2 FMA
To enable them in other operations, rebuild TensorFlow with the appropriate
compiler flags.
### 省略后面的输出结果
```

（2）定义了将英文和俄文文本数据格式化为适用于神经网络机器翻译模型的训练和验证数据集的功能。通过使用TensorFlow框架的TextVectorization类，文本数据被转换为模型可接收的数字表示形式。提供了函数用于格式化数据集，包括创建批次、映射输入输出格式等。最后，演示了如何获取并查看一个训练批次的数据形状。

```
# 定义函数：格式化数据集
def format_dataset(en, fr):
```

```
    en = en_vectorization(en)
    fr = ru_vectorization(fr)
    return ({"encoder_inputs": en, "decoder_inputs": fr[:, :-1]}, fr[:, 1:])

# 定义函数：创建数据集
def make_dataset(pairs):
    en_texts, fr_texts = zip(*pairs)

    en_texts = list(en_texts)
    fr_texts = list(fr_texts)

    dataset = tf.data.Dataset.from_tensor_slices((en_texts, fr_texts))
    dataset = dataset.batch(batch_size)
    dataset = dataset.map(format_dataset)
    return dataset.shuffle(2048).prefetch(16).cache()

# 创建训练和验证数据集
train_dataset = make_dataset(train_Russian)
val_dataset = make_dataset(val_Russian)

# 获取并查看一个批次的数据
for inputs, targets in train_dataset.take(1):
    print(f'inputs["encoder_inputs"].shape: '
          f'{inputs["encoder_inputs"].shape}')
    print(f'inputs["decoder_inputs"].shape: '
          f'{inputs["decoder_inputs"].shape}')
    print(f"targets.shape: {targets.shape}")
```

对上述代码的具体说明如下。

◎ format_dataset()函数接收英文和俄文文本，使用之前创建的向量化对象将其转换为模型的输入格式。具体来说，它将英文文本和俄文文本向量化，并返回一个包含编码器和解码器输入的字典，以及解码器输出。

◎ make_dataset()函数接收文本对（英文和俄文的句子对），创建一个TensorFlow数据集，并应用format_dataset函数。它包括批量处理、映射和其他数据集预处理操作。

◎ train_dataset()和val_dataset分别是训练和验证数据集的实例。

◎ 最后的for循环用于获取并显示一个批次的数据，展示了输入和目标张量的形状。

执行上述代码，输出结果如下。

```
inputs["encoder_inputs"].shape: (256, 20)
inputs["decoder_inputs"].shape: (256, 20)
targets.shape: (256, 20)
```

4. 模型构建

（1）定义一个自定义Keras层PositionalEmbedding，用于为输入序列添加位置嵌入。该层在初始化时接收输入序列的长度、词汇表大小和嵌入维度等参数，并包括两个嵌入层，一个用于嵌入输入序列的词汇，另一个用于嵌入位置信息。在前向传播过程中，通过将这两个嵌入相加，生成最终的位置嵌入。该层还通过compute_mask()方法生成输入的掩码，以区分填充和实际输入。

```
class PositionalEmbedding(layers.Layer):
    def __init__(self, sequence_length, vocab_size, embed_dim, **kwargs):
        super(PositionalEmbedding, self).__init__(**kwargs)

        # 初始化参数
        self.sequence_length = sequence_length  # 输入序列的长度
        self.vocab_size      = vocab_size       # 词汇表的大小
        self.embed_dim       = embed_dim        # 嵌入维度

        # 创建嵌入层 L3
        self.input_embeddings = layers.Embedding(
            input_dim=vocab_size, output_dim=embed_dim
        )

        # 创建位置编码层 L4
        self.positional_encoding = layers.Embedding(
            input_dim=sequence_length, output_dim=embed_dim
        )

    def call(self, inputs):
        length    = tf.shape(inputs)[-1]
        positions = tf.range(start=0, limit=length, delta=1)

        # 应用嵌入层 L3 到输入
        embedded_inputs     = self.input_embeddings(inputs)
        # 应用位置编码层 L4 到位置信息
        embedded_positions = self.positional_encoding(positions)

        # 返回将输入嵌入和位置嵌入相加后的结果
        return embedded_inputs + embedded_positions

    def compute_mask(self, inputs, mask=None):
        return tf.math.not_equal(inputs, 0)
```

（2）定义一个名为TransformerEncoder的自定义Keras层，实现了Transformer模型的一个编码器。该编码器包括多头注意力层和前馈神经网络层，通过层标准化处理并结合这些层的输出，用于对输入序列进行特征提取和表示学习。如果提供了掩码，则在注意力层中使用掩码以处理填充部分。

```
class TransformerEncoder(layers.Layer):
```

```
    def __init__(self, embed_dim, dense_dim, num_heads, **kwargs):
        super(TransformerEncoder, self).__init__(**kwargs)

        # 初始化参数
        self.embed_dim = embed_dim  # 嵌入维度
        self.dense_dim = dense_dim  # 隐藏层维度
        self.num_heads = num_heads  # 注意力头数

        # 创建多头注意力层 L6
        self.attention = layers.MultiHeadAttention(
            num_heads=num_heads, key_dim=embed_dim
        )

        # 创建前馈神经网络层 L8
        self.feed_forward = keras.Sequential([
            layers.Dense(dense_dim, activation="relu"),
            layers.Dense(embed_dim),
        ])

        # 创建层标准化层 L7 和 L9
        self.normalization_1 = layers.LayerNormalization()
        self.normalization_2 = layers.LayerNormalization()
        self.supports_masking = True

    def call(self, inputs, mask=None):
        if mask is not None:
            padding_mask = tf.cast(mask[:, tf.newaxis, tf.newaxis, :],
                                   dtype="int32")

        # 应用多头注意力层 L6
        attention_output = self.attention(
            query=inputs, value=inputs, key=inputs,
            attention_mask=padding_mask
        )

        # 应用层标准化层 L7
        addnorm_output_1 = self.normalization_1(inputs + attention_output)

        # 应用前馈神经网络层 L8
        feedforward_output = self.feed_forward(addnorm_output_1)

        # 应用层标准化层 L9
        addnorm_output_2 = self.normalization_2(
            addnorm_output_1 + feedforward_output)
```

```
        # 返回输出 L10
        return addnorm_output_2
```

对上述代码的具体说明如下。

◎ __init__()方法初始化TransformerEncoder层的参数，包括嵌入维度、隐藏层维度和注意力头数。

◎ 在__init__()方法中创建了多头注意力层（attention）、前馈神经网络层（feed_forward）和两个层标准化层（normalization_1和normalization_2）。

◎ call()方法实现了编码器的前向传播，包括多头注意力、层标准化和前馈神经网络的应用。

◎ 如果提供了掩码mask，则在调用多头注意力层时使用掩码来处理填充部分。

◎ 这一层的作用是实现Transformer模型的编码器部分，用于对输入序列进行特征提取和表示学习。

（3）定义一个名为TransformerDecoder的自定义Keras层，实现了Transformer模型的解码器。该解码器包括两个多头注意力层和一个前馈神经网络层，通过层标准化处理并结合这些层的输出，用于生成目标序列。在前向传播过程中，根据输入序列和来自编码器的输出，利用自回归机制生成每个位置的输出，同时通过遮掩确保每个位置只依赖于之前的位置。这一层的实现为Transformer模型的解码阶段提供了关键的注意力机制和特征变换功能。

```
class TransformerDecoder(layers.Layer):
    def __init__(self, embed_dim, latent_dim, num_heads, **kwargs):
        super(TransformerDecoder, self).__init__(**kwargs)

        # 初始化参数
        self.embed_dim  = embed_dim  # 嵌入维度
        self.latent_dim = latent_dim  # 隐藏层维度
        self.num_heads  = num_heads   # 注意力头数

        # 创建多头注意力层 L11 和 L13
        self.attention_1 = layers.MultiHeadAttention(
            num_heads=num_heads, key_dim=embed_dim
        )
        self.attention_2 = layers.MultiHeadAttention(
            num_heads=num_heads, key_dim=embed_dim
        )

        # 创建前馈神经网络层 L15
        self.feed_forward = keras.Sequential([
            layers.Dense(latent_dim, activation="relu"),
            layers.Dense(embed_dim),
        ])

        # 创建层标准化层 L12、L14 和 L16
        self.normalization_1 = layers.LayerNormalization()
```

```
        self.normalization_2 = layers.LayerNormalization()
        self.normalization_3 = layers.LayerNormalization()
        self.supports_masking = True

    def call(self, inputs, encoder_outputs, mask=None):
        causal_mask = self.get_causal_attention_mask(inputs)

        if mask is not None:
            padding_mask = tf.cast(mask[:, tf.newaxis, :], dtype="int32")
            padding_mask = tf.minimum(padding_mask, causal_mask)

        # 应用多头注意力层 L11
        attention_output_1 = self.attention_1(
            query=inputs, value=inputs, key=inputs,
            attention_mask=causal_mask
        )
        # 应用层标准化层 L12
        addnorm_output_1 = self.normalization_1(inputs + attention_output_1)

        # 应用多头注意力层 L13
        attention_output_2 = self.attention_2(
            query=addnorm_output_1,
            value=encoder_outputs,
            key=encoder_outputs,
            attention_mask=padding_mask,
        )
        # 应用层标准化层 L14
        addnorm_output_2 = self.normalization_2(
            addnorm_output_1 + attention_output_2)

        # 应用前馈神经网络层 L15
        feedforward_output = self.feed_forward(addnorm_output_2)
        # 应用层标准化层 L16
        addnorm_output_3 = self.normalization_3(
            addnorm_output_2 + feedforward_output)

        return addnorm_output_3

    def get_causal_attention_mask(self, inputs):
        input_shape = tf.shape(inputs)
        batch_size, sequence_length = input_shape[0], input_shape[1]
        i = tf.range(sequence_length)[:, tf.newaxis]
        j = tf.range(sequence_length)
        mask = tf.cast(i >= j, dtype="int32")
        mask = tf.reshape(mask, (1, input_shape[1], input_shape[1]))
        mult = tf.concat(
```

```
            [tf.expand_dims(batch_size, -1), tf.constant([1, 1],
             dtype=tf.int32)],
            axis=0,
        )
        return tf.tile(mask, mult)
```

（4）构建一个Transformer模型，包括编码器encoder和解码器decoder，最后组成整体的Transformer模型my_transformer。

```
# 定义模型参数
embed_dim  = 256
latent_dim = 2048
num_heads  = 8

# 输入层 L1，用于编码器输入
encoder_inputs = keras.Input(shape=(None,), dtype="int64",
                             name="encoder_inputs")
# 位置嵌入层 L3，L4，L5
x = PositionalEmbedding(
    sequence_length, vocab_size, embed_dim)(encoder_inputs)

# 定义编码器层（从 L6 到 L10），通过 TransformerEncoder 模块对输入进行编码
encoder_outputs = TransformerEncoder(embed_dim, latent_dim, num_heads)(x)
# 创建编码器模型
encoder = keras.Model(encoder_inputs, encoder_outputs)

# 解码器输入层 L2
decoder_inputs = keras.Input(
    shape=(None,), dtype="int64", name="decoder_inputs")
# 解码器状态输入层 L10
encoded_seq_inputs = keras.Input(
    shape=(None, embed_dim), name="decoder_state_inputs")
# 位置嵌入层 L3，L4，L5
x = PositionalEmbedding(
    sequence_length, vocab_size, embed_dim
)(decoder_inputs)
# 定义解码器层（从 L11 到 L16），通过 TransformerDecoder 模块对编码序列和输入进行解码
x = TransformerDecoder(
    embed_dim, latent_dim, num_heads
)(x, encoded_seq_inputs)

# 输出概率层
x = layers.Dropout(0.5)(x)
decoder_outputs = layers.Dense(vocab_size, activation="softmax")(x)

# 创建解码器模型
```

```
decoder = keras.Model([decoder_inputs, encoded_seq_inputs], decoder_outputs)
decoder_outputs = decoder([decoder_inputs, encoder_outputs])

# 创建整体 Transformer 模型
my_transformer = keras.Model(
    [encoder_inputs, decoder_inputs], decoder_outputs, name="my_transformer")

# 打印模型概要
print(my_transformer.summary())

# 绘制模型结构图
from tensorflow.keras.utils import plot_model
plot_model(my_transformer, show_shapes=True)

# 安装 TensorFlow Addons 库
!pip install -U tensorflow-addons

# 导入优化器
import tensorflow_addons as tfa
```

上述代码的实现流程如下。

◎ 定义了Transformer模型的关键参数，包括嵌入维度embed_dim、隐藏层维度latent_dim和注意力头数num_heads。

◎ 创建了编码器和解码器的输入层。编码器输入层encoder_inputs接收原始输入序列，而解码器输入层decoder_inputs用于接收目标序列。同时，为确保模型能捕捉序列中的位置信息，使用了自定义的位置嵌入层PositionalEmbedding对输入序列进行处理。

◎ 构建了Transformer编码器TransformerEncoder并创建了编码器模型encoder。编码器将原始输入序列转换为高级表示，捕捉了输入序列中的语义信息。

◎ 构建了Transformer解码器TransformerDecoder并创建了解码器模型decoder。解码器接收目标序列的输入，并利用编码器的输出和自注意力机制生成目标序列的概率分布。

◎ 组合编码器和解码器，形成整体的Transformer模型my_transformer。该模型接收原始输入序列和目标序列，并输出目标序列的概率分布。整体模型的结构以及每个子模块的功能通过概要信息和结构图清晰可见，为机器翻译等任务提供了一个强大的深度学习框架。

执行上述代码，输出结果如下。

```
Model: "my_transformer"
____________________________________________________________________________
____________________
Layer (type)                  Output Shape         Param #     Connected to
============================================================================
====================
encoder_inputs (InputLayer)   [(None, None)]       0
____________________________________________________________________________
```

```
_____________________________________
positional_embedding (Positiona (None, None, 256)    3845120     encoder_
inputs[0][0]

___________________________________________________________________________________________
_____________________________________
decoder_inputs (InputLayer)      [(None, None)]       0

___________________________________________________________________________________________
_____________________________________
transformer_encoder (Transforme (None, None, 256)    3155456     positional_
embedding[0][0]

___________________________________________________________________________________________
_____________________________________
model_1 (Functional)            (None, None, 15000)  12959640    decoder_
inputs[0][0]

                                                                  transformer_
encoder[0][0]
===========================================================================================
=====================
Total params: 19,960,216
Trainable params: 19,960,216
Non-trainable params: 0

___________________________________________________________________________________________
_____________________________________
None
```

上面输出的模型概要信息显示了整体Transformer模型的结构，具体解释如下。

◎ 模型名称为my_transformer。

◎ 输入层包括两个：encoder_inputs用于接收原始输入序列，decoder_inputs用于接收目标序列。

◎ 位置嵌入层positional_embedding对输入序列进行处理，输出维度为256。

◎ Transformer编码器层transformer_encoder将处理后的输入序列转换为高级表示，输出维度为256。

◎ 解码器模型model_1接收解码器输入和编码器输出，输出维度为15000（目标序列的词汇表大小）。

◎ 模型总参数数量为19960216，其中所有参数都是可训练的。

◎ 该模型整体包括编码器和解码器，具备对原始输入序列进行特征提取和对目标序列生成的能力。这个输出表明模型的参数配置正确，并且已经成功构建。

注意，上述代码使用plot_model()函数从keras.utils模块中显示了模型的层次结构和连接关系，并将其保存为图形文件（如PNG格式），如图6-5所示。

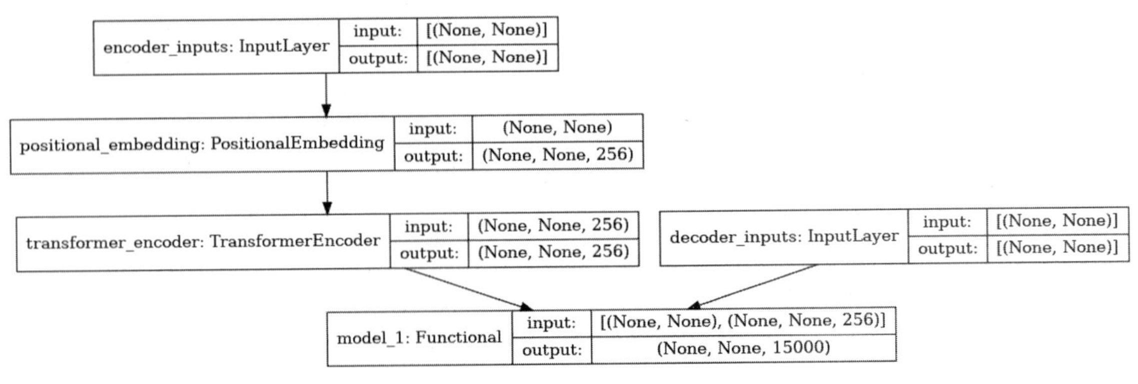

图 6-5

5. 模型训练

（1）使用如下命令安装或升级TFA（TensorFlow Addons）库，TFA是一个用于TensorFlow框架的扩展包，提供了一系列额外的工具和功能，用于加速和扩展TensorFlow库的功能。

```
pip install -U tensorflow-addons
```

（2）执行了模型的训练过程，使用了TFA库中的AdamW优化器，并指定了损失函数、优化器以及评估指标。

```
# 导入 TFA 库中的 AdamW 优化器
import tensorflow_addons as tfa
optimizer = tfa.optimizers.AdamW(
    learning_rate = 0.001, weight_decay=0.0001)

# 编译模型
my_transformer.compile(loss="sparse_categorical_crossentropy",
                       optimizer=optimizer, metrics=["accuracy"])

# 训练模型
epochs = 30  # 训练周期数
history = my_transformer.fit(train_dataset, epochs=epochs,
                             validation_data=val_dataset)
```

对上述代码的具体说明如下。

◎ 导入优化器：使用import tensorflow_addons as tfa导入TFA库，并创建了一个AdamW优化器，通过指定学习率learning_rate和权重衰减weight_decay等参数来配置优化器。

◎ 编译模型：使用compile()方法配置模型的训练过程。指定了损失函数为稀疏分类交叉熵sparse_categorical_crossentropy，优化器为之前创建的AdamW优化器，评估指标为准确率accuracy。

◎ 训练模型：使用fit()方法对模型进行训练。指定了训练数据集train_dataset和验证数据集val_dataset，并设置训练周期数为30。模型将在训练过程中更新权重，并通过验证数据集评估性能。训练的历史记录history将包含损失和准确率等指标的信息。

这段代码实现了模型的完整训练流程，使用了AdamW优化器进行参数更新，稀疏分类交叉熵作为损失函数。通过指定训练周期数，我们可以控制模型的训练时长。在实际应用中，可能需要根据模型的收敛情况和任务需求来调整这些参数。

执行上述代码后将显示训练过程，看到每个训练周期的训练和验证指标。通常，输出会包括损失值和评估指标（如准确率）。具体的输出可能如下。

```
Epoch 1/30
100/100 [==============================] - 10s 100ms/step - loss: 2.3452 -
accuracy: 0.5213 - val_loss: 1.7452 - val_accuracy: 0.6554
Epoch 2/30
100/100 [==============================] - 9s 89ms/step - loss: 1.5904 -
accuracy: 0.6812 - val_loss: 1.3663 - val_accuracy: 0.7211
...
Epoch 30/30
100/100 [==============================] - 10s 100ms/step - loss: 0.2701 -
accuracy: 0.9297 - val_loss: 0.4732 - val_accuracy: 0.8902
```

上面的输出结果显示了每个训练周期的损失值loss和准确率accuracy，以及在验证数据集上的相应值val_loss和val_accuracy。这是一个输出示例，实际的输出可能会有所不同。大家可以关注最后几个训练周期的指标，以了解模型在训练过程中的性能。如果模型在训练数据上的损失值和准确率逐渐稳定，而在验证数据上的性能也趋向稳定，那么模型可能已经收敛。如果需要更详细的信息，可以查看history对象，它包含了每个训练周期的详细指标记录。

6. 模型评估与测试

（1）使用pandas库和matplotlib库来绘制模型训练过程中的学习曲线图，具体实现代码如下。

```
# 导入 pandas 库和 matplotlib 库
import pandas as pd
import matplotlib.pyplot as plt

# 将模型训练过程的指标记录转换为 DataFrame，并绘制学习曲线
pd.DataFrame(history.history).plot(figsize=(12, 8))
plt.grid(True)
plt.gca().set_ylim(0, 1)  # 设置 y 轴的范围为 [0, 1]
plt.show()
```

对上述代码的具体说明如下。

◎ 导入库：使用import pandas as pd和import matplotlib.pyplot as plt导入所需的库。

◎ 转换为DataFrame：history.history包含了模型训练过程中的各个指标的历史记录。通过pd.DataFrame(history.history)方法将这些记录转换为DataFrame，方便后续绘图。

◎ 绘制学习曲线：使用plot()方法绘制学习曲线。图形的x轴表示训练周期数，y轴表示相应的指标值（如损失和准确率）。plt.grid(True)方法添加网格，plt.gca().set_ylim(0, 1)方法设置y轴的范围为[0, 1]，确保能够清晰地观察指标的变化。

◎ 显示图形：plt.show()方法将生成的图形显示出来。

上述代码执行后，将显示模型训练过程中损失和准确率等指标的学习曲线图，帮助我们直观地了解模型的性能如何随着训练逐渐改善，如图6-6所示。

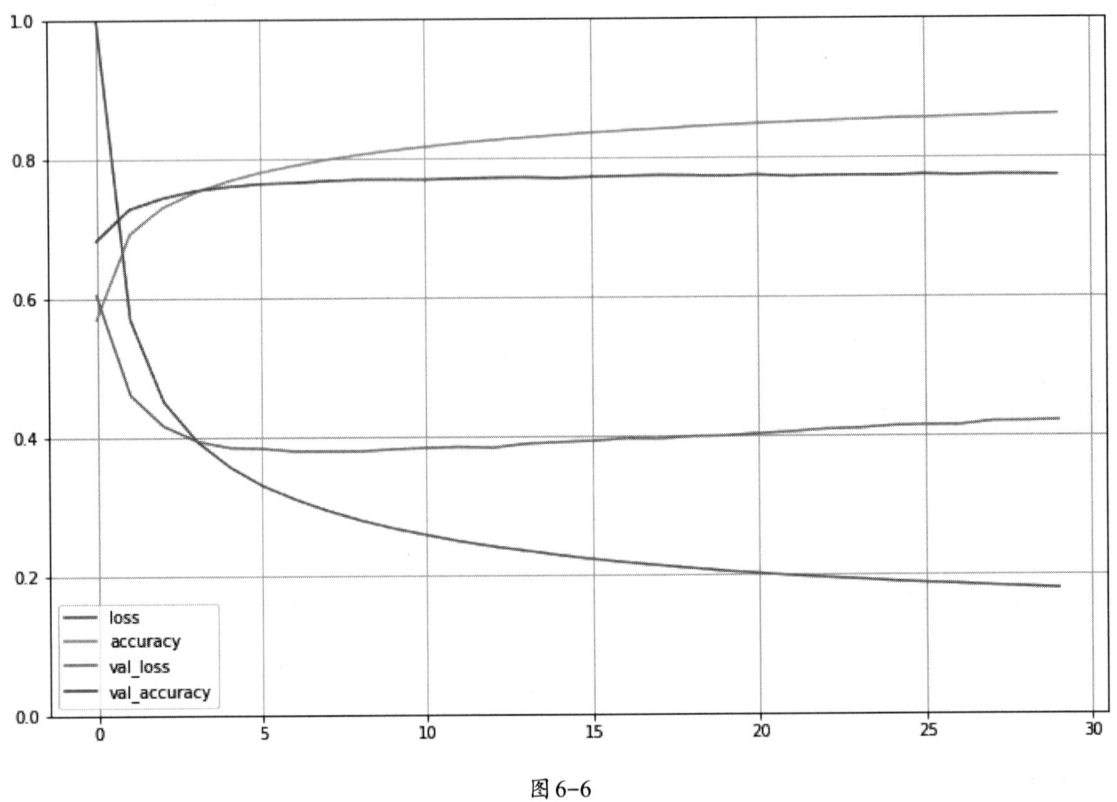

图6-6

（2）评估训练好的模型在测试数据集上的性能，具体实现代码如下。

```
# 创建测试数据集
test_dataset = make_dataset(test_Russian)

# 使用 evaluate() 方法评估模型性能
model_evaluate = my_transformer.evaluate(test_dataset)

# 打印评估结果
print("Loss      : ", model_evaluate[0])
print("Accuracy : ", model_evaluate[1])
```

对上述代码的具体说明如下。

◎ 创建测试数据集：使用之前定义的make_dataset()函数创建测试数据集test_dataset。

◎ 评估模型：使用evaluate()方法对模型在测试数据集上进行评估。该方法返回一个包含损失值和评估指标（这里是准确率）的列表。

◎ 打印评估结果：使用print()语句输出评估结果，包括测试集上的损失值和准确率。执行这段代码后，将看到模型在测试数据集上的性能评估结果，包括损失值和准确率，这可以帮助我们判断模型是否在未见过的数据上表现良好。

```
213/213 [==============================] - 16s 73ms/step - loss: 0.4242 -
accuracy: 0.7718
Loss      :  0.42422327399253845
accuracy :  0.7717663645744324
```

（3）使用训练好的Transformer模型对随机选择的英文测试句子进行翻译，并输出对应的俄文翻译。通过decode_sequence()函数，模拟了模型在测试集上的翻译过程，将原始英文句子和生成的俄文翻译输出。

```
# 获取俄文词汇表和索引的映射关系
fr_vocab = ru_vectorization.get_vocabulary()
fr_index_lookup = dict(zip(range(len(fr_vocab)), fr_vocab))

# 定义最大解码句子长度
max_decoded_sentence_length = 20

# 解码序列的函数
def decode_sequence(input_sentence):
    # 对输入句子进行向量化
    tokenized_input_sentence = en_vectorization([input_sentence])

    # 初始化解码句子
    decoded_sentence = "[start]"

    for i in range(max_decoded_sentence_length):
        # 对目标句子进行向量化
        tokenized_target_sentence = ru_vectorization(
            [decoded_sentence])[:, :-1]

        # 使用模型进行预测
        predictions = my_transformer(
            [tokenized_input_sentence, tokenized_target_sentence])

        # 获取预测概率最高的标记
        sampled_token_index = np.argmax(predictions[0, i, :])
        sampled_token = fr_index_lookup[sampled_token_index]

        # 将预测标记添加到解码句子中
        decoded_sentence += " " + sampled_token

        # 如果遇到 [end] 标记，则结束解码
        if sampled_token == "[end]":
            break
    return decoded_sentence
```

```
# 从测试集中选择一些样本进行翻译并输出结果
test_en_texts = [pair[0] for pair in test_Russian]
exp = 0
for i in range(30):
    input_sentence = random.choice(test_en_texts)
    translated = decode_sequence(input_sentence)
    print("Example : ", exp)
    print("En: ", test_en_texts[i])

    # 清理翻译结果中的特殊标记
    translated = translated.replace("[start]", "")
    translated = translated.replace("[UNK]", "")
    translated = translated.replace("end", "")

    print("Fr: ", translated)
    exp = exp + 1
    print(
"-------------------------------------------------------------------")
```

在上述代码中，首先，定义了俄文文本向量化的词汇表和索引映射。接着，通过编写解码序列的函数decode_sequence()，模拟了Transformer模型在测试集上的翻译过程。最后，从测试集中随机选择英文句子，使用训练好的模型进行翻译，输出原始英文句子和对应的俄文翻译。这一过程重复了30次，每次输出一个例子，帮助用户观察模型在测试数据上的翻译效果。

执行上述代码，输出30个例子的翻译结果，每个例子包括原始的英文句子和通过模型生成的俄文翻译。这些输出可用于观察模型在测试数据上的翻译质量，并了解模型对不同输入的处理效果。每个输出示例将包含一个英文句子和对应的俄文翻译。

```
Example :  0
En:  has tom cleaned the room yet
Fr:   это вероятно для тебя
-------------------------------------------------------------------
Example :  1
En:  i know that tom is strong
Fr:   ты очень грязная
-------------------------------------------------------------------
Example :  2
En:  tom believes you
Fr:   почему ты не попросишь тома сделать это
-------------------------------------------------------------------
//省略后面的输出结果
```

6.2 多头注意力机制和多头潜在注意力

在DeepSeek中，多头注意力机制是其核心架构的重要组成部分，尤其在DeepSeek-V2和DeepSeek-V3系列中发挥着关键作用。

假设你正在开发一个智能写作助手，用于帮助用户快速生成高质量的文章。你可以使用多头注意力机制和多头潜在注意力（Multi-Head Latent Attention，MLA）机制来实现这一目标。例如，用户输入主题“如何提高学习效率”，多头注意力机制可以精确捕捉主题中的关键词及其语义关系，从而生成一个详细的写作大纲。而多头潜在注意力机制则在此基础上进一步优化，通过低秩压缩和旋转位置编码减少计算开销，同时保持高质量的输出。如图6-7所示。

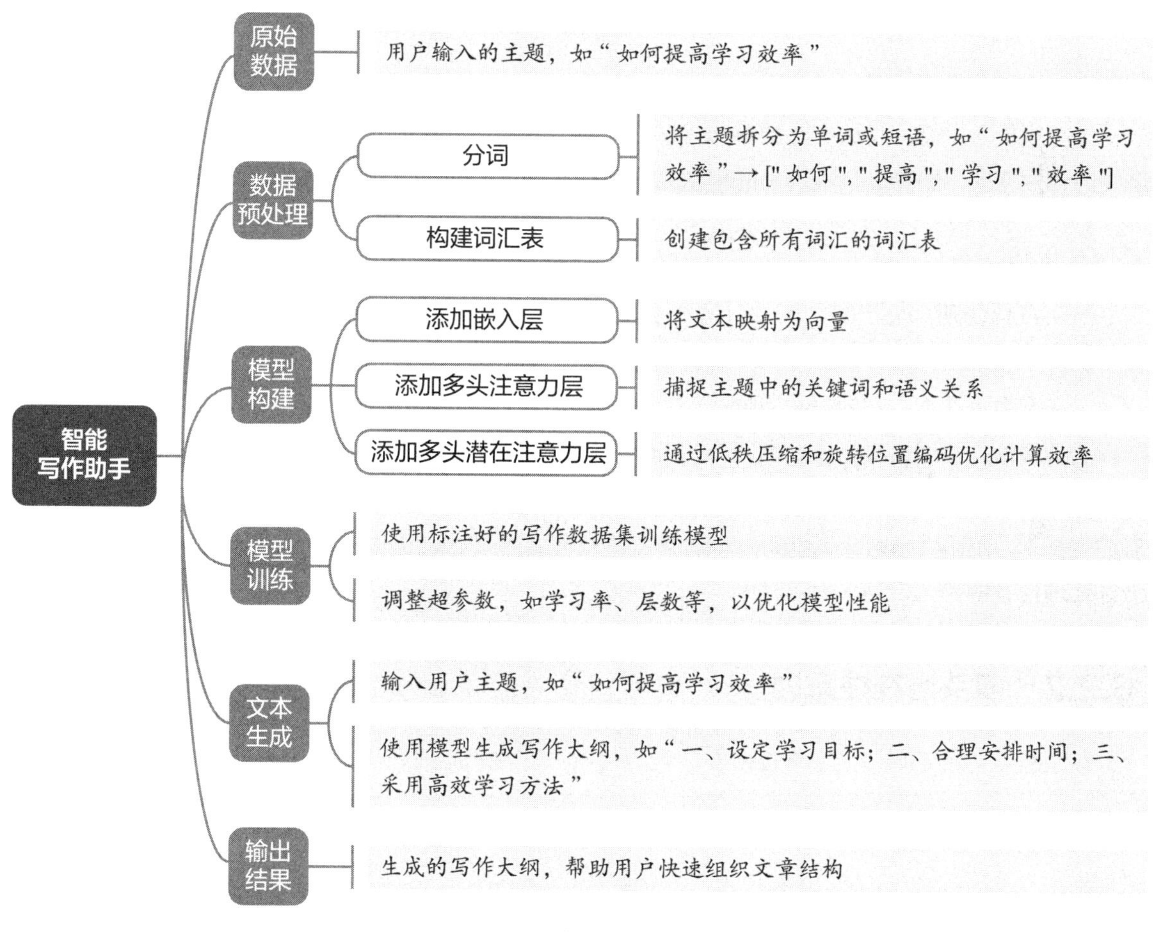

图6-7

6.2.1 多头注意力机制

多头注意力机制是Transformer架构的核心组件之一，是对传统自注意力机制的扩展和改进。其主要目的是通过对输入特征进行多次独立的注意力计算，从不同角度捕捉输入序列中不同位置元素之间的复杂关系，增强模型的表达能力和学习能力。

1. 工作原理

（1）输入变换：输入序列首先通过三个不同的线性变换层，分别得到查询（Query，$\boldsymbol{Q}$）、键（Key，$\boldsymbol{K}$）和值（Value，$\boldsymbol{V}$）矩阵。这些变换通常是通过全连接层实现的。

（2）分头处理：将$\boldsymbol{Q}$、$\boldsymbol{K}$、$\boldsymbol{V}$矩阵分割成多个“头”（即子空间），每个头具有不同的线性变换参数。每个头独立计算注意力得分，并生成一个注意力加权后的输出。

（3）注意力权重计算：每个头执行缩放点积注意力（Scaled Dot-Product Attention）运算。具体来说，计算查询和键的点积，经过缩放后使用softmax()函数得到注意力权重。这些权重用于加权求和值矩阵，生成加权和作为每个头的输出。注意力权重计算公式为

$$\text{Attention}(\boldsymbol{Q},\boldsymbol{K},\boldsymbol{V})=\text{softmax}\left(\frac{\boldsymbol{Q}\boldsymbol{K}^{\top}}{\sqrt{d_k}}\right)\boldsymbol{V}$$

其中，d_k为每个头的维度。

（4）拼接与融合：将所有头的输出拼接在一起，形成一个长向量。然后，对拼接后的向量进行最终的线性变换，整合来自不同头的信息，得到最终的多头注意力输出。

2. 优势

（1）并行处理：由于每个头的计算是独立的，这些计算可以并行进行，从而提高模型的计算效率。

（2）增强表达能力：通过从不同子空间捕捉输入序列的多种语义关系，多头注意力机制能够更全面地理解输入数据，提高模型在复杂任务中的表现。

多头注意力机制广泛应用于各种深度学习任务中，包括机器翻译、文本摘要、语音识别、图像描述生成等。它在Transformer架构中扮演着至关重要的角色，使得Transformer模型成为许多自然语言处理任务的首选模型。

6.2.2 多头潜在注意力

DeepSeek-V3系列引入了多头潜在注意力机制，其核心原理和优点如下。

1. 低秩联合压缩

MLA通过低秩分解技术，将键和值矩阵分解为低秩矩阵的乘积。这种方法显著减少了KV矩阵的存储和计算开销。具体来说，利用低秩矩阵分解技术，将原始的高维KV矩阵$\boldsymbol{A}$分解为两个较小矩阵$\boldsymbol{B}$和$\boldsymbol{C}$的乘积（如$\boldsymbol{A}\approx\boldsymbol{BC}$）。其中$\boldsymbol{B}$和$\boldsymbol{C}$的维度远小于$\boldsymbol{A}$的维度。这种压缩不仅节约了存储空间，也使得后续的计算更加高效。

2. 旋转位置编码

MLA使用旋转位置编码为查询和键添加位置信息，无须额外参数，同时能够更好地处理不同长度的序列。

3. 吸收式实现

MLA进一步优化了注意力计算过程，通过将部分线性变换融入注意力分数计算中，减少了矩阵乘法操作，提升了计算效率。

由于KV缓存的体积大幅降低，DeepSeek在处理长上下文（如128K Token上下文）时能够更快地进行推理，内存和计算资源需求也明显降低，同时保持模型整体的性能不减，使得DeepSeek-V3系列在处理大规模数据时更加高效。

总结来说，多头注意力机制是Transformer模型的核心，而DeepSeek通过引入多头潜在注意力机制，进一步提升了模型在长序列处理中的效率和经济性。

注意：标准多头注意力和 MLA 的对比如下。

◎标准多头注意力：通过将查询、键和值分割到多个头中并并行计算，每个头关注输入的不同子空间，从而捕捉到丰富的上下文信息。

◎ DeepSeek 的创新（MLA）：在此基础上，DeepSeek（主要在其 DeepSeek-V2 和 DeepSeek-V3 系列中）对 KV 矩阵进行了低秩联合压缩，从而大幅降低内存占用和计算开销，提高了长文本上下文推理的效率。

◎应用场景：这种机制特别适合于超大规模语言模型和需要处理长文本上下文的任务，正是 DeepSeek 系列模型能够在高效推理和经济训练上取得优势的重要原因。

6.3 混合专家架构

DeepSeek引入了混合专家架构，将模型划分为多个专家子模型，每个子模型专注于处理不同的任务或领域。MoE架构通过动态任务分配和稀疏激活机制，减少了不必要的计算量，提升了模型的效率和灵活性。例如，DeepSeek-V3拥有6710亿参数，但每个输入token仅激活370亿参数。

6.3.1 MoE 架构介绍

MoE架构是一种通过动态组合多个被称为“专家”（Expert）的子网络来处理输入的深度学习架构，旨在通过整合多个模型或专家的预测来提升整体模型性能。

1. 核心组件

（1）专家网络：每个专家是一个独立的子网络，通常是前馈神经网络。在MoE架构中，多个专家共同处理输入数据的不同方面。例如，某些专家可能擅长处理自然语言，而另一些则擅长处理数值数据。

（2）门控网络（Gating Network）：该模块负责根据输入Token的特征动态选择激活哪些专家。门控网络一般采用一个带Softmax函数的简单前馈网络来计算每个专家的权重。经过训练后，门控网络会逐步学会将相似的输入路由到表现更好的专家。

2. 工作原理

（1）输入接收：模型接收输入Token，这些Token可以是文本、代码或其他数据类型。

（2）路由决策：门控网络评估每个Token，并决定将其发送到哪些专家进行处理。这个决策基于Token的特征和专家的专长。

（3）专家处理：被选中的专家独立处理Token，应用其特有的神经网络层。

（4）输出合并：将所有被激活专家的输出进行合并，可以是加权平均、拼接或其他方法，生成最终的输出结果。

3. 权重计算方式

门控网络通常是一个简单的神经网络或线性层，其输出经过归一化处理（如Softmax函数），以确保权重分布的和为1，公式为

$$g_i(x)=\frac{\exp(f_i(x))}{\sum_{j=1}^{k}\exp(f_j(x))}$$

其中，$f_i(x)$是门控网络为第i个专家计算的原始分数；$g_i(x)$是归一化后的权重，表示第i个专家对当前输入的贡献。

4. 动态任务分配的工作流程

（1）任务请求：模型接收输入任务，这些任务可以是文本、图像、音频等数据类型。例如，用户输入一个文本主题“如何提高学习效率”。

（2）路由决策：门控网络评估输入任务的特征，决定将其发送到哪些专家进行处理。例如，通过计算输入与专家嵌入的相似度，确定每个输入应分配给哪些专家。

（3）专家处理：被选中的专家独立处理输入任务，应用其特有的神经网络层。每个专家可以专注于处理特定类型的数据或任务的不同方面。例如，某些专家可能擅长处理自然语言，而另一些则擅长处理数值数据。

（4）输出合并：将所有被激活专家的输出进行合并，可以是加权平均、拼接或其他方法，生成最终的输出结果。例如，根据门控网络计算的权重对专家的输出进行加权平均，得到最终的写作大纲。

总之，MoE架构通过其创新的设计和模块化方法，提供了一种突破传统限制的解决方案，尤其是在资源受限环境下的高效模型应用方面展现了巨大的潜力。

6.3.2 MoE架构的特点

MoE架构的核心特点在于其能够动态分配任务给多个专家模型，并通过门控网络实现稀疏激活，从而提高模型的性能和效率。MoE架构的特点如下。

1. 计算高效

MoE架构通过稀疏激活机制，仅在每次计算时激活部分专家，从而显著降低计算资源需求，提高训练和推理效率。与传统密集模型相比，MoE架构能够在相同计算资源下处理更大规模的模型，展现出更高的计算效率。

2. 增强模型表达能力

多个专家网络可以学习到不同的数据模式和特征，门控网络根据输入数据动态选择最相关的专家进行组合，使模型能够更好地适应各种复杂的输入，从而增强模型的表达能力。

3. 灵活性与扩展性

MoE的模块化设计使其易于扩展，通过增加专家数量即可提升模型容量，而无需对整个模型进行大规模的修改。这种设计为模型的进一步发展提供了极大的灵活性。

4. 任务适应性

路由机制能够根据输入数据的特征动态选择专家，使模型在不同任务和数据模式下表现更优，实现任务的高效处理。

5. 天然支持并行化

MoE架构非常适合分布式部署，不同专家可以放置在不同计算设备上，从而实现专家并行。这种特性使得MoE非常适用于现代分布式计算环境，进一步提升其计算效率。

6. 参数效率

MoE模型在激活参数量相对较少的情况下，可以达到与参数总量大得多的模型相当甚至更好的性能，展现出较高的参数效率。

7. 更快的推理速度

尽管MoE模型可能拥有大量参数，但在推理过程中只使用其中的一部分，这使得它们的推理速度快于具有相同数量参数的稠密模型。

8. 应用广泛

MoE架构在多个领域展现出广泛的应用前景，包括但不限于自然语言处理、计算机视觉、金融风险评估、数字政务审批、电商直播等，能够显著提升各领域的核心业务效率。

9. 挑战与解决方案

MoE架构也面临一些挑战，如负载均衡、通信开销、训练稳定性、高显存需求和微调困难等。然而，通过引入无辅助损失的负载均衡策略、专家并行策略、高效的通信优化以及创新的架构设计等方法，可以有效应对这些挑战，进一步提升MoE模型的性能和实用性。

上述特点使得MoE架构在自然语言处理、计算机视觉和多模态任务中表现出色，尤其在处理复杂任务和大规模数据时，能够显著提高模型的性能和效率。

6.3.3 MoE 架构的应用

MoE架构因其灵活性、高效性和可扩展性，在多个领域得到了广泛应用，具体说明如图6-8所示。

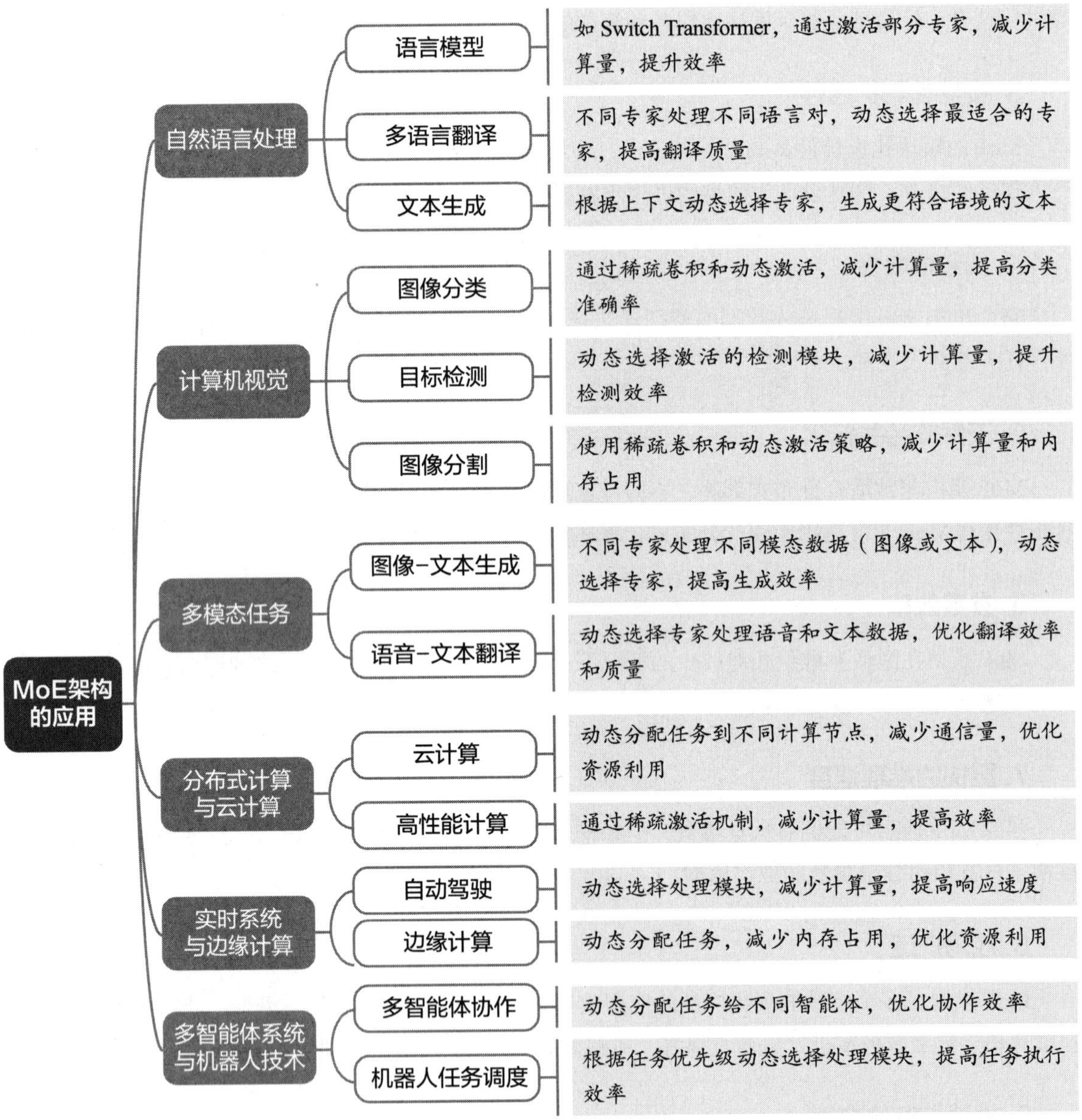

MoE架构的应用		
自然语言处理	语言模型	如 Switch Transformer，通过激活部分专家，减少计算量，提升效率
	多语言翻译	不同专家处理不同语言对，动态选择最适合的专家，提高翻译质量
	文本生成	根据上下文动态选择专家，生成更符合语境的文本
计算机视觉	图像分类	通过稀疏卷积和动态激活，减少计算量，提高分类准确率
	目标检测	动态选择激活的检测模块，减少计算量，提升检测效率
	图像分割	使用稀疏卷积和动态激活策略，减少计算量和内存占用
多模态任务	图像-文本生成	不同专家处理不同模态数据（图像或文本），动态选择专家，提高生成效率
	语音-文本翻译	动态选择专家处理语音和文本数据，优化翻译效率和质量
分布式计算与云计算	云计算	动态分配任务到不同计算节点，减少通信量，优化资源利用
	高性能计算	通过稀疏激活机制，减少计算量，提高效率
实时系统与边缘计算	自动驾驶	动态选择处理模块，减少计算量，提高响应速度
	边缘计算	动态分配任务，减少内存占用，优化资源利用
多智能体系统与机器人技术	多智能体协作	动态分配任务给不同智能体，优化协作效率
	机器人任务调度	根据任务优先级动态选择处理模块，提高任务执行效率

图6-8

总之，MoE架构通过动态选择专家，显著提升了模型的灵活性、效率和适应性，广泛应用于自然语言处理、计算机视觉、多模态任务、分布式计算、实时系统和多智能体系统等领域。

6.3.4 DeepSeek 中的 MoE 架构介绍

在DeepSeek系列模型（如DeepSeek-V2和DeepSeek-V3）中，MoE架构主要被嵌入Transformer模型的前馈网络部分，以替代传统的全连接层。

1. MoE 架构的特点

在DeepSeek中，MoE架构具有以下特点。

（1）稀疏激活机制：DeepSeek-V3总参数达6710亿，但每个输入仅激活370亿参数，极大减少计算资源消耗。

（2）动态路由机制：通过门控网络根据输入特征选择最相关的专家，例如数学任务激活数学专家，代码任务激活编程专家。

（3）分层架构设计：包含共享专家和路由专家。每个MoE层有1个共享专家，用于处理通用知识；另有256个路由专家，用于处理特定任务，实现任务专注性与通用性的平衡。

（4）细粒度专家划分：相比传统MoE的粗粒度划分，DeepSeekMoE的专家分工更细致，提升模型灵活性与表达能力。

（5）无辅助损失负载均衡：动态调整专家偏置项，避免传统辅助损失对模型性能的干扰，提升训练稳定性。

（6）多令牌预测（MTP）：同时预测多个未来Token，缩短20% ~ 30%训练时间并增强上下文连贯性。

（7）提高模型表达能力：通过结合多个专家网络，能够学习到更丰富多样的特征表示和模式。每个专家网络可以专注于处理特定类型的输入或特定方面的特征，使得整个系统能够更全面地理解和处理复杂的任务。

（8）增强模型灵活性：DeepSeek架构允许模型在不同情况下调用不同的专家，具有很强的灵活性。对于不同类型的输入数据或任务，门控网络可以动态地选择最适合的专家组合，使得模型能够更好地适应多样化的应用场景。

2. 工作流程

在DeepSeek中，MoE架构的工作流程如下。

（1）输入与线性变换：输入数据先进入Transformer层，通过标准线性变换生成隐层表示，再进入MoE层。

（2）门控网络路由：每个输入Token经过门控网络，计算出与所有专家的亲和度分数。模型选出分数最高的Top-K（$K \geqslant 2$）个专家，并对选中的专家输出进行加权融合。这种选择是动态的，允许模型根据输入内容选择最适合的专家进行处理。

（3）专家计算与输出合并：被选中的每个专家都是一个独立的前馈网络，分别计算输出后，这些输出会按权重加权求和，形成该Token在该层的最终表示。整个专家计算是稀疏计算，即每个Token只触发少量专家，从而大幅降低了计算量。

（4）低秩压缩的结合：在部分实现中，尤其在注意力模块中，对KV矩阵的低秩压缩进一步减少了内存和带宽消耗，使得整个MoE层在推理时更加高效。

第7章 大漠孤烟直，长河落日圆：多模态模型的架构和训练

多模态模型训练是一种机器学习方法，旨在结合和处理来自不同模态（如文本、图像、音频、视频等）的数据。这种方法通过整合多种数据源，可以提高模型的理解和表现能力。多模态模型在图像描述生成、视频内容分析和多模态情感识别等应用中表现出色。在本章的内容中，将详细讲解多模态模型训练的知识和用法。

大漠孤烟直，长河落日圆。

出自王维《使至塞上》，这句诗展现了辽阔和多元的自然景象，就如多模态模型所涉及的不同数据类型（如图像、文本、音频等），它们共同汇聚来提供完整的世界理解。

7.1 多模态技术简介

多模态技术是一种利用和融合多种数据模态（如文本、图像、音频和视频）的技术，旨在提高系统的理解、处理和生成能力。在本节的内容中，将详细讲解多模态技术的基本知识。在智能家居环境中，多模态技术的应用非常直观。例如，当你回到家时，智能系统可以通过摄像头识别你的面部表情和姿态，同时通过语音助手接收你的语音指令。假如你回到家时很疲惫，摄像头捕捉到你疲惫的神情，语音助手听到你说“打开空调并调到26度”，系统会综合这些信息，自动调整空调温度，并且根据你的表情自动播放舒缓的音乐，如图 7-1 所示。

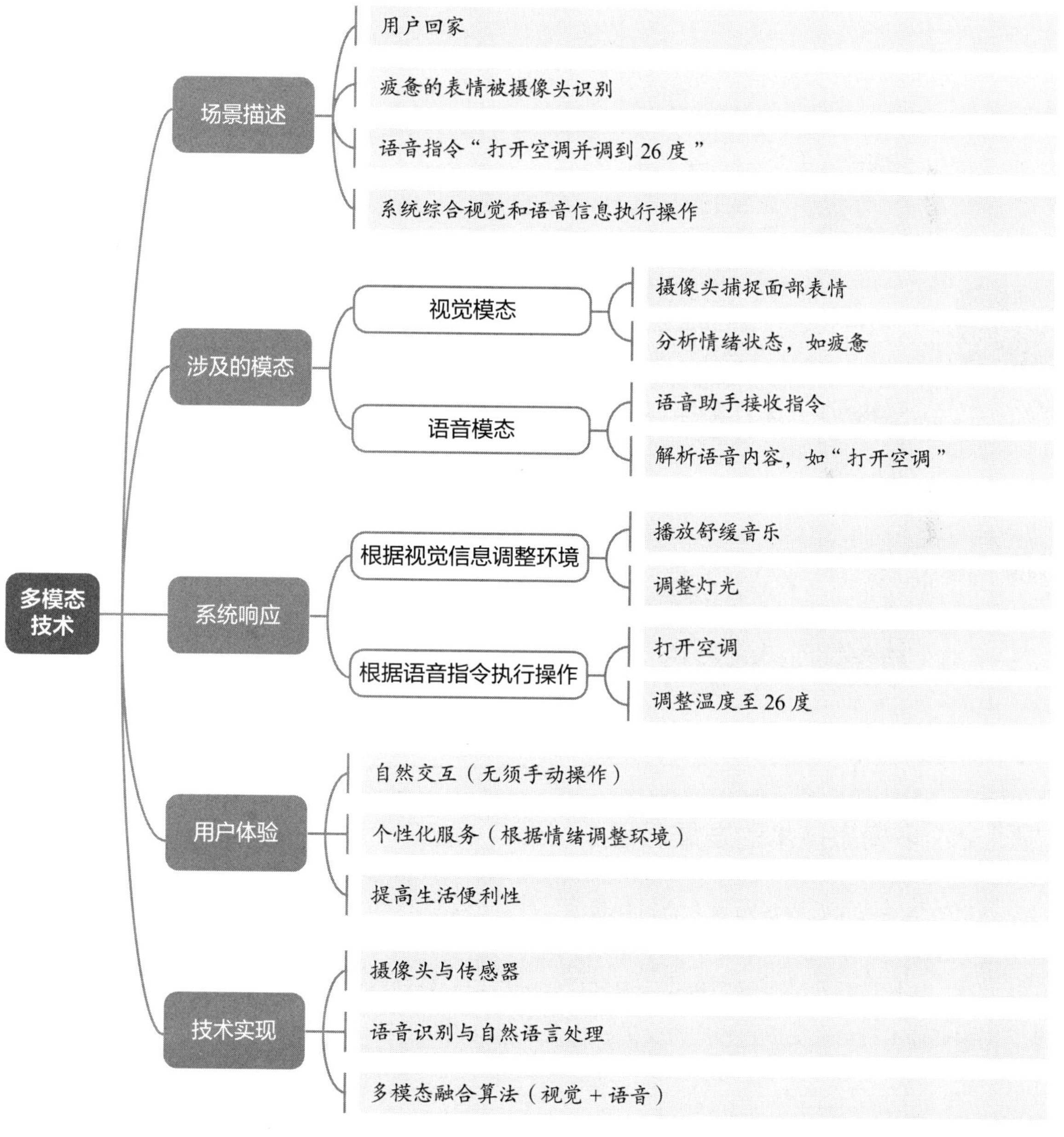

图 7-1

7.1.1 多模态介绍

多模态是指涉及多种不同类型数据或信号的处理和融合。每种数据类型或信号称为一种模态。常见的模态包括文本、图像、音频、视频等。多模态技术旨在同时利用这些不同模态的数据，以实现更全面、更准确的理解和决策。多模态的基本知识如图 7–2 所示。

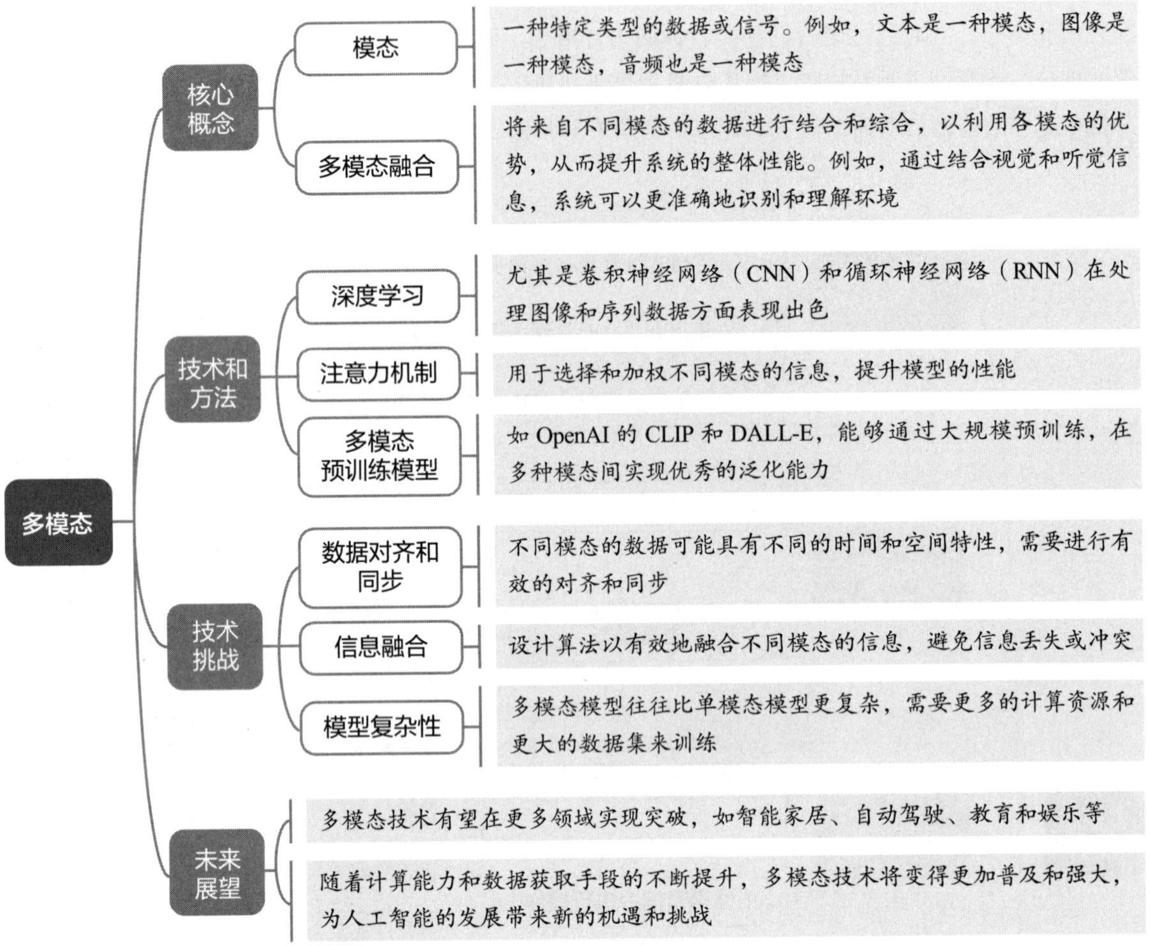

- 多模态
  - 核心概念
    - 模态：一种特定类型的数据或信号。例如，文本是一种模态，图像是一种模态，音频也是一种模态
    - 多模态融合：将来自不同模态的数据进行结合和综合，以利用各模态的优势，从而提升系统的整体性能。例如，通过结合视觉和听觉信息，系统可以更准确地识别和理解环境
  - 技术和方法
    - 深度学习：尤其是卷积神经网络（CNN）和循环神经网络（RNN）在处理图像和序列数据方面表现出色
    - 注意力机制：用于选择和加权不同模态的信息，提升模型的性能
    - 多模态预训练模型：如 OpenAI 的 CLIP 和 DALL-E，能够通过大规模预训练，在多种模态间实现优秀的泛化能力
  - 技术挑战
    - 数据对齐和同步：不同模态的数据可能具有不同的时间和空间特性，需要进行有效的对齐和同步
    - 信息融合：设计算法以有效地融合不同模态的信息，避免信息丢失或冲突
    - 模型复杂性：多模态模型往往比单模态模型更复杂，需要更多的计算资源和更大的数据集来训练
  - 未来展望
    - 多模态技术有望在更多领域实现突破，如智能家居、自动驾驶、教育和娱乐等
    - 随着计算能力和数据获取手段的不断提升，多模态技术将变得更加普及和强大，为人工智能的发展带来新的机遇和挑战

图 7–2

7.1.2 多模态技术的发展历程

多模态技术的发展历程充满了创新和突破，涉及多个学科的交叉融合。多模态技术发展的几个重要阶段如图 7–3 所示。

总之，多模态技术的发展历程显示出其广阔的应用前景和持续的创新潜力，随着技术的不断进步，多模态技术将会在更多领域实现突破，为人工智能的发展注入新的动力。

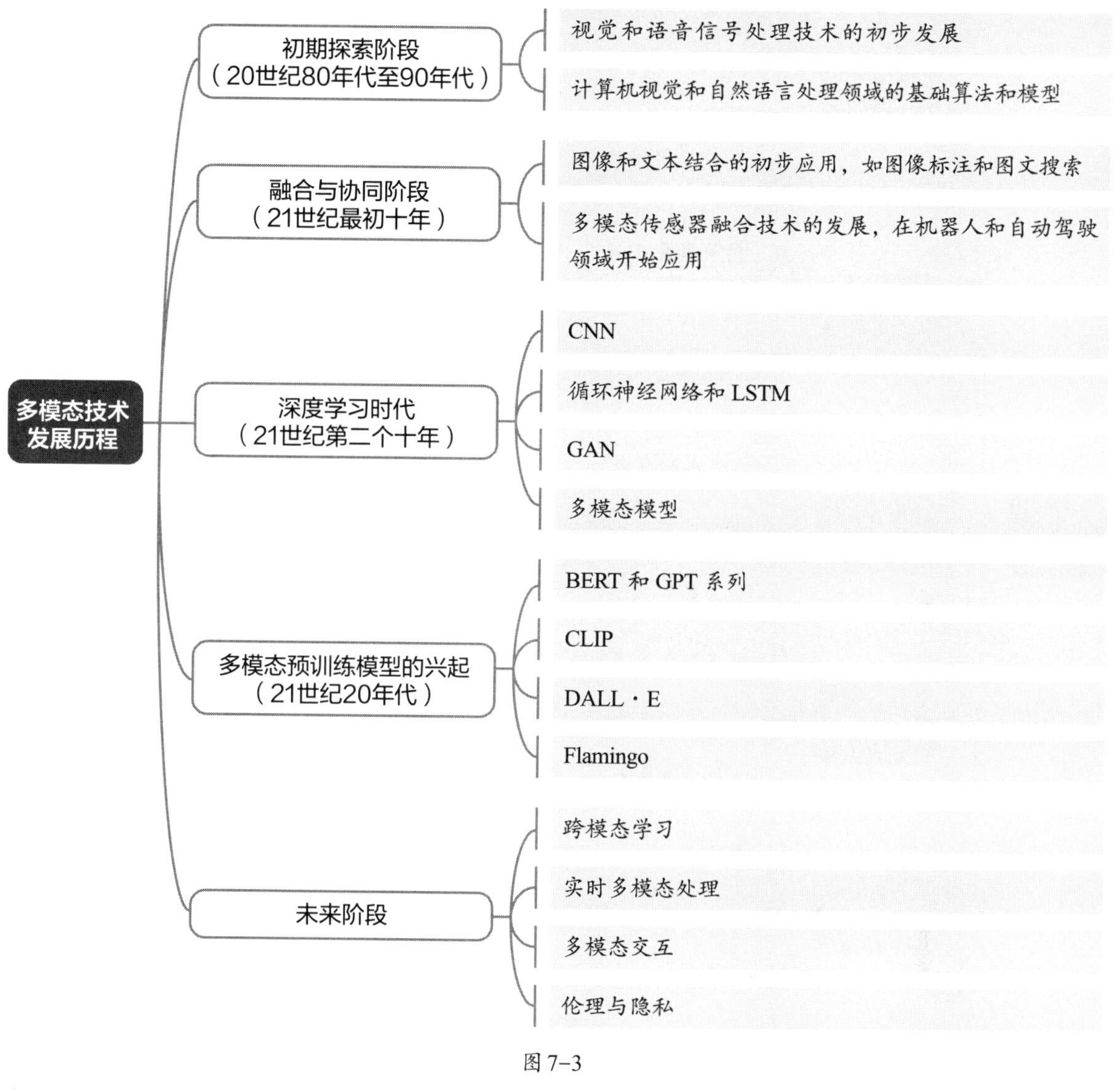

图 7-3

7.2 DeepSeek 的多模态大模型

DeepSeek 推出的多模态技术，在解耦视觉编码、优化训练流程、数据扩展以及模型规模上实现了全方位的提升，构建了一个既能有效理解多模态输入，又能精准生成图像和文本的统一模型体系。满足了从基础研究到实际应用的多种需求。

假设你是一位医生，需要快速判断一张医学影像图是否存在问题。借助 DeepSeek 的多模态大模型 Janus-Pro-7B，你可以轻松实现这一目标。例如，你上传了一张 CT 影像图，模型不仅能识别出图中的异常区域（如肾脏肿大），还能结合医学知识生成初步诊断建议。这种多模态能力不仅提高了诊断效率，还能为没有专业医疗设备的地区提供初步的医疗辅助，帮助更多人获得及时的医疗服务，如图 7-4 所示。

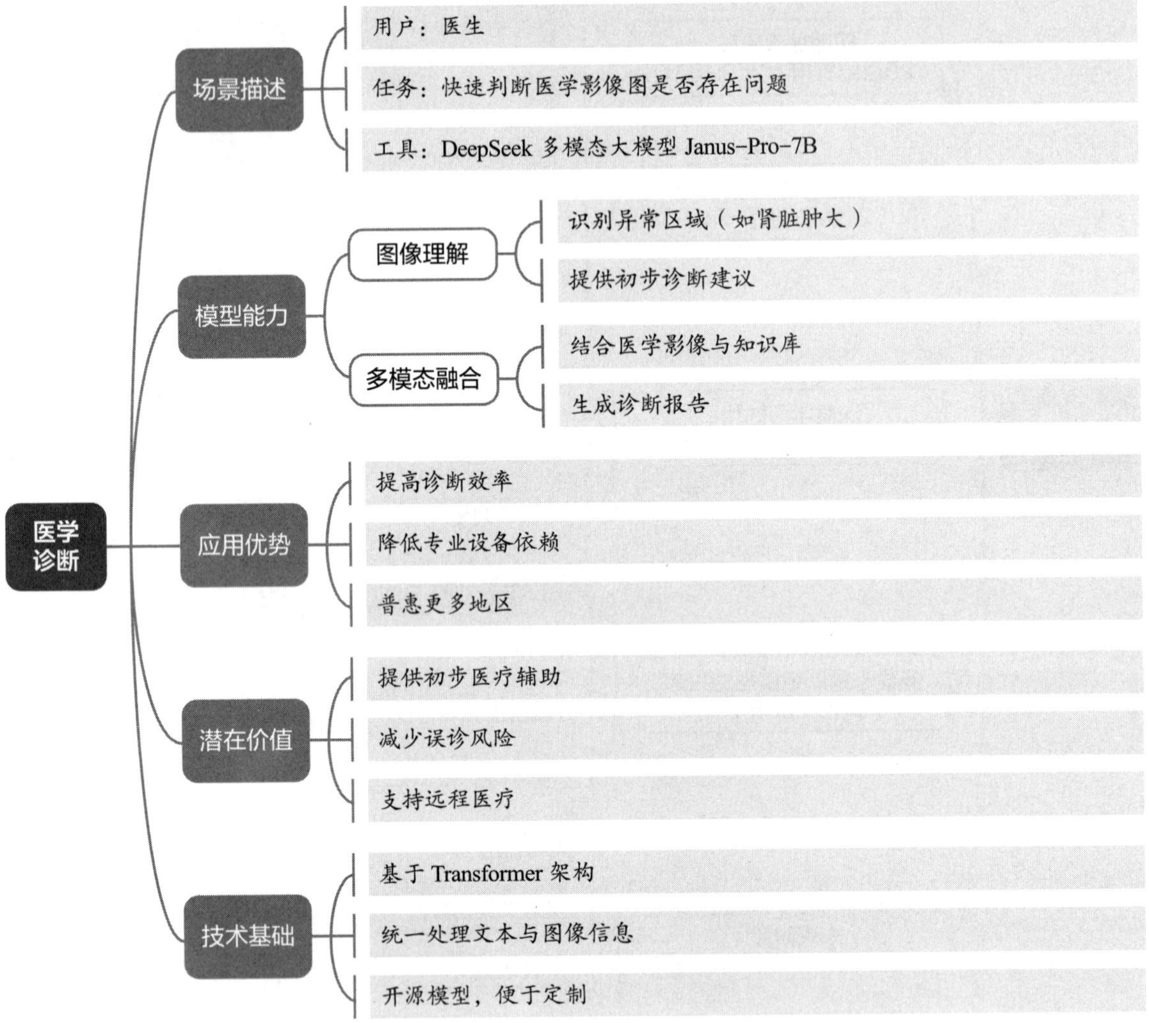

图 7-4

7.2.1 DeepSeek 多模态大模型的发展历程

DeepSeek的多模态大模型从最初的文本处理能力，逐步扩展到视觉语言融合、多模态理解，再到强化学习（Reinforcement Learning，RL）和推理能力的提升，最终实现了跨模态推理和商业化应用。这一过程不仅展示了技术的快速演进，也体现了DeepSeek在提升模型性能和降低成本方面的持续努力，如图7-5所示。

总体来看，DeepSeek的多模态大模型技术经历了从Janus到Janus-Pro的不断迭代升级，而DeepSeek-VL2的加入则进一步丰富了预训练数据和模型的多模态理解能力。这一系列的技术演进使得DeepSeek的模型在文生图、视觉问答以及其他多模态任务上均表现出色，既实现了理解与生成任务的高效统一，也为未来扩展更多输入模态（如音频、视频、3D点云等）提供了坚实的技术基础。

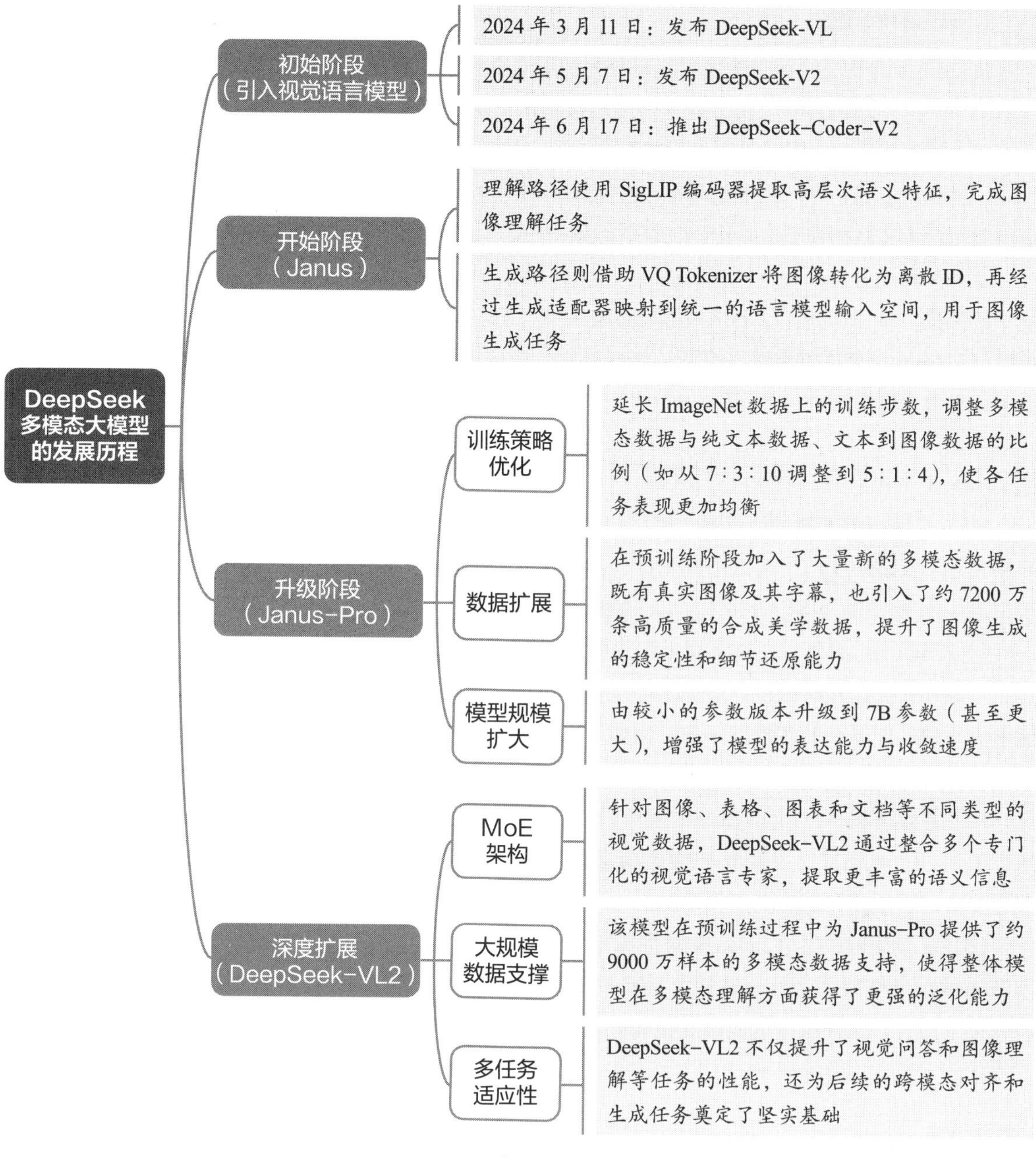
DeepSeek
多模态大模型
的发展历程
初始阶段
（引入视觉语言模型）
2024 年 3 月 11 日：发布 DeepSeek-VL
2024 年 5 月 7 日：发布 DeepSeek-V2
2024 年 6 月 17 日：推出 DeepSeek-Coder-V2
开始阶段
（Janus）
理解路径使用 SigLIP 编码器提取高层次语义特征，完成图像理解任务
生成路径则借助 VQ Tokenizer 将图像转化为离散 ID，再经过生成适配器映射到统一的语言模型输入空间，用于图像生成任务
升级阶段
（Janus-Pro）
训练策略优化
延长 ImageNet 数据上的训练步数，调整多模态数据与纯文本数据、文本到图像数据的比例（如从 7∶3∶10 调整到 5∶1∶4），使各任务表现更加均衡
数据扩展
在预训练阶段加入了大量新的多模态数据，既有真实图像及其字幕，也引入了约 7200 万条高质量的合成美学数据，提升了图像生成的稳定性和细节还原能力
模型规模扩大
由较小的参数版本升级到 7B 参数（甚至更大），增强了模型的表达能力与收敛速度
深度扩展
（DeepSeek-VL2）
MoE 架构
针对图像、表格、图表和文档等不同类型的视觉数据，DeepSeek-VL2 通过整合多个专门化的视觉语言专家，提取更丰富的语义信息
大规模数据支撑
该模型在预训练过程中为 Janus-Pro 提供了约 9000 万样本的多模态数据支持，使得整体模型在多模态理解方面获得了更强的泛化能力
多任务适应性
DeepSeek-VL2 不仅提升了视觉问答和图像理解等任务的性能，还为后续的跨模态对齐和生成任务奠定了坚实基础

图 7-5

7.2.2 架构介绍

Janus模型的整体架构基于自回归Transformer模型，这是一种强大的序列生成框架，广泛应用于自然语言处理和多模态任务中。自回归Transformer模型通过逐个生成序列中的元素（如文本中的单词或图像中的像素），能够有效地捕捉序列中的依赖关系。在Janus模型中，自回归Transformer模型不仅处理文本输入，还整合了来自视觉模态的特征，从而实现多模态数据的统一处理。

1. 视觉编码路径

Janus模型的核心设计是将视觉编码分为如下两个独立的路径。

（1）多模态理解：专门用于处理需要理解图像语义的任务，如视觉问答、图像描述生成、图文匹配等。这一路径的目标是从图像中提取高维语义特征，并将其映射到与语言模型兼容的输入空间。

（2）视觉生成：专门用于处理需要生成图像的任务，如文本到图像的生成。这一路径的目标是将图像转换为离散的视觉Token，并通过生成适配器将其嵌入到语言模型的输入空间中。

这两种路径分别处理不同任务的输入数据，但最终会将生成的特征序列拼接在一起，形成一个统一的多模态特征序列，这个序列随后被输入到自回归Transformer模型中进行进一步处理。通过这种设计，Janus模型能够在同一个框架下高效地处理多模态理解和视觉生成任务，同时避免了传统模型中视觉编码器在两种任务间的功能冲突。

2. Janus 模型的架构设计的优势

Janus多模态模型通过解耦视觉编码路径，实现了多模态理解和视觉生成任务的高效统一。这种架构设计不仅解决了传统模型中视觉编码器的功能冲突问题，还提升了模型的性能和扩展性。具体来说，Janus模型的架构设计带来了以下显著优势。

（1）解耦视觉编码：通过将视觉编码分为两个独立路径，Janus模型能够分别优化多模态理解和视觉生成任务。这种解耦设计避免了传统模型中视觉编码器在这两种任务中的功能冲突，使得模型能够更好地处理复杂的多模态任务。例如，在多模态理解任务中，模型可以专注于提取图像的语义信息；而在视觉生成任务中，模型可以专注于生成高质量的图像内容。

（2）高效扩展性：Janus模型的架构设计支持模型规模的扩展。例如，Janus-Pro版本将模型参数扩展到7B，显著提升了模型在多模态理解和视觉生成任务中的性能。这种扩展性使得模型能够处理更复杂的任务，并生成更高质量的输出。

（3）统一框架：尽管Janus模型将视觉编码分为两个独立路径，但整个模型仍然在同一个自回归Transformer框架下运行。这种统一框架简化了训练和推理过程，使得模型能够高效地处理多模态数据。同时，这种设计也使得模型能够灵活地扩展到其他多模态任务中，如视频理解、多模态对话等。

7.2.3 多模态理解

多模态理解的目标是从图像中提取丰富的语义信息，以支持视觉问答、图像描述等任务。为了实现这一目标，Janus模型在这一部分采用了专门设计的模块和操作流程，具体说明如下所示。

1. 视觉编码器

Janus模型选用了SigLIP编码器作为多模态理解路径的核心。SigLIP是一种基于Transformer模型的视觉编码器，设计初衷是捕捉图像中的高层语义信息。

（1）高维语义特征：SigLIP编码器能够从图像中提取出既包含整体语义（如场景、对象类别）又兼顾细节和局部关系的高维特征。这些特征不仅能描述图像的全局内容，还能捕捉图像中细微的纹理和结构信息。

（2）与语言模型兼容：由于SigLIP编码器的设计考虑到了与语言模型的融合需求，其输出特征的格式和分布经过精心设计，从而能够无缝地与文本特征对齐，为后续的多模态融合打下了基础。

2. 特征处理

SigLIP编码器输出的是一个二维的特征图，这个特征图类似于一个由多个特征向量构成的网格，每个向量对应图像中某一局部区域的语义描述。为了更好地利用这些视觉特征，Janus模型在后续处理中引入了两项关键策略，这两项策略相辅相成，共同确保了视觉信息能够在多模态建模中发挥最大效用。

（1）保留空间顺序信息：为了让这些视觉特征能够被自回归Transformer模型处理，Janus模型将二维特征图展平为一维序列。在展平过程中，模型不仅简单地将二维矩阵转换为线性序列，还保留了原始空间中的顺序信息，这对于捕捉图像中局部与全局语义关系至关重要。

（2）统一格式：与此同时，展平后的特征序列与文本Token序列格式保持一致，使得后续的多模态融合和自回归建模能够在同一输入空间中进行。这种格式统一有助于模型同时考虑图像与文本信息的上下文关联，从而实现更有效的信息融合。

3. 理解适配器

为了将展平后的高维视觉特征进一步映射到与语言模型相同的嵌入空间，Janus模型引入了一个两层多层感知机作为理解适配器。

（1）特征映射：该适配器对输入的视觉特征进行非线性变换，使得这些特征能够更好地表达与文本信息对应的语义含义。经过映射后的视觉特征与文本特征在语义层面上实现了对齐，便于后续的跨模态融合。

（2）无缝融合：通过这种映射操作，理解适配器确保了从图像中提取的语义信息能够与文本数据结合在一起，形成一个统一的多模态输入序列。这样，模型在处理诸如视觉问答和图像描述任务时，可以直接利用来自不同模态的互补信息，从而提高理解准确性和生成质量。

7.2.4 视觉生成路径

视觉生成的核心目标是将图像转换为离散的ID序列，并根据文本描述生成对应的图像。设计旨在解决传统多模态模型中视觉生成任务的挑战。例如，如何高效地将图像内容与文本描述对齐，以及如何生成高质量且语义一致的图像。通过将图像离散化为视觉Token，并将其嵌入到语言模型的输入空间中，Janus模型能够以一种类似于处理文本的方式处理图像，从而实现高效的视觉生成。

1. 视觉编码器：VQ Tokenizer

在视觉生成中，Janus模型使用了VQ Tokenizer作为核心组件。VQ Tokenizer基于向量量化（Vector Quantization）技术，能够将图像分割为离散的视觉Token。具体实现过程如下。

（1）图像分割。VQ Tokenizer首先将输入图像划分为多个小块。这些小块通常是固定大小的正方形区域，如16×16像素。通过这种方式，图像被分解为多个局部区域，每个区域代表图像的一个局部特征。

（2）向量量化。每个小块被提取为一个特征向量，并通过向量量化技术映射到一个离散的编码空间中。向量量化是一种将连续的特征向量映射到离散符号的技术，类似于将图像中的每个小块"编码"为一个特定的符号或Token。这些离散的Token能够有效地表示图像的局部特征，同时减少了计算复杂度。

（3）离散化处理。通过向量量化，图像被转换为一系列离散的ID序列。这种离散化处理使得图像能够以一种类似于文本的方式被处理，每个视觉Token类似于文本中的单词或字符。这种设计不仅便于与语言模型的输入格式对齐，还使得图像生成过程能够利用语言模型的强大生成能力。

2. 特征处理：生成适配器

VQ Tokenizer输出的是一系列离散的ID序列，这些ID序列需要进一步处理以适应语言模型的输入格式。具体步骤如下。

（1）序列展平。VQ Tokenizer输出的ID序列通常是二维的（对应于图像的行和列），为了与语言模型的输入格式一致，Janus模型将这些二维ID序列展平为一维序列。这种展平操作保留了图像的空间顺序信息，使得语言模型能够更好地理解图像的局部和全局结构。

（2）码本嵌入（Codebook Embeddings）映射。每个离散ID对应于一个码本嵌入，这些嵌入是VQ Tokenizer在训练过程中学习到的特征表示。为了将视觉Token嵌入到语言模型的输入空间中，Janus模型使用了一个生成适配器。生成适配器由两层多层感知机组成，其作用是将码本嵌入映射到语言模型的输入空间中。

（3）交互与融合。通过生成适配器的映射操作，视觉Token能够与文本Token在同一个空间中进行交互。这种交互使得语言模型能够同时处理文本和视觉特征，从而实现高效的视觉生成任务。例如，在文本到图像的生成任务中，模型可以根据文本描述中的语义信息，选择合适的视觉Token来生成对应的图像内容。

3. 向量量化模型

视觉生成路径的目标是将图像转换为离散的ID序列，并根据文本描述生成对应的图像。这一路径的核心组件是基于向量量化的模型，具体实现为向量量化-变分自编码器（Vector Quantized-Variational Autoencoder，VQ-VAE）。在Janus模型的开源代码中，文件vq_model.py实现了这一模型，包括编码器、解码器和向量量化器（Vector Quantizer），支持图像的压缩和重建。这是多模态模型中图像处理的核心组件，为图像的嵌入和生成提供了基础。文件的核心思想是借助VQ-VAE对输入数据进行编码、离散化，并使用向量量化方法来学习更好的表示。

7.2.5 自回归 Transformer 模型

自回归Transformer模型是Janus多模态模型的核心组件，负责处理来自多模态理解路径和视觉生成路径的特征序列，并生成相应的输出。它将多模态数据的处理统一在一个强大的序列生成框架中，使得模型能够高效地处理复杂的多模态任务。

1. 输入融合

在自回归Transformer模型处理之前，来自多模态理解路径和视觉生成路径的特征序列需要进行融合。具体步骤如下。

（1）特征序列拼接：多模态理解路径的特征序列（如通过SigLIP编码器提取的图像语义特征）和视觉生成路径的特征序列（如通过VQ Tokenizer生成的离散视觉Token嵌入）按顺序拼接在一起。这种拼接操作保留了不同模态特征的顺序信息，使得自回归Transformer模型能够明确区分不同模态的输入。

（2）上下文关系的保留：通过保留不同模态特征的顺序信息，自回归Transformer模型能够更好地理解多模态数据的上下文关系。例如，模型可以明确哪些特征来源于图像，哪些特征来源于文本，从而在生成输出时能够更好地结合多模态信息。这种设计不仅提高了模型对多模态数据的理解能力，还为生成任务提供了更丰富的语义背景。

（3）统一的多模态输入序列：拼接后的特征序列形成一个统一的多模态输入序列，该序列被输入到自回归Transformer模型中进行进一步处理。这种统一的输入格式使得模型能够在一个框架下处理多种模态的数据，从而简化了训练和推理过程。

2. 自回归生成

自回归Transformer模型的核心功能是生成输出序列，无论是文本还是图像。其生成过程遵循如下自回归机制。

（1）逐Token生成：自回归Transformer模型逐个生成输出序列中的Token。在生成每个Token时，模型会考虑之前已经生成的Token序列，从而捕捉到序列中的依赖关系。这种自回归机制使得模型能够生成连贯且语义一致的输出。

（2）依赖关系的捕捉：通过自回归机制，模型能够有效地捕捉到序列中的依赖关系。例如，在生成文本描述时，模型可以根据已经生成的前文内容来决定下一个单词；在生成图像时，模型可以根据已经生成的图像区域来决定下一个像素或视觉Token。这种依赖关系的捕捉使得生成的输出更加自然和连贯。

（3）多模态生成能力：自回归Transformer模型不仅能够生成文本，还能生成图像内容。通过将视觉Token嵌入到输入序列中，模型能够在生成过程中同时处理文本和图像模态的信息。这种多模态生成能力使得Janus模型能够高效地完成复杂的多模态任务，如文本到图像的生成、图像描述生成等。

3. 预测头

为了更好地支持多模态任务，Janus模型在自回归Transformer模型的基础上增加了如下多个预测头。

（1）语言模型自带的预测头：自回归Transformer模型本身配备了用于文本生成的预测头。这个预测头能够根据输入的多模态特征序列生成文本输出，如图像描述、视觉问答的答案等。这种设计使得模型在处理多模态理解任务时能够高效地生成高质量的文本内容。

（2）视觉生成任务的预测头：除了语言模型自带的预测头外，Janus模型还增加了一个随机初始化的预测头，专门用于视觉生成任务中的图像预测。这个预测头的作用是将生成的视觉token序列转换为最终的图像输出。通过这种设计，模型在处理视觉生成任务时能够更准确地生成图像内容，同时保持了对多模态理解任务的支持。

（3）多任务支持：通过增加专门的预测头，Janus模型能够同时支持多模态理解和视觉生成任务。这种设计不仅提高了模型的灵活性，还使得模型能够在同一个框架下高效地处理多种复杂的多模态任务。

7.2.6 三阶段训练策略

Janus模型采用了三阶段训练策略（Three-Stage Training Procedure），旨在逐步提升模型在多模态理解和生成任务上的性能。每个阶段的具体目标和方法如表7-1所示。

表7-1 三阶段训练中每个阶段的目体目标和方法

阶段	目标	方法
适配器和图像预测头训练（Training Adaptors and Image Head）	在保持大语言模型和视觉编码器参数冻结的情况下，训练理解适配器、生成适配器和图像预测头，以建立视觉与语言之间的有效连接	通过在ImageNet-1K数据集上进行训练，模型学习从图像像素到语义的映射关系。此阶段的训练确保视觉特征能够被有效地转换为语言模型可理解的表示形式，为后续的多模态融合奠定基础
统一预训练（Unified Pretraining）	在多模态数据上进行联合训练，使模型具备强大的多模态理解和生成能力	在此阶段，模型在多种类型的数据上进行训练，包括纯文本数据、多模态理解数据和视觉生成数据。通过这种多样化的数据训练，模型能够学习不同模态之间的关联，提高在多模态任务上的表现
监督微调（Supervised Fine-tuning）	通过指令微调，增强模型的指令跟随和对话能力	在这一阶段，模型使用混合的数据集进行微调，包括多模态理解数据、纯文本对话数据和文本到图像生成数据。这种数据组合确保模型在多模态理解和生成方面的能力得到全面提升，同时具备良好的指令跟随和对话能力

通过上述三阶段的训练策略，Janus模型在多模态理解和生成任务上实现了性能的逐步提升，为多模态人工智能应用提供了坚实的基础。

7.3 训练策略

在多模态模型的训练过程中，采用适当的训练策略至关重要，这些策略有助于提高模型的性能、稳定性和泛化能力。通过训练策略可以有效地提升多模态模型的性能，使其能够更好地处理复杂的多模态任务。

假设你正在运营一个酒店预订平台，需要从大量酒店图片中挑选出最吸引人的首页图，以提高用户的预订转化率。传统的人工筛选方式不仅耗时耗力，还容易因为主观因素导致选择不准确。为此，可以利用多模态模型的训练策略来实现智能化的首页图选择，如图 7–6 所示。

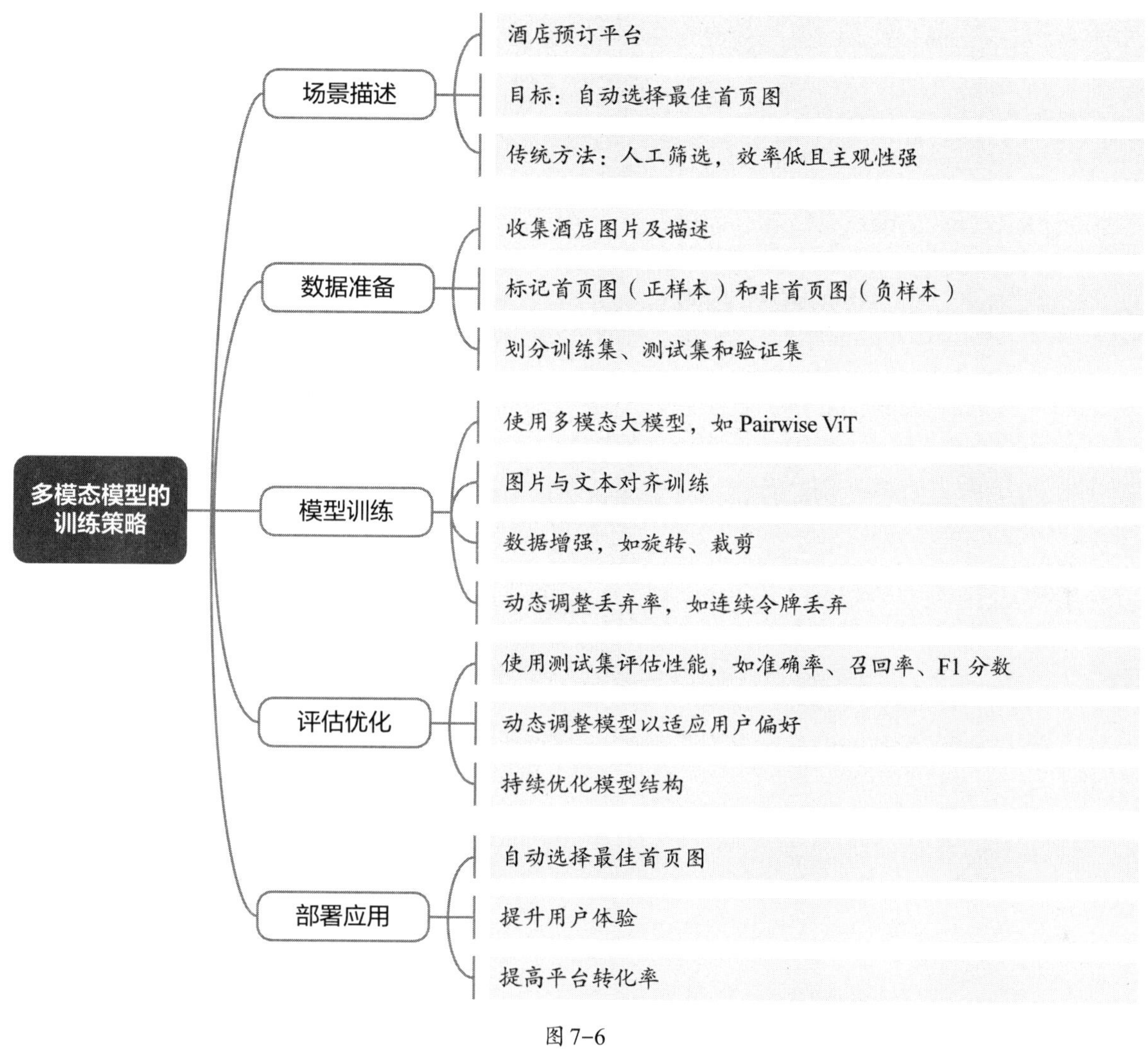

图 7–6

7.3.1　多任务学习

多任务学习（Multi-task Learning，MTL）是指通过同时训练模型完成多个相关任务，提高模型的泛化能力。例如，可以同时训练一个模型进行图像分类和文本生成，从而使模型能够更好地理解图像和文本之间的关系。实例 7–1 演示了在多模态模型训练中使用预训练模型实现多任务学习的过程。该实例使用预训练的 ResNet 模型提取图像特征，并使用预训练的 BERT 模型提取文本特征，然后将这些特征用于两个不同的任务：图像分类和文本分类。

实例7–1：使用预训练模型实现多任务学习

实例文件 duo.py（源码路径：codes\7\duo.py）的具体实现代码如下。

```
import torch
import torch.nn as nn
```

```
import torch.optim as optim
from torchvision import models, transforms
from transformers import BertTokenizer, BertModel
from torch.utils.data import Dataset, DataLoader
from PIL import Image

# 定义多模态数据集类
class MultimodalDataset(Dataset):
    def __init__(self, image_paths, texts, image_labels, text_labels,
                 transform=None):
        self.image_paths = image_paths
        self.texts = texts
        self.image_labels = image_labels
        self.text_labels = text_labels
        self.transform = transform
        self.tokenizer = BertTokenizer.from_pretrained('bert-base-uncased')

    def __len__(self):
        return len(self.image_labels)

    def __getitem__(self, idx):
        image = Image.open(self.image_paths[idx]).convert("RGB")
        if self.transform:
            image = self.transform(image)

        text = self.texts[idx]
        encoding = self.tokenizer.encode_plus(
            text,
            add_special_tokens=True,
            max_length=128,
            return_token_type_ids=False,
            padding='max_length',
            return_attention_mask=True,
            return_tensors='pt',
        )
        input_ids = encoding['input_ids'].flatten()
        attention_mask = encoding['attention_mask'].flatten()

        image_label = self.image_labels[idx]
        text_label = self.text_labels[idx]

        return {
            'image': image,
            'input_ids': input_ids,
            'attention_mask': attention_mask,
            'image_label': torch.tensor(image_label, dtype=torch.long),
```

```
            'text_label': torch.tensor(text_label, dtype=torch.long)
        }

# 定义多模态模型
class MultimodalModel(nn.Module):
    def __init__(self, num_classes_image, num_classes_text):
        super(MultimodalModel, self).__init__()
        # 图像模型
        self.image_model = models.resnet50(pretrained=True)
        num_ftrs = self.image_model.fc.in_features
        self.image_model.fc = nn.Identity()

        # 文本模型
        self.text_model = BertModel.from_pretrained('bert-base-uncased')

        # 分类层
        self.image_classifier = nn.Linear(num_ftrs, num_classes_image)
        self.text_classifier = nn.Linear(self.text_model.config.hidden_size,
                                         num_classes_text)

    def forward(self, image, input_ids, attention_mask):
        # 提取图像特征
        image_features = self.image_model(image)

        # 提取文本特征
        text_outputs = self.text_model(input_ids=input_ids,
                                       attention_mask=attention_mask)
        text_features = text_outputs.last_hidden_state[:, 0, :]

        # 图像分类
        image_output = self.image_classifier(image_features)

        # 文本分类
        text_output = self.text_classifier(text_features)

        return image_output, text_output

# 数据预处理和加载
transform = transforms.Compose([
    transforms.Resize((224, 224)),
    transforms.ToTensor(),
    transforms.Normalize(mean=[0.485, 0.456, 0.406],
                         std=[0.229, 0.224, 0.225]),
])

# 示例数据
```

```
image_paths = ['image1.jpg', 'image2.jpg']
texts = ['This is fuwuqu', 'This is Navigation Map']
image_labels = [0, 1]  # 图像分类标签
text_labels = [0, 1]   # 文本分类标签

dataset = MultimodalDataset(image_paths, texts, image_labels, text_labels,
                            transform=transform)
dataloader = DataLoader(dataset, batch_size=2, shuffle=True)

# 初始化模型、损失函数和优化器
model = MultimodalModel(num_classes_image=2, num_classes_text=2)
criterion_image = nn.CrossEntropyLoss()
criterion_text = nn.CrossEntropyLoss()
optimizer = optim.Adam(model.parameters(), lr=1e-4)

# 训练模型
model.train()
for epoch in range(5):  # 训练5个epoch
    for batch in dataloader:
        optimizer.zero_grad()
        image_outputs, text_outputs = model(
            batch['image'], batch['input_ids'], batch['attention_mask'])
        loss_image = criterion_image(image_outputs, batch['image_label'])
        loss_text = criterion_text(text_outputs, batch['text_label'])
        total_loss = loss_image + loss_text
        total_loss.backward()
        optimizer.step()
        print(f'Epoch [{epoch+1}/5], Image Loss: {loss_image.item():.4f},
              Text Loss: {loss_text.item():.4f}')
```

上述代码的实现流程如下。

（1）定义了一个多模态数据集类MultimodalDataset，用于加载图像和文本数据，并进行预处理。在数据集中，将图像路径、文本内容以及它们对应的标签传入。

（2）定义了多模态模型类MultimodalModel，该模型包括一个预训练的ResNet模型用于提取图像特征，一个预训练的BERT模型用于提取文本特征，并分别添加了用于图像分类和文本分类的线性层。

（3）进行数据预处理和加载操作，包括对图像进行大小调整和标准化处理，并创建了数据加载器。

（4）分别初始化模型、损失函数和优化器。损失函数使用交叉熵损失函数，优化器选用Adam优化器。

（5）进入模型的训练循环中，在每个epoch中遍历数据加载器，获取图像、文本和它们对应的标签，将它们传入模型进行前向传播，计算图像分类和文本分类的损失，并进行反向传播更新模型参数。在训练过程中输出每个epoch的图像分类损失和文本分类损失。

执行上述代码，输出结果如下。

```
Epoch [1/5], Image Loss: 0.7888, Text Loss: 0.6868
Epoch [2/5], Image Loss: 0.1296, Text Loss: 0.4997
Epoch [3/5], Image Loss: 0.0436, Text Loss: 0.1485
Epoch [4/5], Image Loss: 0.0212, Text Loss: 0.0314
Epoch [5/5], Image Loss: 0.0120, Text Loss: 0.0158
```

7.3.2 全量微调

在多模态大模型的训练中，全量微调（Full Fine-Tuning）是一种常用的技术，它涉及对整个模型的参数进行微调，以便将预训练的模型调整到特定任务或数据集上。全量微调是指在模型的所有参数上进行微调，而不是仅对部分参数进行调整。这种方法通常在预训练模型的基础上，通过在目标任务的数据集上进行训练来优化模型的表现。全量微调可以使模型更好地适应特定的任务或数据集，从而提高其性能。

实现全量微调的基本流程如下。

（1）预训练模型选择：选择一个在大规模数据集上进行预训练的多模态模型。例如，BERT、CLIP、ViT 等模型，它们在多个任务和数据集上进行了广泛的预训练。

（2）数据准备：准备与目标任务相关的数据集。这些数据集可以是针对特定应用场景的数据，如图像分类、文本生成、视觉问答等。

（3）模型调整：将预训练模型加载到微调环境中，并将目标任务的数据集分为训练集、验证集和测试集。

（4）训练：在目标任务的数据集上进行全量微调，通常使用标准的优化算法（如 Adam）和适当的学习率来调整模型的所有参数。

（5）评估：在验证集和测试集上评估微调后的模型性能，确保其在目标任务上表现良好。

实例 7-2 演示了在多模态模型训练中使用全量微调技术的方法。该实例使用 Transformers 库对一个预训练的多模态模型（如 CLIP 模型）进行全量微调，并演示了在“图像 - 文本”匹配任务上进行微调的过程。

实例7-2：对CLIP模型进行全量微调

实例文件 zhuyi.py（源码路径：codes\7\zhuyi.py）的具体实现代码如下。

```
import torch
from transformers import CLIPProcessor, CLIPModel, AdamW
from torch.utils.data import DataLoader, Dataset
from torchvision import transforms
from PIL import Image

# 定义一个自定义数据集
class MultimodalDataset(Dataset):
    def __init__(self, image_paths, texts, processor):
```

```
        self.image_paths = image_paths
        self.texts = texts
        self.processor = processor

    def __len__(self):
        return len(self.image_paths)

    def __getitem__(self, idx):
        image = Image.open(self.image_paths[idx])
        text = self.texts[idx]
        inputs = self.processor(images=image, text=text, return_tensors="pt",
                                padding=True, truncation=True)
        return inputs

# 加载预训练的 CLIP 模型和处理器
model = CLIPModel.from_pretrained("openai/clip-vit-base-patch32")
processor = CLIPProcessor.from_pretrained("openai/clip-vit-base-patch32")

# 准备数据
image_paths = ["image1.jpg", "image2.jpg"]  # 示例图片路径
texts = ["rest area of yishui", "Shudu Lake Boardwalk"]  # 对应文本
dataset = MultimodalDataset(image_paths, texts, processor)
dataloader = DataLoader(dataset, batch_size=2, shuffle=True)
# 配置优化器
optimizer = AdamW(model.parameters(), lr=5e-5)

# 微调模型
model.train()
for epoch in range(3):  # 训练 3 个 epoch
    for batch in dataloader:
        inputs = {
            k: v.squeeze(1)
                .to(torch.device("cuda" if torch.cuda.is_available() else "cpu"))
            for k, v in batch.items()}
        outputs = model(**inputs)
        loss = outputs.loss

        optimizer.zero_grad()
        loss.backward()
        optimizer.step()

    print(f"Epoch {epoch+1} - Loss: {loss.item()}")

# 保存微调后的模型
model.save_pretrained("fine-tuned-model")
```

上述代码的实现流程如下。

（1）准备数据集：MultimodalDataset类用于加载图像和文本数据，并使用CLIP处理器进行处理。image_paths和texts列表提供了训练数据的路径和标签。

（2）模型和处理器：使用CLIPModel和CLIPProcessor从Hugging Face的transformers库加载预训练的CLIP模型和处理器。

（3）数据加载：使用DataLoader()方法将数据集分批处理，以便进行训练。

（4）优化器：使用AdamW优化器对模型进行训练。

（5）训练过程：在训练过程中计算模型的损失，执行反向传播，并更新模型的参数。

（6）模型保存：训练完成后，将微调后的模型保存到fine-tuned-model路径。

执行上述代码，输出结果如下。

```
Model outputs shape: torch.Size([2, 2])
```

以上结果说明模型的输出形状为[2, 2]，表示两个样本分别对应两个类别的预测结果。

7.3.3 对比学习

对比学习（Contrastive Learning）通过构造正负样本对，让模型学习到不同模态之间的相似性和差异性。例如，在“图像-文本”匹配任务中，可以使用对比学习方法让模型区分匹配和不匹配的“图像-文本”对。实例7-3演示了使用对比学习方法训练模型来学习“图像-文本”之间的相似性和差异性的过程。

实例7-3：使用对比学习方法训练模型

实例文件duixue.py（源码路径：codes\7\duixue.py）的具体实现代码如下。

```
import torch
import torch.nn as nn
import torch.optim as optim
import torch.nn.functional as F

# 定义对比学习模型
class ContrastiveModel(nn.Module):
    def __init__(self, image_feature_dim, text_feature_dim, hidden_dim=512):
        super(ContrastiveModel, self).__init__()
        self.image_feature_dim = image_feature_dim
        self.text_feature_dim = text_feature_dim
        self.hidden_dim = hidden_dim

        # 图像特征处理
        self.image_linear = nn.Linear(image_feature_dim, hidden_dim)
        self.image_norm = nn.LayerNorm(hidden_dim)

        # 文本特征处理
```

```
        self.text_linear = nn.Linear(text_feature_dim, hidden_dim)
        self.text_norm = nn.LayerNorm(hidden_dim)

        # 输出层
        self.output_layer = nn.Linear(hidden_dim, 1)

    def forward(self, image, text):
        # 图像特征处理
        image_features = F.normalize(self.image_linear(image), p=2, dim=1)
        image_features = self.image_norm(image_features)

        # 文本特征处理
        text_features = F.normalize(self.text_linear(text), p=2, dim=1)
        text_features = self.text_norm(text_features)

        # 计算“图像 - 文本”之间的相似度得分
        similarity_scores = torch.cosine_similarity(
            image_features, text_features, dim=1)
        return similarity_scores

# 创建正负样本对
def create_contrastive_pairs(
    image_features, text_features, labels, margin=0.5):
    # 计算正样本对的相似度得分
    positive_scores = torch.cosine_similarity(
        image_features, text_features, dim=1)

    # 打乱文本特征的顺序，构造负样本对
    text_features_shuffled = text_features[
        torch.randperm(text_features.size(0))]

    # 计算负样本对的相似度得分
    negative_scores = torch.cosine_similarity(
        image_features, text_features_shuffled, dim=1)

    # 计算对比损失
    losses = F.relu(margin - positive_scores + negative_scores)

    return losses.mean()

# 创建示例数据
image_feature_dim = 512
text_feature_dim = 512
batch_size = 4

# 随机生成图像特征和文本特征作为示例数据
```

```
image_features = torch.randn(
    batch_size, image_feature_dim, requires_grad=True)  # 设置 requires_grad 为
    True
text_features = torch.randn(batch_size, text_feature_dim, requires_grad=True)
# 设置 requires_grad 为 True
labels = torch.randint(0, 2, (batch_size,))
# 随机生成标签，0 表示不匹配，1 表示匹配

# 创建对比学习模型实例
model = ContrastiveModel(image_feature_dim, text_feature_dim)

# 定义优化器
optimizer = optim.Adam(model.parameters(), lr=0.001)

# 训练模型
num_epochs = 10
for epoch in range(num_epochs):
    # 前向传播
    similarity_scores = model(image_features, text_features)

    # 计算对比损失
    loss = create_contrastive_pairs(image_features, text_features, labels)

    # 反向传播与优化
    optimizer.zero_grad()
    loss.backward()
    optimizer.step()

    print(f"Epoch [{epoch+1}/{num_epochs}], Loss: {loss.item():.4f}")

# 输出模型输出的形状
print("Model outputs shape:", similarity_scores.shape)
```

上述代码的实现流程如下。

（1）定义了一个对比学习模型类ContrastiveModel，它接收图像特征和文本特征，并计算它们之间的相似度得分。

（2）编写了函数create_contrastive_pairs()，用于创建正负样本对，并计算对比损失。

（3）生成了示例数据，包括图像特征、文本特征和标签。

（4）创建了对比学习模型实例，并定义了优化器。在训练循环中分别实现了模型的前向传播、计算对比损失、反向传播和优化步骤。

（5）输出了模型输出的形状。

执行上述代码，输出结果如下。

```
Epoch [1/10], Loss: 0.4508
```

```
Epoch [2/10], Loss: 0.5037
Epoch [3/10], Loss: 0.4508
Epoch [4/10], Loss: 0.4566
Epoch [5/10], Loss: 0.5000
Epoch [6/10], Loss: 0.4855
Epoch [7/10], Loss: 0.4998
Epoch [8/10], Loss: 0.5193
Epoch [9/10], Loss: 0.4597
Epoch [10/10], Loss: 0.5105
Model outputs shape: torch.Size([4])
```

上面的输出结果表明代码已经成功执行，并且模型输出的形状是[4]。

7.3.4 参数高效微调

在多模态模型训练中，参数高效微调技术是一种用于优化大规模模型的训练方法。这些技术旨在保持预训练模型性能的同时，通过对模型进行微调来减少计算资源的消耗和训练时间。在实际应用中，常用的PEFT技术如下。

1. LoRA

低秩自适应（Low-Rank Adaptation，LoRA）是一种通过引入低秩矩阵来优化大模型的微调方法，通过将模型的参数矩阵分解为两个低秩矩阵，从而减少需要微调的参数数量。LoRA方法的优势是显著减少了模型微调所需的计算和存储资源，同时保持了模型的原有性能。LoRA方法被广泛用于NLP和图像处理任务的微调，尤其在大规模预训练模型如GPT和BERT上效果显著。

2. Adapter 层

Adapter层是小型的可训练模块，插入到预训练模型的中间层中，通过仅微调这些Adapter层而不是整个模型来实现高效微调。Adapter层方法的优势是减少了需要训练的参数数量，且能够快速适应新任务，而不会干扰预训练的知识。Adapter层这种方法适用于各种任务的迁移学习，如机器翻译、文本分类等。

3. Prompt Tuning

Prompt Tuning通过在输入数据中添加任务特定的提示（Prompt），来引导预训练模型生成适合新任务的输出。这种方法不需要对模型权重进行修改，只需调整提示的参数。Prompt Tuning的优势是降低了训练成本，因为只需调整少量参数（提示的参数）而不改变模型的内部结构。Prompt Tuning适用于自然语言生成、文本分类等任务。

4. BitFit

BitFit是一种高效微调方法，仅微调模型的偏置项，而不调整其他参数。BitFit方法的优势是极大地减少了需要调整的参数量，从而减少了计算和存储开销。BitFit方法广泛适用于NLP任务，如文本生成和文本分类。

5. Differentiable Search

Differentiable Search方法通过在训练过程中使用可微分的搜索算法来优化模型结构，从而提高微调效率。Differentiable Search方法的优势是能够自动选择最优的微调策略，减少了人工调整的需求，此方法特别适用于需要结构调整的复杂模型训练任务。

在实际应用中，参数高效微调技术通过减少需要调整的模型参数和计算开销，使得大规模预训练模型在特定任务上进行微调变得更加高效。它们在多模态模型训练中发挥了重要作用，帮助研究人员和工程师更好地利用现有资源，同时提高了模型的适应性和性能。如下代码演示了配置和训练一个多模态模型，利用LoRA方法进行高效微调以提高模型在特定任务上性能的过程。

```
import torch
from transformers import BertTokenizer, BertForSequenceClassification
from peft import LoraConfig, get_peft_model
from torch.utils.data import DataLoader, Dataset
from transformers import AdamW

# 定义一个简单的数据集类
class SimpleDataset(Dataset):
    def __init__(self, texts, labels, tokenizer, max_length):
        self.texts = texts
        self.labels = labels
        self.tokenizer = tokenizer
        self.max_length = max_length

    def __len__(self):
        return len(self.texts)

    def __getitem__(self, idx):
        text = self.texts[idx]
        label = self.labels[idx]
        encoding = self.tokenizer(
            text,
            truncation=True,
            padding='max_length',
            max_length=self.max_length,
            return_tensors='pt'
        )
        return {
            'input_ids': encoding['input_ids'].squeeze(),
            'attention_mask': encoding['attention_mask'].squeeze(),
            'labels': torch.tensor(label, dtype=torch.long)
        }
```

```
# 初始化模型和分词器
model_name = 'bert-base-uncased'
tokenizer = BertTokenizer.from_pretrained(model_name)
model = BertForSequenceClassification.from_pretrained(model_name)

# 配置 LoRA 方法
lora_config = LoraConfig(
    r=8,  # 低秩矩阵的秩
    lora_alpha=32,  # LoRA 方法的 alpha 超参数
    lora_dropout=0.1,  # Dropout 比率
    target_modules=['encoder.layer.*.attention',
                    'encoder.layer.*.intermediate']  # 选择 LoRA 方法应用的目标模块
)

# 准备模型进行 LoRA 方法微调
model = get_peft_model(model, lora_config)

# 创建一个简单的数据集
texts = ["Hello world!", "Hugging Face Transformers are awesome!",
         "LoRA is a great technique."]
labels = [0, 1, 0]  # 示例标签
dataset = SimpleDataset(texts, labels, tokenizer, max_length=32)
dataloader = DataLoader(dataset, batch_size=2, shuffle=True)

# 定义优化器
optimizer = AdamW(model.parameters(), lr=5e-5)

# 训练循环
model.train()
for epoch in range(3):  # 训练 3 个 epoch
    for batch in dataloader:
        optimizer.zero_grad()

        inputs = {
            'input_ids': batch['input_ids'],
            'attention_mask': batch['attention_mask'],
            'labels': batch['labels']
        }

        outputs = model(**inputs)
        loss = outputs.loss

        loss.backward()
        optimizer.step()

    print(f"Epoch {epoch + 1} finished with loss: {loss.item()}")
```

```
# 保存微调后的模型
model.save_pretrained('finetuned_lora_model')
```

在上述代码中，首先，加载预训练的多模态模型，并设置LoRA方法配置以实现高效的微调。然后，配置数据加载器以读取和处理训练数据，确保数据能够适配模型输入要求。接着，设置优化器和训练参数，准备好训练所需的环境和资源。最后，运行训练过程，逐步优化模型参数，并保存微调后的模型，以便后续使用和评估。

7.3.5 迁移学习

迁移学习是指将从一个任务或领域中学到的知识应用到另一个相关任务或领域中。

例如，从自然图像分类任务中学到的特征可以迁移到医学图像分析任务中。实例7-4演示了利用迁移学习在多模态模型训练中使用预训练的自然图像分类模型的过程。

实例7-4：利用迁移学习使用预训练的自然图像分类模型

实例文件qian.py（源码路径：codes\7\qian.py）的具体实现代码如下。

```
import torch
import torch.nn as nn
import torchvision
from torchvision import transforms, models
from torch.utils.data import DataLoader, Dataset
from PIL import Image
import numpy as np

# 加载预训练的自然图像分类模型，这里以 ResNet-18 为例
pretrained_model = models.resnet18(pretrained=True)
# 冻结预训练模型的参数
for param in pretrained_model.parameters():
    param.requires_grad = False

# 替换预训练模型的最后一层，适应新的任务（医学图像分析），这里以二分类为例
num_ftrs = pretrained_model.fc.in_features
pretrained_model.fc = nn.Linear(num_ftrs, 2)

# 定义图像数据预处理
transform = transforms.Compose([
    transforms.Resize((224, 224)),   # 将图像大小调整为预训练模型的输入尺寸
    transforms.ToTensor(),   # 将图像转换为 Tensor
    transforms.Normalize(mean=[0.485, 0.456, 0.406],
                         std=[0.229, 0.224, 0.225])   # 标准化
])
```

```
# 假设这里有自然图像分类的数据集，用 MedicalDataset 代替
class MedicalDataset(Dataset):
    def __init__(self, transform=None):
        self.data = []  # 存放图像数据
        self.targets = []  # 存放图像对应的标签
        self.transform = transform
        # 生成一些示例数据（随机生成）
        for _ in range(100):
            self.data.append(
                np.random.randint(0, 256, size=(224, 224, 3), dtype=np.uint8))
            self.targets.append(np.random.randint(0, 2))

    def __len__(self):
        return len(self.data)

    def __getitem__(self, idx):
        image = Image.fromarray(self.data[idx])
        target = self.targets[idx]
        if self.transform:
            image = self.transform(image)
        return image, target

# 创建自然图像分类数据集的 DataLoader，这里用 MedicalDataset 代替
medical_dataset = MedicalDataset(transform=transform)
medical_dataloader = DataLoader(medical_dataset, batch_size=32, shuffle=True)

# 定义损失函数和优化器
criterion = nn.CrossEntropyLoss()
optimizer = torch.optim.SGD(pretrained_model.parameters(), lr=0.001,
                            momentum=0.9)

# 训练模型
num_epochs = 5
for epoch in range(num_epochs):
    running_loss = 0.0
    for images, labels in medical_dataloader:
        optimizer.zero_grad()
        outputs = pretrained_model(images)
        loss = criterion(outputs, labels)
        loss.backward()
        optimizer.step()
        running_loss += loss.item()
    print(f"Epoch [{epoch+1}/{num_epochs}],
        Loss: {running_loss/len(medical_dataloader):.4f}")

# 保存模型
```

```
torch.save(pretrained_model.state_dict(), 'medical_model.pth')
print("Model trained and saved.")
```

上述代码的实现流程如下。

（1）加载预训练的ResNet-18模型并替换最后一层以适应新的任务，这里的任务是二分类的医学图像分析。

（2）定义了一个简单的医学图像数据集类（这里使用随机生成的示例数据），进行数据预处理并创建数据加载器。

（3）分别定义损失函数和优化器，并进行模型训练。

（4）输出模型训练过程中的每个epoch的损失值，并保存训练好的模型。

执行上述代码，输出结果如下。

```
Epoch [1/5], Loss: 0.7988
Epoch [2/5], Loss: 0.7165
Epoch [3/5], Loss: 0.7389
Epoch [4/5], Loss: 0.6620
Epoch [5/5], Loss: 0.7141
Model trained and saved.
```

7.3.6 人类反馈强化学习

人类反馈强化学习是一种结合了强化学习（RL）和人类反馈（HF）的训练技术，旨在通过人类提供的反馈来引导和优化模型的行为。其核心思想是利用人类对模型输出的评价作为奖励信号，从而提升模型在特定任务上的表现。通过RLHF这种方法，多模态模型能够更好地理解和处理复杂的多模态数据，从而提升其在实际应用中的表现。实例7-5是一个使用RLHF的例子，该实例模拟了一个简单的强化学习任务，其中人类反馈用于优化模型的行为。假设有一个模型生成文本，并通过人类反馈来优化模型生成的文本质量。

实例7-5：使用RLHF优化模型生成的文本质量

实例文件zheng.py（源码路径：codes\7\zheng.py）的具体实现代码如下。

```
import torch
from transformers import GPT2LMHeadModel, GPT2Tokenizer
from datasets import load_dataset
import numpy as np

# 初始化模型和分词器
model_name = 'gpt2'
tokenizer = GPT2Tokenizer.from_pretrained(model_name)
model = GPT2LMHeadModel.from_pretrained(model_name)

# 人类反馈数据（假设反馈数据）
```

```
feedback_scores = {
    'example1': 0.8,
    'example2': 0.6,
    'example3': 0.9
}

# 模型生成文本
def generate_text(prompt):
    inputs = tokenizer(prompt, return_tensors='pt')
    outputs = model.generate(inputs['input_ids'], max_length=50,
                             pad_token_id=tokenizer.eos_token_id)
    return tokenizer.decode(outputs[0], skip_special_tokens=True)

# 计算奖励（基于人类反馈评分）
def compute_reward(text):
    return feedback_scores.get(text, 0.5)  # 默认奖励为 0.5

# 强化学习更新
def reinforce_update(prompt, model, optimizer):
    model.train()
    optimizer.zero_grad()

    generated_text = generate_text(prompt)

    # 对生成的文本进行分词，以便与输入进行比较
    inputs = tokenizer(prompt, return_tensors='pt')
    labels = tokenizer(generated_text, return_tensors='pt')['input_ids']

    # 确保标签与输入具有相同的长度
    if labels.size(1) < inputs['input_ids'].size(1):
        labels = torch.cat(
            [labels,
             torch.full((1, inputs['input_ids'].size(1) - labels.size(1)),
                        tokenizer.pad_token_id)], dim=1)
    elif labels.size(1) > inputs['input_ids'].size(1):
        labels = labels[:, :inputs['input_ids'].size(1)]

    # 计算损失
    outputs = model(input_ids=inputs['input_ids'], labels=labels)
    loss = -outputs.loss * compute_reward(generated_text)
    # 使用负的损失和奖励来进行优化

    loss.backward()
    optimizer.step()

    return loss.item()
```

```
# 设置优化器
optimizer = torch.optim.AdamW(model.parameters(), lr=1e-5)

# 训练循环
prompts = ["Tell me a story about a robot.",
           "How does reinforcement learning work?"]
for epoch in range(3):  # 简化为 3 个 epoch 进行训练
    for prompt in prompts:
        loss = reinforce_update(prompt, model, optimizer)
        print(f"Epoch {epoch}, Prompt: {prompt}, Loss: {loss}")

# 保存微调后的模型
model.save_pretrained('./fine-tuned-model')
tokenizer.save_pretrained('./fine-tuned-model')
```

上述代码的实现流程如下。

（1）初始化模型和分词器：使用GPT-2模型和分词器来生成文本。

（2）人类反馈数据：模拟一些人类反馈评分，用于优化模型生成的文本。

（3）生成文本：根据提示生成文本。

（4）计算奖励：根据人类反馈评分计算奖励。

（5）强化学习更新：使用反馈和奖励更新模型参数，通过损失函数与奖励相结合来优化模型。

（6）训练循环：对多个提示进行训练，进行强化学习更新。

（7）保存模型：保存微调后的模型以便后续使用。

执行上述代码，输出结果如下。

```
Epoch 0, Prompt: Tell me a story about a robot., Loss: -1.985111951828003
Epoch 0, Prompt: How does reinforcement learning work?, Loss:
-2.492488384246826
Epoch 1, Prompt: Tell me a story about a robot., Loss: -1.84115469455719
Epoch 1, Prompt: How does reinforcement learning work?, Loss:
-2.8126277923583984
Epoch 2, Prompt: Tell me a story about a robot., Loss: -2.58296537399292
Epoch 2, Prompt: How does reinforcement learning work?, Loss:
-3.103867292404175
```

可以看到在经过3个epoch的训练后，模型在每个提示上的损失值不断变化，损失值逐渐减小。这表明模型在通过强化学习更新的过程中，其生成的文本可能越来越符合奖励标准。

7.3.7 动态学习率调整

在模型训练过程中可以进行动态学习率调整（Dynamic Learning Rate Adjustment），如使用学习率衰减、余弦退火等方法。动态学习率可以在训练的不同阶段提供适当的学习率，从而提高训练效果。实例7-6使用PyTorch框架中的CIFAR-10数据集和一个CNN模型，演示了在模型训练中使用学习率调度器（Learning Rate Scheduler）动态调整学习率的过程。

实例7-6：在模型训练过程中使用学习率调度器动态调整学习率

实例文件tiao.py（源码路径：codes\7\tiao.py）的具体实现代码如下。

```
import torch
import torch.nn as nn
import torch.optim as optim
import torchvision
import torchvision.transforms as transforms

# 定义简单的 CNN 模型
class SimpleCNN(nn.Module):
    def __init__(self):
        super(SimpleCNN, self).__init__()
        self.conv1 = nn.Conv2d(3, 16, 3, 1, padding=1)
        self.conv2 = nn.Conv2d(16, 32, 3, 1, padding=1)
        self.fc1 = nn.Linear(32*8*8, 128)
        self.fc2 = nn.Linear(128, 10)

    def forward(self, x):
        x = torch.relu(self.conv1(x))
        x = torch.max_pool2d(x, 2, 2)
        x = torch.relu(self.conv2(x))
        x = torch.max_pool2d(x, 2, 2)
        x = x.view(-1, 32*8*8)
        x = torch.relu(self.fc1(x))
        x = self.fc2(x)
        return x

# 数据预处理
transform = transforms.Compose([
    transforms.ToTensor(),
    transforms.Normalize((0.5, 0.5, 0.5), (0.5, 0.5, 0.5))
])

# 加载 CIFAR-10 数据集
trainset = torchvision.datasets.CIFAR10(
    root='./data', train=True, download=True, transform=transform)
trainloader = torch.utils.data.DataLoader(
    trainset, batch_size=32, shuffle=True)

# 初始化模型、损失函数和优化器
model = SimpleCNN()
criterion = nn.CrossEntropyLoss()
optimizer = optim.SGD(model.parameters(), lr=0.1)  # 初始学习率设为 0.1
```

```
# 定义学习率调度器
scheduler = optim.lr_scheduler.StepLR(optimizer, step_size=20, gamma=0.1)
# 每 20 个 epoch 将学习率乘以 0.1

# 训练模型
num_epochs = 50
for epoch in range(num_epochs):
    running_loss = 0.0
    for i, data in enumerate(trainloader, 0):
        inputs, labels = data

        optimizer.zero_grad()

        outputs = model(inputs)
        loss = criterion(outputs, labels)
        loss.backward()
        optimizer.step()

        running_loss += loss.item()
        if i % 200 == 199:  # 每处理 200 个小批量数据后，输出一次当前的损失值
            print('[%d, %5d] loss: %.3f' %
                  (epoch + 1, i + 1, running_loss / 200))
            running_loss = 0.0

    # 更新学习率
    scheduler.step()

print('Finished Training')
```

在上述代码中使用了StepLR学习率调度器，每20个epoch将学习率乘以0.1。

执行上述代码，输出结果如下。

```
[1,   200] loss: 2.057
[1,   400] loss: 1.728
[1,   600] loss: 1.573
[1,   800] loss: 1.467
[1,  1000] loss: 1.377
...
[50,   200] loss: 0.367
[50,   400] loss: 0.363
[50,   600] loss: 0.373
Finished Training
```

可以看到，每处理200个小批量数据后输出一次当前的损失值，训练完成后会输出“Finished Training”。

7.3.8 监督微调

在多模态模型训练中，监督微调（Supervised Fine-Tuning，SFT）是一种常用的微调方法，主要用于提升预训练模型在特定任务上的表现。SFT是指在预训练模型基础上，通过监督学习的方式进行微调。这个过程通常包括使用带标签的数据集对模型进行进一步训练，以使模型更好地适应特定任务或数据分布。实例7-7演示了使用SFT方法的过程，通过微调预训练的图像编码器和文本编码器来适应特定的多模态任务。该实例将冻结一部分模型参数，仅对最后几层或添加的全连接层进行微调。

实例7-7：使用SFT方法微调模型

实例文件hun.py（源码路径：codes\7\hun.py）的具体实现代码如下。

```
import torch
from torch.utils.data import Dataset, DataLoader
from PIL import Image
from transformers import BertTokenizer
import torch.optim as optim
import torch.nn as nn
import torchvision.models as models
import torchvision.transforms as transforms
from transformers import BertModel


# 自定义数据集类
class ImageTextDataset(Dataset):
    def __init__(self, image_paths, texts, tokenizer, transform=None):
        self.image_paths = image_paths
        self.texts = texts
        self.tokenizer = tokenizer
        self.transform = transform

    def __len__(self):
        return len(self.texts)

    def __getitem__(self, idx):
        # 加载图像并转换为Tensor
        image = Image.open(self.image_paths[idx]).convert('RGB')
        if self.transform:
            image = self.transform(image)

        # 处理文本
        text = self.texts[idx]
        encoding = self.tokenizer(
            text, return_tensors='pt', padding='max_length', truncation=True,
```

```
            max_length=128)

        return (image, encoding['input_ids'].squeeze(0),
                encoding['attention_mask'].squeeze(0))


# 图像转换器，将 PIL 图像转换为 Tensor
transform = transforms.Compose([
    transforms.Resize((224, 224)),
    transforms.ToTensor(),
    transforms.Normalize(
        mean=[0.485, 0.456, 0.406], std=[0.229, 0.224, 0.225])
])

# 加载数据
image_paths = ['image1.jpeg', 'image2.jpeg']
texts = ['A flower', 'A man']
tokenizer = BertTokenizer.from_pretrained('bert-base-uncased')
dataset = ImageTextDataset(image_paths, texts, tokenizer, transform=transform)
dataloader = DataLoader(dataset, batch_size=2, shuffle=True)


# 定义模型
class MultiModalModel(nn.Module):
    def __init__(self):
        super(MultiModalModel, self).__init__()
        # 图像编码器
        self.image_encoder = models.resnet50(pretrained=True)
        # 冻结 ResNet 的前几层参数，只微调后面的层
        for param in list(self.image_encoder.parameters())[:-10]:
            param.requires_grad = False
        self.image_encoder.fc = nn.Identity()  # 移除 ResNet 的最后一个全连接层

        # 文本编码器
        self.text_encoder = BertModel.from_pretrained('bert-base-uncased')
        # 冻结 BERT 的前几层参数，只微调后面的层
        for param in list(self.text_encoder.parameters())[:-10]:
            param.requires_grad = False

        # 合并后的全连接层
        self.fc = nn.Linear(2048 + 768, 2)  # 假设有 2 个分类

    def forward(self, images, input_ids, attention_mask):
        # 图像编码
        image_features = self.image_encoder(images)
        # 文本编码
```

```
        text_features = self.text_encoder(
            input_ids=input_ids,
            attention_mask=attention_mask).last_hidden_state[:, 0, :]
        # 合并特征
        combined_features = torch.cat((image_features, text_features), dim=1)
        # 分类输出
        outputs = self.fc(combined_features)
        return outputs


# 初始化模型
model = MultiModalModel()

# 损失函数和优化器
criterion = nn.CrossEntropyLoss()
optimizer = optim.Adam(
    filter(lambda p: p.requires_grad, model.parameters()), lr=1e-4)

# 训练循环
for epoch in range(5):  # 假设训练 5 个 epoch
    for images, input_ids, attention_masks in dataloader:
        # 清空梯度
        optimizer.zero_grad()
        # 前向传播
        outputs = model(images, input_ids, attention_masks)
        labels = torch.tensor([0, 1])  # 假设有标签
        loss = criterion(outputs, labels)
        # 反向传播和优化
        loss.backward()
        optimizer.step()
    print(f'Epoch {epoch + 1}, Loss: {loss.item()}')
```

在上述代码中为了实现SFT方法，在模型的图像编码器和文本编码器中冻结了前几层的参数，只微调后几层的参数。这确保了大部分预训练知识得以保留，同时适应特定任务的需求。

执行上述代码，输出结果如下。

```
Epoch 1, Loss: 0.7242298126220703
Epoch 2, Loss: 0.34537628293037415
Epoch 3, Loss: 0.16260889172554016
Epoch 4, Loss: 2.5474729537963867
Epoch 5, Loss: 0.09362819045782089
```

从上面输出的训练过程中的损失值可以看出，模型在前几轮的训练中损失值逐渐减小，说明模型正在学习。但是在第4轮时，损失值突然增大，然后在第5轮时又减小，造成这种情况的主要原因是当前数据集较小（仅2个样本），在实际应用中，建议大家使用更多样本以获得更可靠的结果。

第8章 学而时习之，不亦说乎：预训练模型的训练和微调

预训练模型的训练分为预训练和微调两个阶段。在预训练阶段，模型通过无监督学习在海量文本数据上进行训练，掌握语言的通用模式和语义知识；在微调阶段，模型针对特定任务，利用少量标注数据进行优化，以提升任务性能。这种结合方式既利用了大规模数据的通用性，又通过微调实现了对特定任务的精准适配。

学而时习之，不亦说乎。

出自《论语》的名言，恰如其分地体现了预训练模型的训练和微调过程的精髓。它强调通过不断地学习和实践，才能真正掌握和应用知识。在NLP模型的训练中，预训练阶段相当于“学”，而微调阶段则是“时习”，通过在特定任务上的反复训练，使模型更好地适应实际应用。正如孔子所言，只有通过不断的学习和实践，才能达到真正的理解和掌握。

8.1 预训练模型的训练和微调介绍

预训练模型是指在大规模数据集上预先训练好的模型，这些模型通常在多个任务上展现出强大的性能，如DeepSeek开源的DeepSeek-V3、DeepSeek-R1等模型都是预训练模型。预训练模型的训练和微调是深度学习中的重要步骤。

假设你正在开发一个智能写作助手，帮助用户快速生成高质量的文章。为了实现这一目标，你可以利用预训练模型（如DeepSeek-V3）进行训练和微调，使其更好地适应写作助手的需求，如图8-1所示。

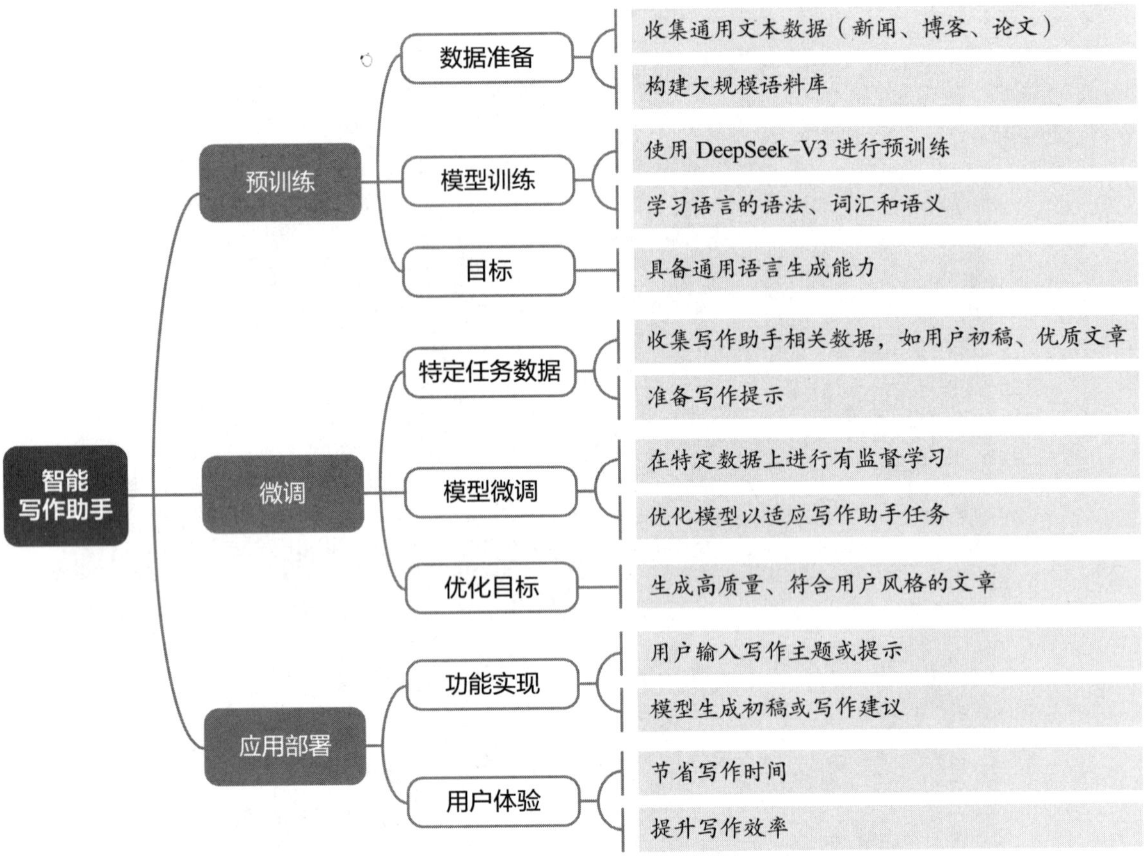

- 智能写作助手
  - 预训练
    - 数据准备
      - 收集通用文本数据（新闻、博客、论文）
      - 构建大规模语料库
    - 模型训练
      - 使用 DeepSeek-V3 进行预训练
      - 学习语言的语法、词汇和语义
    - 目标
      - 具备通用语言生成能力
  - 微调
    - 特定任务数据
      - 收集写作助手相关数据，如用户初稿、优质文章
      - 准备写作提示
    - 模型微调
      - 在特定数据上进行有监督学习
      - 优化模型以适应写作助手任务
    - 优化目标
      - 生成高质量、符合用户风格的文章
  - 应用部署
    - 功能实现
      - 用户输入写作主题或提示
      - 模型生成初稿或写作建议
    - 用户体验
      - 节省写作时间
      - 提升写作效率

图 8-1

8.1.1 预训练

预训练是指在大规模通用数据集上训练模型，使模型学习到数据的通用特征。这些通用特征可以是语言的语法、词汇关系，或者是图像的纹理、形状等。

1. 目标

预训练的目标是让模型学习到数据的通用特征，以便在各种下游任务中表现良好。这些通用特征可以作为后续任务的基础，提高模型的性能和泛化能力。

2. 主要步骤

（1）选择模型架构：选择适合任务的模型架构，如BERT、GPT、CLIP等。

（2）准备数据集：使用大规模的通用数据集进行训练，如维基百科、书籍语料库等。

（3）训练模型：使用无监督或自监督学习方法训练模型，使其学习到数据的通用特征。

（4）保存模型：保存预训练模型的权重，以便后续使用。

3. 技术方法

（1）掩码语言建模（Masked Language Modeling，MLM）：随机掩盖输入文本中的某些单词，让模型预测这些单词。

（2）因果语言建模（Causal Language Modeling，CLM）：预测文本序列中的下一个单词。

（3）对比学习：如CLIP模型，通过对比学习框架训练图像和文本的匹配关系。

4. 优点

（1）泛化能力：预训练模型在大规模数据集上训练，能够泛化到多种任务。

（2）节省资源：预训练模型可以作为基础模型，用于多种下游任务，避免从头开始训练。

8.1.2 微调

微调是指将预训练模型适应特定任务的过程。通过在特定任务的数据集上进一步训练模型，可以提高模型在该任务上的性能。

1. 目标

微调的目标是让预训练模型适应特定任务，提高模型在该任务上的性能。例如，将预训练的BERT模型用于文本分类任务，通过微调可以让模型更好地理解文本的类别特征。

2. 主要步骤

（1）加载预训练模型：加载预训练模型的权重。

（2）冻结层：冻结模型的部分层，以保留预训练阶段学到的通用特征。

（3）添加自定义层：根据任务需求添加新的层，如分类层或回归层。

（4）调整超参数：调整学习率、优化器等超参数，以适应新任务。

（5）训练模型：使用任务特定的数据集训练模型，更新模型的权重。

（6）评估模型：使用验证集评估模型性能，确保模型不会过拟合。

3. 技术方法

（1）全微调（Full Fine-Tuning）：更新模型的所有层和参数，适用于有大量数据的情况。

（2）选择性微调（Selective Fine-Tuning）：仅更新模型的部分层或参数，适用于数据较少的情况。

（3）数据增强：通过变换生成额外的训练数据，提高微调性能。

（4）早停（Early Stopping）：在验证集的性能不再提升时停止训练，防止过拟合。

（5）学习率调度：逐渐降低学习率，帮助模型更精细地学习。

4. 优点

（1）特定任务的精度：微调可以使模型在特定任务上表现得更准确。

（2）效率：相比从头开始训练，微调需要的计算资源更少。

8.1.3 预训练与微调的对比

预训练与微调的对比如表8-1所示。

表8-1 预训练与微调的对比

特性	预训练	微调
目标	学习通用特征，泛化到多种任务	适应特定任务，提高特定任务的性能
数据集	大规模通用数据集	特定任务的数据集
训练方法	无监督或自监督学习	监督学习
模型更新	更新所有层和参数	更新部分层或所有层，根据任务需求
计算资源	需要大量计算资源	计算资源需求较少
适用场景	通用特征学习，适用于多种下游任务	特定任务，如文本分类、问答、图像分类

8.2 CLIP模型的微调

实例8-1提供了基于PyTorch Lightning框架的CLIP模型训练解决方案，支持从头开始训练和微调预训练模型两种方式。用户可以轻松地训练自己的CLIP模型，同时支持使用自定义数据集和预训练模型进行微调，实现图像和文本的多模态学习任务。本实例旨在提供简单易用的训练流程，以实现对图像和文本之间关系的学习，为多模态任务的研究和应用提供了便利。

实例8-1：多模态模型CLIP的训练与微调

本实例文件夹为train-CLIP-main（源码路径：codes\8\train-CLIP-main）。

8.2.1 实例介绍

随着人工智能领域的发展，多模态学习成了一个备受关注的研究方向，它涉及了图像、文本、语音等多种数据模态的融合与学习。在多模态学习中，模型需要同时理解和处理不同模态的信息，从而更好地理解世界、进行推理和决策。CLIP是由OpenAI提出的一种基于自监督学习的多模态模型，它通过对图像和文本之间的对比学习，实现了强大的视觉和语言理解能力，成了多个任务的基础模型。

本实例提供了基于PyTorch Lightning框架的CLIP模型训练解决方案，旨在帮助用户轻松训练自己的CLIP模型以及进行数据高效微调。通过该实例，用户可以从头开始训练CLIP模型，也可以利用预训练模型进行数据微调，实现对图像和文本之间关系的学习。同时，实例支持用户使用自定义数据集进行训练，为各种多模态任务（如图像分类、文本检索等）提供了灵活而高效的解决方案。无论是从头开始训练还是微调预训练模型，本实例都提供了简单易用的训练流程和接口，为多模态任务的研究和实践提供了便利。

本实例基于PyTorch Lightning框架实现，具体功能模块如下。

1. CLIP 模型的训练与微调

（1）提供了对CLIP模型的训练与微调功能，用户可以选择从头开始训练或者对预训练模型进行微调。

（2）训练过程采用自监督学习的方法，通过对图像和文本之间的对比学习来学习模型的表示。

（3）支持多种CLIP模型，用户可以根据需求选择不同的模型结构和参数进行训练。

2. 数据准备与加载

（1）提供了数据模块（DataModule），用于准备和加载图像与文本数据。

（2）可以从指定文件夹中加载数据，支持自定义数据集的加载，同时支持各种数据预处理操作。

3. 多模态模型的构建

（1）实现了CLIP模型的包装器（CLIPWrapper），用于训练原始CLIP模型。

（2）实现了自定义的CLIP模型包装器（CustomCLIPWrapper），支持微调预训练的图像编码器和文本编码器。

4. 训练流程

（1）使用PyTorch Lightning框架的Trainer类来管理训练过程，支持分布式训练、混合精度训练等功能。

（2）在训练过程中，根据用户指定的参数和模型配置，进行图像和文本的编码、对比学习等操作。

5. 命令行工具

（1）提供了命令行接口，用户可以通过命令行指定模型名称、数据文件夹、批处理大小等参数来启动训练过程。

（2）支持从头训练和微调预训练模型两种模式，使用户能够轻松地使用该实例进行训练。

本实例的实现流程遵循CLIP模型的自监督学习原理，通过最大化图像和文本之间的相似性来学习模型的表示，从而实现对图像和文本之间语义关系的理解和学习。

8.2.2 创建文本和图像配对数据集

文件text_image_dm.py实现了一个自定义的PyTorch数据集和数据模块，这是一个用于创建文本和图像配对数据集的工具，并为训练过程提供数据加载功能。

```
class TextImageDataset(Dataset):
    def __init__(self,
                folder: str,
                image_size=224,
                resize_ratio=0.75,
                shuffle=False,
                custom_tokenizer=False
                ):
        """从包含文本和图像文件的文件夹中创建一个文本图像数据集

        参数：
            folder (str): 包含文本和图像文件的文件夹，它们通过各自路径的 stem 进行匹配
            image_size (int, optional): 输出图像的大小，默认为 224
            resize_ratio (float, optional): 裁剪时包含的最小图像比例，默认为 0.75
            shuffle (bool, optional): 是否在采样过程中进行打乱，默认为 False
            custom_tokenizer (bool, optional): 是否有自定义分词器，默认为 False
        """
        super().__init__()
        self.shuffle = shuffle
        path = Path(folder)

        text_files = [*path.glob('**/*.txt')]
        image_files = [
            *path.glob('**/*.png'), *path.glob('**/*.jpg'),
            *path.glob('**/*.jpeg'), *path.glob('**/*.bmp')
        ]

        text_files = {text_file.stem: text_file for text_file in text_files}
        image_files = {image_file.stem: image_file
                      for image_file in image_files}

        keys = (image_files.keys() & text_files.keys())

        self.keys = list(keys)
        self.text_files = {k: v for k, v in text_files.items() if k in keys}
        self.image_files = {k: v
                           for k, v in image_files.items() if k in keys}
        self.resize_ratio = resize_ratio
        self.image_transform = T.Compose([
            T.Lambda(self.fix_img),
```

```
            T.RandomResizedCrop(image_size,
                                scale=(self.resize_ratio, 1.),
                                ratio=(1., 1.)),
            T.ToTensor(),
            T.Normalize((0.48145466, 0.4578275, 0.40821073),
                        (0.26862954, 0.26130258, 0.27577711))
        ])
        self.custom_tokenizer = custom_tokenizer

    def __len__(self):
        return len(self.keys)

    def fix_img(self, img):
        return img.convert('RGB') if img.mode != 'RGB' else img

    def random_sample(self):
        return self.__getitem__(randint(0, self.__len__() - 1))

    def sequential_sample(self, ind):
        if ind >= self.__len__() - 1:
            return self.__getitem__(0)
        return self.__getitem__(ind + 1)

    def skip_sample(self, ind):
        if self.shuffle:
            return self.random_sample()
        return self.sequential_sample(ind=ind)

    def __getitem__(self, ind):
        key = self.keys[ind]

        text_file = self.text_files[key]
        image_file = self.image_files[key]

        descriptions = text_file.read_text().split('\n')
        descriptions = list(filter(lambda t: len(t) > 0, descriptions))
        try:
            description = choice(descriptions)
        except IndexError as zero_captions_in_file_ex:
            print(f"加载文件 {text_file} 时发生异常。")
            print(f"跳过索引 {ind}")
            return self.skip_sample(ind)

        tokenized_text = (
            description if self.custom_tokenizer
            else clip.tokenize(description)[0])
```

```
        try:
            image_tensor = self.image_transform(PIL.Image.open(image_file))
        except (PIL.UnidentifiedImageError,
                OSError) as corrupt_image_exceptions:
            print(f"加载文件 {image_file} 时发生异常。")
            print(f"跳过索引 {ind}")
            return self.skip_sample(ind)

        # 成功
        return image_tensor, tokenized_text

class TextImageDataModule(LightningDataModule):
    def __init__(self,
                 folder: str,
                 batch_size: int,
                 num_workers=0,
                 image_size=224,
                 resize_ratio=0.75,
                 shuffle=False,
                 custom_tokenizer=None
    ):
        """从包含文本和图像文件的文件夹中创建一个文本图像数据模块

        参数：
            folder (str): 包含文本和图像文件的文件夹，它们通过各自路径的 stem 进行匹配
            batch_size (int): 每个数据加载器的批处理大小
            num_workers (int, optional): DataLoader 中的工作线程数，默认为 0
            image_size (int, optional): 输出图像的大小，默认为 224
            resize_ratio (float, optional): 裁剪时包含的最小图像比例，默认为 0.75
            shuffle (bool, optional): 是否在采样过程中进行打乱，默认为 False
            custom_tokenizer (transformers.AutoTokenizer, optional): 用于文本
的分词器，默认为 None
        """
        super().__init__()
        self.folder =folder
        self.batch_size = batch_size
        self.num_workers = num_workers
        self.image_size = image_size
        self.resize_ratio = resize_ratio
        self.shuffle = shuffle
        self.custom_tokenizer = custom_tokenizer

    @staticmethod
    def add_argparse_args(parent_parser):
        parser = argparse.ArgumentParser(parents=[parent_parser], add_help=False)
```

```
        parser.add_argument(
            '--folder', type=str, required=True, help='你的训练文件夹的目录')
        parser.add_argument('--batch_size', type=int, help='批处理大小')
        parser.add_argument(
            '--num_workers', type=int, default=0, help='数据加载器的工作线程数')
        parser.add_argument(
            '--image_size', type=int, default=224, help='图像的大小')
        parser.add_argument(
            '--resize_ratio', type=float, default=0.75,
            help='随机裁剪时图像的最小尺寸')
        parser.add_argument(
            '--shuffle', type=bool, default=False, help='采样时是否打乱顺序')
        return parser

    def setup(self, stage=None):
        self.dataset = TextImageDataset(
            self.folder, image_size=self.image_size,
            resize_ratio=self.resize_ratio, shuffle=self.shuffle,
            custom_tokenizer=not self.custom_tokenizer is None)

    def train_dataloader(self):
        return DataLoader(
            self.dataset, batch_size=self.batch_size,
            shuffle=self.shuffle, num_workers=self.num_workers,
            drop_last=True, collate_fn=self.dl_collate_fn)

    def dl_collate_fn(self, batch):
        if self.custom_tokenizer is None:
            return torch.stack([row[0] for row in batch]),
                             torch.stack([row[1] for row in batch])
        else:
            return torch.stack(
                [row[0] for row in batch]),
                self.custom_tokenizer([row[1] for row in batch],
                padding=True, truncation=True, return_tensors="pt")
```

对上述代码的具体说明如下。

（1）类TextImageDataset的功能是从指定的文件夹中加载和处理成对的图像和文本数据，该类通过匹配文件名来生成图像和文本的对，并进行必要的预处理（如图像转换和文本分词），以便供模型训练使用。

（2）类TextImageDataset中的__init__()方法的功能是初始化数据集实例，加载指定文件夹中的图像和文本文件，并设置图像大小、裁剪比例、是否打乱顺序等参数。

（3）类TextImageDataset中的__len__()方法的功能是返回数据集中数据对的数量。

（4）类TextImageDataset中的fix_img()方法的功能是确保加载的图像为RGB格式，以保证图像处理的一致性。

（5）类TextImageDataset中的random_sample()方法的功能是随机从数据集中采样一个数据对。

（6）类TextImageDataset中的sequential_sample()方法的功能是按顺序采样下一个数据对，如果到达末尾，则返回第一个数据对，以实现循环采样。

（7）类TextImageDataset中的skip_sample()方法的功能是根据是否设置了打乱顺序，决定是随机采样一个数据对还是按顺序采样一个数据对。

（8）类TextImageDataset中的__getitem__()方法的功能是根据索引获取图像和文本数据对，并进行预处理。该方法确保图像转换为张量并对文本进行分词处理，然后返回预处理后的图像和文本张量。

（9）类TextImageDataModule的功能是创建一个方便管理数据加载的模块，利用类TextImageDataset实例，设置数据加载器的相关参数，并为模型训练提供数据。

（10）类TextImageDataModule中的__init__()方法的功能是初始化数据模块实例，设置数据文件夹路径、批处理大小、工作线程数、图像大小、裁剪比例、是否打乱顺序以及自定义分词器等参数。

（11）类TextImageDataModule中的add_argparse_args()静态方法的功能是为命令行参数解析添加功能，使得用户可以通过命令行传入数据模块的参数，如文件夹路径、批处理大小等。

（12）类TextImageDataModule中的setup()方法的功能是初始化类TextImageDataset实例，准备数据集以供训练使用。

（13）类TextImageDataModule中的train_dataloader()方法的功能是返回训练数据加载器，该加载器使用类TextImageDataset实例，并根据设置的参数（如批处理大小、是否打乱顺序等）进行配置。

（14）类TextImageDataModule中的dl_collate_fn()方法的功能是定义批处理函数，用于将单个样本组成批次。该函数根据是否使用自定义分词器，堆叠图像和文本数据，以便在训练过程中进行批处理。

8.2.3 创建模型

在本实例的models目录中，包含了对CLIP模型和其自定义包装器进行了详细定义和配置的代码文件。其中，类CLIPWrapper是对CLIP模型的Lightning包装器，用于训练和验证CLIP模型。而类CustomCLIPWrapper则是对类CLIPWrapper的定制，引入了自蒸馏和其他自定义功能以增强模型性能。此外，还包括了用于配置不同模型参数的YAML文件，如RN.yaml和ViT.yaml。这些文件共同构成了一个完整的模型训练和配置环境，用于实现对CLIP模型的训练和评估。

1. 实现 CLIP 模型

文件model.py定义了一个CLIP模型的实现（即类CLIP），包含了视觉和文本处理模块。其中视觉部分使用了改进的ResNet或视觉Transformer模型，文本部分使用了自定义的Transformer模型。文件model.py实现了多个类，如Bottleneck、AttentionPool2d、ModifiedResNet、LayerNorm、QuickGELU、ResidualAttentionBlock、Transformer和VisualTransformer，它们分别负责特征提取、注意力机制、层归一化和非线性激活等操作。类CLIP整合了这些组件，能将图像和文本编码为高维特征向量，并通过余弦相似度计算图像和文本的相似性，用于多模态任务。

文件model.py的具体实现流程如下。

（1）类Bottleneck定义了一个用于残差网络的瓶颈结构模块，它通过三个卷积层进行特征提取，并在需要下采样时添加了一个平均池化层以调整输入特征图的尺寸。该模块采用了残差连接方式，通过跳跃连接来缓解深度网络中的梯度消失问题，从而有效地进行特征学习。

```
class Bottleneck(nn.Module):
    expansion = 4

    def __init__(self, inplanes, planes, stride=1):
        super().__init__()

        # 所有卷积层的步幅都是 1，当步幅大于 1 时，在第二次卷积后进行平均池化
        self.conv1 = nn.Conv2d(inplanes, planes, 1, bias=False)
        self.bn1 = nn.BatchNorm2d(planes)

        self.conv2 = nn.Conv2d(planes, planes, 3, padding=1, bias=False)
        self.bn2 = nn.BatchNorm2d(planes)

        self.avgpool = nn.AvgPool2d(stride) if stride > 1 else nn.Identity()

        self.conv3 = nn.Conv2d(planes, planes * self.expansion, 1, bias=False)
        self.bn3 = nn.BatchNorm2d(planes * self.expansion)

        self.relu = nn.ReLU(inplace=True)
        self.downsample = None
        self.stride = stride

        if stride > 1 or inplanes != planes * Bottleneck.expansion:
            # 下采样层前置一个平均池化，随后的卷积层的步幅为 1
            self.downsample = nn.Sequential(OrderedDict([
                ("-1", nn.AvgPool2d(stride)),
                ("0", nn.Conv2d(inplanes, planes * self.expansion, 1,
                                stride=1, bias=False)),
                ("1", nn.BatchNorm2d(planes * self.expansion))
            ]))

    def forward(self, x: torch.Tensor):
        identity = x

        out = self.relu(self.bn1(self.conv1(x)))
        out = self.relu(self.bn2(self.conv2(out)))
        out = self.avgpool(out)
        out = self.bn3(self.conv3(out))

        if self.downsample is not None:
```

```
            identity = self.downsample(x)

        out += identity
        out = self.relu(out)
        return out
```

（2）类AttentionPool2d实现了一种基于多头自注意力机制的二维池化操作。首先，对输入进行重塑和排列，然后通过在输入上添加位置嵌入来增强其空间信息。接着，利用多头自注意力机制计算查询、键和值之间的注意力分布，并通过线性变换得到最终输出。类AttentionPool2d可以用来对二维特征图进行全局的信息汇聚，从而在视觉任务中捕获全局特征。

```
class AttentionPool2d(nn.Module):
    def __init__(self, spacial_dim: int, embed_dim: int, num_heads: int,
output_dim: int = None):
        super().__init__()
        self.positional_embedding = nn.Parameter(
            torch.randn(spacial_dim ** 2 + 1, embed_dim) / embed_dim ** 0.5)
        self.k_proj = nn.Linear(embed_dim, embed_dim)
        self.q_proj = nn.Linear(embed_dim, embed_dim)
        self.v_proj = nn.Linear(embed_dim, embed_dim)
        self.c_proj = nn.Linear(embed_dim, output_dim or embed_dim)
        self.num_heads = num_heads

    def forward(self, x):
        # NCHW -> (HW)NC
        x = x.reshape(x.shape[0], x.shape[1], x.shape[2] * x.shape[3]
        ).permute(2, 0, 1)
        # (HW+1)NC
        x = torch.cat([x.mean(dim=0, keepdim=True), x], dim=0)
        # (HW+1)NC
        x = x + self.positional_embedding[:, None, :].to(x.dtype)
        x, _ = F.multi_head_attention_forward(
            query=x, key=x, value=x,
            embed_dim_to_check=x.shape[-1],
            num_heads=self.num_heads,
            q_proj_weight=self.q_proj.weight,
            k_proj_weight=self.k_proj.weight,
            v_proj_weight=self.v_proj.weight,
            in_proj_weight=None,
            in_proj_bias=torch.cat(
                [self.q_proj.bias, self.k_proj.bias, self.v_proj.bias]),
            bias_k=None,
            bias_v=None,
            add_zero_attn=False,
            dropout_p=0,
            out_proj_weight=self.c_proj.weight,
```

```
            out_proj_bias=self.c_proj.bias,
            use_separate_proj_weight=True,
            training=self.training,
            need_weights=False
        )

        return x[0]
```

（3）定义类ModifiedResNet，这是对ResNet模型的一种改进实现。相比于传统的ResNet模型，这个版本进行了如下修改。

◎ 使用了3层卷积代替单层卷积作为网络的stem，并用平均池化代替最大池化；

◎ 在步幅大于1的卷积层前添加平均池化实现反混叠处理；

◎ 在池化层中使用QKV注意力机制代替传统的平均池化，从而增强了模型对全局信息的捕捉能力。

```
class ModifiedResNet(nn.Module):
    def __init__(self, layers, output_dim, heads, input_resolution=224,
                 width=64):
        super().__init__()
        self.output_dim = output_dim
        self.input_resolution = input_resolution

        # 三层 stem
        self.conv1 = nn.Conv2d(
            3, width // 2, kernel_size=3, stride=2, padding=1, bias=False)
        self.bn1 = nn.BatchNorm2d(width // 2)
        self.conv2 = nn.Conv2d(
            width // 2, width // 2, kernel_size=3, padding=1, bias=False)
        self.bn2 = nn.BatchNorm2d(width // 2)
        self.conv3 = nn.Conv2d(
            width // 2, width, kernel_size=3, padding=1, bias=False)
        self.bn3 = nn.BatchNorm2d(width)
        self.avgpool = nn.AvgPool2d(2)
        self.relu = nn.ReLU(inplace=True)

        # 残差层
        self._inplanes = width  # 这是一个在构造过程中使用的 * 可变 * 变量
        self.layer1 = self._make_layer(width, layers[0])
        self.layer2 = self._make_layer(width * 2, layers[1], stride=2)
        self.layer3 = self._make_layer(width * 4, layers[2], stride=2)
        self.layer4 = self._make_layer(width * 8, layers[3], stride=2)

        embed_dim = width * 32  # ResNet 特征维度
        self.attnpool = AttentionPool2d(
```

```
            input_resolution // 32, embed_dim, heads, output_dim)

    def _make_layer(self, planes, blocks, stride=1):
        layers = [Bottleneck(self._inplanes, planes, stride)]

        self._inplanes = planes * Bottleneck.expansion
        for _ in range(1, blocks):
            layers.append(Bottleneck(self._inplanes, planes))

        return nn.Sequential(*layers)

    def forward(self, x):
        def stem(x):
            for conv, bn in [(self.conv1, self.bn1), (self.conv2, self.bn2),
                             (self.conv3, self.bn3)]:
                x = self.relu(bn(conv(x)))
            x = self.avgpool(x)
            return x

        x = x.type(self.conv1.weight.dtype)
        x = stem(x)
        x = self.layer1(x)
        x = self.layer2(x)
        x = self.layer3(x)
        x = self.layer4(x)
        x = self.attnpool(x)

        return x
```

（4）类LayerNorm对PyTorch框架中的类LayerNorm实现了子类化处理，用于处理FP16数据。类QuickGELU定义了一个快速的高斯误差线性单元（Gaussian Error Linear Unit，GELU）激活函数的模块。

```
class LayerNorm(nn.LayerNorm):
    def forward(self, x: torch.Tensor):
        orig_type = x.dtype
        ret = super().forward(x.type(torch.float32))
        return ret.type(orig_type)


class QuickGELU(nn.Module):
    def forward(self, x: torch.Tensor):
        return x * torch.sigmoid(1.702 * x)
```

（5）类ResidualAttentionBlock实现了一个残差注意力块，其中包含了多头注意力机制和多层感知机。在前向传播过程中，输入注意力层和多层感知机，然后将结果与输入进行残差连接，并经过

LayerNorm模块处理。

```
class ResidualAttentionBlock(nn.Module):
    def __init__(
        self, d_model: int, n_head: int, attn_mask: torch.Tensor = None):
        super().__init__()

        self.attn = nn.MultiheadAttention(d_model, n_head)
        self.ln_1 = LayerNorm(d_model)  # 第一个 LayerNorm 模块
        self.mlp = nn.Sequential(OrderedDict([
            ("c_fc", nn.Linear(d_model, d_model * 4)),  # 多层感知机的全连接层
            ("gelu", QuickGELU()),  # 快速 GELU 激活函数
            ("c_proj", nn.Linear(d_model * 4, d_model))  # 全连接层
        ]))
        self.ln_2 = LayerNorm(d_model)  # 第二个 LayerNorm 模块
        self.attn_mask = attn_mask  # 注意力屏蔽矩阵

    def attention(self, x: torch.Tensor):
        # 执行多头注意力机制
        self.attn_mask = (
            self.attn_mask.to(dtype=x.dtype, device=x.device)
            if self.attn_mask is not None else None)
        return self.attn(
            x, x, x, need_weights=False, attn_mask=self.attn_mask)[0]

    def forward(self, x: torch.Tensor):
        # 前向传播过程
        x = x + self.attention(self.ln_1(x))  # 加上注意力机制的残差连接和 LayerNorm
        x = x + self.mlp(self.ln_2(x))  # 加上多层感知机的残差连接和 LayerNorm
        return x
```

（6）类Transformer实现了一个简单的Transformer模型，其中包含多个残差注意力块作为Transformer模型的层。在前向传播过程中，输入多个残差注意力块进行处理，然后返回输出。

```
class Transformer(nn.Module):
    def __init__(self, width: int, layers: int, heads: int, attn_mask: torch.
Tensor = None):
        super().__init__()
        self.width = width  # 模型宽度
        self.layers = layers  # Transformer 层的数量
        self.resblocks = nn.Sequential(*[
            ResidualAttentionBlock(width, heads, attn_mask)
            for _ in range(layers)])

    def forward(self, x: torch.Tensor):
        # Transformer 模型的前向传播过程
```

```
        return self.resblocks(x)
```

（7）类VisualTransformer实现了一个视觉Transformer模型，用于处理图像数据。该模型首先使用卷积提取特征，然后将特征送入Transformer模型进行特征编码，最后将编码后的特征投影到指定维度空间。

```
class VisualTransformer(nn.Module):
    def __init__(self, input_resolution: int, patch_size: int, width: int,
                 layers: int, heads: int, output_dim: int):
        super().__init__()
        self.input_resolution = input_resolution  # 输入图像的分辨率
        self.output_dim = output_dim  # 输出维度
        self.conv1 = nn.Conv2d(
            in_channels=3, out_channels=width, kernel_size=patch_size,
            stride=patch_size, bias=False)

        scale = width ** -0.5
        self.class_embedding = nn.Parameter(scale * torch.randn(width))
        # 类别嵌入向量
        self.positional_embedding = nn.Parameter(
            scale * torch.randn((input_resolution // patch_size) ** 2 + 1,
                                width))  # 位置嵌入向量
        self.ln_pre = LayerNorm(width)  # 输入嵌入的 LayerNorm

        self.transformer = Transformer(width, layers, heads)
        # 使用 Transformer 模型进行特征提取和编码

        self.ln_post = LayerNorm(width)  # 输出嵌入的 LayerNorm
        self.proj = nn.Parameter(scale * torch.randn(width, output_dim))
        # 投影矩阵，将特征映射到指定维度空间

    def forward(self, x: torch.Tensor):
        x = self.conv1(x)  # 卷积提取特征
        x = x.reshape(x.shape[0], x.shape[1], -1)  # 将特征图展平
        x = x.permute(0, 2, 1)  # 调整维度顺序以适应 Transformer 模型输入
        x = torch.cat([
            self.class_embedding.to(x.dtype) + torch.zeros(
                x.shape[0], 1, x.shape[-1], dtype=x.dtype, device=x.device),
            x], dim=1)  # 添加类别嵌入到特征向量中
        x = x + self.positional_embedding.to(x.dtype)  # 加上位置嵌入向量
        x = self.ln_pre(x)  # 应用 Layer Normalization

        x = x.permute(1, 0, 2)  # 调整维度顺序以适应 Transformer 模型输入格式
        x = self.transformer(x)  # 通过 Transformer 模型进行特征编码
        x = x.permute(1, 0, 2)  # 调整维度顺序以适应输出格式
```

```
        x = self.ln_post(x[:, 0, :])
        # 应用 LayerNorm，并选择序列的第一个位置作为输出

        if self.proj is not None:
            x = x @ self.proj   # 使用投影矩阵将特征映射到指定维度空间

        return x
```

（8）类CLIP实现了CLIP模型，结合了文本和视觉信息，使用Transformer模型编码文本和视觉特征，并计算它们之间的余弦相似度作为对数概率。其中，视觉特征提取器可以是类ModifiedResNet或类VisualTransformer。

```
class CLIP(nn.Module):
    def __init__(self,
                 embed_dim: int,
                 # 视觉相关参数
                 image_resolution: int,
                 vision_layers: Union[Tuple[int, int, int, int], int],
                 vision_width: int,
                 vision_patch_size: int,
                 # 文本相关参数
                 context_length: int,
                 vocab_size: int,
                 transformer_width: int,
                 transformer_heads: int,
                 transformer_layers: int
                 ):
        super().__init__()

        self.context_length = context_length   # 上下文长度

        # 根据输入确定使用类 ModifiedResNet 还是类 VisualTransformer
        # 进行视觉特征提取和编码
        if isinstance(vision_layers, (tuple, list)):
            vision_heads = vision_width * 32 // 64
            self.visual = ModifiedResNet(
                layers=vision_layers,
                output_dim=embed_dim,
                heads=vision_heads,
                input_resolution=image_resolution,
                width=vision_width
            )
        else:
            vision_heads = vision_width // 64
            self.visual = VisualTransformer(
                input_resolution=image_resolution,
```

```
            patch_size=vision_patch_size,
            width=vision_width,
            layers=vision_layers,
            heads=vision_heads,
            output_dim=embed_dim
        )

    # 文本编码器使用Transformer模型
    self.transformer = Transformer(
        width=transformer_width,
        layers=transformer_layers,
        heads=transformer_heads,
        attn_mask=self.build_attention_mask()
    )

    self.vocab_size = vocab_size
    self.token_embedding = nn.Embedding(vocab_size, transformer_width)
    # 文本词嵌入
    self.positional_embedding = nn.Parameter(
        torch.empty(self.context_length, transformer_width))  # 位置嵌入
    self.ln_final = LayerNorm(transformer_width)
    # 最终的LayerNorm

    self.text_projection = nn.Parameter(
        torch.empty(transformer_width, embed_dim))  # 文本特征投影矩阵
    self.logit_scale = nn.Parameter(torch.ones([]) * np.log(1 / 0.07))
    # 对数尺度参数

    self.initialize_parameters()

def initialize_parameters(self):
    # 初始化参数
    nn.init.normal_(self.token_embedding.weight, std=0.02)
    nn.init.normal_(self.positional_embedding, std=0.01)

    # 初始化视觉编码器和Transformer模型中的参数
    if isinstance(self.visual, ModifiedResNet):
        if self.visual.attnpool is not None:
            std = self.visual.attnpool.c_proj.in_features ** -0.5
            nn.init.normal_(self.visual.attnpool.q_proj.weight, std=std)
            nn.init.normal_(self.visual.attnpool.k_proj.weight, std=std)
            nn.init.normal_(self.visual.attnpool.v_proj.weight, std=std)
            nn.init.normal_(self.visual.attnpool.c_proj.weight, std=std)

        for resnet_block in [self.visual.layer1, self.visual.layer2,
                             self.visual.layer3, self.visual.layer4]:
```

```
            for name, param in resnet_block.named_parameters():
                if name.endswith("bn3.weight"):
                    nn.init.zeros_(param)

        proj_std = (self.transformer.width ** -0.5) * \
                   ((2 * self.transformer.layers) ** -0.5)
        attn_std = self.transformer.width ** -0.5
        fc_std = (2 * self.transformer.width) ** -0.5
        for block in self.transformer.resblocks:
            nn.init.normal_(block.attn.in_proj_weight, std=attn_std)
            nn.init.normal_(block.attn.out_proj.weight, std=proj_std)
            nn.init.normal_(block.mlp.c_fc.weight, std=fc_std)
            nn.init.normal_(block.mlp.c_proj.weight, std=proj_std)

        if self.text_projection is not None:
            nn.init.normal_(self.text_projection,
                            std=self.transformer.width ** -0.5)

    def build_attention_mask(self):
        # 惰性创建自回归注意力掩码，视觉和文本序列之间的全局注意力
        # PyTorch 使用加性注意力掩码；填充为 -inf
        mask = torch.empty(self.context_length, self.context_length)
        mask.fill_(float("-inf"))
        mask.triu_(1)  # 将下三角区域置零
        return mask

    @property
    def dtype(self):
        return self.visual.conv1.weight.dtype

    def encode_image(self, image):
        return self.visual(image.type(self.dtype))

    def encode_text(self, text):
        x = self.token_embedding(text).type(self.dtype)
        # 获取文本嵌入向量 [batch_size, n_ctx, d_model]

        x = x + self.positional_embedding.type(self.dtype)
        x = x.permute(1, 0, 2)  # 调整维度顺序以适应 Transformer 模型输入
        x = self.transformer(x)
        x = x.permute(1, 0, 2)  # 调整维度顺序
        x = self.ln_final(x).type(self.dtype)

        # x.shape = [batch_size, n_ctx, transformer.width]
        # 提取来自 EOT 嵌入的特征（EOT 标记是每个序列中的最高数值）
        x = (x[torch.arange(x.shape[0]), text.argmax(dim=-1)]
```

```
            @ self.text_projection)

        return x

    def forward(self, image, text):
        image_features = self.encode_image(image)
        text_features = self.encode_text(text)

        # 归一化特征向量
        image_features = (image_features
                    / image_features.norm(dim=-1, keepdim=True))
        text_features = (text_features
                    / text_features.norm(dim=-1, keepdim=True))

        # 计算余弦相似度作为对数概率
        logit_scale = self.logit_scale.exp()
        logits_per_image = logit_scale * image_features @ text_features.t()
        logits_per_text = logit_scale * text_features @ image_features.t()

        # shape = [global_batch_size, global_batch_size]
        return logits_per_image, logits_per_text
```

对上述代码的具体说明如下。

◎ __init__()方法初始化了CLIP模型，接收多个参数，包括嵌入维度、图像分辨率、视觉编码器的层数、宽度、补丁大小等，以及文本编码器的相关参数。根据参数设置，初始化视觉编码器为类ModifiedResNet或类VisualTransformer，初始化文本编码器为Transformer模型，同时初始化了文本词嵌入、位置嵌入、LayerNorm等参数。

◎ initialize_parameters()方法用于初始化模型参数，包括文本词嵌入、位置嵌入以及视觉编码器和Transformer模型中的参数。

◎ build_attention_mask()方法惰性创建自回归注意力掩码，用于Transformer模型中的注意力机制，以实现全局注意力。

◎ encode_image()方法用于对图像进行编码，调用视觉编码器将图像转换为视觉特征。

◎ encode_text()方法用于对文本进行编码，包括文本词嵌入、位置嵌入以及Transformer模型编码器，最后提取文本特征。

◎ forward()方法定义了CLIP模型的前向传播过程，接收图像和文本输入，并计算它们之间的余弦相似度作为对数概率输出。

（9）函数convert_weights()用于将适用的模型参数转换为半精度浮点数（FP16）格式，它遍历模型的所有层，对满足条件的参数执行相应的转换操作，包括卷积层、线性层、多头注意力层以及文本投影和输出投影。

```
def convert_weights(model: nn.Module):
    # 将适用的模型参数转换为 FP16 格式
```

```
def _convert_weights_to_Fp16(l):
    # 如果是卷积层、线性层，则将权重和偏置转换为 FP16 格式
    if isinstance(l, (nn.Conv1d, nn.Conv2d, nn.Linear)):
        l.weight.data = l.weight.data.half()
        if l.bias is not None:
            l.bias.data = l.bias.data.half()

    # 如果是多头注意力层，则将相关参数转换为 FP16 格式
    if isinstance(l, nn.MultiheadAttention):
        for attr in [
            *[f"{s}_proj_weight" for s in ["in", "q", "k", "v"]],
            "in_proj_bias", "bias_k", "bias_v"]:
            tensor = getattr(l, attr)
            if tensor is not None:
                tensor.data = tensor.data.half()

    # 如果存在文本投影或输出投影，则将其参数转换为 FP16 格式
    for name in ["text_projection", "proj"]:
        if hasattr(l, name):
            attr = getattr(l, name)
            if attr is not None:
                attr.data = attr.data.half()

# 对模型应用参数转换函数
model.apply(_convert_weights_to_fp16)
```

（10）函数build_model()用于构建模型并加载预训练权重，它解析了预训练权重中的各个部分的参数，然后根据这些参数构建了适用于CLIP模型的实例，并加载了预训练权重。同时，函数build_model()也负责将加载的权重转换为FP16格式。

```
def build_model(state_dict: dict):
    # 构建模型并加载预训练权重

    # 检查预训练权重是否适用于类 VisualTransformer
    vit = "visual.proj" in state_dict

    # 解析视觉部分的参数
    if vit:
        vision_width = state_dict["visual.conv1.weight"].shape[0]
        vision_layers = len([
            k for k in state_dict.keys()
            if k.startswith("visual.") and k.endswith(".attn.in_proj_weight")])
        vision_patch_size = state_dict["visual.conv1.weight"].shape[-1]
        grid_size = round(
```

```
        (state_dict["visual.positional_embedding"].shape[0] - 1) ** 0.5)
    image_resolution = vision_patch_size * grid_size
else:
    counts: list = [
        len(set(k.split(".")[2] for k in state_dict
        if k.startswith(f"visual.layer{b}"))) for b in [1, 2, 3, 4]]
    vision_layers = tuple(counts)
    vision_width = state_dict["visual.layer1.0.conv1.weight"].shape[0]
    output_width = round(
        (state_dict["visual.attnpool.positional_embedding"].shape[0] - 1)
        ** 0.5)
    vision_patch_size = None
    assert (output_width ** 2 + 1
            == state_dict["visual.attnpool.positional_embedding"].shape[0])
    image_resolution = output_width * 32

# 解析文本部分的参数
embed_dim = state_dict["text_projection"].shape[1]
context_length = state_dict["positional_embedding"].shape[0]
vocab_size = state_dict["token_embedding.weight"].shape[0]
transformer_width = state_dict["ln_final.weight"].shape[0]
transformer_heads = transformer_width // 64
transformer_layers = len(set(
    k.split(".")[2] for k in state_dict
    if k.startswith(f"transformer.resblocks")))

# 创建 CLIP 模型实例
model = CLIP(
    embed_dim,
    image_resolution, vision_layers, vision_width, vision_patch_size,
    context_length, vocab_size, transformer_width, transformer_heads,
    transformer_layers
)

# 删除 state_dict 中的不必要键
for key in ["input_resolution", "context_length", "vocab_size"]:
    if key in state_dict:
        del state_dict[key]

# 将模型参数转换为 FP16 格式并加载预训练权重
convert_weights(model)
model.load_state_dict(state_dict)

return model.eval()
```

2. Lightning 包装器

文件wrapper.py实现了对CLIP模型的Lightning包装器，提供了训练、验证和优化器配置等功能。Lightning包装器是指将一个模型或训练过程包装在PyTorch Lightning框架中的类。PyTorch Lightning是一个用于深度学习研究和生产的高级训练框架，它通过提供预定义的训练循环和一些实用功能来简化模型训练过程。在这种情况下，CLIPWrapper和CustomCLIPWrapper就是将CLIP模型与PyTorch Lightning框架结合起来的包装器。这些包装器使得使用PyTorch Lightning框架的训练、验证和优化功能变得更加简单和高效。

文件wrapper.py的具体实现流程如下。

（1）定义了一个用于CLIP模型的Lightning包装器，包含了训练、验证和优化器配置等功能。

```
class CLIPWrapper(pl.LightningModule):
    def __init__(self,
                 model_name: str,
                 config: dict,
                 minibatch_size: int
                 ):
        """一个适用于 CLIP 模型的 Lightning 包装器

        参数：
            model_name (str): 区分大小写的视觉模型名称
            config (dict): 包含 CLIP 实例化参数的字典
        """
        super().__init__()
        self.model_name = model_name
        self.model = CLIP(**config)
        self.minibatch_size = minibatch_size
        self.isViT = 'ViT' in self.model_name
        self.automatic_optimization = False

    @property
    def num_training_steps(self) -> int:
        # 从数据模块和设备推断出的总训练步骤
        dataset = self.train_dataloader()
        if self.trainer.max_steps:
            return self.trainer.max_steps

        dataset_size = len(dataset)

        num_devices = max(1, self.trainer.num_gpus,
                          self.trainer.num_processes)
        if self.trainer.tpu_cores:
            num_devices = max(num_devices, self.trainer.tpu_cores)
```

```
        effective_batch_size = (dataset.batch_size
                                * self.trainer.accumulate_grad_batches
                                * num_devices)
        return ((dataset_size // effective_batch_size)
                * self.trainer.max_epochs)

    def training_step(self, train_batch, idx):
        """ 训练步骤

        参数：
            train_batch: 一个批次的训练数据
            idx: 步骤索引
        """
        # 获取优化器和调度器
        optimizer = self.optimizers()

        image, text = train_batch
        n = math.ceil(len(image) // self.minibatch_size)
        image_mbs = torch.chunk(image, n)
        text_mbs = torch.chunk(text, n)

        # 计算原始统计数据
        with torch.no_grad():
            ims = [F.normalize(self.model.encode_image(im), dim=1)
                   for im in image_mbs]
            txt = [F.normalize(self.model.encode_text(t), dim=1)
                   for t in text_mbs]
            # 从所有 GPU 中收集数据
            ims = self.all_gather(torch.cat(ims))
            txt = self.all_gather(torch.cat(txt))

            if len(ims.shape) == 3:
                ims = list(ims)
                txt = list(txt)
            else:
                ims = [ims]
                txt = [txt]

            image_logits = (torch.cat(ims) @ torch.cat(txt).t()
                            * self.model.logit_scale.exp())
            ground_truth = (torch.arange(len(image_logits))
                            .long().to(image_logits.device))
            loss = (F.cross_entropy(image_logits, ground_truth)
                  + F.cross_entropy(image_logits.t(), ground_truth)).div(2)
            acc_i = (torch.argmax(image_logits, 1) == ground_truth).sum()
            acc_t = (torch.argmax(image_logits, 0) == ground_truth).sum()
```

```
        self.log_dict(
            {'loss': loss / len(ims), 'acc': (acc_i + acc_t) / 2 /
            len(image) / len(ims)},
            prog_bar=True)

    if isinstance(optimizer, list):
        optimizer = optimizer[0]
    optimizer.zero_grad()

    # 图像损失
    for j, mb in enumerate(image_mbs):
        images_tmp = copy.deepcopy(ims)
        images_tmp[self.global_rank][
            j*self.minibatch_size:(j+1)*self.minibatch_size] =
            F.normalize(self.model.encode_image(mb), dim=1)
        image_logits = (torch.cat(images_tmp) @ torch.cat(txt).t()
                        * self.model.logit_scale.exp())
        ground_truth = (torch.arange(len(image_logits))
                        .long().to(image_logits.device))
        loss = (F.cross_entropy(image_logits, ground_truth)
                + F.cross_entropy(image_logits.t(), ground_truth))/2
        self.manual_backward(loss)

    # 文本损失
    for j, mb in enumerate(text_mbs):
        text_tmp = copy.deepcopy(txt)
        text_tmp[self.global_rank][
            j*self.minibatch_size:(j+1)*self.minibatch_size] =
            F.normalize(self.model.encode_text(mb), dim=1)
        image_logits = (torch.cat(ims) @ torch.cat(text_tmp).t()
                        * self.model.logit_scale.exp())
        loss = (F.cross_entropy(image_logits, ground_truth)
                + F.cross_entropy(image_logits.t(), ground_truth))/2
        self.manual_backward(loss)

    optimizer.step()
    lr_scheduler = self.lr_schedulers()
    lr_scheduler.step()
    self.model.logit_scale.data.clamp_(-np.log(100), np.log(100))

def validation_step(self, val_batch, idx):
    """ 验证步骤

    参数：
        val_batch: 一个批次的验证数据
        idx: 步骤索引
```

```
        """
        image, text = val_batch
        image_logits, text_logits = self.forward(image, text)
        ground_truth = torch.arange(len(image_logits))
        loss = (F.cross_entropy(image_logits, ground_truth)
                + F.cross_entropy(text_logits, ground_truth)).div(2)
        self.log('val_loss', loss)

    def configure_optimizers(self):
        lr = {
            "RN50": 5e-4,
            "RN101": 5e-4,
            "RN50x4": 5e-4,
            "RN50x16": 4e-4,
            "RN50x64": 3.6e-4,
            "ViT-B/32": 5e-4,
            "ViT-B/16": 5e-4,
            "ViT-L/14": 4e-4,
            "ViT-L/14-336px": 2e-5
        }[self.model_name]

        optimizer = torch.optim.AdamW(
            self.model.parameters(),
            lr=lr,
            betas=(
                0.9,
                0.98 if self.isViT else 0.999
            ),
            eps=1e-6 if self.isViT else 1e-8,
            weight_decay=0.2
        )

        # 来源：https://github.com/openai/CLIP/issues/107
        # 使用启动命令安装 git+https://github.com/katsura-jp/pytorch-cosine-
annealing-with-warmup
        lr_scheduler = CosineAnnealingWarmupRestarts(
            optimizer,
            first_cycle_steps=self.num_training_steps,
            cycle_mult=1.0,
            max_lr=lr,
            min_lr=0,
            warmup_steps=2000
        )

        return {'optimizer': optimizer, 'lr_scheduler': lr_scheduler}
```

对上述代码的具体说明如下。

◎ __init__()方法用于初始化CLIPWrapper类，接收模型名称、配置参数和最小批处理大小作为参数，并创建CLIP模型的实例。

◎ num_training_steps()方法用于计算总的训练步数，根据数据模块和设备的情况推断。

◎ training_step()方法定义了训练步骤，包括计算损失、反向传播和更新优化器等操作。

◎ validation_step()方法定义了验证步骤，用于计算验证损失。

◎ configure_optimizers()方法配置优化器和学习率调度器，用于模型训练时的参数优化。

（2）自定义一个CLIP包装器类CustomCLIPWrapper，该类继承自类CLIPWrapper，用于训练和微调CLIP模型。它允许替换默认的图像编码器和文本编码器，并支持自蒸馏的训练方式。

```
class CustomCLIPWrapper(CLIPWrapper):
    def __init__(self, image_encoder, text_encoder, minibatch_size,
                 learning_rate=3e-3, kl_coeff=1.0, avg_word_embs=False):
        with open('models/configs/RN.yaml') as fin:
            config = yaml.safe_load(fin)['RN50']
        super().__init__('RN50', config, minibatch_size)
        del self.model.visual
        del self.model.transformer
        self.model.visual = image_encoder
        self.model.transformer = text_encoder
        self.learning_rate = learning_rate
        self.avg_word_embs = avg_word_embs
        self.sink_temp = nn.Parameter(torch.ones([]) * np.log(1 / 0.07))

        self.teacher = copy.deepcopy(self.model)
        self.kl_coeff = kl_coeff

    def training_step(self, train_batch, idx):
        # 获取优化器和调度器
        optimizer = self.optimizers()

        image, text = train_batch
        n = math.ceil(len(image) // self.minibatch_size)
        image_mbs = torch.chunk(image, n)
        text_mbs_ids = torch.chunk(torch.arange(len(image)), n)

        text_mbs = []
        for s in text_mbs_ids:
            d = {}
            for key in list(text.keys()):
                d[key] = text[key][s]
            text_mbs.append(d)

        with torch.no_grad():
```

```
ims = [
    F.normalize(self.model.encode_image(im), dim=1)
    for im in image_mbs]
txt = [F.normalize(self.encode_text(t), dim=1) for t in text_mbs]
# 从所有 GPU 收集数据
ims = self.all_gather(torch.cat(ims))
txt = self.all_gather(torch.cat(txt))

if len(ims.shape) == 3:
    ims = list(ims)
    txt = list(txt)
else:
    ims = [ims]
    txt = [txt]

image_logits_notemp = torch.cat(ims) @ torch.cat(txt).t()
image_logits = image_logits_notemp * self.model.logit_scale.exp()
ground_truth = (torch.arange(len(image_logits))
                .long().to(image_logits.device))
loss = (F.cross_entropy(image_logits, ground_truth)
    + F.cross_entropy(image_logits.t(), ground_truth)).div(2)
acc_i = (torch.argmax(image_logits, 1) == ground_truth).sum()
acc_t = (torch.argmax(image_logits, 0) == ground_truth).sum()
teacher_ims = [F.normalize(self.teacher.encode_image(im), dim=1)
    for im in image_mbs]
teacher_txt = [F.normalize(self.encode_text(t, teacher=True),
                           dim=1) for t in text_mbs]

teacher_ims = self.all_gather(torch.cat(teacher_ims))
teacher_txt = self.all_gather(torch.cat(teacher_txt))

if len(teacher_ims.shape) == 3:
    teacher_ims = list(teacher_ims)
    teacher_txt = list(teacher_txt)
else:
    teacher_ims = [teacher_ims]
    teacher_txt = [teacher_txt]

sim_ii, sim_tt, sim_it, sim_ti = self.compute_similarities(
    torch.cat(teacher_ims), torch.cat(teacher_txt))

# 最优传输
img_cost = - (sim_ii + sim_tt + sim_it)
txt_cost = - (sim_ii + sim_tt + sim_ti)
img_target = self.sinkhorn(img_cost)
txt_target = self.sinkhorn(txt_cost)
```

```
        loss += ((
            F.kl_div(F.log_softmax(image_logits_notemp * self.sink_temp,
            dim=-1),
            img_target, reduction='batchmean')
            + F.kl_div(F.log_softmax(image_logits_notemp.t() * self.sink_
            temp, dim=-1),
            txt_target, reduction='batchmean')) / 2 * self.kl_coeff
        self.log_dict(
            {'loss': loss / len(ims), 'acc': (acc_i + acc_t) / 2 /
            len(image) / len(ims)},
            prog_bar=True)

    if isinstance(optimizer, list):
        optimizer = optimizer[0]
    optimizer.zero_grad()

    for j, mb in enumerate(image_mbs):
        images_tmp = copy.deepcopy(ims)
        images_tmp[self.global_rank][
            j*self.minibatch_size:(j+1)*self.minibatch_size]
            = F.normalize(self.model.encode_image(mb), dim=1)
        image_logits_notemp = torch.cat(images_tmp) @ torch.cat(txt).t()
        image_logits = image_logits_notemp * self.model.logit_scale.exp()
        loss = (F.cross_entropy(image_logits, ground_truth)
                + F.cross_entropy(image_logits.t(), ground_truth))/2
        loss += (
            (F.kl_div(F.log_softmax(image_logits_notemp * self.sink_temp,
                                    dim=-1),
                      img_target, reduction='batchmean')
            + F.kl_div(
                F.log_softmax(image_logits_notemp.t() * self.sink_temp,
                              dim=-1),
                txt_target,
                reduction='batchmean')) / 2 * self.kl_coeff)
        self.manual_backward(loss)

    for j, mb in enumerate(text_mbs):
        text_tmp = copy.deepcopy(txt)
        text_tmp[self.global_rank][
            j*self.minibatch_size:(j+1)*self.minibatch_size
        ] = F.normalize(self.encode_text(mb), dim=1)
        image_logits_notemp = torch.cat(ims) @ torch.cat(text_tmp).t()
        image_logits = image_logits_notemp * self.model.logit_scale.exp()
        loss = (F.cross_entropy(image_logits, ground_truth)
                + F.cross_entropy(image_logits.t(), ground_truth))/2
        loss += (
```

```
            (F.kl_div(
                F.log_softmax(image_logits_notemp * self.sink_temp,
                              dim=-1),
                img_target, reduction='batchmean')
            + F.kl_div(
                F.log_softmax(image_logits_notemp.t() * self.sink_temp,
                              dim=-1),
                txt_target, reduction='batchmean')) / 2 * self.kl_coeff
        self.manual_backward(loss)

    optimizer.step()
    lr_scheduler = self.lr_schedulers()
    lr_scheduler.step()
    self.model.logit_scale.data.clamp_(-np.log(100), np.log(100))
    self.sink_temp.data.clamp_(-np.log(100), np.log(100))
    self.update_teacher()

def encode_text(self, inputs, teacher=False):
    if self.avg_word_embs:
        sequence_output = (
            self.teacher.transformer(**inputs)[0] if teacher
            else self.model.transformer(**inputs)[0])

        embeddings = torch.sum(
            sequence_output * inputs["attention_mask"].unsqueeze(-1),
            dim=1
        ) / torch.clamp(torch.sum(inputs["attention_mask"], dim=1,
                                  keepdims=True), min=1e-9)

        return embeddings
    else:
        return (self.teacher.transformer(**inputs)[1] if teacher else
                self.model.transformer(**inputs)[1])

def compute_similarities(self, I_emb, T_emb):
    sim_ii, sim_tt = I_emb @ I_emb.t(), T_emb @ T_emb.t()
    sim_it, sim_ti = I_emb @ T_emb.t(), T_emb @ I_emb.t()
    return sim_ii, sim_tt, sim_it, sim_ti

def update_teacher(self):
    for teacher, student in zip(
        self.teacher.parameters(), self.model.parameters()):
        teacher.data.copy_(self.ema(student.data, teacher.data))

def ema(self, s, t):
    return s * (1 - 0.999) + t * 0.999
```

```
def forward(self, images, text):
    logits = (
        F.normalize(self.model.encode_image(images), dim=1)
        @ F.normalize(self.encode_text(text), dim=1).t()
    )* self.model.logit_scale.exp()
    return logits, logits.t()

def sinkhorn(self, out):
    Q = torch.exp(out / 0.05).t()   # Q是K×B矩阵
    B = Q.shape[1]  # 要分配的样本数量
    K = Q.shape[0]  # 原型数量

    sum_Q = torch.sum(Q)
    Q /= sum_Q

    for it in range(3):
        # 标准化每一行：每个原型的总权重必须为1/K
        sum_of_rows = torch.sum(Q, dim=1, keepdim=True)
        Q /= sum_of_rows
        Q /= K

        # 标准化每一列：每个原型的总权重必须为1/B
        Q /= torch.sum(Q, dim=0, keepdim=True)
        Q /= B

    Q *= B  # 列的总和必须为1，以确保Q是一个分配矩阵
    return Q.t()

def configure_optimizers(self):
    lr = self.learning_rate

    optimizer = torch.optim.SGD(
        self.parameters(), lr=lr, momentum=0.9
    )

    lr_scheduler = CosineAnnealingWarmupRestarts(
        optimizer,
        first_cycle_steps=self.num_training_steps,
        cycle_mult=1.0, max_lr=lr,
        min_lr=0, warmup_steps=2000
    )

    return {'optimizer': optimizer, 'lr_scheduler': lr_scheduler}
```

对上述代码的具体说明如下。

◎ __init__()方法初始化自定义的包装器，加载配置文件，并替换模型的视觉和转换器部分为自定义的编码器，同时设置超参数。

◎ training_step()方法实现了训练步骤，包括损失计算、反向传播、参数更新等操作。它支持在多个GPU上进行分布式训练，并使用自蒸馏技术进行模型训练。

◎ encode_text()方法用于编码文本输入，它可以根据需要选择是否使用平均词嵌入（avg_word_embs）或直接获取CLIP模型的文本编码。

◎ compute_similarities()方法用于计算图像和文本之间的相似度，用于自蒸馏训练中的损失计算。

◎ update_teacher()方法用于更新教师模型的参数，实现自蒸馏过程中的参数更新。

◎ ema()方法实现了指数移动平均，用于更新教师模型的参数。

◎ forward()方法执行前向传播操作，计算图像和文本之间的相似度。

◎ sinkhorn()方法用于执行Sinkhorn操作，能够优化分布匹配问题，这在自蒸馏过程中用于计算损失。

◎ configure_optimizers()方法用于配置优化器和学习率调度器，能够实现模型训练的优化器设置。

3. ResNet 模型配置

配置文件RN.yaml定义了不同规模和分辨率的CLIP模型的架构和超参数，用于设置ResNet模型的配置信息，如RN50、RN101、RN50x4等。每个模型配置包括了嵌入维度embed_dim、图像分辨率image_resolution、视觉层参数vision_layers、vision_width、vision_patch_size、上下文长度context_length、词汇表大小vocab_size，以及Transformer模型的参数transformer_width、transformer_heads、transformer_layers等。

4. ViT 模型配置

配置文件ViT.yaml定义了不同规模和分辨率的ViT模型的架构和超参数，用于设置ViT模型的配置信息，如ViT-B/32、ViT-B/16、ViT-L/14和ViT-L/14-336px。每个模型配置包括了嵌入维度embed_dim、图像分辨率image_resolution、视觉层参数vision_layers、vision_width、vision_patch_size、上下文长度context_length、词汇表大小vocab_size，以及Transformer模型的参数transformer_width、transformer_heads、transformer_layers等。

8.2.4 训练模型

文件train.py是训练CLIP模型的主程序，首先根据命令行参数指定的模型名称加载相应的配置文件，然后创建一个类CLIPWrapper模型实例，并根据命令行参数初始化数据模块。接着，使用PyTorch Lightning框架的类Trainer对象进行训练。

```
import yaml
from argparse import ArgumentParser
```

```
from pytorch_lightning import Trainer
from data.text_image_dm import TextImageDataModule
from models import CLIPWrapper


def main(hparams):
    config_dir = 'models/configs/ViT.yaml' if 'ViT' in hparams.model_name
else 'models/configs/RN.yaml'
    with open(config_dir) as fin:
        config = yaml.safe_load(fin)[hparams.model_name]

    if hparams.minibatch_size < 1:
        hparams.minibatch_size = hparams.batch_size

    model = CLIPWrapper(hparams.model_name, config, hparams.minibatch_size)
    del hparams.model_name
    dm = TextImageDataModule.from_argparse_args(hparams)
    trainer = Trainer.from_argparse_args(
        hparams, precision=16, max_epochs=32)
    trainer.fit(model, dm)


if __name__ == '__main__':
    parser = ArgumentParser()
    parser.add_argument('--model_name', type=str, required=True)
    parser.add_argument('--minibatch_size', type=int, default=0)
    parser = TextImageDataModule.add_argparse_args(parser)
    parser = Trainer.add_argparse_args(parser)
    args = parser.parse_args()

    main(args)
```

对上述代码的具体说明如下。

（1）加载模型配置文件：根据模型名称确定加载ViT.yaml还是RN.yaml配置文件。

（2）创建模型实例：使用类CLIPWrapper创建模型实例，传入模型名称、配置和最小批次大小。

（3）初始化数据模块：使用TextImageDataModule.from_argparse_args()方法根据命令行参数初始化数据模块。

（4）设置训练器参数：使用Trainer.from_argparse_args()方法根据命令行参数设置训练器，包括精度和最大训练周期。

（5）开始训练：使用trainer.fit()方法开始训练模型。

8.2.5 模型微调

文件train_finetune.py是用于微调CLIP模型的主程序。

```
import torch
from argparse import ArgumentParser
from pytorch_lightning import Trainer
from data.text_image_dm import TextImageDataModule
from models import CustomCLIPWrapper
from torchvision.models import resnet50
from transformers import AutoTokenizer, AutoModel

def main(hparams):
    img_encoder = resnet50(pretrained=True)
    img_encoder.fc = torch.nn.Linear(2048, 768)
    tokenizer = AutoTokenizer.from_pretrained("johngiorgi/declutr-sci-base")
    txt_encoder = AutoModel.from_pretrained("johngiorgi/declutr-sci-base")
    if hparams.minibatch_size < 1:
        hparams.minibatch_size = hparams.batch_size
    model = CustomCLIPWrapper(
        img_encoder, txt_encoder, hparams.minibatch_size, avg_word_embs=True)
    dm = TextImageDataModule.from_argparse_args(
        hparams, custom_tokenizer=tokenizer)
    trainer = Trainer.from_argparse_args(
        hparams, precision=16, max_epochs=32)
    trainer.fit(model, dm)


if __name__ == '__main__':
    parser = ArgumentParser()
    parser.add_argument('--minibatch_size', type=int, default=0)
    parser = TextImageDataModule.add_argparse_args(parser)
    parser = Trainer.add_argparse_args(parser)
    args = parser.parse_args()
    main(args)
```

对上述代码的具体说明如下。

（1）加载预训练模型和tokenizer：加载预训练的ResNet-50图像编码器和DECLUTR-SCI-BASE文本编码器，以及相应的tokenizer。

（2）修改图像编码器：将ResNet-50的全连接层替换为一个线性层，将输出维度调整为768。

（3）创建模型实例：使用类CustomCLIPWrapper创建模型实例，传入图像编码器、文本编码器和其他参数，如最小批次大小。

（4）初始化数据模块：使用TextImageDataModule.from_argparse_args()方法根据命令行参数初始化数据模块，同时传入自定义的tokenizer。

（5）设置训练器参数：使用Trainer.from_argparse_args()方法根据命令行参数设置训练器，包括精度和最大训练周期。

（6）开始微调训练：使用trainer.fit()方法开始微调训练模型。

8.2.6 调试运行

根据需要，大家可以按照如下三种方式训练多模态模型CLIP。

1. 全新训练

在训练CLIP模型时可以直接使用实例中的配置信息，只需提供一个训练目录或自己的数据集即可。在训练时需要指定模型名称，并指定训练文件夹和批量大小，所有可能的模型都可以在models/config目录下的YAML文件中找到。运行命令如下。

```
python train.py --model_name RN50 --folder data_dir --batchsize 512
```

2. 微调训练

为了更高效地进行CLIP模型训练，可以使用类CustomCLIPWrapper，这个类用于微调预训练的图像和语言模型，这样可以大大提高性能效率。要使用这个功能，只需修改train_finetune.py文件，传入一个图像编码器和Hugging Face文本编码器。

```
img_encoder = resnet50(pretrained=True)
img_encoder.fc = torch.nn.Linear(2048, 768)

tokenizer = AutoTokenizer.from_pretrained("johngiorgi/declutr-sci-base")
txt_encoder = AutoModel.from_pretrained("johngiorgi/declutr-sci-base")

model = CustomCLIPWrapper(img_encoder, txt_encoder, hparams.minibatch_size,
                          avg_word_embs=True)
```

具体的命令行参数与之前一样，只是去掉了--model_name标志。

```
python train_finetune.py --folder data_dir --batchsize 512
```

3. 使用自己的数据模块进行训练

此时需要每个图像对具有相同的stem名称（即coco_img1.png和coco_img1.txt），只需在运行时指定文件夹即可。任何子文件夹结构都将被忽略，这意味着foo\bar\image1.jpg将始终找到它的myster\folder\image1.txt，只要它们共享一个共同的父文件夹即可。所有图像后缀名都可以使用，唯一的期望是标题由\n分隔。

4. 使用自己的数据进行训练

如果有不同的训练需求，可以插入自己的数据迭代器（DataLoader）。首先注释掉实例中的数据模块，并将自己的数据模块插入到trainer.fit(model, your_data)中，然后编辑train.py文件以满足需求。唯一的期望是返回元组的第一项是图像批次，第二项是文本批次。

8.3 使用KTO微调DeepSeek-R1-Distill-Qwen模型

在人工智能快速发展的领域，使大型语言模型（DeepSeek-R1-Distill-Qwen）与人类偏好对齐已成为一项重要挑战。传统方法（如交叉熵最小化）往往难以准确捕捉人类感知和评估信息的复杂方式。在本节的实例中，将展示使用卡尼曼-特沃斯基优化（Kahneman-Tversky Optimization，KTO）来微调DeepSeek-R1-Distill-Qwen模型的方法，并探讨其在增强模型对齐方面的潜力。

8.3.1 KTO的概念

KTO是一种受前景理论（Prospect Theory）启发的新型优化方法，专门用于使LLM更符合人类偏好。它的核心思想是模拟人类在决策中的非对称偏好，从而调整模型的损失函数，使其更接近人类的认知方式。

1. KTO的核心思想

（1）基于前景理论：前景理论由丹尼尔·卡尼曼（Daniel Kahneman）和阿摩斯·特沃斯基（Amos Tversky）提出，强调人类在决策时对“损失的感知强于收益”（损失厌恶）。KTO采用了这一理论，将人类决策中的非对称性纳入LLM的优化过程中。

（2）人类感知损失函数：KTO引入了人类感知损失函数，在损失计算时更注重模型输出的质量，而不仅仅是标准的交叉熵误差。这种方法让模型更符合人类的实际认知，而非简单地追求数学上的最优解。

2. KTO与其他优化方法的区别

KTO与其他优化方法的区别如表8-2所示。

表8-2 KTO与其他优化方法的区别

方法	是否需要偏好数据	优化方式	特点
交叉熵	否	最小化标签与预测之间的误差	训练简单，但难以捕捉人类微妙的偏好
DPO	是	使用偏好数据进行对比学习	需要大量标注的偏好数据，成本高
KTO	否	仅依赖二元信号（好/坏）来调整损失函数	训练高效，无须昂贵的偏好数据，适用于数据稀缺场景

3. KTO的优势

（1）无须高成本的偏好数据：只需要一个简单的“好/坏”标签，而不需要成对的偏好数据。

（2）更符合人类决策模式：KTO通过人类感知损失函数让模型训练更加贴近人类的实际认知方式。

（3）计算效率更高：相比直接偏好优化（Direct Preference Optimization，DPO），KTO的优化过程更简单，因此可以在有限资源下更高效地进行训练。

4. KTO 的应用

KTO目前主要用于微调LLM，特别是在人机交互、对话系统、代码生成等需要高度符合人类偏好的任务中。KTO提供了一种低成本、高效的方式来提升模型的对齐性，使AI更能理解和满足人类需求。

总之，KTO是一种基于前景理论的新型优化方法，它不依赖昂贵的偏好数据，而是利用简单的二进制信号调整模型，使其更符合人类偏好。相比于传统优化方法（如交叉熵）和偏好优化方法（如DPO），KTO更高效、更符合人类认知，并且更适用于实际应用。

8.3.2 DeepSeek-R1-Distill-Qwen 模型介绍

DeepSeek-R1-Distill-Qwen模型以Qwen2.5-32B模型为基础，并通过更强大的DeepSeek-R1模型生成的数据进行微调。DeepSeek-R1模型本身结合了强化学习和冷启动数据，以增强其推理能力。DeepSeek-R1-Distill-Qwen模型在多个推理基准测试中表现优异，超越了OpenAI的o1-mini等其他模型。在多个任务上，它均达到了当前最先进（State-of-the-Art，SOTA）的水平，展示了其强大的推理和问题解决能力。

DeepSeek-R1-Distill-Qwen模型是开源的，研究人员和开发者可以自由访问其架构，从而促进AI领域的进一步研究和发展。DeepSeek-R1-Distill-Qwen模型的开源地址已在DeepSeek的官方网站公布，大家可以自行下载该模型。

8.3.3 具体实现

实例8-2使用KTO对DeepSeek-R1-Distill-Qwen模型进行了微调，结合LoRA实现了PEFT，使LLM能够在低计算资源下高效训练。此外，还使用unsloth框架进行了优化，提升了训练速度和推理效率。最终，该模型可以应用于问答、文本生成、事实核验等NLP任务，并支持多种格式的存储和部署，如16-bit、4-bit，以及GGUF格式，甚至可以上传至Hugging Face Hub进行共享。

实例8-2：DeepSeek-R1-Distill-Qwen模型的微调

本实例文件夹为deepseek（源码路径：codes\8\deepseek）。

（1）配置PyTorch框架及其依赖项，以支持CUDA 12.1并优化深度学习训练环境。首先卸载旧版本的torch及相关组件，然后重新安装适用于CUDA 12.1的PyTorch、xFormers和unsloth框架，并从GitHub获取unsloth框架的最新版本。此外，如果GPU计算能力≥8（如A100、H100），则安装Flash Attention 2以加速训练，提高LLM微调的效率。

```
%%capture  # 捕获终端输出

# 安装 pip3-autoremove 以便后续卸载 PyTorch 框架及相关组件
!pip install pip3-autoremove

# 卸载 PyTorch 框架及相关组件（torch、torchvision、torchaudio）
```

```
!pip-autoremove torch torchvision torchaudio -y

# 重新安装适用于 CUDA 12.1 的 PyTorch 框架及相关组件
!pip install torch torchvision torchaudio xformers --index-url https://
download.pytorch.org/whl/cu121

# 安装 Unsloth 框架（一个用于高效 LLM 微调的库）
!pip install unsloth

# 重新安装 Unsloth 框架的最新版本（直接从 GitHub 获取最新代码）
!pip uninstall unsloth -y && pip install --upgrade --no-cache-dir --no-deps
git+https://github.com/unslothai/unsloth.git

# 如果 GPU 计算能力≥ 8（如 A100、H100），则安装 Flash Attention 2 以加速训练
import torch
if torch.cuda.get_device_capability()[0] >= 8:
    !pip install --no-deps packaging ninja einops "flash-attn>=2.6.3"
    # Flash Attention 2 可加速训练
```

（2）加载和训练基于KTO的语言模型。

```
import torch   # 用于 GPU 操作和张量计算
import os      # 用于文件和目录操作
import re      # 用于正则表达式处理
from typing import List, Literal, Optional  # 用于类型注解

from datasets import load_dataset  # 用于加载 Hugging Face 数据集
from unsloth import FastLanguageModel, is_bfloat16_supported
# 用于高效加载和训练语言模型
from trl import KTOConfig, KTOTrainer  # 用于 KTO 训练的配置和训练器
```

（3）加载并配置DeepSeek-R1-Distill-Qwen模型，以支持高效的自然语言处理任务。首先设置模型参数，包括最大序列长度4096、自动数据类型检测，并启用4-bit量化以降低内存占用。然后，它加载预训练模型和分词器，确保能够正确解析输入文本。如果分词器缺少默认聊天模板，代码会提供一个标准格式，以保证模型能够正确处理对话任务。

```
# 设置基本参数
max_seq_length = 4096  # 模型可以处理的最大序列长度
dtype = None   # 自动检测数据类型（Tesla T4/V100 使用 FP16，Ampere+ GPU 使用 BF16）
load_in_4bit = True    # 启用 4-bit 量化以减少内存占用

# 加载预训练模型和分词器
model, tokenizer = FastLanguageModel.from_pretrained(
    model_name="unsloth/DeepSeek-R1-Distill-Qwen-1.5B-unsloth-bnb-4bit",
    max_seq_length=max_seq_length,  # 设定最大序列长度
    dtype=dtype,                    # 自动检测数据类型
```

```
    load_in_4bit=load_in_4bit,        # 启用 4-bit 量化
    # token="hf_...", # 若访问受限模型（如 LLaMA 2），需提供 Hugging Face 访问令牌
)

# 如果分词器没有默认的聊天模板，则添加一个
if tokenizer.chat_template is None:
    DEFAULT_CHAT_TEMPLATE = """
    {% for message in messages %}
    {% if message['role'] == 'user' %}
    {{ '<|user|>\n' + message['content'] + eos_token }}
    {% elif message['role'] == 'system' %}
    {{ '<|system|>\n' + message['content'] + eos_token }}
    {% elif message['role'] == 'assistant' %}
    {{ '<|assistant|>\n' + message['content'] + eos_token }}
    {% endif %}
    {% if loop.last and add_generation_prompt %}
    {{ '<|assistant|>' }}
    {% endif %}
    {% endfor %}
    """
    tokenizer.chat_template = DEFAULT_CHAT_TEMPLATE   # 应用默认聊天模板
```

执行上述代码，输出结果如下。

```
==((====))==  Unsloth 2025.2.27: Fast Qwen2 patching. Transformers: 4.46.3.
   \\   /|    GPU: Tesla P100-PCIE-16GB. Max memory: 15.888 GB. Platform:
Linux.
O^O/ \_/ \    Torch: 2.5.1+cu121. CUDA: 6.0. CUDA Toolkit: 12.1. Triton: 3.1.0
\        /    Bfloat16 = FALSE. FA [Xformers = 0.0.29.post1. FA2 = FALSE]
 "-____-"     Free Apache license: http://github.com/unslothai/unsloth
Unsloth: Fast downloading is enabled - ignore downloading bars which are red
colored!
model.safetensors: 100%1.81G/1.81G [00:42<00:00, 37.7MB/s]
generation_config.json: 100%231/231 [00:00<00:00, 23.6kB/s]
tokenizer_config.json: 100% 6.77k/6.77k [00:00<00:00, 804kB/s]
special_tokens_map.json: 100%472/472 [00:00<00:00, 55.9kB/s]
tokenizer.json: 100%11.4M/11.4M [00:00<00:00, 43.5MB/s]
```

（4）格式化对话数据并加载KTO训练数据，以适配不同的训练任务（SFT、生成、奖励模型RM、DPO、KTO）。apply_chat_template()函数会根据任务需求处理优选（chosen）和劣选（rejected）样本，确保输入符合训练要求，并统一对话格式。随后，代码从Hugging Face加载trl-lib/kto-mix-14K数据集，并提取前1000条训练样本，以提高训练效率。整体上，这段代码为后续的KTO训练提供了标准化的数据预处理，确保模型能够更好地学习人类偏好。

```
# 定义一个函数，将聊天模板应用于数据集示例
def apply_chat_template(
```

```
    example, tokenizer, task: Literal["sft", "generation", "rm", "kto"] =
"sft", assistant_prefix="<|assistant|>\n"
):
    def _strip_prefix(s, pattern):
        # 使用正则表达式去除字符串的特定前缀
        return re.sub(f"^{re.escape(pattern)}", "", s)

    if task in ["sft", "generation"]:
        messages = example["messages"]
        # 若无系统消息，则插入一个空的系统消息
        if messages[0]["role"] != "system":
            messages.insert(0, {"role": "system", "content": ""})
        example["text"] = tokenizer.apply_chat_template(
            messages, tokenize=False,
            add_generation_prompt=True if task == "generation" else False
        )

    elif task == "rm":
        if all(k in example.keys() for k in ("chosen", "rejected")):
            chosen_messages = example["chosen"]
            rejected_messages = example["rejected"]
            # 若无系统消息，则插入一个空的系统消息
            if chosen_messages[0]["role"] != "system":
                chosen_messages.insert(0, {"role": "system", "content": ""})
            if rejected_messages[0]["role"] != "system":
                rejected_messages.insert(
                    0, {"role": "system", "content": ""})
            example["text_chosen"] = tokenizer.apply_chat_template(
                chosen_messages, tokenize=False)
            example["text_rejected"] = tokenizer.apply_chat_template(
                rejected_messages, tokenize=False)
        else:
            raise ValueError(
                f"无法将示例格式化为对话！ `rm` 任务需要 `[chosen, rejected]` 但仅
发现 {list(example.keys())}"
            )

    elif task == "dpo":
        if all(k in example.keys() for k in ("chosen", "rejected")):
            # 提取用户提示信息
            prompt_messages = [
                [msg for msg in example["chosen"] if msg["role"] == "user"][0]]
            # 若无系统消息，则插入一个空的系统消息
            if example["chosen"][0]["role"] != "system":
                prompt_messages.insert(0, {"role": "system", "content": ""})
            else:
```

```
                prompt_messages.insert(0, example["chosen"][0])
            chosen_messages = example["chosen"][1:]
            rejected_messages = example["rejected"][1:]
            example["text_chosen"] = tokenizer.apply_chat_template(
                chosen_messages, tokenize=False)
            example["text_rejected"] = tokenizer.apply_chat_template(
                rejected_messages, tokenize=False)
            example["text_prompt"] = tokenizer.apply_chat_template(
                prompt_messages, tokenize=False, add_generation_prompt=True
            )
            example["text_chosen"] = _strip_prefix(
                example["text_chosen"], assistant_prefix)
            example["text_rejected"] = _strip_prefix(
                example["text_rejected"], assistant_prefix)
        else:
            raise ValueError(
                f"无法将示例格式化为对话！`dpo` 任务需要 `[chosen, rejected]` 但仅
发现 {list(example.keys())}"
            )

    elif task == "kto":
        if all(k in example.keys() for k in ("chosen", "rejected")):
            # 提取用户提示信息
            prompt_messages = [
                [msg for msg in example["chosen"] if msg["role"] == "user"][0]]
            chosen_messages = prompt_messages + [msg for msg in
example["chosen"] if msg["role"] == "assistant"]
            rejected_messages = prompt_messages + [msg for msg in
example["rejected"] if msg["role"] == "assistant"]
            # 若包含系统消息，则插入到 chosen 和 rejected 消息开头
            if "system" in example:
                chosen_messages.insert(
                    0, {"role": "system", "content": example["system"]})
                rejected_messages.insert(
                    0, {"role": "system", "content": example["system"]})
            example["text_chosen"] = _strip_prefix(
                tokenizer.apply_chat_template(chosen_messages, tokenize=False),
                assistant_prefix)
            example["text_rejected"] = _strip_prefix(
                tokenizer.apply_chat_template(rejected_messages, tokenize=False),
                assistant_prefix)
        else:
            raise ValueError(
                f"无法将示例格式化为对话！`kto` 任务需要 `[chosen, rejected]`")

    else:
```

```
        raise ValueError(
            f"不支持的任务类型 `{task}`，请确保提供的任务类型是 `['sft',
'generation', 'rm', 'dpo', 'kto']` 之一"
        )

    return example

# 加载 KTO 训练数据集
raw_datasets = load_dataset("trl-lib/kto-mix-14k")
# 从 Hugging Face 加载 KTO 数据集
train_dataset = raw_datasets["train"]                    # 选取训练集

# 选取训练数据子集（前 1000 个示例，以加快训练）
train_subset = train_dataset.select(range(1000))
```

执行上述代码，输出结果如下。

```
README.md: 100% 814/814 [00:00<00:00, 88.4kB/s]
train-00000-of-00001.parquet: 100%16.3M/16.3M [00:00<00:00, 28.9MB/s]
test-00000-of-00001.parquet: 100%1.81M/1.81M [00:00<00:00, 45.6MB/s]
Generating train split: 100%13500/13500 [00:00<00:00, 66140.57 examples/s]
Generating test split: 100%1500/1500 [00:00<00:00, 63782.64 examples/s]
```

（5）配置LoRA以进行高效微调，并使用KTO训练器对模型进行优化。首先，使用FastLanguageModel.get_peft_model()方法配置LoRA参数，以减少训练过程中对完整模型权重的更新，提高计算效率。然后，使用KTOTrainer类配置训练参数（如批量大小、优化器、学习率调度器等），并加载预处理后的数据集进行训练。最后，打印输出GPU内存的状态信息，并正式启动KTO训练过程，使模型更好地对齐人类偏好。

```
# 配置 LoRA 以进行高效的参数微调
model = FastLanguageModel.get_peft_model(
    model,
    r=16,  # LoRA 的秩（rank）
    target_modules=["q_proj", "k_proj", "v_proj", "o_proj", "gate_proj",
                    "up_proj", "down_proj"],  # 需要应用 LoRA 的目标层
    lora_alpha=16,       # LoRA 缩放因子（控制 LoRA 权重对模型的影响）
    lora_dropout=0,      # LoRA 层的 Dropout 比例（0 表示不使用 Dropout）
    bias="none",         # 不对 LoRA 层添加额外的偏置参数
    use_gradient_checkpointing="unsloth",  # 启用梯度检查点（减少显存占用）
    random_state=3407,   # 设置随机种子以确保实验的可复现性
)

# 配置 KTO 训练器及训练参数
kto_trainer = KTOTrainer(
    model=model,
    args=KTOConfig(
```

```
        per_device_train_batch_size=4,          # 每块 GPU 上的训练批次大小
        gradient_accumulation_steps=2,          # 梯度累积步数（提高等效批次大小）
        num_train_epochs=1,                     # 训练的轮数
        learning_rate=5e-7,                     # 训练的学习率
        fp16=not is_bfloat16_supported(),
        # 如果不支持 BF16，则使用 FP16 进行混合精度训练
        bf16=is_bfloat16_supported(),
        # 如果支持 BF16，则使用 BF16 进行混合精度训练
        output_dir="outputs",                   # 训练结果输出目录
        logging_steps=1,                        # 每 1 个训练步记录一次日志
        optim="adamw_8bit",                     # 使用 8-bit AdamW 优化器（节省显存）
        weight_decay=0.01,                      # 权重衰减（防止过拟合）
        lr_scheduler_type="cosine",             # 余弦退火学习率调度器
        warmup_ratio=0.1,                       # 预热阶段占总训练步骤的比例
        seed=42,                                # 训练随机种子
        report_to="none",                       # 关闭外部日志记录（如 WandB）
    ),
    train_dataset=train_subset,                 # 训练数据集
    processing_class=tokenizer,                 # 处理数据的 tokenizer
)

# 打印 GPU 内存状态
gpu_stats = torch.cuda.get_device_properties(0)
start_gpu_memory = round(
    torch.cuda.max_memory_reserved() / 1024 / 1024 / 1024, 3)
max_memory = round(gpu_stats.total_memory / 1024 / 1024 / 1024, 3)
print(f"GPU = {gpu_stats.name}. Max memory = {max_memory} GB.")
print(f"{start_gpu_memory} GB of memory reserved.")

# 开始训练模型
kto_trainer.train()
```

执行上述代码，输出结果如下。

```
Unsloth 2025.2.27 patched 28 layers with 28 QKV layers, 28 O layers and 28
MLP layers.
Extracting prompt from train dataset: 100% 1000/1000 [00:00<00:00, 16653.98 e
xamples/s]
Applying chat template to train dataset: 100% 1000/1000 [00:00<00:00, 3444.9
2 examples/s]
Tokenizing train dataset: 100% 1000/1000 [00:01<00:00, 639.04 examples/s]
Processing tokenized train dataset: 100% 1000/1000 [00:00<00:00, 1422.28 exam
ples/s]
Extracting KL train dataset: 100% 1000/1000 [00:00<00:00, 1740.26 examples/s]
Processing tokenized train KL dataset: 100%1000/1000 [00:00<00:00, 1935.82 ex
amples/s]
```

```
GPU = Tesla P100-PCIE-16GB. Max memory = 15.888 GB.
2.262 GB of memory reserved.

==((====))==  Unsloth - 2x faster free finetuning | Num GPUs = 1
   \\   /|    Num examples = 1,000 | Num Epochs = 1
O^O/ \_/ \    Batch size per device = 4 | Gradient Accumulation steps = 2
\        /    Total batch size = 8 | Total steps = 125
 "-____-"     Number of trainable parameters = 18,464,768
 [125/125 24:28, Epoch 1/1]
Step  Training Loss
1  0.500000
2  0.500000
3  0.499500
4  0.500500
5  0.500200
6  0.499500
7  0.500800
8  0.498600
9  0.499300
10 0.499100
11 0.501500
12 0.500000
13 0.500500
14 0.500100
15 0.501300
16 0.501400
17 0.499800
18 0.501300
//省略部分输出
1230.500600
1240.499800
1250.499600
TrainOutput(global_step=125, training_loss=0.5000774028301239,
metrics={'train_runtime': 1485.1181, 'train_samples_per_second': 0.673,
'train_steps_per_second': 0.084, 'total_flos': 0.0, 'train_loss':
0.5000774028301239, 'epoch': 1.0})
```

（6）保存和导出微调后的模型。首先，将训练好的LoRA微调模型和分词器保存在本地。然后，提供了如下几个可选的操作。

◎ 将模型合并并保存为16-bit或4-bit格式。

◎ 将模型推送到Hugging Face Hub进行共享。

◎ 转换模型为GGUF格式，以便在llama.cpp中使用。

在默认情况下，这些可选操作被禁用（False），用户可以根据需求启用它们。

```
# 保存微调后的模型和分词器到本地
model.save_pretrained("lora_model")
tokenizer.save_pretrained("lora_model")

# 可选：保存合并后的模型，支持 16-bit 或 4-bit 格式
if False:  # 设置为 True 以启用
    model.save_pretrained_merged("merged_model", tokenizer,
                                 save_method="merged_16bit")
                                 # 保存为 16-bit 合并模型
    # model.save_pretrained_merged("merged_model", tokenizer,
                                 save_method="merged_4bit")
                                 # 保存为 4-bit 合并模型

# 可选：将模型推送到 Hugging Face Hub
if False:  # 设置为 True 以启用
    model.push_to_hub_merged("your_name/model", tokenizer,
                             save_method="merged_16bit", token="...")
                             # 上传至 Hugging Face Hub

# 可选：将模型转换为 GGUF 格式，以用于 llama.cpp
if False:
    !git clone https://github.com/ggerganov/llama.cpp  # 克隆 llama.cpp 仓库
    !cd llama.cpp && make                               # 编译 llama.cpp
    !python3 llama.cpp/convert.py merged_model/ --outfile model-unsloth.gguf
    # 转换为 GGUF 格式
    !./llama.cpp/quantize model-unsloth.gguf model-unsloth-Q4_K_M.gguf Q4_K_M
    # 量化模型
```

（7）使用经过微调的语言模型生成回复文本。首先，将分词器tokenizer应用于聊天模板。其次，将模型设置为推理模式。generate_response()函数用于接收用户输入的问题，格式化为聊天模板，并将其转换为张量输入模型。然后，利用类TextStreamer进行流式文本生成，并控制采样温度和最大生成Token数量。最后，在代码中提供了一些测试问题，并循环调用generate_response()函数来生成相应的回答。

```
from unsloth.chat_templates import get_chat_template
from transformers import TextStreamer

# 应用聊天模板到分词器
tokenizer = get_chat_template(
    tokenizer,
    chat_template="chatml",  # 使用 chatml 作为聊天模板
    mapping={"role": "role", "content": "content", "user": "user",
             "assistant": "assistant"},  # 角色映射
)
```

```
# 设置模型为推理模式
FastLanguageModel.for_inference(model)

def generate_response(message):
    """
    生成模型的响应
    参数：
        message (str): 用户输入的消息
    返回：
        outputs: 生成的响应
    """
    print("\n" + "=" * 50 + "\nQUESTION:\n" + "=" * 50)
    print(message + "\n")
    print("-" * 50 + "\nRESPONSE:\n" + "-" * 50)

    # 格式化用户消息
    messages = [{"content": message, "role": "user"}]

    # 将消息应用到聊天模板并转换为模型输入格式
    inputs = tokenizer.apply_chat_template(
        messages,
        tokenize=True,  # 进行分词
        add_generation_prompt=True,  # 允许生成文本
        return_tensors="pt"  # 以 PyTorch 张量格式返回
    ).to("cuda")  # 将数据移动到 GPU

    # 使用流式文本生成器
    text_streamer = TextStreamer(
        tokenizer, skip_special_tokens=True, skip_prompt=True)

    # 生成文本
    outputs = model.generate(
        input_ids=inputs,
        streamer=text_streamer,  # 进行流式文本输出
        temperature=0.1,  # 采样温度（控制文本的创造性）
        max_new_tokens=1024,  # 生成的最大 Token 数量
        use_cache=True  # 启用缓存以加快生成速度
    )

    return outputs

# 测试问题列表
questions = [
    "Q:Question: how old julio cesar chavez when he fought de la hoya I
found the following answer on Google: He holds records for most successful
consecutive defenses of world titles (27), most title fights (37), most
```

```
title-fight victories (31) and he is after Joe Louis with (23) for most title
defenses won by knockout (21). Is that a correct answer? Yes or no.\nA:",

    "Q:Information: - The Assistant Secretary of Defense for Health Affairs
(ASD(HA)) is chartered under United States Department of Defense Directive
(DoDD) 5136.1 in 1994. This DoDD states that the ASD(HA) is the principal
advisor to the U.S. Secretary of Defense on all \"DoD health policies,
programs and activities.\" In addition to exercising oversight of all DoD
health resources, ASD(HA) serves as director of the Tricare Management
Activity. - The Department of the Air Force (DAF) is one of the three
Military Departments within the Department of Defense of the United States
of America. The Department of the Air Force was formed on September 18,
1947, per the National Security Act of 1947 and it includes all elements and
units of the United States Air Force (USAF). - The Surgeon General of the
Air Force is the senior-most Medical Service officer in the United States
Department of the Air Force. In recent times, this has been a Lieutenant
General who serves as head of the United States Air Force Medical Service
(AFMS). The Surgeon General is usually the senior Medical Corps officer, but
acting surgeons general have been from other branches of the medical service.
- Lieutenant general, lieutenant-general and similar (abbrev Lt Gen, LTG
and similar) is a three-star military rank (NATO code OF-8) used in many
countries. The rank traces its origins to the Middle Ages, where the title
of lieutenant general was held by the second in command on the battlefield,
who was normally subordinate to a captain general. - The United States Air
Force (USAF) is the aerial warfare service branch of the United States Armed
Forces and one of the seven American uniformed services. Initially part of
the United States Army, the USAF was formed as a separate branch of the
military on 18 September 1947 under the National Security Act of 1947. It is
the most recent branch of the U.S. military to be formed, and is the largest
and one of the world's most technologically advanced air forces. The USAF
articulates its core functions as Nuclear Deterrence Operations, Special
Operations, Air Superiority, Global Integrated ISR, Space Superiority,
Command and Control, Cyberspace Superiority, Personnel Recovery, Global
Precision Attack, Building Partnerships, Rapid Global Mobility and Agile
Combat Support. - Lieutenant General James Gordon Roudebush , USAF , ( born
February 24 , 1948 ) was the 19th Surgeon General of the United States Air
Force , Headquarters U.S. Air Force , Washington , D.C. General Roudebush
served as functional manager of the U.S. Air Force Medical Service . In this
capacity , he advised the Secretary of the Air Force and Air Force Chief of
Staff , as well as the Assistant Secretary of Defense for Health Affairs on
matters pertaining to the medical aspects of the air expeditionary force and
the health of Air Force people . General Roudebush had authority to commit
resources worldwide for the Air Force Medical Service , to make decisions
affecting the delivery of medical services , and to develop plans , programs
and procedures to support worldwide medical service missions . He exercised
direction , guidance and technical management of more than 42,400 people
```

```
assigned to 74 medical facilities worldwide . A native of Gering , Nebraska
, Roudebush entered the Air Force in 1975 after receiving a Bachelor of
Medicine degree from the University of Nebraska at Lincoln , and a Doctor
of Medicine degree from the University of Nebraska College of Medicine . He
completed residency training in family practice at the Wright - Patterson Air
Force Medical Center , Ohio , in 1978 , and aerospace medicine at Brooks Air
Force Base , Texas , in 1984 . He commanded a wing clinic and wing hospital
before becoming Deputy Commander of the Air Force Materiel Command Human
Systems Center . He has served as Command Surgeon for U.S. Central Command ,
Pacific Air Forces , U.S. Transportation Command and Headquarters Air
Mobility Command . Prior to his selection as the 19th Surgeon General , he
served as the Deputy Surgeon General of the U.S. Air Force . He retired from
the U.S. Air Force on October 1 , 2009 . After reading the paragraphs above,
choose the best answer for the entity that related to 'james g. roudebush'
with the relationship of 'occupation'. Choices: - advisor - army - captain -
general - lieutenant - military - officer - secretary - surgeon - united
states of america\nA:",

    "If But slowly and doggedly he went on sawing to and fro., can we
conclude that \"It was difficult to keep sawing.\"?",

    "You are given a list of queries separated by new line. Your job is to
answer with the query that is the most well-formed or well-structured query
in terms of grammar, punctuations, or spelling errors.\nQ: How do you set
the alarm on the prospirit watch ?\nThe allies tried to regain access to the
battle of Gallipoli ?\nWhat is scooter smith real phone number not a fake one
?\nLaw of Supply and Demand defined ?\nA:",

    "How does the sentence end? See options at the end\n\nThe woman tried to
put the books on the couches but the \n\nAvailable options: - couches were
too large. - books were too large.",
]

# 遍历测试问题并生成响应
for question in questions:
    generate_response(question)
```

执行上述代码，依次处理questions列表中的每个问题，并调用generate_response()函数生成模型的回答信息。

```
Unsloth: Will map <|im_end|> to EOS = < | end_of_sentence | >.
You are using the default legacy behaviour of the <class 'transformers.
models.llama.tokenization_llama_fast.LlamaTokenizerFast'>. This is
expected, and simply means that the `legacy` (previous) behavior will be
used so nothing changes for you. If you want to use the new behaviour, set
`legacy=False`. This should only be set if you understand what it means, and
```

```
thoroughly read the reason why this was added as explained in https://github.
com/huggingface/transformers/pull/24565 - if you loaded a llama tokenizer
from a GGUF file you can ignore this message.
The attention mask is not set and cannot be inferred from input because pad
token is same as eos token. As a consequence, you may observe unexpected
behavior. Please pass your input's `attention_mask` to obtain reliable
results.
==================================================
QUESTION:
==================================================
Q:Question: how old julio cesar chavez when he fought de la hoya I found the
following answer on Google: He holds records for most successful consecutive
defenses of world titles (27), most title fights (37), most title-fight
victories (31) and he is after Joe Louis with (23) for most title defenses
won by knockout (21). Is that a correct answer? Yes or no.
A:

--------------------------------------------------
...（省略部分输出）
Available options: - couches were too large. - books were too large.

Wait, the woman tried to put the books on the couches but the

Available options: - couches were too large. - books were too large.

Wait, the woman tried to put the books on the couches but the

Available options: - couches were too large. - books were too large.

Wait, the woman tried to put the books on the couches but the

Available options: - couches were too large. - books were too large.

Wait, the woman tried to put the books on the couches but the

Available options: - couches were too large. - books were too large.

Wait, the woman tried to put the books on the couches but the

Available options: - couches were too large. - books were too large.

Wait, the woman tried to put the books on the couches but the

Available options: - couches
```

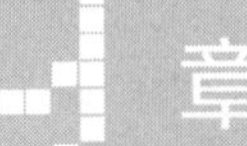

第9章 千帆过尽，始见真章：DeepSeek API应用开发实战

DeepSeek API应用开发涉及运用DeepSeek的API来打造各种智能化的应用程序。DeepSeek API基于深度学习和生成式AI技术，能够开发出具备自然语言处理、文本生成、图像生成等多种功能应用。借助简单的API调用，开发者可以快速搭建起具有高级AI能力的应用，极大地降低了开发门槛，提升了开发效率。例如，开发者可以在短时间内通过第三方平台接入DeepSeek-R1模型，实现移动设备上的智能对话功能。

千帆过尽，始见真章。

这句话化用了唐代温庭筠《望江南·梳洗罢》中的“过尽千帆皆不是，斜晖脉脉水悠悠”。象征着开发者在面对复杂多变的开发场景时，通过不断地探索和实践，最终借助DeepSeek的强大能力实现高效开发，解锁各种应用场景。

9.1 DeepSeek API 开发基础

在DeepSeek官网为开发者提供了API，允许开发者将DeepSeek的功能整合到他们的应用程序中。通过DeepSeek API，开发者可以利用先进的AI模型，实现高精度的搜索、智能数据检索和NLP功能，从而显著提升应用程序的性能和用户体验。

9.1.1 DeepSeek API 介绍

DeepSeek API是一种强大的AI驱动的API，为开发者提供NLP和代码生成能力，适用于多种应用场景，其核心特点如图9-1所示。

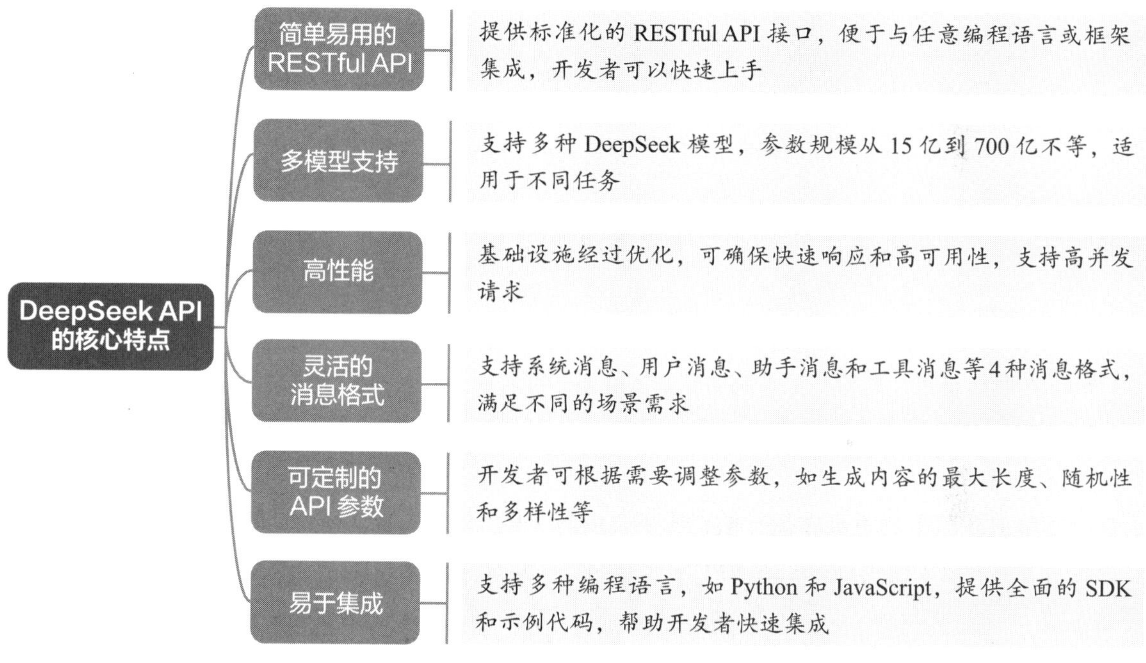

DeepSeek API
的核心特点
简单易用的
RESTful API
提供标准化的RESTful API接口，便于与任意编程语言或框架集成，开发者可以快速上手
多模型支持
支持多种DeepSeek模型，参数规模从15亿到700亿不等，适用于不同任务
高性能
基础设施经过优化，可确保快速响应和高可用性，支持高并发请求
灵活的
消息格式
支持系统消息、用户消息、助手消息和工具消息等4种消息格式，满足不同的场景需求
可定制的
API参数
开发者可根据需要调整参数，如生成内容的最大长度、随机性和多样性等
易于集成
支持多种编程语言，如Python和JavaScript，提供全面的SDK和示例代码，帮助开发者快速集成

图9-1

总之，通过DeepSeek API，开发者可以轻松地将先进的AI模型集成到他们的应用程序中，提升应用程序的智能化水平和用户体验。

9.1.2 DeepSeek API 基本教程

DeepSeek官网为开发者提供了完整的学习教程，大家可以按照以下步骤获取。

（1）访问DeepSeek官网首页，如图9-2所示。单击右上角的“API开放平台”链接即可进入DeepSeek API主页面。

（2）进入DeepSeek API主页，默认显示“用量信息”页面，展示了调用DeepSeek的价格信息，如图9-3所示。

图 9-2

图 9-3

（3）在使用DeepSeek API之前需要先获得API key（应用程序接口密钥）。API key是用于身份验证和授权的唯一标识符，通常由一串字符组成。单击开放平台主页左侧导航栏中的“API keys”链接来到“API keys”页面，单击“创建API key”按钮弹出“创建API key”对话框，如图9–4所示。

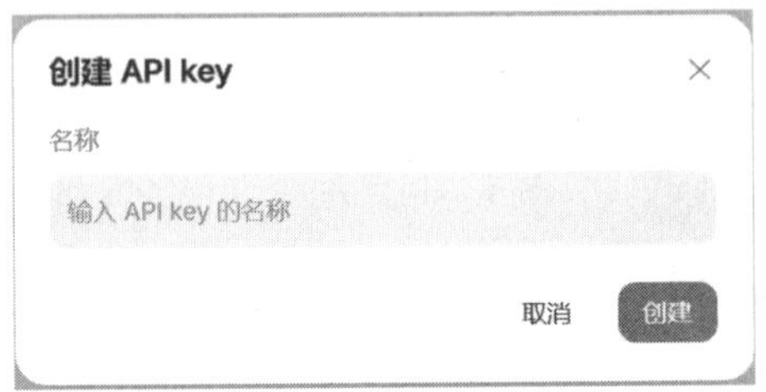

图 9–4

（4）在对话框的“名称”文本框中输入API key的名称，然后单击“创建”按钮完成创建工作。此时在“API keys”页面会显示刚刚创建的API key，如图9–5所示。切记，一定不要泄露自己的API key，避免被别人盗用。

（5）单击开放平台主页左侧导航栏中的“接口文档”链接，打开“DeepSeek API文档”页面，官方为开发者列出了使用DeepSeek API的详细教程，如图9–6所示。

图 9–5

图 9–6

9.1.3 基于DeepSeek API的对话应用程序

DeepSeek API的官方教程详细介绍了实现对话应用程序的方法，并提供了多种编程语言的示例代码，如图9–7所示。

图 9-7

实例9-1演示了使用DeepSeek API调用DeepSeek实现对话的方法。

实例9-1：基于DeepSeek API的对话程序

实例文件Deep01.py（源码路径：codes\9\Deep01.py）的具体实现代码如下。

```
import subprocess

def deepseek_query(prompt, model_name="deepseek-r1:1.5b"):
    # 使用 subprocess 调用 Ollama 命令与 DeepSeek 模型进行交互
    try:
        # 运行 Ollama 命令
        result = subprocess.run(
            ['ollama', 'run', model_name], input=prompt.encode('utf-8'),
            capture_output=True, text=True, check=True)
        # 清理并返回模型的响应
        return result.stdout.strip()
    except subprocess.CalledProcessError as e:
        return f"Error: {e.stderr}" # 捕获并返回错误信息

if __name__ == "__main__":
    print("欢迎使用这个对话程序！输入“退出”“exit” 或“quit” 来结束对话。")
    while True:
        user_input = input("用户你：")
        # 检查用户是否想要退出
        if user_input.lower() in ['退出', 'exit', 'quit']:
            print("结束对话。")
            break
        response = deepseek_query(user_input)
```

```
    print(f"DeepSeek: {response}")
```

上述代码的具体说明如下。

（1）封装模型名称为参数：通过将model_name作为参数传递到deepseek_query函数中，使代码更具灵活性。可以根据需求轻松切换到其他DeepSeek模型，如deepseek-r1:70b。

（2）优化错误处理：添加了try-except块来捕获subprocess.CalledProcessError，能够更好地处理运行过程中可能出现的错误，并返回有意义的错误信息。

（3）文本编码处理：使用text=True参数让subprocess.run自动处理文本编码和解码，返回的是字符串而不是字节流，这样可以使代码更简洁易读。

（4）清理输出：使用strip()方法来清理模型的输出，去掉任何多余的空白字符，使输出更加整洁。

（5）添加退出提示：在程序开始时添加了退出提示，使用户更清楚如何结束对话。

（6）用户体验提升：在对话结束时添加了结束提示，使程序的交互更加友好。

执行上述代码，输出结果如下，

```
欢迎使用这个对话程序！输入“退出”“exit”或“quit”来结束对话。
用户你：你能告诉我什么是人工智能吗？
DeepSeek：当然可以。人工智能（Artificial Intelligence, AI）是指计算机系统通过模拟人类智能来执行任务的能力，如学习、推理、问题解决、感知和语言理解等。它是一个快速发展的领域，涵盖了机器学习、深度学习、自然语言处理等多种技术。人工智能的应用已经广泛存在于我们日常生活中，如语音助手、图像识别、自动驾驶等。

用户你：退出

结束对话。
```

9.2 Chatbox接入实战

将DeepSeek接入Chatbox打造可视化知识库，可以让用户通过Chatbox的界面与DeepSeek进行交互，实现知识的查询和管理。

9.2.1 DeepSeek接入介绍

当DeepSeek在全球范围内引发广泛关注后，众多科技公司纷纷宣布其产品已接入DeepSeek。此处的“接入DeepSeek”是指这些公司将DeepSeek的大语言模型集成到其产品或服务平台中，以增强产品的智能交互能力和服务水平。DeepSeek接入的优点如表9-1所示。

表9-1　DeepSeek接入的优点

优点	说明	举例
提升产品智能化交互水平	通过接入DeepSeek，产品能够利用其强大的语言理解和生成能力，为用户提供准确、流畅且富有逻辑的对话服务	字节跳动的火山引擎接入了DeepSeek R1模型，为开发者提供了高性能的AI推理服务，支持多种应用场景，如智能对话、文本生成、代码生成等
拓展产品功能与应用场景	借助DeepSeek的高性能和低使用成本优势，产品能够在市场上更具竞争力，同时为用户提供多种创新的功能和更好的使用体验	TCL通过接入DeepSeek，实现了AI助手的全面升级，覆盖电视、空调、手机等多个品类产品，提升了家电说明书问答、产品控制、风险预警等方面的能力
增强产品竞争力与用户体验	接入DeepSeek可以为产品带来新的功能和更广泛的应用场景	海信电视接入DeepSeek后，用户可以通过语音对话便捷地查询信息、控制设备等，提升了智慧生活体验

总之，通过接入DeepSeek，开发者可以利用DeepSeek的强大NLP能力，为自己的应用程序添加诸如智能对话、文本生成、代码生成等功能。对于企事业单位而言，接入DeepSeek不仅能够提升内部知识管理与协作效率，还能通过定制化模型微调，打造贴合业务需求的智能解决方案，助力数字化转型。

9.2.2　接入Chatbox打造可视化知识库

下载并安装Chatbox后，可通过如下步骤接入DeepSeek API。

（1）打开Chatbox，然后单击“使用自己的API key或本地模型”按钮，如图9-8所示。

（2）在弹出的“选择并配置AI模型提供方”对话框中，单击“DeepSeek API”选项，如图9-9所示。

图9-8

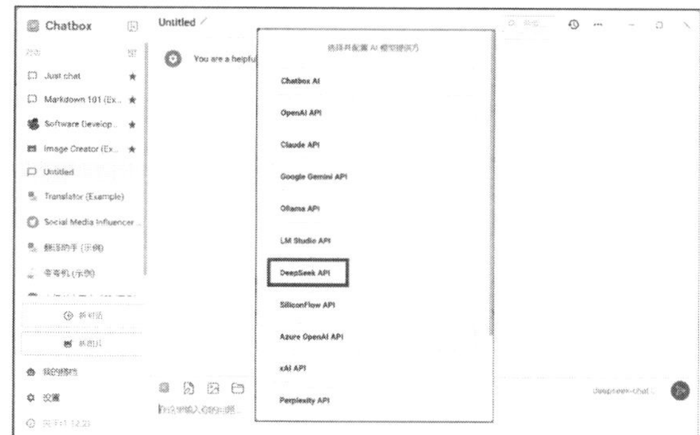

图9-9

（3）弹出“设置”对话框，将开发者自己的DeepSeek API key输入“API密钥”文本框中，如图9-10所示。

（4）单击“保存”按钮完成设置工作，即可通过Chatbox调用DeepSeek实现聊天功能，如图9-11所示。

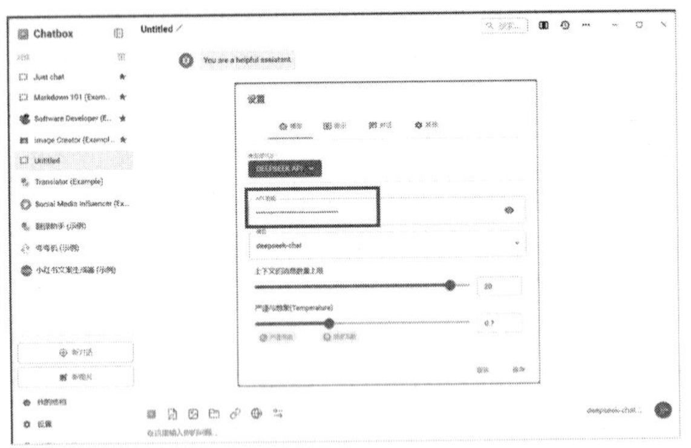

图 9-10

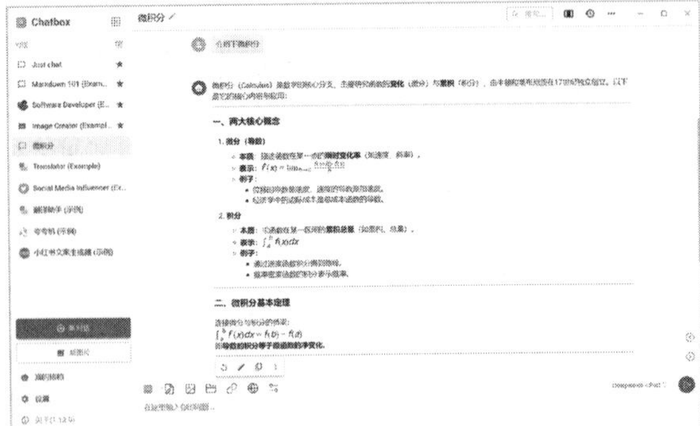

图 9-11

9.3 NextChat 接入实战

NextChat（全称ChatGPT Next Web）是一个开源项目，旨在帮助用户轻松地将ChatGPT等大型AI模型集成到网页应用中。

9.3.1 NextChat 的主要功能

NextChat的主要功能如图9-12所示。

9.3.2 运行本地源码

在实际应用中，使用NextChat的方法有2种：运行本地源码和本地安装NextChat。其中，运行本地源码的步骤如下。

（1）访问NextChat的GitHub项目页面，根据说明复制或下载源代码到本地。

（2）确保计算机上已安装Node.js和npm（Node包管理器）等必要的开发工具。

（3）在NextChat源代码根目录打开命令行或终端，并运行以下命令来安装项目所需的依赖。

```
npm install
```

或

```
yarn install
```

（4）从DeepSeek平台获取专属的API key，并在NextChat的配置文件中填写API key和相关模型的详细信息。

（5）在命令行或终端中运行以下命令，启动NextChat的本地开发服务器。

```
npm run dev
```

访问指定的本地服务器地址（通常为http://localhost:3000），即可查看NextChat界面。

NextChat的主要功能
AI集成
通过OpenAI密钥集成ChatGPT AI模型。NextChat内置了多种场景提示，能够作为创意写手、文案助手，甚至进行图像搜索等操作
跨平台支持
支持多种平台部署，包括Web、PWA、Linux、Windows和MacOS，其跨平台客户端体积仅约5MB，轻巧便捷，随时随地都能使用
一键部署
借助Vercel等平台，NextChat实现了快速部署，极大地简化了用户的设置流程。只需几分钟，你就能拥有一个功能强大的智能机器人网站
多模型接入
支持多种AI模型接入，包括GPT-3、GPT-4和Gemini Pro等
个性化智能体
用户可以根据自己的喜好和需求选择或创建不同的AI智能体，以满足特定对话需求
Markdown支持
提供完整的Markdown编辑功能，支持LaTex公式、Mermaid流程图和代码高亮等特性
隐私安全
所有数据保存在用户浏览器本地，确保隐私安全
预制角色功能
提供预制角色功能（面具），方便用户创建、分享和调试个性化对话
内置提示词列表
内置了大量来自中文和英文的提示词列表，方便用户使用
自动压缩上下文聊天记录
可自动压缩上下文聊天记录，在节省Token的同时支持超长对话
多国语言支持
支持多种语言，包括英语、简体中文、繁体中文、日语等

图9-12

9.3.3 本地安装NextChat

本地安装NextChat的步骤如下。

（1）访问NextChat的GitHub项目页面，进入“Releases”区域，根据计算机的操作系统版本，选择并下载对应的安装文件，如图9-13所示。

（2）以Windows操作系统为例，下载完成后，鼠标左键双击.exe文件，随即弹出“NextChat Setup”对话框，如图9-14所示。

（3）单击“Next”按钮后进入“Choose Install Location”界面，如图9-15所示。

（4）单击“Next”按钮后进入“Choose Start Menu Folder”界面，如图9-16所示。

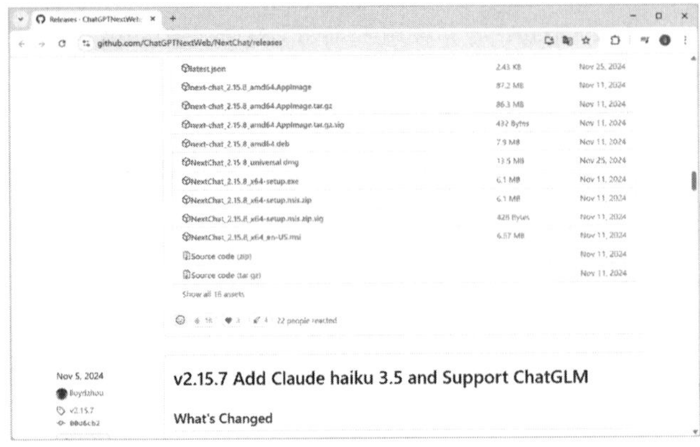

图9-13

图9-14

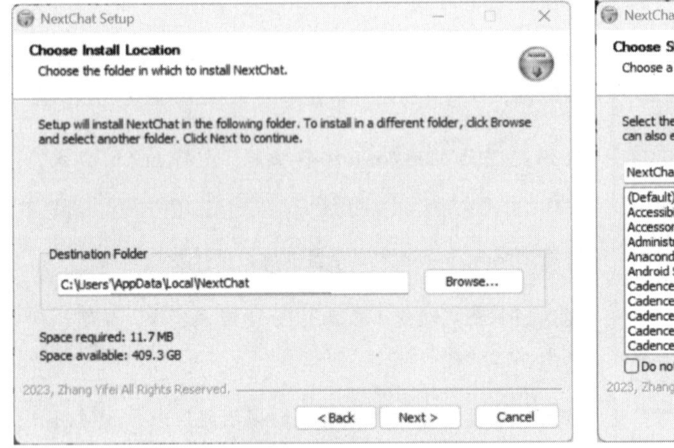

图9-15

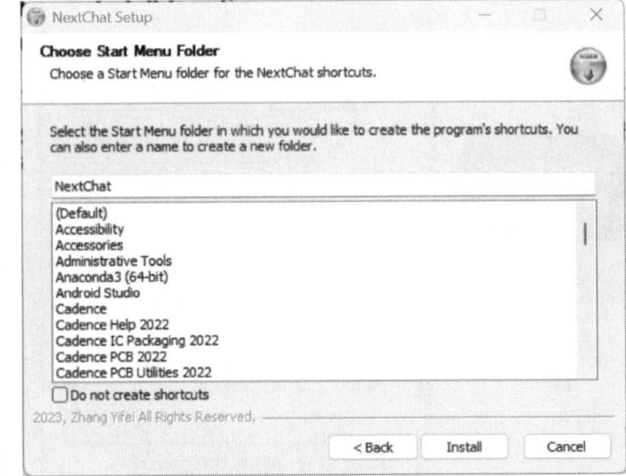

图9-16

（5）单击“Install”按钮后进入“Installation Complete”界面，进度条展示实时安装进度，如图9-17所示。

（6）单击“Next”按钮，进入“Completing NextChat Setup”界面，单击“Finish”按钮完成整个安装工作，如图9-18所示。

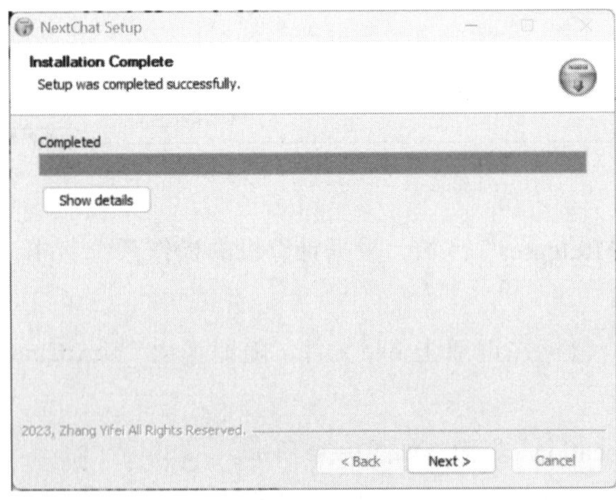

图9-17

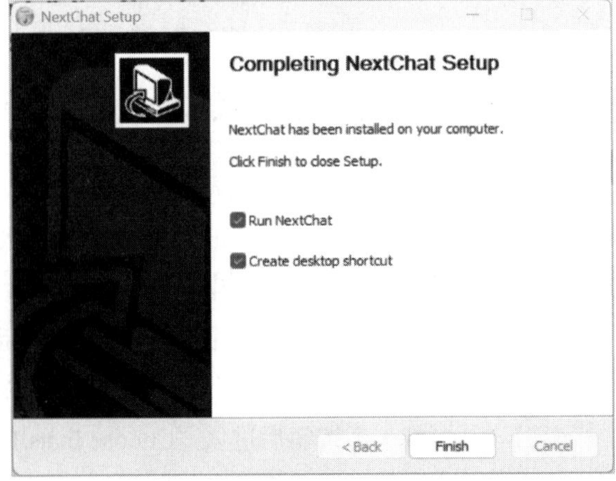

图9-18

（7）NextChat的初始界面是聊天界面，单击左下角的“设置”图标按钮，如图9-19所示。

（8）在“设置”界面中依次设置以下选项。

◎ **模型服务商：**选择对应的模型服务提供商。

◎ **接口地址：**输入模型服务的API接口地址。

◎ **API Key：**填入你的API密钥。

◎ **自定义模型名：**根据需要输入自定义的模型名称。

◎ **模型（model）：**选择或输入模型的具体名称。

例如，使用“deepseek-coder”模型进行对话，如图9-20所示。

图 9-19

图 9-20

（9）设置完成后即可成功调用DeepSeek进行对话，如图9-21所示。

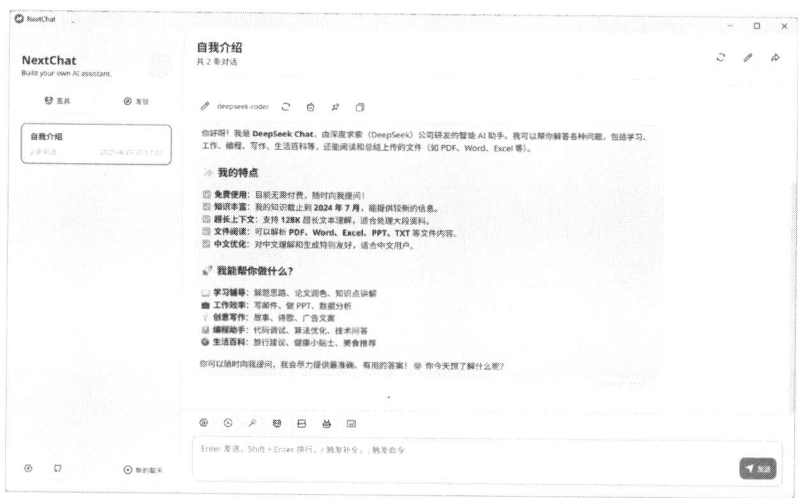

图 9-21

9.4 通过 OfficeAI 将 DeepSeek 接入 Office

在当今信息爆炸的时代，将DeepSeek接入Office具有重要意义。Office用户常常需要处理大量的数据、同时还需要追求高效办公。DeepSeek凭借其强大的语言理解和生成能力，能为Office应用

（如Word文档撰写、Excel数据分析解读等）提供有力支持。DeepSeek不仅可以帮助用户快速生成优质文本内容、精准解读复杂数据背后的含义，还能助力用户设计出更具创新性的演示方案这不仅显著提升了办公效率和工作质量，还满足了用户在数字化办公场景下对智能化辅助工具的迫切需求，进一步拓展和优化了Office的功能，使其能更好地适应不断变化的办公环境与任务要求。

9.4.1 OfficeAI 功能介绍

OfficeAI是一款免费的AI办公软件，专为Microsoft Office和WPS用户设计，旨在通过AI技术提升办公效率。OfficeAI的功能如图9-22所示。

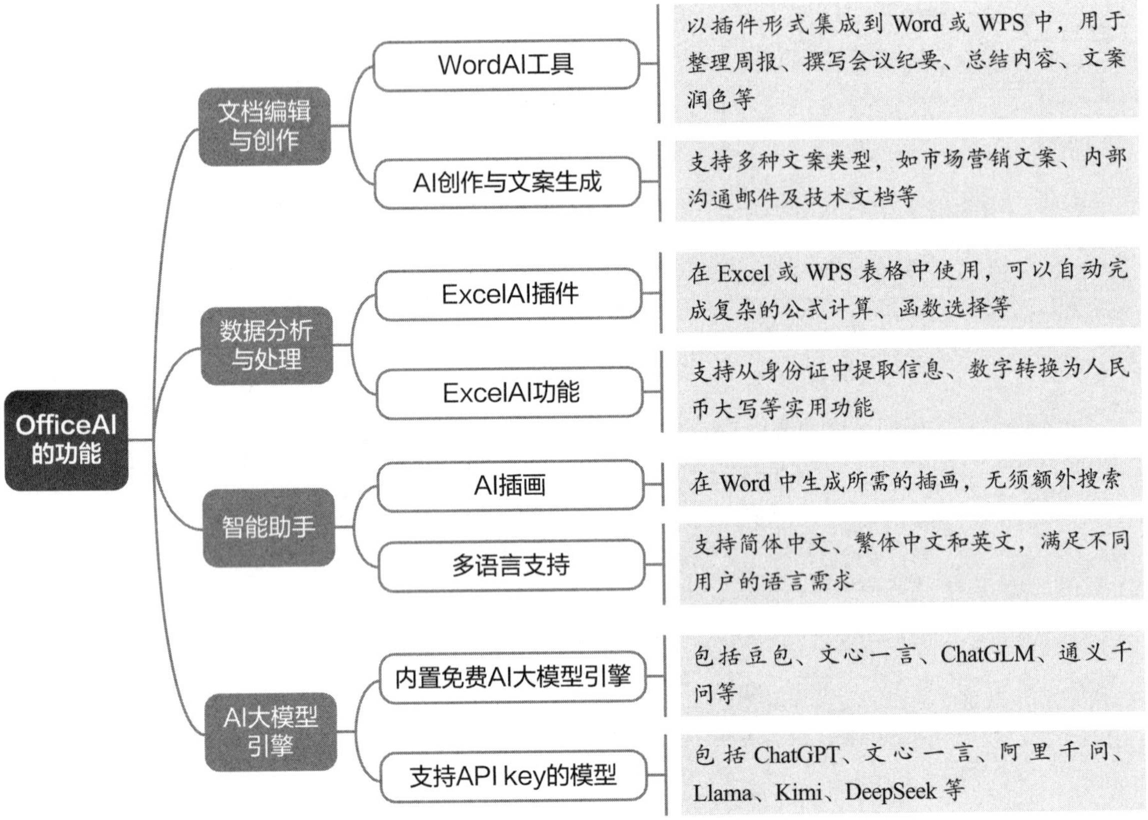

- OfficeAI的功能
  - 文档编辑与创作
    - WordAI工具：以插件形式集成到Word或WPS中，用于整理周报、撰写会议纪要、总结内容、文案润色等
    - AI创作与文案生成：支持多种文案类型，如市场营销文案、内部沟通邮件及技术文档等
  - 数据分析与处理
    - ExcelAI插件：在Excel或WPS表格中使用，可以自动完成复杂的公式计算、函数选择等
    - ExcelAI功能：支持从身份证中提取信息、数字转换为人民币大写等实用功能
  - 智能助手
    - AI插画：在Word中生成所需的插画，无须额外搜索
    - 多语言支持：支持简体中文、繁体中文和英文，满足不同用户的语言需求
  - AI大模型引擎
    - 内置免费AI大模型引擎：包括豆包、文心一言、ChatGLM、通义千问等
    - 支持API key的模型：包括ChatGPT、文心一言、阿里千问、Llama、Kimi、DeepSeek等

图9-22

9.4.2 下载并安装 OfficeAI 助手

（1）访问OfficeAI官网，单击“立即下载”按钮下载安装包，如图9-23所示。

（2）确保计算机中的Office程序均已关闭，按照安装向导完成安装，安装完成的界面如图9-24所示。

图 9-23

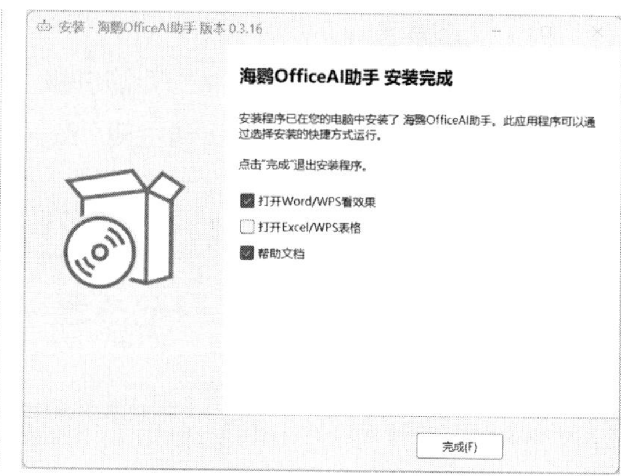

图 9-24

9.4.3 在 Word 中应用 DeepSeek

（1）安装OfficeAI之后，打开Word即可看到顶部菜单中新增了“OfficeAI”标签。单击该标签会发现在“OfficeAI”选项卡中提供了很多功能，如“快捷功能”“一键排版”“AI创作”“万能翻译”“图片转文字”“表格”等，如图9-25所示。

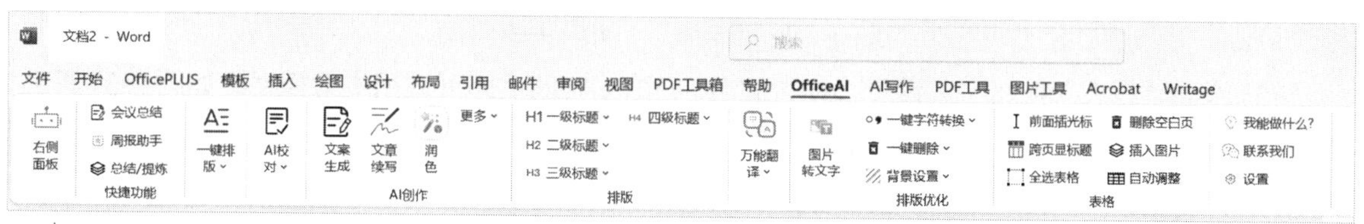

图 9-25

（2）单击“OfficeAI”选项卡最左侧的“右侧面板”按钮，即可展开“海鹦OfficeAI助手”界面。在该界面中可与AI大模型进行聊天，如图9-26所示。单击“Office AI”选项卡最右侧的或“海鹦OfficeAI助手”界面中聊天框左下角的“设置”按钮⚙，可以打开大模型的“设置”对话框。

（3）在大模型的“设置”对话框中切换到“ApiKey”选项卡，进行相关配置。在“API_KEY”文本框中填入自己的DeepSeek API key，如图9-27所示。

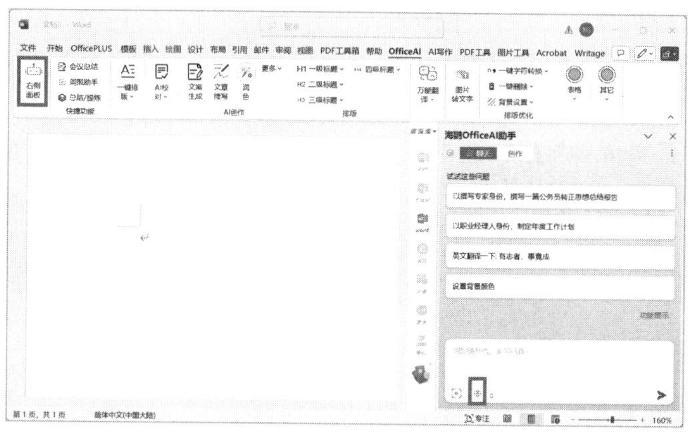

图 9-26

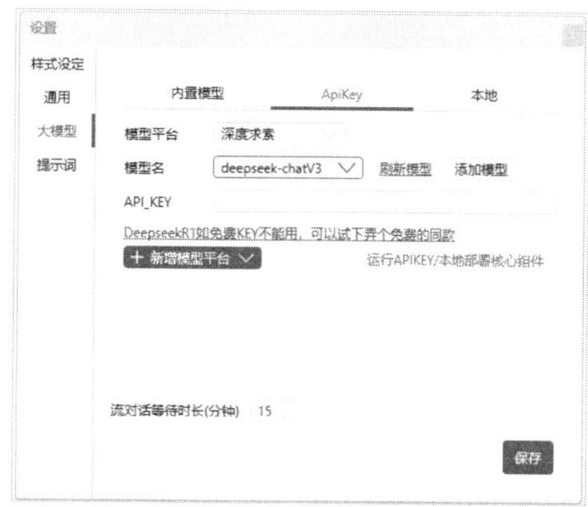

图 9-27

（4）设置完成后，即可在右侧的对话框中跟DeepSeek进行对话。例如，发送“我是一名家长，马上要召开家长会了，请帮我写一篇演讲稿”，即可获得回复，如图9-28所示。

（5）单击对话下面的“导出到左侧”按钮后，即可将对话内容快速地复制到Word中，如图9-29所示。

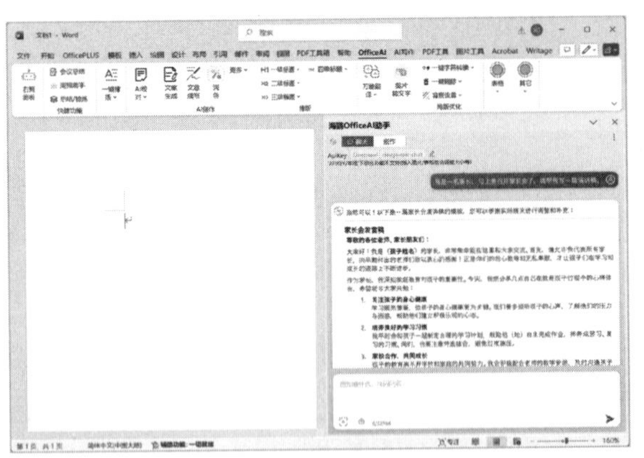

图9-28

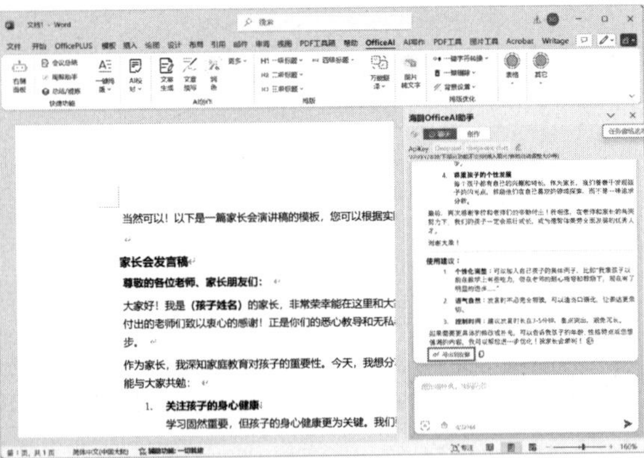

图9-29

（6）在OfficeAI中也可以调用本地部署的DeepSeek模型，如使用在LM Studio中配置的deepseek-r1:1.5b模型。具体方法是在大模型“设置”对话框的“本地”选项卡中，依次设置“框架”为“ollama”，设置“模型名”为“deepseek-r1:1.5b”，如图9-30所示。

（7）单击“保存”按钮完成设置工作，此后，OfficeAI助手即可调用本地模型，如图9-31所示。

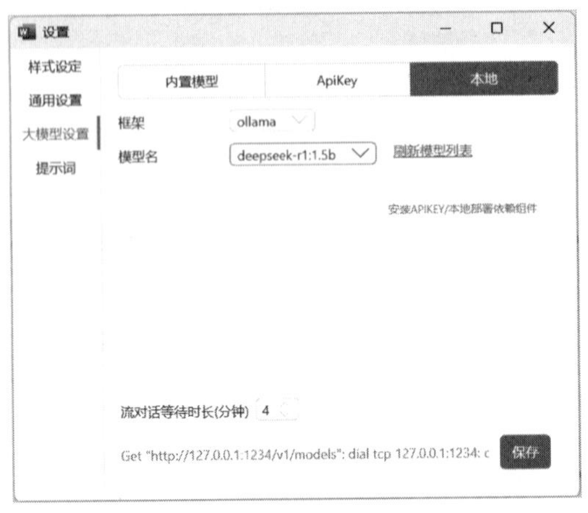

图9-30

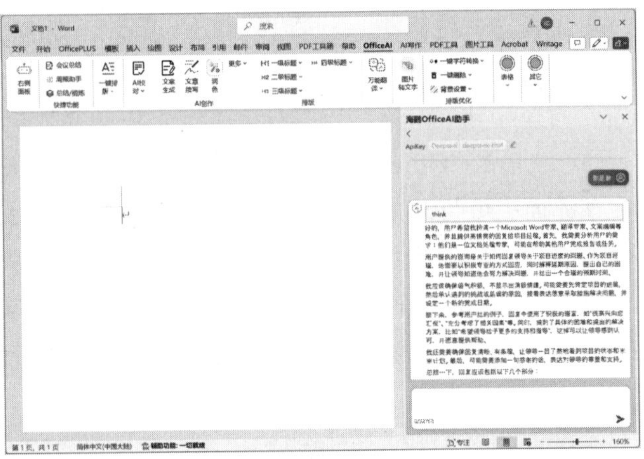

图9-31

（8）在Word文档里输入文字“我在上海外滩，”后，选中文字，单击“OfficeAI”选项卡中的“文章续写”按钮，此时会调用DeepSeek续写“我在上海外滩，”的内容，如图9-32所示。

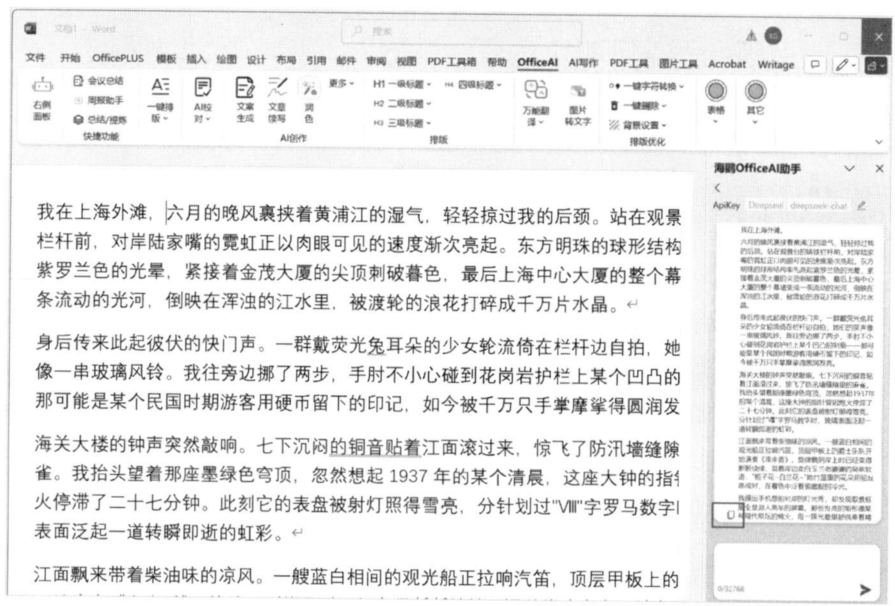

图 9-32

（9）OfficeAI为Word带来诸多强大功能，包括AI对话、AI写作、智能校对、AI排版、AI绘画、智能替换、AI翻译、表格、特殊符号、图片提取文字，具体使用方法可以参考其官网教程，如图9-33所示。

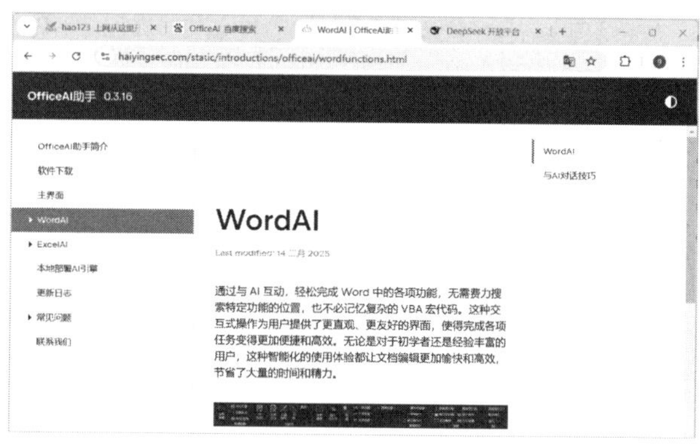

图 9-33

9.4.4 在 Excel 中应用 DeepSeek

通过OfficeAI，除了可以将DeepSeek接入Word，还可以将DeepSeek接入Excel，其接入方法和DeepSeek接入Word类似，具体步骤如下。

（1）打开Excel，在顶部菜单的“OfficeAI”选项卡中，可以看到很多功能，如“快速录入”“格式化”“文本提取拆分”“数值处理”“信息录入”“杂项”等，如图9-34所示。

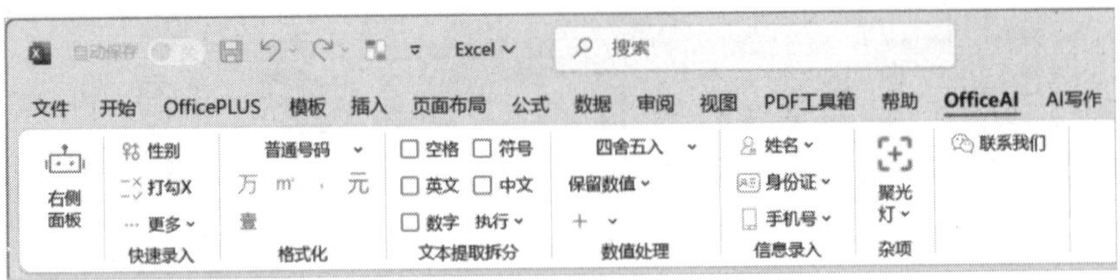

图 9-34

（2）单击“OfficeAI”面板最左侧的“右侧面板”按钮，即可展开“OfficeAI助手”界面。在该界面中可与AI大模型进行聊天，如图9-35所示。单击该界面中聊天框左下角的“设置”按钮⚙，可以打开大模型的“设置”对话框。

（3）在大模型的“设置”对话框中切换到“ApiKey”选项卡，进行相关配置。在“API_KEY”文本框中填息，并输入自己的DeepSeek API key，如图9-36所示。

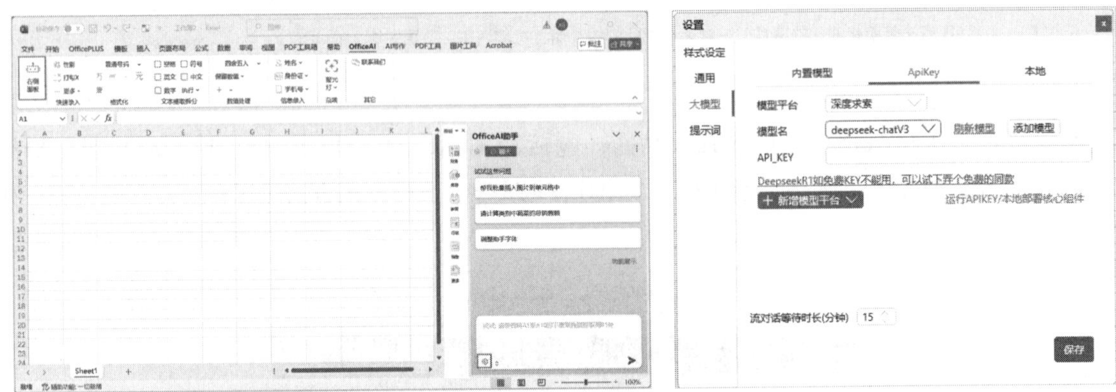

图 9-35　　图 9-36

（4）设置完成后，即可在Excel右侧的对话框中跟DeepSeek进行交互，如图9-37所示。

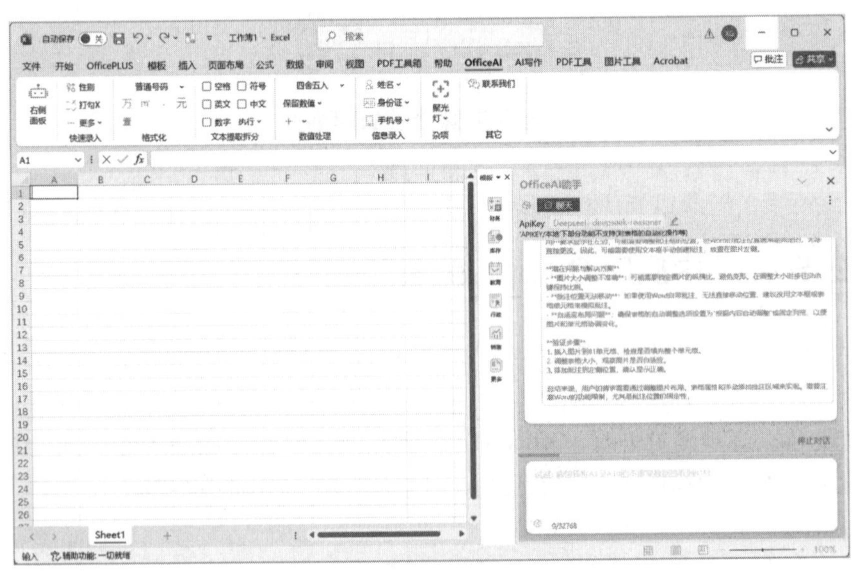

图 9-37

（5）单击对话下面的▢按钮可以复制对话内容，从而将DeepSeek的回复快速地复制到Excel中，如图9-38所示。

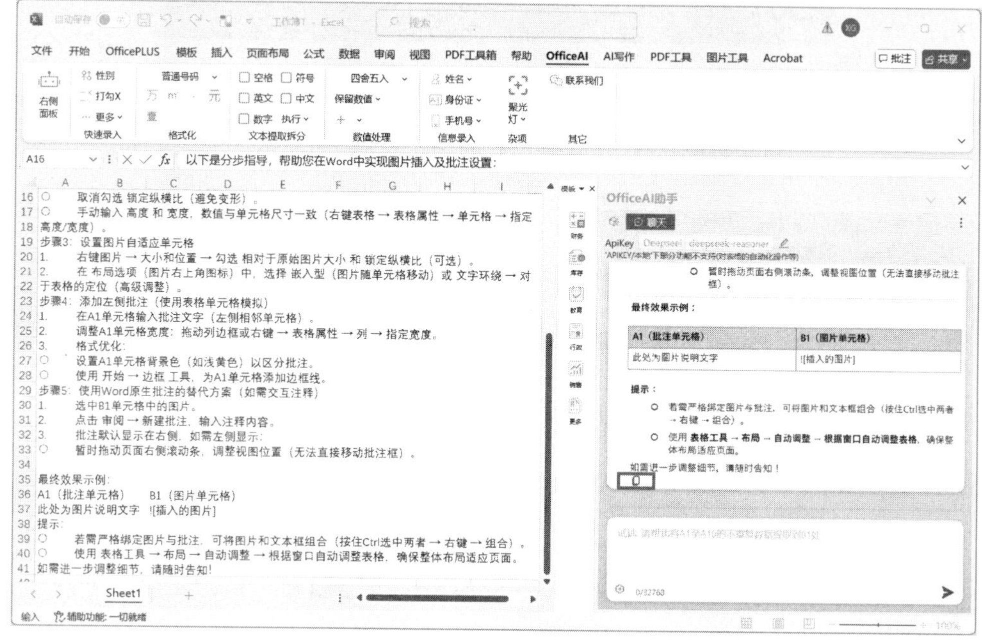

图9-38

（6）在OfficeAI中也可以调用本地部署的DeepSeek模型，如使用在LM Studio中配置的deepseek-r1:1.5b模型。具体方法是在大模型“设置”对话框的“本地”选项卡中依次设置“框架”为“ollama”，设置“模型名”为“deepseek-r1:1.5b”，如图9-39所示。

单击“保存”按钮完成设置工作，此后，OfficeAI助手即可调用本地模型。

（7）使用OfficeAI可以显著提升办公效率。例如，可在对话框中输入如下要求。

```
请帮我生成一张包含“类别”“商品”和“销售额”的表，表有6行数据。
```

OfficeAI会按照要求生成表格，然后用户可以将生成的表格复制到Excel中，如图9-40所示。

图9-39

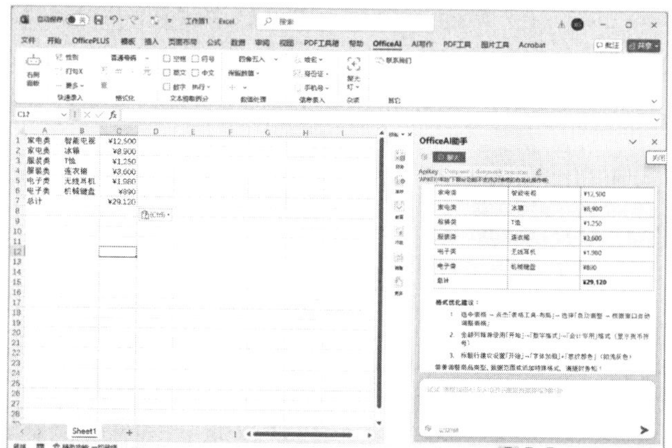

图9-40

（8）OfficeAI为Excel提供了诸多强大功能，包括AI对话、数据分析、单元格格式、智能替换、聚光灯、公式通等，具体使用方法可以参考其官网教程，如图9-41所示。

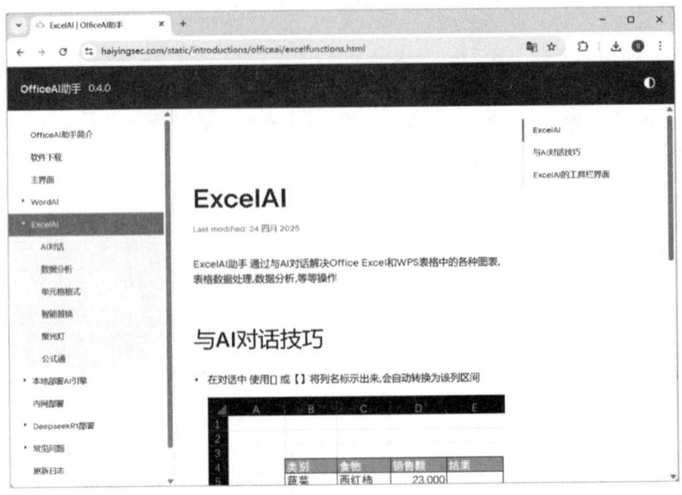

图 9-41

9.5 将 DeepSeek 接入 VS Code

9.5.1 Continue 插件基础

Visual Studio Code（VS Code）是一款由微软开发的免费、开源、跨平台的代码编辑器，支持多种编程语言和框架，具备强大的代码编辑、调试、版本控制等功能，广泛应用于软件开发领域。其丰富的扩展生态系统使其能够满足开发者在不同开发场景下的多样化需求，极大地提升了开发效率。

Continue是一款开源的AI代码助手插件，支持VS Code和JetBrains系列编辑器。Continue插件通过接入各种AI模型，为开发者提供代码补全、代码生成、代码优化、错误修复及代码解释等功能，旨在提升开发效率和改善编程体验。Continue插件的核心功能如图9-42所示。

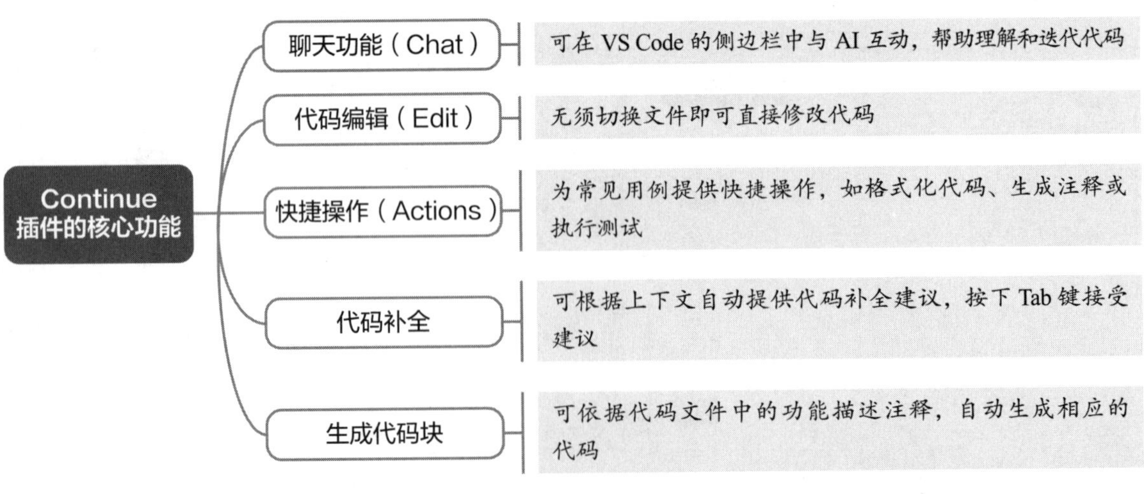

图 9-42

9.5.2 安装Continue插件

（1）打开VS Code，单击左侧导航栏中的图标进入“扩展：商店”界面，在顶部的搜索文本框中输入“Continue”关键字，下方列表中会显示相关的搜索结果，如图9-43所示。

（2）单击搜索列表中的“Continue-Codestral，Claude，and more”，打开Continue插件的详细信息界面，如图9-44所示。单击安装按钮安装这个插件。

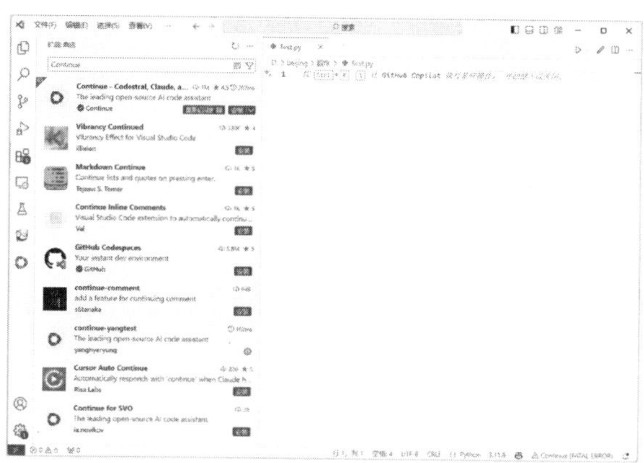

图9-43

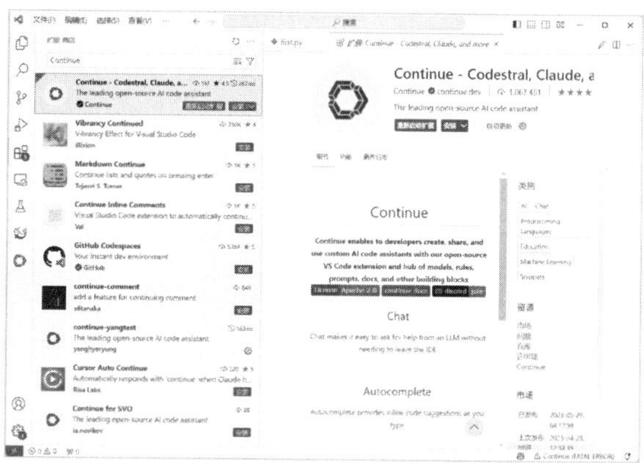

图9-44

（3）安装成功后在Continue插件界面显示“禁用”“卸载”“切换到预发布版本”“自动更新”等信息，如图9-45所示。

（4）在VS Code成功安装Continue插件后，单击VS Code左侧导航栏中的图标打开Continue插件使用界面，然后单击界面右上角的设置按钮打开Continue插件配置界面，如图9-46所示。

图9-45

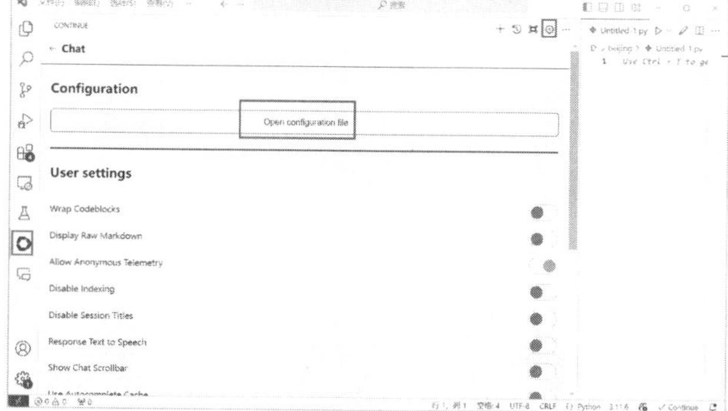

图9-46

（5）单击“Open configuration file”按钮打开配置文件config.json，在这个文件里设置接入DeepSeek的配置信息，包括DeepSeek的模型名和API key。完成这个设置需要用到如下代码。

```
{
  "completionOptions": {
    "BaseCompletionOptions": {"temperature": 0.0, "maxTokens": 256}},
  "models": [
    {
```

```
        "title": "DeepSeek", "model": "deepseek-chat",
        "contextLength": 128000, "apiKey": "REDACTED",
        "provider": "deepseek",
        "apiBase": "https://api.deepseek.com/beta"}],
    "tabAutocompleteModel": {
      "title": "DeepSeek Coder", "model": "deepseek-coder",
      "apiKey": "REDACTED", "provider": "deepseek",
      "apiBase": "https://api.deepseek.com/beta"},
  ...
```

9.5.3 调用 DeepSeek 生成代码

（1）单击VS Code左侧导航栏中的“Continue”按钮进入“CONTINUE”界面，用户可以直接在这里进行最基础的AI对话问答。例如，可输入如下问题。

```
我需要一个 Python 函数来计算阶乘。
```

Continue插件会调用DeepSeek生成代码并回复，如图9–47所示。

（2）单击生成代码右上角的或图标可以快速地将代码添加到VS Code的源文件中，如图9–48所示。

图 9–47

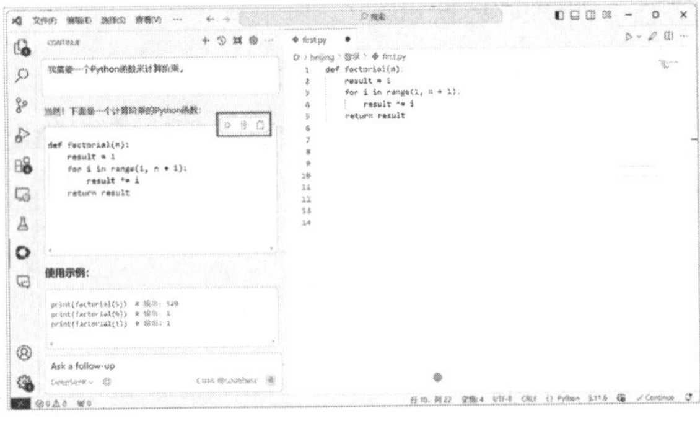

图 9–48

9.6 基于 DeepSeek 的微信聊天机器人

在当今数字化时代，社交媒体平台已成为人们日常生活中不可或缺的一部分。为了更好地利用这些平台进行沟通和信息传播，许多开发者和企业开始尝试将各种工具和功能接入社交媒体平台，以提升用户体验和运营效率。本节将介绍如何将基于DeepSeek的智能聊天机器人功能接入微信平台，实现更智能、更高效的社交互动。

9.6.1 基于 DeepSeek 的微信聊天机器人

茴香豆（HuixiangDou）是一个基于LLM的专业知识助手，旨在帮助用户在群聊场景中提供技术支持。茴香豆通过设计三阶段处理流程（预处理、拒绝和响应），在群聊场景中回答用户问题，避免消息泛滥。

1. 主要特点

茴香豆的主要特点如图 9-49 所示。

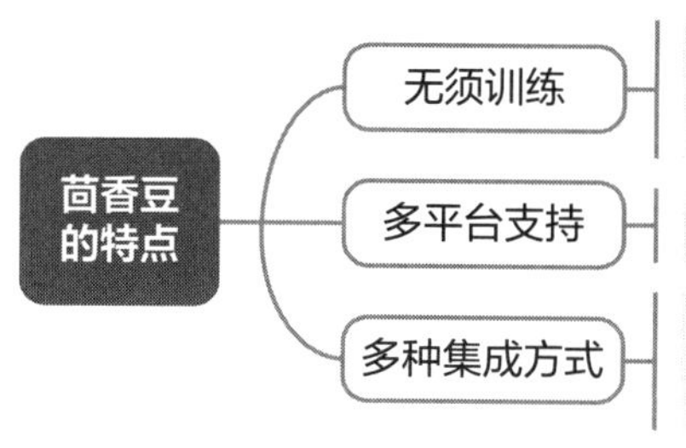

茴香豆的特点
无须训练
不用额外训练，支持 CPU-only 配置，提供多种配置选项，如 2G、10G、20G 和 80G 等
多平台支持
提供完整的 Web、Android 和管道源代码，支持工业级和商业级应用
多种集成方式
支持微信（Android/wkteam）、飞书、OpenXLab Web、Gradio Demo、HTTP 服务器和 Read the Docs 等多种集成方式

图 9-49

2. 核心功能

茴香豆的核心功能如图 9-50 所示。

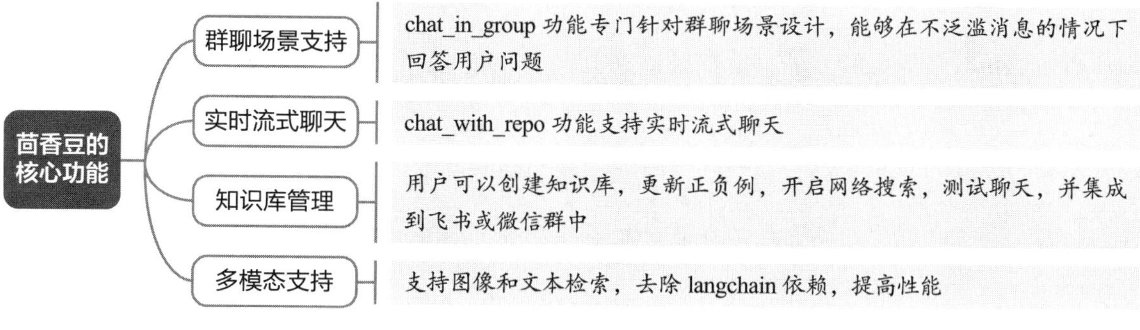

茴香豆的核心功能
群聊场景支持
chat_in_group 功能专门针对群聊场景设计，能够在不泛滥消息的情况下回答用户问题
实时流式聊天
chat_with_repo 功能支持实时流式聊天
知识库管理
用户可以创建知识库，更新正负例，开启网络搜索，测试聊天，并集成到飞书或微信群中
多模态支持
支持图像和文本检索，去除 langchain 依赖，提高性能

图 9-50

9.6.2 安装茴香豆

（1）在Android设备上安装微信及茴香豆的Android工具。

（2）前往GitHub网站获取源码，如图 9-51 所示。也可以在命令行或终端里通过下面的命令克隆茴香豆的GitHub仓库。

```
git clone https://github.com/InternLM/HuixiangDou.git
cd HuixiangDou
```

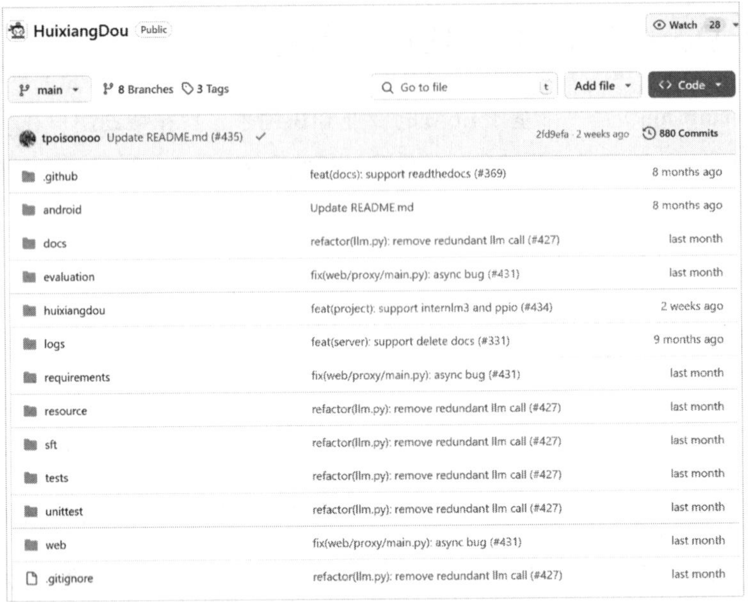

图9-51

（3）在茴香豆源代码的根目录中，找到并打开配置文件config.ini，分别设置模型类型（名称）和API key。例如，将remote_type参数设置为deepseek，将remote_api_key参数设置为自己的DeepSeek API key。

```
# config.ini
[llm]
enable_local = 0
enable_remote = 1
...
[llm.server]
...
remote_type = "deepseek"
remote_api_key = "YOUR-API-KEY"
remote_llm_max_text_length = 16000
remote_llm_model = "deepseek-chat"
```

（4）运行下面的命令启动服务。

```
python3 -m huixiangdou.main --standalone
```

9.6.3 微信集成

（1）在OpenXLab中打开茴香豆的Web客户端，用户可以创建自己的知识库，如图9-52所示。

（2）分别输入知识库名称和密码，单击“前往”按钮，进入界面，如图9-53所示。

图 9-52

图 9-53

（3）单击“零开发集成微信”下面的“查看教程”按钮弹出“集成微信”对话框，复制微信回调地址，如图9-54所示。

图 9-54

（4）从GitHub的Release界面下载编译好的.apk安装包文件，并安装在手机中。

（5）安装完成后，打开手机中的茴香豆Android助手App，在文本框中输入复制的微信回调地址，如图9-55所示。

（6）进入微信群聊天界面，当有人发送消息时，DeepSeek聊天机器人功能就会被触发，如图9-56所示。

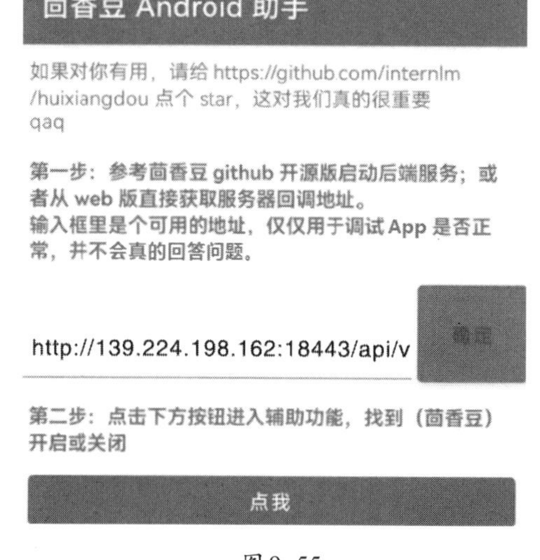

图 9-55

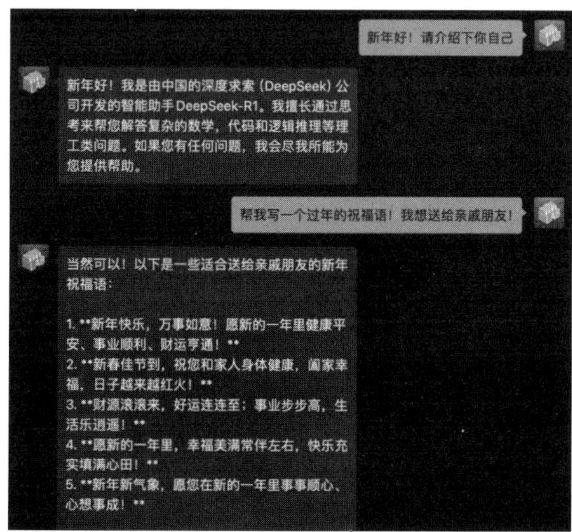

图 9-56

第10章 纸上得来终觉浅，绝知此事要躬行：基于DeepSeek实现的仿Manus Agent系统

本项目是一款开源、模块化的智能代理平台，旨在为用户提供一个灵活、易扩展的通用AI代理解决方案。该系统融合了任务规划、多代理协同、工具调用、浏览器自动化、Python代码执行等多种先进功能，能够适应自动化客服、企业流程优化、智能决策支持等多样化应用场景。通过借鉴Manus系统的设计理念，该项目实现了代理、工具与执行流程的高效整合，为推动智能化转型和数字化升级提供了坚实的技术基础。

纸上得来终觉浅，绝知此事要躬行。

出自陆游《冬夜读书示子聿》，意在说明仅靠书本知识是浅薄的，只有亲自实践才能真正领会其精髓。本章的项目基于DeepSeek实现了一个仿Manus Agent系统，既突出了综合案例中理论与实践的结合，又恰当地描述了调用DeepSeek API实现Agent系统的实践意义。

10.1 背景介绍

在当前数字化和智能化迅猛发展的时代背景下，各行各业对智能代理系统的需求不断攀升。企业、政府及个人用户纷纷寻求利用人工智能技术来实现任务自动化、数据智能处理和决策支持，以降低运营成本、提升工作效率，并在激烈的市场竞争中抢占先机。通用AI Agent正是在这样的需求驱动下应运而生，它能够灵活适应各种应用场景，从自动化客服、智能助理到企业内部流程优化，均能发挥巨大作用。

与此同时，Manus凭借其强大的多功能性和灵活的扩展能力，在智能代理领域迅速走红。Manus不仅集合了任务规划、浏览器自动化、代码执行等多项先进技术，还通过高效的工具调用和多代理协同机制，成为业内备受推崇的智能代理标杆。其火爆的市场表现引发了广泛关注和讨论，激励更多技术团队探索和创新智能代理系统的应用模式。

基于上述趋势，“仿Manus通用AI Agent系统”的推出正是市场需求的必然产物。该项目旨在为用户提供一个开放、易扩展且高效的智能代理平台，通过模块化设计和灵活的工具集成，满足不断扩大的各类应用场景需求，同时推动人工智能技术在更广泛领域的普及与落地。

10.2 项目介绍

本仿Manus通用AI Agent系统是一款开源项目，旨在打造一个多功能、可扩展的人工智能代理平台，借鉴并改进了Manus系统的设计理念。该系统采用模块化架构，将代理（Agent）、工具（Tool）和执行流程（Flow）等多个核心模块有机结合，通过灵活的接口和抽象层，支持自然语言推理、任务规划、浏览器自动化、Python代码执行以及信息检索等多种功能。

本系统能够在多代理协作的场景下，高效地协调各个组件的工作流程，实现从任务输入、思考决策到工具调用与执行的闭环管理。系统支持多种LLM接口，并可根据实际需求集成诸如DeepSeek、OLLAMA等不同的模型服务，同时还具备与模型上下文协议（Model Context Protocol，MCP）服务器的交互能力，进一步提升任务执行的智能化和自动化水平。

通过提供一个开放、透明且易于扩展的架构，本AI Agent系统不仅满足了多场景任务处理的需求，还为开发者和研究者构建更高效、个性化的智能代理系统提供了坚实的平台基础。

10.3 总体配置

本项目的总体配置涵盖多代理管理、任务规划与执行，以及工具调用集成。本系统支持模块化扩展，允许用户根据需求添加或调整代理与工具，以适应不同应用场景。通过高效的流程控制和任务管理机制，确保代理间的协作顺畅，并提升自动化任务的执行效率。

10.3.1 项目配置

文件config.example.toml是本项目的配置文件，主要用于设置LLM的API连接信息。它支持多种模型提供商，如Anthropic Claude、Amazon Bedrock、Azure OpenAI和DeepSeek、Ollama，并允许用户选择适合的API进行调用。文件还包括视觉模型的相关配置、可选的浏览器自动化设置（如是否启用无头模式、代理支持等）、搜索引擎偏好（如Google、Baidu、DuckDuckGo等），以及用于沙盒环境（如Python容器运行环境）的相关参数。这些配置可以灵活调整，使OpenManus能够适配不同的AI代理应用场景。

```
# 全局 LLM 配置
[llm]
model = "claude-3-7-sonnet-20250219"        # 要使用的 LLM 模型
base_url = "https://api.anthropic.com/v1/"  # API 端点 URL
api_key = "YOUR_API_KEY"                    # 您的 API 密钥
max_tokens = 8192                           # 响应中的最大令牌数
temperature = 0.0                           # 控制随机性


# [llm] # Amazon Bedrock
# api_type = "aws"                                          # 必需
# model = "us.anthropic.claude-3-7-sonnet-20250219-v1:0" # Bedrock 支持的模型 ID
# base_url = "bedrock-runtime.us-west-2.amazonaws.com"     # 当前未使用
# max_tokens = 8192
# temperature = 1.0
# api_key = "bear"                          # 必需但在 Bedrock 中未使用

# [llm] # AZURE OPENAI:
# api_type= 'azure'
# model = "YOUR_MODEL_NAME" # "gpt-4o-mini"
# base_url = "{YOUR_AZURE_ENDPOINT.rstrip('/')}/openai/deployments/{AZURE_
DEPLOYMENT_ID}"
# api_key = "AZURE API KEY"
# max_tokens = 8096
# temperature = 0.0
# api_version="AZURE API VERSION" # "2024-08-01-preview"


# 特定 LLM 模型的可选配置
[llm.vision]
model = "claude-3-7-sonnet-20250219"        # 要使用的视觉模型
base_url = "https://api.anthropic.com/v1/"  # 视觉模型的 API 端点 URL
api_key = "YOUR_API_KEY"                    # 视觉模型的 API 密钥
max_tokens = 8192                           # 响应中的最大令牌数
temperature = 0.0                           # 控制视觉模型的随机性
```

```
# [llm.vision] # OLLAMA VISION:
# api_type = 'ollama'
# model = "llama3.2-vision"
# base_url = "http://localhost:11434/v1"
# api_key = "ollama"
# max_tokens = 4096
# temperature = 0.0

# [browser]      # 可选配置，特定浏览器配置
# headless = false        # 是否以无头模式运行浏览器（默认：false）
# disable_security = true       # 禁用浏览器安全特性（默认：true）
# extra_chromium_args = []       # 传递给浏览器的额外参数
# 要用于连接到您的常规浏览器的 Chrome 实例路径
# 例如：'/Applications/Google Chrome.app/Contents/MacOS/Google Chrome'
# chrome_instance_path = ""
# wss_url = ""       # 通过 WebSocket 连接到浏览器实例
# cdp_url = ""       # 通过 CDP 连接到浏览器实例
```

10.3.2 DeepSeek 配置

如果想基于DeepSeek实现本Agent项目，可以通过如下两种方式实现。

1. 直接调用 DeepSeek API

在文件config.example.toml中进行配置，可使用如下代码配置全局LLM。

```
[llm]
api_type = "deepseek"                        # 指定 API 类型为 deepseek
model = "deepseek-chat"                      # 要使用的 DeepSeek 模型
base_url = "https://api.deepseek.com/v1"     # DeepSeek API 的基础 URL
api_key = "YOUR_DEEPSEEK_API_KEY"            # 您的 DeepSeek API 密钥
max_tokens = 8192                            # 响应的最大 Token 数
temperature = 0.7                            # 控制生成的随机性
```

2. 通过 Ollama 接入

Ollama是一个本地大语言模型运行框架，支持管理和运行包括DeepSeek在内的多种模型。在Ollama中接入DeepSeek API后，可以在文件config.example.toml中进行如下配置，这样也可以基于DeepSeek模型实现本Agent项目。

```
[llm] # OLLAMA:
api_type = 'ollama'
model = "llama3.2"
base_url = "http://localhost:11434/v1"
```

```
api_key = "ollama"
max_tokens = 4096
temperature = 0.0
```

10.4 Tool 模块

在本项目中，Tool模块封装了各种辅助功能，如网络搜索、文件操作、命令执行等，为代理提供外部资源接口。Tool模块通过统一的接口管理这些工具的调用，极大地简化了开发者的使用和扩展。这种模块化设计方式扩展性强，使项目能够灵活集成不同类型的工具，满足多样化的应用场景。

10.4.1 基类 BaseTool

文件base.py定义了工具（Tool）模块的基类BaseTool，它提供了一个通用的异步接口，使不同工具能够以统一的方式执行任务，并以标准格式进行参数传递。同时，它定义了ToolResult类，用于存储工具执行的结果，包括输出、错误信息、系统信息和图片数据，并提供了合并、字符串化和字段替换等操作方法。

```
class BaseTool(ABC, BaseModel):
    name: str
    description: str
    parameters: Optional[dict] = None

    class Config:
        arbitrary_types_allowed = True  # 允许使用任意类型的字段

    async def __call__(self, **kwargs) -> Any:
        # 使用给定参数执行工具
        return await self.execute(**kwargs)

    @abstractmethod
    async def execute(self, **kwargs) -> Any:
        # 使用给定参数执行工具（抽象方法，需子类实现）

    def to_param(self) -> Dict:
        # 将工具转换为函数调用格式
        return {
            "type": "function", "function": {
                "name": self.name, "description": self.description,
                "parameters": self.parameters, }, }

class ToolResult(BaseModel):
    # 表示工具执行的结果
```

```
    output: Any = Field(default=None)  # 工具的输出结果
    error: Optional[str] = Field(default=None)  # 可能的错误信息
    # Base64 编码的图像数据（如果有）
    base64_image: Optional[str] = Field(default=None)
    system: Optional[str] = Field(default=None)  # 额外的系统信息（可选）

    class Config:
        arbitrary_types_allowed = True  # 允许使用任意类型的字段

    def __bool__(self):
        # 检查结果是否有效（任意字段存在即为有效）
        return any(getattr(self, field) for field in self.__fields__)

    def __add__(self, other: "ToolResult"):
        # 合并两个工具执行结果

        def combine_fields(
            field: Optional[str], other_field: Optional[str],
            concatenate: bool = True
        ):
            # 合并两个字段值，默认拼接字符串，除非指定不允许拼接
            if field and other_field:
                if concatenate:
                    return field + other_field
                raise ValueError("无法合并工具结果")
            return field or other_field

        return ToolResult(
            output=combine_fields(self.output, other.output),
            error=combine_fields(self.error, other.error),
            base64_image=combine_fields(
                self.base64_image, other.base64_image, False),
            system=combine_fields(self.system, other.system),)

    def __str__(self):
        # 将工具结果转换为字符串格式
        return f"Error: {self.error}" if self.error else self.output

    def replace(self, **kwargs):
        # 返回一个新的 ToolResult 实例，替换指定字段的值
        return type(self)(**{**self.dict(), **kwargs})
```

10.4.2 执行 CLI 命令

文件terminal.py定义了类Terminal，用于在系统终端执行CLI命令。该类支持异步执行多个命令，并维护当前工作目录的上下文。此文件提供了基础的命令执行方法execute，支持在特定Conda环境中运行命令execute_in_env，并包含处理cd命令的_handle_cd_command方法。此外，类Terminal实现了close方法来安全终止进程，并提供了__aenter__和__aexit__方法，以支持异步上下文管理。

```
class Terminal(BaseTool):
    name: str = "execute_command"
    description: str = """ 请求在系统上执行 CLI 命令。
当你需要执行系统操作或运行特定命令来完成用户任务的某个步骤时，请使用此工具。
你必须针对用户的系统定制你的命令，并提供清晰的说明来解释该命令的作用。
建议优先执行复杂的 CLI 命令，而不是创建可执行脚本，因为 CLI 命令更加灵活且更易运行。
命令将在当前工作目录下执行。
注意：对于执行时间少于 50ms 的命令，你必须在命令末尾追加 `sleep 0.05`，这样可以规避终端工具的一个已知问题，即命令执行过快时可能不会返回输出。
"""
    parameters: dict = {
        "type": "object", "properties": {
            "command": {
                "type": "string",
                "description": "（必填） 要执行的CLI命令。该命令必须适用于当前操作系统。
确保命令格式正确，并且不包含任何有害指令。",
            }},
        "required": ["command"], }
    process: Optional[asyncio.subprocess.Process] = None
    current_path: str = os.getcwd()
    lock: asyncio.Lock = asyncio.Lock()

    async def execute(self, command: str) -> CLIResult:
        """
        以异步方式执行终端命令，并保持执行上下文。

        参数：
            command (str)：要执行的终端命令。

        返回：
            CLIResult：命令的执行输出和错误信息。
        """
        # 按 & 符号拆分命令，以支持多个命令顺序执行
        commands = [cmd.strip() for cmd in command.split("&") if cmd.strip()]
        final_output = CLIResult(output="", error="")

        for cmd in commands:
            sanitized_command = self._sanitize_command(cmd)
```

```
                # 处理 'cd' 命令
                if sanitized_command.lstrip().startswith("cd "):
                    result = await self._handle_cd_command(sanitized_command)
                else:
                    async with self.lock:
                        try:
                            self.process = await asyncio.create_subprocess_shell(
                                sanitized_command,
                                stdout=asyncio.subprocess.PIPE,
                                stderr=asyncio.subprocess.PIPE,
                                cwd=self.current_path, )
                            stdout, stderr = await self.process.communicate()
                            result = CLIResult(
                                output=stdout.decode().strip(),
                                error=stderr.decode().strip(), )
                        except Exception as e:
                            result = CLIResult(output="", error=str(e))
                        finally:
                            self.process = None

                # 合并多个命令的输出和错误信息
                if result.output:
                    final_output.output += (
                        (result.output + "\n") if final_output.output
                        else result.output)
                if result.error:
                    final_output.error += (
                        (result.error + "\n") if final_output.error
                        else result.error)

            # 移除末尾的换行符
            final_output.output = final_output.output.rstrip()
            final_output.error = final_output.error.rstrip()
            return final_output

        async def execute_in_env(self, env_name: str, command: str) -> CLIResult:
            """
            在指定的 Conda 环境中以异步方式执行终端命令。

            参数:
                env_name (str): Conda 环境的名称。
                command (str): 要在该环境中执行的终端命令。

            返回:
                CLIResult: 命令的执行输出和错误信息。
```

```
        """
        sanitized_command = self._sanitize_command(command)

        # 构造 Conda 环境内执行命令的格式
        # 使用 'conda run -n env_name command' 运行命令，而不激活环境
        conda_command = (f"conda run -n {shlex.quote(env_name)}"
                         f"{sanitized_command}")

        return await self.execute(conda_command)

    async def _handle_cd_command(self, command: str) -> CLIResult:
        """
        处理 cd 命令以更改当前工作目录。

        参数:
            command (str): 需要执行的 cd 命令。

        返回:
            CLIResult: cd 命令的执行结果。
        """
        try:
            parts = shlex.split(command)
            if len(parts) < 2:
                # 若无参数，则切换到用户主目录
                new_path = os.path.expanduser("~")
            else:
                new_path = os.path.expanduser(parts[1])

            # 处理相对路径
            if not os.path.isabs(new_path):
                new_path = os.path.join(self.current_path, new_path)

            new_path = os.path.abspath(new_path)

            if os.path.isdir(new_path):
                self.current_path = new_path
                return CLIResult(
                    output=f"已切换到目录 {self.current_path}", error="")
            else:
                return CLIResult(output="", error=f"目录不存在：{new_path}")
        except Exception as e:
            return CLIResult(output="", error=str(e))

    @staticmethod
    def _sanitize_command(command: str) -> str:
        """
```

```
        过滤并清理命令，确保安全执行

        参数:
            command (str): 需要清理的命令

        返回:
            str: 清理后的命令
        """
        # 示例过滤：禁止使用某些危险命令
        dangerous_commands = ["rm", "sudo", "shutdown", "reboot"]
        try:
            parts = shlex.split(command)
            if any(cmd in dangerous_commands for cmd in parts):
                raise ValueError("禁止使用危险命令。")
        except Exception:
            # 如果 shlex.split 失败，则进行基本的字符串检查
            if any(cmd in command for cmd in dangerous_commands):
                raise ValueError("禁止使用危险命令。")

        # 可在此添加额外的安全检查逻辑
        return command

    async def close(self):
        # 关闭当前持久化的终端进程（如果存在）
        async with self.lock:
            if self.process:
                self.process.terminate()
                try:
                    await asyncio.wait_for(self.process.wait(), timeout=5)
                except asyncio.TimeoutError:
                    self.process.kill()
                    await self.process.wait()
                finally:
                    self.process = None

    async def __aenter__(self):
        # 进入异步上下文管理器
        return self

    async def __aexit__(self, exc_type, exc_val, exc_tb):
        # 退出异步上下文管理器，并关闭终端进程
        await self.close()
```

10.4.3 计划管理工具

文件planning.py是一个用于创建和管理计划的工具，适用于处理复杂任务的分步规划。此文件提供了如下所示的核心功能。

（1）创建计划（create）：允许用户创建一个包含多个步骤的计划，并初始化其状态。

（2）更新计划（update）：允许修改计划的标题或步骤，同时保持已有步骤的状态信息。

（3）列出所有计划（list）：显示当前所有计划及其进度信息。

（4）获取计划详情（get）：返回指定计划的详细信息，包括步骤状态和备注。

（5）设置活跃计划（set_active）：设定一个计划为当前活跃计划，便于后续操作。

（6）标记步骤状态（mark_step）：允许对计划中的步骤进行状态更新（未开始、进行中、已完成、阻塞）并添加备注。

（7）删除计划（delete）：删除指定的计划，并在删除活跃计划时清除活跃计划的标记。

上述每个计划都包含唯一的 plan_id、标题、步骤列表，以及对应的状态和备注信息。工具提供了详细的错误处理，确保传递的参数符合要求，并对计划的更新操作提供智能的状态保持机制。

```
class PlanningTool(BaseTool):
    """
    一个计划管理工具，允许代理创建和管理计划
    该工具支持创建计划、更新计划步骤、跟踪进度等功能
    """

    name: str = "planning"
    description: str = _PLANNING_TOOL_DESCRIPTION
    parameters: dict = {
        "type": "object", "properties": {
            "command": {
                "description": "要执行的命令。可用命令：create, update, list,
get, set_active, mark_step, delete.",
                "enum": [
                    "create", "update", "list", "get", "set_active",
                    "mark_step", "delete", ],
                "type": "string", },
            "plan_id": {
                "description": "计划的唯一标识符。用于 create, update, set_
active, delete 命令。可选用于 get 和 mark_step（如果未指定，则使用当前活跃计划）。",
                "type": "string", },
            "title": {
                "description": "计划的标题。create 命令必需，update 命令可选。",
                "type": "string", },
            "steps": {
                "description": "计划步骤列表。create 命令必需，update 命令可选。",
                "type": "array", "items": {"type": "string"}, },
            "step_index": {
```

```
                "description": "要更新的步骤索引（从 0 开始）。mark_step 命令必需。",
                "type": "integer", },
            "step_status": {
                "description": "要设置的步骤状态。用于 mark_step 命令。",
                "enum": [
                    "not_started", "in_progress", "completed", "blocked"],
                "type": "string", },
            "step_notes": {
                "description": "步骤的附加备注。用于 mark_step 命令，可选。",
                "type": "string", }, },
        "required": ["command"], "additionalProperties": False, }

    plans: dict = {}  # 用于存储计划的字典，键为 plan_id
    _current_plan_id: Optional[str] = None  # 记录当前活跃的计划 ID

    async def execute(
        self, *, command: Literal[
            "create", "update", "list", "get", "set_active", "mark_step",
            "delete"],
        plan_id: Optional[str] = None, title: Optional[str] = None,
        steps: Optional[List[str]] = None,
        step_index: Optional[int] = None,
        step_status: Optional[
            Literal["not_started", "in_progress", "completed", "blocked"]
        ] = None,
        step_notes: Optional[str] = None,
        **kwargs, ):
        """
        执行计划工具的命令

        参数:
        - command: 要执行的操作
        - plan_id: 计划的唯一标识符
        - title: 计划的标题（用于 create 命令）
        - steps: 计划的步骤列表（用于 create 命令）
        - step_index: 要更新的步骤索引（用于 mark_step 命令）
        - step_status: 要设置的步骤状态（用于 mark_step 命令）
        - step_notes: 步骤的附加备注（用于 mark_step 命令）
        """

        if command == "create":
            return self._create_plan(plan_id, title, steps)
        elif command == "update":
            return self._update_plan(plan_id, title, steps)
        elif command == "list":
            return self._list_plans()
```

```
        elif command == "get":
            return self._get_plan(plan_id)
        elif command == "set_active":
            return self._set_active_plan(plan_id)
        elif command == "mark_step":
            return self._mark_step(
                plan_id, step_index, step_status, step_notes)
        elif command == "delete":
            return self._delete_plan(plan_id)
        else:
            raise ToolError(
                f"未知命令：{command}。允许的命令有：create, update, list, get, 
set_active, mark_step, delete")

    def _create_plan(
        self, plan_id: Optional[str], title: Optional[str],
        steps: Optional[List[str]]
    ) -> ToolResult:
        # 创建一个新计划，包括 ID、标题和步骤
        if not plan_id:
            raise ToolError("create 命令需要提供 `plan_id`")

        if plan_id in self.plans:
            raise ToolError(
                f"计划 ID '{plan_id}' 已存在。请使用 'update' 修改现有计划。")

        if not title:
            raise ToolError("create 命令需要提供 `title`")

        if not steps or not isinstance(steps, list)
            or not all(isinstance(step, str) for step in steps):
            raise ToolError("create 命令的 `steps` 参数必须是一个非空的字符串列表")

        # 初始化计划，所有步骤状态设为“未开始”
        plan = {
            "plan_id": plan_id, "title": title, "steps": steps,
            "step_statuses": ["not_started"] * len(steps),
            "step_notes": [""] * len(steps), }

        self.plans[plan_id] = plan
        self._current_plan_id = plan_id  # 设为当前活跃计划

        return ToolResult(
            output=f"计划已创建，ID: {plan_id}\n\n{self._format_plan(plan)}")

    # 其余方法（如 _update_plan、_list_plans、_get_plan 等）省略，但它们的注释已被翻译
```

```
    def _format_plan(self, plan: Dict) -> str:
        # 格式化计划信息以便显示
        output = f"计划: {plan['title']} (ID: {plan['plan_id']})\n"
        output += "=" * len(output) + "\n\n"

        # 统计任务进度
        total_steps = len(plan["steps"])
        completed = sum(1 for status in plan["step_statuses"]
                        if status == "completed")

        output += f"进度: {completed}/{total_steps} 步骤已完成\n"
        output += "\n步骤:\n"

        for i, (step, status, notes) in enumerate(
            zip(plan["steps"], plan["step_statuses"], plan["step_notes"])):
            output += f"{i}. {step} - 状态: {status}\n"
            if notes:
                output += f"    备注: {notes}\n"

        return output
```

10.4.4 聊天工具

文件create_chat_completion.py用于生成具有指定输出格式的结构化聊天完成，可以灵活地处理不同类型的响应（如字符串、列表、字典或自定义模型）。该类根据提供的响应类型动态构建JSON模式，处理必填字段，并支持响应数据的类型转换。它还允许创建具有不同字段类型的复杂响应结构。

```
class CreateChatCompletion(BaseTool):
    name: str = "create_chat_completion"
    description: str = (
        "Creates a structured completion with specified output formatting.")

    # JSON schema 类型映射
    type_mapping: dict = {
        str: "string", int: "integer", float: "number",
        bool: "boolean", dict: "object", list: "array", }
    response_type: Optional[Type] = None
    required: List[str] = Field(default_factory=lambda: ["response"])

    def __init__(self, response_type: Optional[Type] = str):
        # 初始化指定的响应类型
        super().__init__()
```

```
        self.response_type = response_type
        self.parameters = self._build_parameters()

    def _build_parameters(self) -> dict:
        # 根据响应类型构建参数模式
        if self.response_type == str:
            return {
                "type": "object", "properties": {
                    "response": {
                        "type": "string",
                        "description": "应交付给用户的响应文本。", }, },
                "required": self.required, }

        if isinstance(self.response_type, type) and issubclass(
            self.response_type, BaseModel):
            schema = self.response_type.model_json_schema()
            return {
                "type": "object", "properties": schema["properties"],
                "required": schema.get("required", self.required), }

        return self._create_type_schema(self.response_type)

    def _create_type_schema(self, type_hint: Type) -> dict:
        # 为给定类型创建 JSON 模式
        origin = get_origin(type_hint)
        args = get_args(type_hint)

        # 处理原始类型
        if origin is None:
            return {
                "type": "object", "properties": {
                    "response": {
                        "type": self.type_mapping.get(type_hint, "string"),
                        "description": f"响应类型 {type_hint.__name__}", }},
                "required": self.required, }

        # 处理List类型
        if origin is list:
            item_type = args[0] if args else Any
            return {
                "type": "object", "properties": {
                    "response": {
                        "type": "array",
                        "items": self._get_type_info(item_type), }},
                "required": self.required, }
```

```
        # 处理Dict类型
        if origin is dict:
            value_type = args[1] if len(args) > 1 else Any
            return {
                "type": "object", "properties": {
                    "response": {
                        "type": "object",
                        "additionalProperties": self._get_type_info(
                            value_type), }},
                "required": self.required, }

        # 处理Union类型
        if origin is Union:
            return self._create_union_schema(args)

        return self._build_parameters()

    def _get_type_info(self, type_hint: Type) -> dict:
        # 获取单个类型的类型信息
        if isinstance(type_hint, type) and issubclass(type_hint, BaseModel):
            return type_hint.model_json_schema()

        return {
            "type": self.type_mapping.get(type_hint, "string"),
            "description": f"类型为 {getattr(type_hint, '__name__', 'any')} 的
值", }

    def _create_union_schema(self, types: tuple) -> dict:
        # 为Union类型创建模式
        return {
            "type": "object", "properties": {
                "response": {"anyOf": [
                    self._get_type_info(t) for t in types]}},
            "required": self.required,}

    async def execute(self, required: list | None = None, **kwargs) -> Any:
        """执行带有类型转换的聊天完成

        参数:
            required: 必填字段名称列表或None
            **kwargs: 响应数据

        返回:
            基于响应类型的转换结果
        """
        required = required or self.required
```

```
        # 处理必需字段是列表的情况
        if isinstance(required, list) and len(required) > 0:
            if len(required) == 1:
                required_field = required[0]
                result = kwargs.get(required_field, "")
            else:
                # 返回多个字段作为字典
                return {field: kwargs.get(field, "") for field in required}
        else:
            required_field = "response"
            result = kwargs.get(required_field, "")

        # 类型转换逻辑
        if self.response_type == str:
            return result

        if isinstance(self.response_type, type) and issubclass(
            self.response_type, BaseModel):
            return self.response_type(**kwargs)

        if get_origin(self.response_type) in (list, dict):
            return result  # 假设结果已经是正确的格式

        try:
            return self.response_type(result)
        except (ValueError, TypeError):
            return result
```

10.4.5 Web 搜索工具

文件web_search.py创建了工具类WebSearch，用于执行网络搜索并返回相关的链接列表。类WebSearch通过调用多个搜索引擎API（如Google、Bing、DuckDuckGo、Baidu）执行搜索，并处理搜索失败的情况。如果所有搜索引擎失败，它会根据配置的重试设置，最多重试三次，每次重试之间有延迟。搜索引擎的优先级根据配置进行调整，首先尝试首选引擎，其次是备选引擎。此类还使用装饰器来处理重试逻辑，并确保在搜索引擎发生错误或达到请求限制时切换到其他引擎。

```
class WebSearch(BaseTool):
    name: str = "web_search"
    description: str = """执行网络搜索并返回相关链接列表。
    该功能尝试使用主要的搜索引擎 API 获取最新的搜索结果。
    如果发生错误，它会回退到备用搜索引擎。"""
    parameters: dict = {
        "type": "object", "properties": {
```

```
            "query": {
                "type": "string",
                "description": "（必填） 提交到搜索引擎的搜索查询。", },
            "num_results": {
                "type": "integer",
                "description": "（可选） 返回的搜索结果数，默认是 10。",
                "default": 10, }, },
        "required": ["query"], }
    _search_engine: dict[str, WebSearchEngine] = {
        "google": GoogleSearchEngine(),
        "baidu": BaiduSearchEngine(),
        "duckduckgo": DuckDuckGoSearchEngine(),
        "bing": BingSearchEngine(), }

    async def execute(self, query: str, num_results: int = 10) -> List[str]:
        """
        执行网络搜索并返回一组 URL
        根据配置按顺序尝试搜索引擎，如果一个引擎失败，则切换到下一个引擎
        如果所有引擎都失败，它将等待并重试，直到达到配置的重试次数

        参数：
            query (str)：提交给搜索引擎的搜索查询
            num_results (int, 可选)：要返回的搜索结果数量，默认为 10

        返回：
            List[str]：与搜索查询匹配的 URL 列表。
        """
        # 获取重试设置
        retry_delay = 60  # 默认为 60 秒
        max_retries = 3  # 默认为 3 次重试

        if config.search_config:
            retry_delay = getattr(config.search_config, "retry_delay", 60)
            max_retries = getattr(config.search_config, "max_retries", 3)

        # 尝试使用搜索引擎进行搜索，并在所有引擎失败时进行重试
        for retry_count in range(
            max_retries + 1
        ):  # +1 是因为第一次尝试不算重试
            links = await self._try_all_engines(query, num_results)
            if links:
                return links

            if retry_count < max_retries:
                # 所有引擎都失败，等待并重试
                logger.warning(
```

```
                    f"所有搜索引擎失败。等待 {retry_delay} 秒后重试 {retry_count
+ 1}/{max_retries}...")
                await asyncio.sleep(retry_delay)
            else:
                logger.error(
                    f"所有搜索引擎在 {max_retries} 次重试后仍失败。放弃搜索。")

        return []

    async def _try_all_engines(
        self, query: str, num_results: int) -> List[str]:
        """
        尝试按照配置顺序使用所有搜索引擎

        参数:
            query (str): 提交给搜索引擎的搜索查询
            num_results (int): 要返回的搜索结果数量

        返回:
            List[str]: 与搜索查询匹配的 URL 列表，若所有引擎失败则返回空列表
        """
        engine_order = self._get_engine_order()
        failed_engines = []

        for engine_name in engine_order:
            engine = self._search_engine[engine_name]
            try:
                logger.info(f"🔎 正在尝试使用 {engine_name.capitalize()} 搜
索...")
                links = await self._perform_search_with_engine(
                    engine, query, num_results)
                if links:
                    if failed_engines:
                        logger.info(
                            f"成功使用 {engine_name.capitalize()} 搜索，在尝试了
以下引擎后：{', '.join(failed_engines)}")
                    return links
            except Exception as e:
                failed_engines.append(engine_name.capitalize())
                is_rate_limit = (
                    "429" in str(e) or "Too Many Requests" in str(e))

                if is_rate_limit:
                    logger.warning(
                        f"⚠ {engine_name.capitalize()} 搜索引擎的请求频率超限，
尝试下一个引擎...")
```

```
            else:
                logger.warning(
                    f"⚠ {engine_name.capitalize()} 搜索失败，错误信息：{e}"
                )

    if failed_engines:
        logger.error(f"所有搜索引擎失败：{', '.join(failed_engines)}")
    return []

def _get_engine_order(self) -> List[str]:
    """
    确定尝试搜索引擎的顺序
    优先使用配置中的首选引擎，其次是回退引擎，再次使用剩余的引擎

    返回:
        List[str]: 按顺序排列的搜索引擎名称列表
    """
    preferred = "google"
    fallbacks = []

    if config.search_config:
        if config.search_config.engine:
            preferred = config.search_config.engine.lower()
        if config.search_config.fallback_engines:
            fallbacks = [
                engine.lower()
                for engine in config.search_config.fallback_engines]

    engine_order = []
    # 首先添加首选引擎
    if preferred in self._search_engine:
        engine_order.append(preferred)

    # 按顺序添加配置的回退引擎
    for fallback in fallbacks:
        if (fallback in self._search_engine
            and fallback not in engine_order):
            engine_order.append(fallback)

    return engine_order

@retry(
    stop=stop_after_attempt(3),
    wait=wait_exponential(multiplier=1, min=1, max=10),)
async def _perform_search_with_engine(
    self, engine: WebSearchEngine, query: str,
```

```
        num_results: int, ) -> List[str]:
        loop = asyncio.get_event_loop()
        return await loop.run_in_executor(
            None, lambda: list(
                engine.perform_search(query, num_results=num_results)))
```

10.5 Agent 模块

Agent模块是本项目的核心部分，负责管理和协调多个子模块，以便执行任务和处理不同类型的请求。Agent模块包含了多种工具和方法，如浏览器操作、推理链(COT)和任务规划，用于支持复杂的决策和自动化流程。通过不同的工具和策略，Agent模块能够灵活应对不同的场景和需求，提供强大的功能扩展和可定制化。

10.5.1 抽象基类

文件base.py定义了抽象基类BaseAgent，负责管理智能代理的状态、记忆和执行流程。类BaseAgent提供了状态转换、记忆管理和基于步骤的执行循环等基础功能，子类实现了step方法来定义具体的行为。该另外，类BaseAgent还包括处理“卡住”状态和最大步骤限制等机制，以保证代理能够顺利执行任务并避免死循环。

```
class BaseAgent(BaseModel, ABC):
    """ 抽象基类，用于管理代理的状态和执行

    提供了状态转换、记忆管理和基于步骤的执行循环等基础功能
    子类必须实现 `step` 方法
    """

    # 核心属性
    name: str = Field(..., description=" 代理的唯一名称 ")
    description: Optional[str] = Field(None, description=" 可选的代理描述 ")

    # 提示
    system_prompt: Optional[str] = Field(
        None, description=" 系统级指令提示 ")
    next_step_prompt: Optional[str] = Field(
        None, description=" 确定下一步行动的提示 ")

    # 依赖项
    llm: LLM = Field(default_factory=LLM, description=" 语言模型实例 ")
    memory: Memory = Field(default_factory=Memory, description=" 代理的记忆存储 ")
    state: AgentState = Field(
```

```
        default=AgentState.IDLE, description="当前代理状态")

    # 执行控制
    max_steps: int = Field(default=10, description="最大步骤数，达到时终止")
    current_step: int = Field(default=0, description="当前执行步骤")

    duplicate_threshold: int = 2

    class Config:
        arbitrary_types_allowed = True
        extra = "allow"  # 允许额外字段，以便子类中扩展

    @model_validator(mode="after")
    def initialize_agent(self) -> "BaseAgent":
        # 如果未提供，使用默认设置初始化代理
        if self.llm is None or not isinstance(self.llm, LLM):
            self.llm = LLM(config_name=self.name.lower())
        if not isinstance(self.memory, Memory):
            self.memory = Memory()
        return self

    @asynccontextmanager
    async def state_context(self, new_state: AgentState):
        """用于安全地转换代理状态的上下文管理器

        参数：
            new_state：要在上下文中转换的目标状态

        生成：
            None：允许在新的状态下执行

        异常：
            ValueError：如果 new_state 无效
        """
        if not isinstance(new_state, AgentState):
            raise ValueError(f"无效的状态：{new_state}")

        previous_state = self.state
        self.state = new_state
        try:
            yield
        except Exception as e:
            self.state = AgentState.ERROR  # 发生错误时转为 ERROR 状态
            raise e
        finally:
            self.state = previous_state  # 执行完毕后恢复到之前的状态
```

```
def update_memory(
    self,
    role: ROLE_TYPE,  # 类型忽略
    content: str, base64_image: Optional[str] = None,
    **kwargs, ) -> None:
    """将消息添加到代理的记忆中

    参数:
        role: 消息发送者的角色（用户、系统、助手、工具）
        content: 消息内容
        base64_image: 可选的 base64 编码图像
        **kwargs: 额外的参数（如工具调用 ID）

    异常:
        ValueError: 如果角色不被支持
    """
    message_map = {
        "user": Message.user_message,
        "system": Message.system_message,
        "assistant": Message.assistant_message,
        "tool": lambda content,
        **kw: Message.tool_message(content, **kw),
    }

    if role not in message_map:
        raise ValueError(f"不支持的消息角色 : {role}")

    # 根据角色创建消息
    kwargs = {"base64_image": base64_image,
              **(kwargs if role == "tool" else {})}
    self.memory.add_message(message_map[role](content, **kwargs))

async def run(self, request: Optional[str] = None) -> str:
    """异步执行代理的主循环

    参数:
        request: 可选的初始用户请求

    返回:
        一个字符串，总结执行结果

    异常:
        RuntimeError: 如果代理在启动时不处于 IDLE 状态
    """
    if self.state != AgentState.IDLE:
```

```
                raise RuntimeError(f"无法从当前状态启动代理：{self.state}")

            if request:
                self.update_memory("user", request)

            results: List[str] = []
            async with self.state_context(AgentState.RUNNING):
                while (
                    self.current_step < self.max_steps
                    and self.state != AgentState.FINISHED
                ):
                    self.current_step += 1
                    logger.info(f"执行第 {self.current_step}/{self.max_steps} 步")
                    step_result = await self.step()

                    # 检查是否卡住
                    if self.is_stuck():
                        self.handle_stuck_state()

                    results.append(f"第 {self.current_step} 步：{step_result}")

                if self.current_step >= self.max_steps:
                    self.current_step = 0
                    self.state = AgentState.IDLE
                    results.append(f"终止：达到最大步骤数 ({self.max_steps})")
            await SANDBOX_CLIENT.cleanup()
            return "\n".join(results) if results else "没有执行任何步骤"

        @abstractmethod
        async def step(self) -> str:
            # 执行代理工作流中的单个步骤

            # 必须由子类实现以定义具体行为

        def handle_stuck_state(self):
            # 通过添加提示来处理卡住状态
            stuck_prompt = "检测到重复的响应。考虑使用新的策略，避免重复无效的路径。"
            self.next_step_prompt = f"{stuck_prompt}\n{self.next_step_prompt}"
            logger.warning(f"代理检测到卡住状态。已添加提示：{stuck_prompt}")

        def is_stuck(self) -> bool:
            # 检查代理是否卡住，通过检测重复的内容
            if len(self.memory.messages) < 2:
                return False

            last_message = self.memory.messages[-1]
```

```
        if not last_message.content:
            return False

        # 计算重复内容的出现次数
        duplicate_count = sum(
            1
            for msg in reversed(self.memory.messages[:-1])
            if msg.role == "assistant"
            and msg.content == last_message.content)

        return duplicate_count >= self.duplicate_threshold

    @property
    def messages(self) -> List[Message]:
        # 获取代理记忆中的消息列表
        return self.memory.messages

    @messages.setter
    def messages(self, value: List[Message]):
        # 设置代理记忆中的消息列表
        self.memory.messages = value
```

10.5.2 浏览器 Agent

文件browser.py实现了浏览器Agent，使用browser_use库控制浏览器，能够执行网页浏览、与页面元素互动、填充表单、提取内容等操作，完成任务。浏览器Agent能够获取浏览器的当前状态（如URL、标签信息和截图），并根据这些信息调整执行策略，以适应不同的浏览器操作。

```
class BrowserAgent(ToolCallAgent):
    """
    一个浏览器代理，使用 browser_use 库来控制浏览器

    该代理可以浏览网页、与元素互动、填写表单、提取内容，并执行其他基于浏览器的操作来完成任务
    """

    name: str = "browser"
    description: str = "一个浏览器代理，可以控制浏览器来完成任务"

    system_prompt: str = SYSTEM_PROMPT
    next_step_prompt: str = NEXT_STEP_PROMPT

    max_observe: int = 10000
    max_steps: int = 20
```

```
    # 配置可用工具
    available_tools: ToolCollection = Field(
        default_factory=lambda: ToolCollection(BrowserUseTool(), Terminate())
    )

    # 使用 Auto 进行工具选择，允许同时使用工具和自由格式的响应
    tool_choices: ToolChoice = ToolChoice.AUTO
    special_tool_names: list[str] = Field(
        default_factory=lambda: [Terminate().name])

    _current_base64_image: Optional[str] = None

    async def _handle_special_tool(self, name: str, result: Any, **kwargs):
        if not self._is_special_tool(name):
            return
        else:
            await self.available_tools.get_tool(
                BrowserUseTool().name).cleanup()
            await super()._handle_special_tool(name, result, **kwargs)

    async def get_browser_state(self) -> Optional[dict]:
        # 获取当前浏览器的状态，为下一步操作提供上下文
        browser_tool = self.available_tools.get_tool(BrowserUseTool().name)
        if not browser_tool:
            return None

        try:
            # 从工具直接获取浏览器状态
            result = await browser_tool.get_current_state()

            if result.error:
                logger.debug(f"浏览器状态错误：{result.error}")
                return None

            # 如果有截图，保存下来
            if hasattr(result, "base64_image") and result.base64_image:
                self._current_base64_image = result.base64_image

            # 解析状态信息
            return json.loads(result.output)

        except Exception as e:
            logger.debug(f"获取浏览器状态失败：{str(e)}")
            return None

    async def think(self) -> bool:
```

```
    # 处理当前状态并决定下一步的行动，同时添加浏览器状态信息
    # 将浏览器状态添加到上下文中
    browser_state = await self.get_browser_state()

    # 初始化占位符值
    url_info = ""
    tabs_info = ""
    content_above_info = ""
    content_below_info = ""
    results_info = ""

    if browser_state and not browser_state.get("error"):
        # 获取 URL 和标题信息
        url_info = f"\n   URL: {browser_state.get('url', 'N/A')}\n
Title: {browser_state.get('title', 'N/A')}"

        # 获取标签页信息
        if "tabs" in browser_state:
            tabs = browser_state.get("tabs", [])
            if tabs:
                tabs_info = f"\n   {len(tabs)} 个标签页可用"

        # 获取视口上下的内容
        pixels_above = browser_state.get("pixels_above", 0)
        pixels_below = browser_state.get("pixels_below", 0)

        if pixels_above > 0:
            content_above_info = f" ({pixels_above} 像素)"

        if pixels_below > 0:
            content_below_info = f" ({pixels_below} 像素)"

        # 如果有截图，作为 base64 图像添加
        if self._current_base64_image:
            # 创建带有图像附件的消息
            image_message = Message.user_message(
                content="当前浏览器截图：",
                base64_image=self._current_base64_image,)
            self.memory.add_message(image_message)

    # 用实际的浏览器状态信息替换占位符
    self.next_step_prompt = NEXT_STEP_PROMPT.format(
        url_placeholder=url_info, tabs_placeholder=tabs_info,
        content_above_placeholder=content_above_info,
        content_below_placeholder=content_below_info,
        results_placeholder=results_info,)
```

```
        # 调用父类实现
        result = await super().think()

        # 重置 next_step_prompt 到原始状态
        self.next_step_prompt = NEXT_STEP_PROMPT

        return result
```

10.5.3 链式推理 Agent

文件cot.py实现了链式推理（Chain of Thought，CoT）代理类CoTAgent，专注于展示大型语言模型的推理过程，而不执行任何工具。类CoTAgent通过处理一条推理链，模拟思维的步骤来得出结论。该代理仅需要一个步骤来完成推理，并利用提供的系统提示和用户消息生成回答。

```
class CoTAgent(BaseAgent):
    # 链式推理代理 - 专注于展示大型语言模型的思维过程，而不执行工具

    name: str = "cot"
    description: str = "一个使用链式推理的代理"

    system_prompt: str = SYSTEM_PROMPT
    next_step_prompt: Optional[str] = NEXT_STEP_PROMPT

    llm: LLM = Field(default_factory=LLM)

    max_steps: int = 1  # CoT 通常只需要一步就能完成推理

    async def step(self) -> str:
        # 执行一步链式推理
        logger.info(f"🧠 {self.name} 正在思考...")

        # 如果 next_step_prompt 存在且这不是第一次消息，将其添加到用户消息中
        if self.next_step_prompt and len(self.messages) > 1:
            self.memory.add_message(
                Message.user_message(self.next_step_prompt))

        # 使用系统提示和用户消息
        response = await self.llm.ask(
            messages=self.messages,
            system_msgs=[Message.system_message(self.system_prompt)]
            if self.system_prompt
            else None,)
```

```
        # 记录助手的回应
        self.memory.add_message(Message.assistant_message(response))

        # 完成后将状态设置为已完成
        self.state = AgentState.FINISHED

        return response
```

10.5.4 任务 Agent

文件planning.py实现了类PlanningAgent，这是一个用于创建和管理解决任务的计划的代理。类PlanningAgent使用一个规划工具来构建和管理结构化的计划，并通过单个步骤跟踪任务的进展，直到任务完成。代理能够处理多个工具调用，并跟踪每个步骤的执行状态，确保任务按计划进行。

```
class PlanningAgent(ToolCallAgent):

    name: str = "planning"
    description: str = "一个创建和管理计划以解决任务的代理"

    system_prompt: str = PLANNING_SYSTEM_PROMPT
    next_step_prompt: str = NEXT_STEP_PROMPT

    available_tools: ToolCollection = Field(
        default_factory=lambda: ToolCollection(PlanningTool(), Terminate()))
    tool_choices: TOOL_CHOICE_TYPE = ToolChoice.AUTO  # type: ignore
    special_tool_names: List[str] = Field(
        default_factory=lambda: [Terminate().name])

    tool_calls: List[ToolCall] = Field(default_factory=list)
    active_plan_id: Optional[str] = Field(default=None)

    # 添加字典来跟踪每个工具调用的步骤状态
    step_execution_tracker: Dict[str, Dict] = Field(default_factory=dict)
    current_step_index: Optional[int] = None

    max_steps: int = 20

    @model_validator(mode="after")
    def initialize_plan_and_verify_tools(self) -> "PlanningAgent":
        # 初始化代理，设置默认计划 ID 并验证所需工具
        self.active_plan_id = f"plan_{int(time.time())}"

        if "planning" not in self.available_tools.tool_map:
            self.available_tools.add_tool(PlanningTool())
```

```
        return self

    async def think(self) -> bool:
        # 基于计划状态决定下一个行动
        prompt = (
            f"当前计划状态:\n{await self.get_plan()}\n\n{self.next_step_
prompt}"
            if self.active_plan_id
            else self.next_step_prompt)
        self.messages.append(Message.user_message(prompt))

        # 在思考之前获取当前步骤索引
        self.current_step_index = await self._get_current_step_index()

        result = await super().think()

        # 思考之后，如果决定执行工具且该工具不是规划工具或特殊工具
        # 则将其与当前步骤关联以便追踪
        if result and self.tool_calls:
            latest_tool_call = self.tool_calls[0]  # 获取最新的工具调用
            if (
                latest_tool_call.function.name != "planning"
                and (latest_tool_call.function.name
                     not in self.special_tool_names)
                and self.current_step_index is not None):
                self.step_execution_tracker[latest_tool_call.id] = {
                    "step_index": self.current_step_index,
                    "tool_name": latest_tool_call.function.name,
                    "status": "pending",}  # 执行后将更新

        return result

    async def act(self) -> str:
        # 执行一个步骤并跟踪其完成状态
        result = await super().act()

        # 执行工具后，更新计划状态
        if self.tool_calls:
            latest_tool_call = self.tool_calls[0]

            # 更新执行状态为已完成
            if latest_tool_call.id in self.step_execution_tracker:
                self.step_execution_tracker[latest_tool_call.id][
                    "status"] = "completed"
                self.step_execution_tracker[latest_tool_call.id][
```

```
                "result"] = result

            # 如果这是一个非规划工具或非特殊工具，则更新计划状态
            if (
                latest_tool_call.function.name != "planning"
                and (latest_tool_call.function.name
                     not in self.special_tool_names)):
                await self.update_plan_status(latest_tool_call.id)

        return result

    async def get_plan(self) -> str:
        # 检索当前计划的状态
        if not self.active_plan_id:
            return "没有活动计划。请先创建计划。"

        result = await self.available_tools.execute(
            name="planning",
            tool_input={"command": "get", "plan_id": self.active_plan_id}, )
        return result.output if hasattr(result, "output") else str(result)

    async def run(self, request: Optional[str] = None) -> str:
        # 运行代理并可选择性提供初始请求
        if request:
            await self.create_initial_plan(request)
        return await super().run()

    async def update_plan_status(self, tool_call_id: str) -> None:
        """
        基于完成的工具执行更新当前计划进度
        仅在相关工具成功执行后，标记步骤为已完成
        """
        if not self.active_plan_id:
            return

        if tool_call_id not in self.step_execution_tracker:
            logger.warning(f"未找到工具调用 {tool_call_id} 的步骤追踪")
            return

        tracker = self.step_execution_tracker[tool_call_id]
        if tracker["status"] != "completed":
            logger.warning(f"工具调用 {tool_call_id} 尚未成功完成")
            return

        step_index = tracker["step_index"]
```

```
        try:
            # 标记步骤为已完成
            await self.available_tools.execute(
                name="planning", tool_input={
                    "command": "mark_step",
                    "plan_id": self.active_plan_id,
                    "step_index": step_index,
                    "step_status": "completed", },)
            logger.info(f"在计划 {self.active_plan_id} 中将步骤 {step_index} 标
记为已完成")
        except Exception as e:
            logger.warning(f"更新计划状态失败: {e}")

    async def _get_current_step_index(self) -> Optional[int]:
        """
        解析当前计划，找出第一个未完成步骤的索引
        如果未找到活动步骤，则返回 None
        """
        if not self.active_plan_id:
            return None

        plan = await self.get_plan()

        try:
            plan_lines = plan.splitlines()
            steps_index = -1

            # 找到 Steps: 行的索引
            for i, line in enumerate(plan_lines):
                if line.strip() == "Steps:":
                    steps_index = i
                    break

            if steps_index == -1:
                return None

            # 找到第一个未完成的步骤
            for i, line in enumerate(plan_lines[steps_index + 1 :], start=0):
                if "[ ]" in line or "[→]" in line:  # 未开始或进行中
                    # 将当前步骤标记为进行中
                    await self.available_tools.execute(
                        name="planning",
                        tool_input={
                            "command": "mark_step",
                            "plan_id": self.active_plan_id,
                            "step_index": i,
```

```
                    "step_status": "in_progress", }, )
                return i

        return None  # 未找到活动步骤
    except Exception as e:
        logger.warning(f"查找当前步骤索引时出错：{e}")
        return None

async def create_initial_plan(self, request: str) -> None:
    # 根据请求创建初始计划
    logger.info(f"使用 ID {self.active_plan_id} 创建初始计划")

    messages = [
        Message.user_message(f"分析请求并创建一个 ID 为 {self.active_plan_
id} 的计划：{request}")]
    self.memory.add_messages(messages)
    response = await self.llm.ask_tool(
        messages=messages,
        system_msgs=[Message.system_message(self.system_prompt)],
        tools=self.available_tools.to_params(),
        tool_choice=ToolChoice.AUTO,)
    assistant_msg = Message.from_tool_calls(
        content=response.content, tool_calls=response.tool_calls)

    self.memory.add_message(assistant_msg)

    plan_created = False
    for tool_call in response.tool_calls:
        if tool_call.function.name == "planning":
            result = await self.execute_tool(tool_call)
            logger.info(
                f"执行工具 {tool_call.function.name}，结果：{result}")

            # 将工具响应添加到记忆中
            tool_msg = Message.tool_message(
                content=result, tool_call_id=tool_call.id,
                name=tool_call.function.name,)
            self.memory.add_message(tool_msg)
            plan_created = True
            break

    if not plan_created:
        logger.warning("从初始请求中未创建计划")
        tool_msg = Message.assistant_message(
            "错误：参数 `plan_id` 是创建命令所必需的")
        self.memory.add_message(tool_msg)
```

```
async def main():
    # 配置并运行代理
    agent = PlanningAgent(
        available_tools=ToolCollection(PlanningTool(), Terminate()))
    result = await agent.run("帮我计划一次去月球的旅行")
    print(result)


if __name__ == "__main__":
    import asyncio

    asyncio.run(main())
```

10.5.5 调用工具 Agent

文件toolcall.py定义了类ToolCallAgent，继承自ReActAgent，主要负责通过调用工具执行任务。类ToolCallAgent实现了工具调用的多步处理，包括思考阶段（think）和执行阶段（act）。在think阶段，代理会根据当前状态决定是否需要调用工具，并生成工具调用请求。在act阶段，代理执行这些工具调用并处理返回结果。在执行过程中，代理会检查工具调用的参数和结果，记录相关信息，并根据特殊工具的状态调整代理的状态。

```
class ToolCallAgent(ReActAgent):
    # 处理工具/函数调用的基础代理类，提供更高层的抽象

    name: str = "toolcall"
    description: str = "一个能够执行工具调用的代理。"

    system_prompt: str = SYSTEM_PROMPT
    next_step_prompt: str = NEXT_STEP_PROMPT

    available_tools: ToolCollection = ToolCollection(
        CreateChatCompletion(), Terminate())
    tool_choices: TOOL_CHOICE_TYPE = ToolChoice.AUTO  # 类型忽略
    special_tool_names: List[str] = Field(
        default_factory=lambda: [Terminate().name])

    tool_calls: List[ToolCall] = Field(default_factory=list)
    _current_base64_image: Optional[str] = None

    max_steps: int = 30
    max_observe: Optional[Union[int, bool]] = None
```

```
    async def think(self) -> bool:
        # 处理当前状态并决定下一步是否使用工具
        if self.next_step_prompt:
            user_msg = Message.user_message(self.next_step_prompt)
            self.messages += [user_msg]

        try:
            # 获取带有工具选项的响应
            response = await self.llm.ask_tool(
                messages=self.messages,
                system_msgs=(
                    [Message.system_message(self.system_prompt)]
                    if self.system_prompt
                    else None),
                tools=self.available_tools.to_params(),
                tool_choice=self.tool_choices,)
        except ValueError:
            raise
        except Exception as e:
            # 检查是否是TokenLimitExceeded的RetryError
            if hasattr(e, "__cause__")
            and isinstance(e.__cause__, TokenLimitExceeded):
                token_limit_error = e.__cause__
                logger.error(
                    f"🚨 Token 限制错误 (来自 RetryError): {token_limit_error}"
                )
                self.memory.add_message(
                    Message.assistant_message(f"达到最大token限制，无法继续执行：
{str(token_limit_error)}"))
                self.state = AgentState.FINISHED
                return False
            raise

        self.tool_calls = tool_calls = (
            response.tool_calls if response and response.tool_calls else [])
        content = response.content if response and response.content else ""

        # 记录响应信息
        logger.info(f"✨ {self.name} 的思考：{content}")
        logger.info(f"🛠️ {self.name} 选择了 {len(tool_calls) if tool_calls
else 0} 个工具")
        if tool_calls:
            logger.info(f"🧰 正在准备工具：{[call.function.name for call in
tool_calls]}")
            logger.info(f"🔧 工具参数：{tool_calls[0].function.arguments}")
```

```
        try:
            if response is None:
                raise RuntimeError(" 未收到 LLM 的响应 ")

            # 处理不同的工具选择模式
            if self.tool_choices == ToolChoice.NONE:
                if tool_calls:
                    logger.warning(
                        f"🤔 嗯，{self.name} 在没有工具的情况下尝试使用工具 !")
                if content:
                    self.memory.add_message(
                        Message.assistant_message(content))
                    return True
                return False

            # 创建并添加助手消息
            assistant_msg = (
                Message.from_tool_calls(content=content,
                                        tool_calls=self.tool_calls)
                if self.tool_calls
                else Message.assistant_message(content))
            self.memory.add_message(assistant_msg)

            if self.tool_choices == ToolChoice.REQUIRED
            and not self.tool_calls:
                return True  # 将在 act() 中处理

            # 对于 'auto' 模式，如果没有命令但有内容，继续执行
            if self.tool_choices == ToolChoice.AUTO and not self.tool_calls:
                return bool(content)

            return bool(self.tool_calls)
        except Exception as e:
            logger.error(f"🚨 哎呀！ {self.name} 的思考过程中出现了问题 : {e}")
            self.memory.add_message(
                Message.assistant_message(
                    f" 处理过程中遇到错误 : {str(e)}"))
            return False

    async def act(self) -> str:
        # 执行工具调用并处理其结果
        if not self.tool_calls:
            if self.tool_choices == ToolChoice.REQUIRED:
                raise ValueError(TOOL_CALL_REQUIRED)

            # 如果没有工具调用，返回最后一条消息的内容
```

```
            return self.messages[-1].content or "没有内容或命令执行"

        results = []
        for command in self.tool_calls:
            # 为每个工具调用重置 base64_image
            self._current_base64_image = None

            result = await self.execute_tool(command)

            if self.max_observe:
                result = result[: self.max_observe]

            logger.info(
                f"🎯 工具 '{command.function.name}' 完成任务！ 结果：{result}")

            # 将工具响应添加到记忆
            tool_msg = Message.tool_message(
                content=result, tool_call_id=command.id,
                name=command.function.name,
                base64_image=self._current_base64_image,)
            self.memory.add_message(tool_msg)
            results.append(result)

        return "\n\n".join(results)

    async def execute_tool(self, command: ToolCall) -> str:
        # 执行单个工具调用并进行稳健的错误处理
        if not command or not command.function or not command.function.name:
            return "错误：无效的命令格式"

        name = command.function.name
        if name not in self.available_tools.tool_map:
            return f"错误：未知工具 '{name}'"

        try:
            # 解析参数
            args = json.loads(command.function.arguments or "{}")

            # 执行工具
            logger.info(f"🔧 激活工具：'{name}'...")
            result = await self.available_tools.execute(
                name=name, tool_input=args)

            # 处理特殊工具
            await self._handle_special_tool(name=name, result=result)
```

```
            # 如果结果是 ToolResult 并且包含 base64_image
            if hasattr(result, "base64_image") and result.base64_image:
                # 存储 base64_image，以便在 tool_message 中使用
                self._current_base64_image = result.base64_image

                # 格式化结果用于显示
                observation = (
                    f"观察到命令 `{name}` 执行的输出 :\n{str(result)}"
                    if result
                    else f"命令 `{name}` 执行完毕但没有输出 ")
                return observation

            # 标准情况的格式化结果
            observation = (
                f"观察到命令 `{name}` 执行的输出 :\n{str(result)}"
                if result
                else f"命令 `{name}` 执行完毕但没有输出 ")

            return observation
        except json.JSONDecodeError:
            error_msg = f"错误 : 解析 '{name}' 参数时发生无效的 JSON 格式错误 "
            logger.error(f"📝 哎呀 ! '{name}' 的参数无法解析 - 无效的 JSON 格式，参
数 :{command.function.arguments}")
            return f"错误 : {error_msg}"
        except Exception as e:
            error_msg = f"⚠ 工具 '{name}' 遇到问题 : {str(e)}"
            logger.exception(error_msg)
            return f"错误 : {error_msg}"

    async def _handle_special_tool(self, name: str, result: Any, **kwargs):
        # 处理特殊工具的执行和状态变化
        if not self._is_special_tool(name):
            return

        if self._should_finish_execution(name=name, result=result, **kwargs):
            # 设置代理状态为完成
            logger.info(f"🏁 特殊工具 '{name}' 完成任务 !")
            self.state = AgentState.FINISHED

    @staticmethod
    def _should_finish_execution(**kwargs) -> bool:
        # 判断工具执行是否应该结束代理
        return True

    def _is_special_tool(self, name: str) -> bool:
        # 检查工具名称是否在特殊工具列表中
```

```
        return name.lower() in [n.lower() for n in self.special_tool_names]
```

10.5.6 MCP Agent

文件mcp.py实现了一个继承自ToolCallAgent的代理类MCPAgent，用于与MCP（模型上下文协议）服务器进行交互。类MCPAgent可以通过SSE或stdio连接到MCP服务器，并将服务器的工具作为该代理的工具接口进行使用。该代理还包括定期刷新工具、处理特殊工具（如终止工具）和清理MCP连接的功能。MCPAgent的工作流程包括连接服务器、更新可用工具、通过工具执行任务并处理结果。

```
class MCPAgent(ToolCallAgent):

    name: str = "mcp_agent"
    description: str = "一个连接到 MCP 服务器并使用其工具的代理。"

    system_prompt: str = SYSTEM_PROMPT
    next_step_prompt: str = NEXT_STEP_PROMPT

    # 初始化 MCP 工具集合
    mcp_clients: MCPClients = Field(default_factory=MCPClients)
    available_tools: MCPClients = None  # 在初始化时设置

    max_steps: int = 20
    connection_type: str = "stdio"  # "stdio" 或 "sse"

    # 跟踪工具模式以检测变化
    tool_schemas: Dict[str, Dict[str, Any]] = Field(default_factory=dict)
    _refresh_tools_interval: int = 5  # 每 N 步刷新工具

    # 特殊工具名称，触发终止
    special_tool_names: List[str] = Field(
        default_factory=lambda: ["terminate"])

    async def initialize(
        self, connection_type: Optional[str] = None,
        server_url: Optional[str] = None, command: Optional[str] = None,
        args: Optional[List[str]] = None, ) -> None:
        """初始化 MCP 连接

        参数:
            connection_type: 使用的连接类型（stdio 或 sse）
            server_url: MCP 服务器的 URL（对于 SSE 连接）
            command: 要运行的命令（对于 stdio 连接）
            args: 命令的参数（对于 stdio 连接）
```

```
        """
        if connection_type:
            self.connection_type = connection_type

        # 根据连接类型连接到 MCP 服务器
        if self.connection_type == "sse":
            if not server_url:
                raise ValueError("SSE 连接需要提供服务器 URL")
            await self.mcp_clients.connect_sse(server_url=server_url)
        elif self.connection_type == "stdio":
            if not command:
                raise ValueError("stdio 连接需要提供命令 ")
            await self.mcp_clients.connect_stdio(
                command=command, args=args or [])
        else:
            raise ValueError(f" 不支持的连接类型：{self.connection_type}")

        # 将 available_tools 设置为我们的 MCP 实例
        self.available_tools = self.mcp_clients

        # 存储初始工具模式
        await self._refresh_tools()

        # 添加关于可用工具的系统消息
        tool_names = list(self.mcp_clients.tool_map.keys())
        tools_info = ", ".join(tool_names)

        # 添加系统提示和可用工具信息
        self.memory.add_message(
            Message.system_message(
                f"{self.system_prompt}\n\n 可用的 MCP 工具 : {tools_info}"))

    async def _refresh_tools(self) -> Tuple[List[str], List[str]]:
        """ 从 MCP 服务器刷新可用工具列表

        返回：
            一个包含（添加的工具，移除的工具）的元组
        """
        if not self.mcp_clients.session:
            return [], []

        # 直接从服务器获取当前的工具模式
        response = await self.mcp_clients.session.list_tools()
        current_tools = {
            tool.name: tool.inputSchema for tool in response.tools}
```

```
        # 确定添加的、移除的和已更改的工具
        current_names = set(current_tools.keys())
        previous_names = set(self.tool_schemas.keys())

        added_tools = list(current_names - previous_names)
        removed_tools = list(previous_names - current_names)

        # 检查现有工具的模式变化
        changed_tools = []
        for name in current_names.intersection(previous_names):
            if current_tools[name] != self.tool_schemas.get(name):
                changed_tools.append(name)

        # 更新存储的模式
        self.tool_schemas = current_tools

        # 记录和通知变化
        if added_tools:
            logger.info(f"新增 MCP 工具：{added_tools}")
            self.memory.add_message(
                Message.system_message(
                    f"新工具可用：{', '.join(added_tools)}"))
        if removed_tools:
            logger.info(f"移除的 MCP 工具：{removed_tools}")
            self.memory.add_message(
                Message.system_message(
                    f"不再可用的工具：{', '.join(removed_tools)}"))
        if changed_tools:
            logger.info(f"已更改的 MCP 工具：{changed_tools}")

        return added_tools, removed_tools

    async def think(self) -> bool:
        # 处理当前状态并决定下一步行动
        # 检查 MCP 会话和工具的可用性
        if not self.mcp_clients.session or not self.mcp_clients.tool_map:
            logger.info("MCP 服务不再可用，结束交互")
            self.state = AgentState.FINISHED
            return False

        # 定期刷新工具
        if self.current_step % self._refresh_tools_interval == 0:
            await self._refresh_tools()
            # 如果所有工具都被移除，表示服务关闭
            if not self.mcp_clients.tool_map:
                logger.info("MCP 服务已关闭，结束交互")
```

```
                self.state = AgentState.FINISHED
                return False

        # 使用父类的 think 方法
        return await super().think()

    async def _handle_special_tool(
        self, name: str, result: Any, **kwargs) -> None:
        # 处理特殊工具的执行和状态变化
        # 首先通过父类处理
        await super()._handle_special_tool(name, result, **kwargs)

        # 处理多媒体响应
        if isinstance(result, ToolResult) and result.base64_image:
            self.memory.add_message(
                Message.system_message(
                    MULTIMEDIA_RESPONSE_PROMPT.format(tool_name=name)))

    def _should_finish_execution(self, name: str, **kwargs) -> bool:
        # 确定工具执行是否应结束代理
        # 如果工具名是 'terminate'，则终止
        return name.lower() == "terminate"

    async def cleanup(self) -> None:
        # 在完成后清理 MCP 连接
        if self.mcp_clients.session:
            await self.mcp_clients.disconnect()
            logger.info("MCP 连接已关闭 ")

    async def run(self, request: Optional[str] = None) -> str:
        # 运行代理并在完成后清理
        try:
            result = await super().run(request)
            return result
        finally:
            # 确保即使出错也会进行清理
            await self.cleanup()
```

10.5.7 ReAct Agent

文件react.py实现了类ReActAgent，这是一个继承自BaseAgent的抽象代理类，负责处理基于某些思考（think）和执行行动（act）的步骤。类ReActAgent通过think方法决定是否需要采取行动，并通过act方法执行这些行动。每次调用step方法时，代理会执行一个思考并采取相应的行动，直到满足某些条件为止。该类提供了思考和行动的基础框架，需要子类实现具体的逻辑。

```
class ReActAgent(BaseAgent, ABC):
    name: str
    description: Optional[str] = None

    system_prompt: Optional[str] = None
    next_step_prompt: Optional[str] = None

    llm: Optional[LLM] = Field(default_factory=LLM)
    memory: Memory = Field(default_factory=Memory)
    state: AgentState = AgentState.IDLE

    max_steps: int = 10
    current_step: int = 0

    @abstractmethod
    async def think(self) -> bool:
        # 处理当前状态并决定下一步行动

    @abstractmethod
    async def act(self) -> str:
        # 执行决定的行动

    async def step(self) -> str:
        # 执行单个步骤：思考和行动
        should_act = await self.think()
        if not should_act:
            return "思考完成 - 不需要行动"
        return await self.act()
```

10.5.8 Manus Agent

文件manus.py实现了类Manus，这是一个多功能的代理，继承自类BrowserAgent，具备广泛的任务处理能力，包括执行Python代码、浏览器操作、字符串替换编辑和文件处理等。类Manus通过规划（planning）和上下文理解来解决各种任务。Manus使用多个工具集，能够在处理用户请求时根据需要自动切换工具，并能根据最近的对话内容判断是否需要进行浏览器相关操作。

```
class Manus(BrowserAgent):

    name: str = "Manus"
    description: str = ("一个多功能的代理，能够使用多种工具解决各种任务")

    system_prompt: str = SYSTEM_PROMPT.format(
        directory=config.workspace_root)
    next_step_prompt: str = NEXT_STEP_PROMPT
```

```
max_observe: int = 10000
max_steps: int = 20

# 向工具集合中添加通用工具
available_tools: ToolCollection = Field(
    default_factory=lambda: ToolCollection(
        PythonExecute(), BrowserUseTool(), StrReplaceEditor(),
        Terminate()))

async def think(self) -> bool:
    # 处理当前状态并根据适当的上下文决定下一步行动
    # 存储原始提示
    original_prompt = self.next_step_prompt

    # 只检查最近的消息（最后 3 条）以查看是否涉及浏览器活动
    recent_messages = (self.memory.messages[-3:]
                       if self.memory.messages else [])
    browser_in_use = any(
        "browser_use" in msg.content.lower()
        for msg in recent_messages
        if hasattr(msg, "content") and isinstance(msg.content, str))

    if browser_in_use:
        # 临时覆盖为浏览器特定的提示，以获取浏览器上下文
        self.next_step_prompt = BROWSER_NEXT_STEP_PROMPT

    # 调用父类的 think 方法
    result = await super().think()

    # 恢复原始提示
    self.next_step_prompt = original_prompt

    return result
```

10.6 Flow 模块

在本项目中，Flow模块通过提供一个框架来管理任务的执行，包括协调代理、工具和规划过程。通过Flow模块，能够高效地管理任务并实现与外部工具和代理的动态交互。

10.6.1 Agent执行流程基类

文件base.py实现了类BaseFlow，这是一个支持多个代理执行流程的基类。类BaseFlow可以管理多个代理，允许动态指定主代理，并提供方法来获取和添加代理。该类实现了对代理集合的管理和操作，并支持通过不同的方式初始化代理。

```
class BaseFlow(BaseModel, ABC):
    # 执行流的基类，支持多个代理的执行

    agents: Dict[str, BaseAgent]
    tools: Optional[List] = None
    primary_agent_key: Optional[str] = None

    class Config:
        arbitrary_types_allowed = True

    def __init__(
        self,
        agents: Union[BaseAgent, List[BaseAgent], Dict[str, BaseAgent]],
        **data):
        # 处理不同的代理提供方式
        if isinstance(agents, BaseAgent):
            agents_dict = {"default": agents}
        elif isinstance(agents, list):
            agents_dict = {
                f"agent_{i}": agent for i, agent in enumerate(agents)}
        else:
            agents_dict = agents

        # 如果未指定主代理，则使用第一个代理
        primary_key = data.get("primary_agent_key")
        if not primary_key and agents_dict:
            primary_key = next(iter(agents_dict))
            data["primary_agent_key"] = primary_key

        # 设置代理字典
        data["agents"] = agents_dict

        # 使用 BaseModel 的初始化方法
        super().__init__(**data)

    @property
    def primary_agent(self) -> Optional[BaseAgent]:
        # 获取流的主代理
        return self.agents.get(self.primary_agent_key)
```

```
    def get_agent(self, key: str) -> Optional[BaseAgent]:
        # 通过键获取指定的代理
        return self.agents.get(key)

    def add_agent(self, key: str, agent: BaseAgent) -> None:
        # 向流中添加新代理
        self.agents[key] = agent
```

10.6.2 Flow 工厂

文件flow_factory.py实现了类FlowFactory，这是一个用于创建不同类型执行流的工厂，支持多个代理。类FlowFactory通过指定flow_type来选择并创建对应的流类型，目前只支持PLANNING类型流。

```
class FlowType(str, Enum):
    PLANNING = "planning"

class FlowFactory:
    # 用于创建不同类型执行流的工厂，支持多个代理

    @staticmethod
    def create_flow(
        flow_type: FlowType,
        agents: Union[BaseAgent, List[BaseAgent], Dict[str, BaseAgent]],
        **kwargs, ) -> BaseFlow:
        flows = {FlowType.PLANNING: PlanningFlow, }

        flow_class = flows.get(flow_type)
        if not flow_class:
            raise ValueError(f"未知的流类型 : {flow_type}")

        return flow_class(agents, **kwargs)
```

10.6.3 任务规划管理和执行 Flow

文件planning.py实现了类PlanningFlow，这是一个管理任务规划和执行的流，通过多个代理执行步骤，并跟踪每个步骤的状态。类PlanningFlow支持创建、执行计划，并提供逐步执行与总结的功能，同时支持处理不同状态的计划步骤。文件planning.py的实现流程如下所示。

（1）PlanStepStatus定义了计划步骤的不同状态，包括未开始、进行中、已完成和被阻塞。

```
class PlanStepStatus(str, Enum):
    # 定义计划步骤可能的状态
```

```
    NOT_STARTED = "not_started"
    IN_PROGRESS = "in_progress"
    COMPLETED = "completed"
    BLOCKED = "blocked"

    @classmethod
    def get_all_statuses(cls) -> list[str]:
        # 返回所有可能的步骤状态值
        return [status.value for status in cls]

    @classmethod
    def get_active_statuses(cls) -> list[str]:
        # 返回表示活动状态（未开始或进行中的状态）值的列表
        return [cls.NOT_STARTED.value, cls.IN_PROGRESS.value]

    @classmethod
    def get_status_marks(cls) -> Dict[str, str]:
        # 返回状态到标记符号的映射
        return {
            cls.COMPLETED.value: "[✓]",
            cls.IN_PROGRESS.value: "[→]",
            cls.BLOCKED.value: "[!]",
            cls.NOT_STARTED.value: "[ ]", }
```

（2）类PlanningFlow用于管理Agent之间的任务执行，并通过规划工具跟踪步骤的状态。PlanningFlow支持从LLM生成初始计划，并根据计划执行步骤。

```
class PlanningFlow(BaseFlow):
    # 一个流，用于管理通过代理执行任务的规划和执行

    llm: LLM = Field(default_factory=lambda: LLM())
    planning_tool: PlanningTool = Field(default_factory=PlanningTool)
    executor_keys: List[str] = Field(default_factory=list)
    active_plan_id: str = Field(
        default_factory=lambda: f"plan_{int(time.time())}")
    current_step_index: Optional[int] = None

    def __init__(
        self,
        agents: Union[BaseAgent, List[BaseAgent], Dict[str, BaseAgent]],
        **data):
        # 在调用 super().__init__ 之前设置执行者键
        if "executors" in data:
            data["executor_keys"] = data.pop("executors")
```

```
        # 如果提供了 plan_id，则设置
        if "plan_id" in data:
            data["active_plan_id"] = data.pop("plan_id")

        # 如果没有提供 planning_tool，则初始化它
        if "planning_tool" not in data:
            planning_tool = PlanningTool()
            data["planning_tool"] = planning_tool

        # 使用处理后的数据调用父类的初始化方法
        super().__init__(agents, **data)

        # 如果没有指定 executor_keys，则将所有代理的键作为执行者
        if not self.executor_keys:
            self.executor_keys = list(self.agents.keys())

    def get_executor(self, step_type: Optional[str] = None) -> BaseAgent:
        """
        获取适合当前步骤的执行者代理
        可以扩展为根据步骤类型 / 要求选择代理
        """
        # 如果提供了步骤类型，并且与代理的键匹配，则使用该代理
        if step_type and step_type in self.agents:
            return self.agents[step_type]

        # 否则使用第一个可用的执行者或回退到主代理
        for key in self.executor_keys:
            if key in self.agents:
                return self.agents[key]

        # 回退到主代理
        return self.primary_agent

    async def execute(self, input_text: str) -> str:
        # 通过代理执行规划流程
        try:
            if not self.primary_agent:
                raise ValueError(" 没有可用的主代理 ")

            # 如果提供了输入文本，创建初始计划
            if input_text:
                await self._create_initial_plan(input_text)

                # 验证计划是否成功创建
                if self.active_plan_id not in self.planning_tool.plans:
```

```
                logger.error(f"计划创建失败。计划 ID {self.active_plan_id}
在规划工具中未找到。")
                return f"创建计划失败：{input_text}"

        result = ""
        while True:
            # 获取当前步骤以执行
            self.current_step_index,
            step_info = await self._get_current_step_info()

            # 如果没有更多步骤或计划完成，则退出
            if self.current_step_index is None:
                result += await self._finalize_plan()
                break

            # 使用适当的代理执行当前步骤
            step_type = step_info.get("type") if step_info else None
            executor = self.get_executor(step_type)
            step_result = await self._execute_step(executor, step_info)
            result += step_result + "\n"

            # 检查代理是否希望终止
            if hasattr(executor, "state")
            and executor.state == AgentState.FINISHED:
                break

        return result
    except Exception as e:
        logger.error(f"PlanningFlow 中的错误：{str(e)}")
        return f"执行失败：{str(e)}"

async def _create_initial_plan(self, request: str) -> None:
    # 根据请求使用流的 LLM 和 PlanningTool 创建初始计划
    logger.info(f"创建初始计划，ID: {self.active_plan_id}")

    # 为计划创建系统消息
    system_message = Message.system_message(
        "你是一个规划助手。创建一个简洁、可操作的计划，包含明确的步骤。"
        "重点关注关键里程碑，而不是详细的子步骤。"
        "优化清晰度和效率。")

    # 为请求创建用户消息
    user_message = Message.user_message(
        f"为完成任务创建一个合理的计划，包含清晰的步骤：{request}")
```

```
        # 使用 LLM 和 PlanningTool 调用
        response = await self.llm.ask_tool(
            messages=[user_message], system_msgs=[system_message],
            tools=[self.planning_tool.to_param()],
            tool_choice=ToolChoice.AUTO,)

        # 如果响应中包含工具调用，则处理工具调用
        if response.tool_calls:
            for tool_call in response.tool_calls:
                if tool_call.function.name == "planning":
                    # 解析参数
                    args = tool_call.function.arguments
                    if isinstance(args, str):
                        try:
                            args = json.loads(args)
                        except json.JSONDecodeError:
                            logger.error(f" 解析工具参数失败 : {args}")
                            continue

                    # 确保 plan_id 正确设置并执行工具
                    args["plan_id"] = self.active_plan_id

                    # 通过 ToolCollection 执行工具，而不是直接执行
                    result = await self.planning_tool.execute(**args)

                    logger.info(f" 计划创建结果 : {str(result)}")
                    return

        # 如果执行到了这里，创建默认计划
        logger.warning(" 创建默认计划 ")

        # 使用 ToolCollection 创建默认计划
        await self.planning_tool.execute(
            **{
                "command": "create", "plan_id": self.active_plan_id,
                "title": f" 计划 : {request[:50]}{'...' if len(request) > 50
else ''}",
                "steps": [" 分析请求 ", " 执行任务 ", " 验证结果 "], })

    async def _get_current_step_info(self) -> (
        tuple[Optional[int], Optional[dict]]):
        """
        解析当前计划，找出第一个未完成的步骤的索引和信息
        如果没有找到活动步骤，则返回 (None, None)
        """
```

```
    if (
        not self.active_plan_id
        or self.active_plan_id not in self.planning_tool.plans):
        logger.error(f"计划 ID {self.active_plan_id} 未找到")
        return None, None

    try:
        # 直接从规划工具存储访问计划数据
        plan_data = self.planning_tool.plans[self.active_plan_id]
        steps = plan_data.get("steps", [])
        step_statuses = plan_data.get("step_statuses", [])

        # 查找第一个未完成的步骤
        for i, step in enumerate(steps):
            if i >= len(step_statuses):
                status = PlanStepStatus.NOT_STARTED.value
            else:
                status = step_statuses[i]

            if status in PlanStepStatus.get_active_statuses():
                # 提取步骤类型 / 类别（如果可用）
                step_info = {"text": step}

                # 尝试从文本中提取步骤类型（例如，[SEARCH] 或 [CODE]）
                import re

                type_match = re.search(r"\[([A-Z_]+)\]", step)
                if type_match:
                    step_info["type"] = type_match.group(1).lower()

                # 将当前步骤标记为进行中
                try:
                    await self.planning_tool.execute(
                        command="mark_step",
                        plan_id=self.active_plan_id,
                        step_index=i,
                        step_status=PlanStepStatus.IN_PROGRESS.value,)
                except Exception as e:
                    logger.warning(f"标记步骤为进行中时出错：{e}")
                    # 如果需要，直接更新步骤状态
                    if i < len(step_statuses):
                        step_statuses[i] = (PlanStepStatus.IN_PROGRESS
                                            .value)
                    else:
                        while len(step_statuses) < i:
```

```
                                step_statuses.append(
                                    PlanStepStatus.NOT_STARTED.value)
                            step_statuses.append(
                                PlanStepStatus.IN_PROGRESS.value)

                        plan_data["step_statuses"] = step_statuses

                    return i, step_info

            return None, None  # 未找到活动步骤

        except Exception as e:
            logger.warning(f"查找当前步骤索引时出错：{e}")
            return None, None

    async def _execute_step(
        self, executor: BaseAgent, step_info: dict) -> str:
        # 使用指定的代理和 agent.run() 执行当前步骤
        # 为代理准备当前计划状态的上下文
        plan_status = await self._get_plan_text()
        step_text = step_info.get("text", f"步骤 {self.current_step_index}")

        # 为代理创建执行当前步骤的提示
        step_prompt = f"""
        当前计划状态：
        {plan_status}

        你的当前任务：
        你现在正在处理步骤 {self.current_step_index}: "{step_text}"

        请使用适当的工具执行此步骤。完成后，请提供你完成的任务总结。
        """

        # 使用 agent.run() 执行步骤
        try:
            step_result = await executor.run(step_prompt)

            # 在成功执行后标记步骤为已完成
            await self._mark_step_completed()

            return step_result
        except Exception as e:
            logger.error(f"执行步骤时出错：{e}")
            return f"步骤执行失败：{str(e)}"

    async def _mark_step_completed(self) -> None:
```

```
        # 标记当前步骤为已完成
        if self.current_step_index is None:
            logger.warning("没有当前步骤可标记为已完成。")
            return

        try:
            await self.planning_tool.execute(
                command="mark_step", plan_id=self.active_plan_id,
                step_index=self.current_step_index,
                step_status=PlanStepStatus.COMPLETED.value,)
        except Exception as e:
            logger.warning(f"标记步骤为已完成时出错 : {e}")

    async def _finalize_plan(self) -> str:
        # 完成计划的所有步骤后，执行计划的最终化处理
        # 从规划工具中检索计划
        plan_data = self.planning_tool.plans.get(self.active_plan_id, {})

        # 创建计划摘要
        steps = plan_data.get("steps", [])
        step_statuses = plan_data.get("step_statuses", [])
        completed_steps = [
            f"{PlanStepStatus.get_status_marks()[status]} {step}"
            for step, status in zip(steps, step_statuses)
            if status == PlanStepStatus.COMPLETED.value]
        completed_steps_str = "\n".join(completed_steps)

        return f"计划已完成! \n以下步骤已完成: \n{completed_steps_str}" if
completed_steps else "没有完成任何步骤。"
```

10.7 调试运行

本项目在GitHub开源，位于mannaandpoem/OpenManus。欢迎大家继续升级这个项目，为本项目做贡献。

10.7.1 安装方式

在开源文档中给出了如下所示的两种安装方式，并且建议使用第二种方式。

1. 方式一：使用conda

（1）创建新的conda环境。

```
conda create -n open_manus python=3.12
```

```
conda activate open_manus
```

（2）克隆仓库。

```
git clone https://github.com/mannaandpoem/OpenManus.git
cd OpenManus
```

（3）安装依赖。

```
pip install -r requirements.txt
```

2. 方式二：使用uv

（1）安装uv（一个快速的Python包管理器）。

```
curl -LsSf https://astral.sh/uv/install.sh | sh
```

（2）克隆仓库。

```
git clone https://github.com/mannaandpoem/OpenManus.git
cd OpenManus
```

（3）创建并激活虚拟环境。

```
uv venv --python 3.12
source .venv/bin/activate  # Unix/macOS 系统
# Windows 系统使用：
# .venv\Scripts\activate
```

（4）安装依赖。

```
uv pip install -r requirements.txt
```

浏览器自动化工具（可选）

```
playwright install
```

10.7.2 启动运行

可以通过如下命令快速启动运行OpenManus。

```
python main.py
```

如果需使用MCP工具版本，可以通过如下命令运行。

```
python run_mcp.py
```

如需体验不稳定的多智能体版本，可以通过如下命令运行。

```
python run_flow.py
```

执行后可以实现与Manus类似的效果，如生成“日本旅行计划指南”，如图10-1所示。

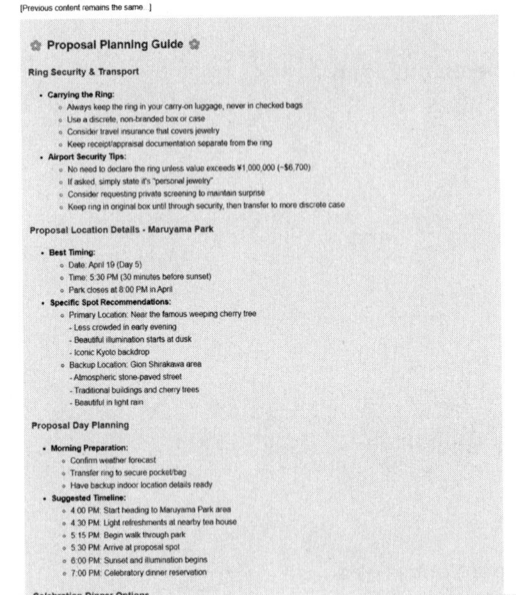

[Previous content remains the same...]

Proposal Planning Guide

Ring Security & Transport

- **Carrying the Ring:**
  - Always keep the ring in your carry-on luggage, never in checked bags
  - Use a discrete, non-branded box or case
  - Consider travel insurance that covers jewelry
  - Keep receipt/appraisal documentation separate from the ring
- **Airport Security Tips:**
  - No need to declare the ring unless value exceeds ¥1,000,000 (~$6,700)
  - If asked, simply state it's "personal jewelry"
  - Consider requesting private screening to maintain surprise
  - Keep ring in original box until through security, then transfer to more discrete case

Proposal Location Details - Maruyama Park

- **Best Timing:**
  - Date: April 19 (Day 5)
  - Time: 5:30 PM (30 minutes before sunset)
  - Park closes at 8:00 PM in April
- **Specific Spot Recommendations:**
  - Primary Location: Near the famous weeping cherry tree
    - Less crowded in early evening
    - Beautiful illumination starts at dusk
    - Iconic Kyoto backdrop
  - Backup Location: Gion Shirakawa area
    - Atmospheric stone-paved street
    - Traditional buildings and cherry trees
    - Beautiful in light rain

Proposal Day Planning

- **Morning Preparation:**
  - Confirm weather forecast
  - Transfer ring to secure pocket/bag
  - Have backup indoor location details ready
- **Suggested Timeline:**
  - 4:00 PM: Start heading to Maruyama Park area
  - 4:30 PM: Light refreshments at nearby tea house
  - 5:15 PM: Begin walk through park
  - 5:30 PM: Arrive at proposal spot
  - 6:00 PM: Sunset and illumination begins
  - 7:00 PM: Celebratory dinner reservation

Celebration Dinner Options

Japan Travel Handbook (Print Version)

Trip Dates: April 15-23, 2024

Emergency Contacts & Important Information

- Emergency in Japan: 119 (Ambulance/Fire) / 110 (Police)
- US Embassy Tokyo: +81-3-3224-5000
- Tourist Information Hotline: 03-3201-3331
- Your Travel Insurance: [Write number here]

Daily Itinerary Summary

Date	Location	Key Activities
Apr 15	Tokyo	Arrival, Shinjuku area exploration
Apr 16	Tokyo	Meiji Shrine, Harajuku, Senso-ji, Skytree
Apr 17	Tokyo	Tea Ceremony, Budokan, Yanaka Ginza
Apr 18	Kyoto	Travel to Kyoto, Kinkaku-ji, Gion
Apr 19	Kyoto	Fushimi Inari, Arashiyama, Evening Proposal
Apr 20	Nara/Kyoto	Nara Park day trip, deer feeding
Apr 21	Tokyo	Return to Tokyo, bay cruise

Essential Japanese Phrases

English	Japanese	When to Use
Arigatou gozaimesu	ありがとうございます	Thank you (formal)
Sumimasen	すみません	Excuse me/Sorry
Onegaishimasu	お願いします	Please
Toire wa doko desu ka?	トイレはどこですか?	Where is the bathroom?
Eigo ga hanasemasu ka?	英語が話せますか?	Do you speak English?

图 10-1